JN298541

バイオ電気化学の実際
―バイオセンサ・バイオ電池の実用展開―

Practical Bioelectrochemistry
— Recent Developments in Biosensors & Biofuel Cells —

《普及版／Popular Edition》

監修 池田篤治

巻頭言
（本書の意図するところ）

　砂糖を摂取すると直ちに代謝されて水と炭酸ガスになって，エネルギーを取り出すことができる。そのおかげで物を運んだり考えたりする日常の営みができるわけで，ヒトは食物を燃料とする大変効率のよいエネルギー変換装置とみることができる。この高い変換効率は一連の生体代謝反応が酵素触媒作用によって速やかに進行することによる。酵素は常温，常圧，中性条件で非常に高い触媒能を持ち，しかも反応選択性が高い。このゆえに酵素は微生物などから大量に生産されて，食品加工，洗剤，化粧品，有用物質生産など生活に関わる場に広く利用されている。ところで，代謝関連の酵素は酸化還元反応に関与することから独特の利用展開ができる。それは電気化学反応と酵素触媒反応の共役（バイオエレクトロカタリシス）に基礎をおくものである。電気化学計測は安価で簡便に微弱な信号を取り出すことができ小型化できるので，酵素触媒反応との共役によって生体物質の簡便で選択的な微量定量ができる。この方向への展開はバイオセンサの研究として知られ，簡易血糖計として実用化に至っており，製造プロセスの品質管理などへの産業利用も行われている。現在，更なる機能向上を目指す開発研究が進められる一方で，遺伝子検出や細胞代謝過程のイメージングなど多方面への実用展開が進められている。一方，エネルギー変換に目を向けると，バイオエレクトロカタリシス反応は食物のエネルギーを直接電気に変換する手だてを与えてくれる。この方向の研究はバイオ燃料電池（略してバイオ電池とも呼ばれる）の研究として最近多方面から注目され，実用化を目指す開発研究に関心が集まっている。ガルバニの動物電気発見以来生物現象を電気に結びつける試みは幾度となく行われてきたが，電気化学の視点から本格的なバイオ燃料電池の研究が行われだしたのはここ十年来のことである。ごく最近のバイオ電池の研究展開には注目すべきものがある。

　このような新しい分野に興味を持つ人が，微生物や生化学を専門とする人々の中にも増えつつある。しかし自ら手を染めるには電気化学はとっつき難いという印象を与えているようである。分光法に比べて電気化学法はなじみが薄いことがその最大の理由と思われるが，専門外の人達を意識した解説書が少ないことも理由の一つかと思われる。本書では基礎編としてバイオ電気化学のエッセンスを説明することとし，応用編で取り上げるバイオセンサ，バイオ電池の内容理解に役立つようにした。さらに基礎編では，酸化還元酵素の構造と機能に関する最新の研究が，生化学，構造生物学の専門家によって分かりやすく説明されている。そのあとの応用編でバイオセン

サ，バイオ電池の実際が取り上げられる．大学や研究所での基礎研究から，企業における実用化を見据えた開発研究までを含んだ最新情報を得ることができる．

基礎編のポイント：分光法が吸光度（濃度依存量）と波長（エネルギー関連量）の関係を記録するのに対応して，電気化学測定は電流（濃度依存量）と電位（エネルギー関連量）の関係を記録する．得られる情報は，分光測定では試料液全体の特性を反映するのに対して，電気化学法では試料液の中の電極近傍というごく限られた場所での反応に限られる．この違いのおかげで，分光法では得られない情報を電気化学測定で得ることができる．本書では実際の測定例を取り上げてこのことを具体的に説明している．電気化学一般の話は必要最小限にとどめ，バイオ電気化学の理解に必要な事項を詳しく述べている．1章では，電池の基本事項を代謝と対応させて説明し，2章では電気化学測定（ボルタンメトリー）で得られる電流-電位（電圧）曲線（ボルタンモグラム）の解釈を模式図に基づいて詳しく説明している．電気化学の理解にとって根幹となる事項である．3章ではアンペロメトリーの実際について，試料濃度の測定に重点を置いて説明している．酸素電極の使用例も含まれている．4章はバイオ電気化学の基礎であるバイオエレクトロカタリシス反応について詳しく説明している．バイオセンサ，バイオ電池の理解に役立つだけでなく，酵素反応の電気化学測定についても理解できるように説明している．さらに，酵素タンパク質の酸化還元電位を測定する簡便な方法にも言及している．基礎編の最後（5章）にバイオセンサ，バイオ電池に有用な酸化還元酵素が生化学，構造生物学の立場から紹介されている．キノ（ヘモ）プロテイン酸化還元酵素（糖やアルコールの酸化を触媒），ヒドロゲナーゼ（水素消費，生成反応を触媒），マルチ銅オキシダーゼ（酸素の水への還元反応を触媒）について，バイオ電気化学への利用をふまえて，酵素化学，構造生物学の最新情報が記載されている．さらに，構造生物学のタンパク質工学への応用展開として，酵素の安定性向上を実現した具体例が紹介されている．

応用編バイオセンサのポイント：バイオセンサの研究は30年以上の歴史があり，解説，紹介に類する出版物も数多いが，本書は①基礎研究として研究展開に独自性があり，これからの技術開発にヒントを与え得る，②企業開発における実用化過程と，バイオセンサの今後の展望が把握できる，③新しい展開を目指すバイオセンサの研究開発動向が理解できる，ことを意図した．6章ではメディエータ型酵素電極についてその使用例を生化学など他分野での利用も視野に入れて述べている．7章ではバイオセンサをフローインジェクション法に一体化する方法，その特色と実用について説明している．8章ではバイオセンサの特性を生かしたクーロメトリーとしてクーロメトリックバイオセンサが紹介されている．炭素フェルトを用いる方法の実際が，酵素固定化法を含めて分かりやすく述べられている．9章では超微小電極を用いるバイオセンサについて，その特色を生かす応用展開が抗原-抗体反応の例も含めて紹介されている．平板状電極を用いる方

法がμ-TASを展望する研究として詳しく述べられており，いろいろと参考になる事項が紹介されている（導入部の説明については3章も参照）。10章から12章までは企業関係の著者によるバイオセンサの実用化技術に関する内容で，10章では世界規模で需要が急増している家庭用血糖測定器の技術開発が紹介されている。時代背景をふまえた技術開発の過程が，測定器の原理にまで立ち入って詳述されている。これからの課題にもふれている。11章では品質管理など産業用途におけるバイオセンサ（固定化酵素と微生物電極）の利用と位置づけについて，その利点および要求される性能とそれを満たす技術が実例をあげて紹介されている。12章はバイオセンサの新しい展開として，電気化学法による簡易遺伝子検出法についての開発研究が紹介されている。最近の研究動向としてDNAチップへの展開についても述べられている。13章は新しい電気化学展開として注目されている生体物質のリアルタイム局所分析法が紹介されている。この分野の最新の情報が分かりやすく整理されており，現状，問題点，今後の展望が明快に述べられている（極微小電極の特性については9章も参照）。

応用編バイオ電池のポイント：生物燃料電池はバイオセンサより研究歴が古い（これらについてはD. T. R. Palmore, G. M. Whitesides, *ACS Symp. Series.*, **566**, 271（1994）に要領よく整理されている）が，実用を視野に入れた研究へと進展しだしたのはごく最近のことである。本書では，まず14章でバイオ電池のしくみと特徴，期待される用途について概説し，水素－酸素バイオ電池を取り上げてその実際を説明している。特性評価に必要な実験とその解釈について模式図を用いて詳しく説明している。15章ではグルコース電池の最新の研究動向がエネルギー問題をふまえて概説されており，酵素を用いない金属電極触媒（アルカリ溶液中の）によるグルコース電池も含まれている。16章では体内埋め込み型電池など微小バイオ電池への展開に焦点をあてている。MEMS（Micro Electro Mechanical Systems）技術の利用について，その可能性と問題点，将来の展望が述べられている。17章ではアスコルビン酸を燃料とする燃料電池を取り上げている。アスコルビン酸は酸性溶液中では比較的容易に電極酸化反応が起こるので，酵素を用いることなくアノード反応が起こる。18章では酵素と電極との直接電子移動（メディエータ無し）に基礎をおくバイオ電池の最新の研究が紹介されている。基礎研究をふまえた酵素と電極材料の適切な選択によって予想以上の出力を得ている。19章では微生物燃料電池を取り上げている。外部からメディエータ化合物を加えなくても，予想外に大きな電流密度が得られることが，ここ1～2年の間に相次いで報告されている。その理由の科学的検証はまだ始まったばかりで不明な点が多いが注目に値する。

本書で紹介されているように，バイオ電池の研究は着実に進歩しており，実用を目指す研究に拍車がかるものと思われる。ナノサイズから環境浄化型までバイオ電池の目指す方向は多様であり，それに応じて要求される事項も異なる。今後の研究は，このことを念頭において進める必要

があろう。

　本書は，バイオセンサ，バイオ電池についての最新情報を提供するだけでなく，バイオ電気化学への導入書としても役立つことを意図して編集した。バイオセンサ，バイオ電池研究の現状と問題点の把握，今後の展開・展望への指針としてのみならず，微生物や生化学を専門とする人々が自ら電気化学法を使用し，基礎研究や応用研究に利用するための手引き書としてもお役に立つことを願う。

　本書作成にあたり，各章の執筆はいずれもその分野の第一人者の方々にお願いした。ご多忙の中を快く執筆をお引き受けいただき厚くお礼申し上げます。

2007年3月

池田篤治

普及版の刊行にあたって

　本書は2007年に『バイオ電気化学の実際―バイオセンサ・バイオ電池の実用展開―』として刊行されました。普及版の刊行にあたり，内容は当時のままであり加筆・訂正などの手は加えておりませんので，ご了承ください。

　2013年4月

シーエムシー出版　編集部

―― 執筆者一覧(執筆順) ――

池田 篤治	福井県立大学　生物資源学部　生物資源学科　教授
巽　 広輔	福井県立大学　生物資源学部　生物資源学科　助手
片野　 肇	福井県立大学　生物資源学部　生物資源学科　助教授
加納 健司	京都大学　大学院農学研究科　応用生命科学専攻　教授
外山 博英	山口大学　農学部　生物機能科学科　助教授
松下 一信	山口大学　農学部　生物機能科学科　教授
緒方 英明	マックスプランク生物無機化学研究所　博士研究員
樋口 芳樹	兵庫県立大学　大学院生命理学研究科　教授
櫻井　 武	金沢大学大学院　自然科学研究科　物質科学専攻　教授
日弄 隆雄	福井県立大学　生物資源学部　生物資源学科　助教授
西矢 芳昭	東洋紡績㈱　敦賀バイオ研究所　研究員
八尾 俊男	大阪府立大学　大学院工学研究科　物質・化学系専攻　応用化学分野　教授
内山 俊一	埼玉工業大学　大学院工学研究科　教授
長谷部 靖	埼玉工業大学　大学院工学研究科　助教授
水谷 文雄	兵庫県立大学　大学院物質理学研究科　教授
丹羽　 修	�独産業技術総合研究所　生物機能工学研究部門　副研究部門長
栗田 僚二	�独産業技術総合研究所　生物機能工学研究部門　研究員
中南 貴裕	松下電器産業㈱　くらし環境開発センター　主任技師
林　 隆造	王子計測機器㈱　大阪事業所　取締役
橋爪 義雄	王子計測機器㈱　大阪事業所　マネージャー
石森 義雄	㈱東芝　研究開発センター　先端機能材料ラボラトリー　研究主幹
橋本 幸二	㈱東芝　研究開発センター　事業開発室　グループ長
高橋 康史	東北大学大学院　環境科学研究科　環境科学専攻
安川 智之	東北大学大学院　環境科学研究科　環境科学専攻　助手
珠玖　 仁	東北大学大学院　環境科学研究科　環境科学専攻　助教授
末永 智一	東北大学大学院　環境科学研究科　環境科学専攻　教授
谷口　 功	熊本大学　大学院自然科学研究科(工学部　物質生命化学科)　教授／工学部長
安部　 隆	東北大学大学院　工学研究科　バイオロボティクス専攻　助教授
西澤 松彦	東北大学大学院　工学研究科　バイオロボティクス専攻　教授
藤原 直子	㈱独産業技術総合研究所　ユビキタスエネルギー研究部門　次世代燃料電池研究グループ　研究員
辻村 清也	京都大学　大学院農学研究科　応用生命科学専攻　助手
渡辺 一哉	海洋バイオテクノロジー研究所　微生物利用領域　領域長
石井 俊一	海洋バイオテクノロジー研究所　微生物利用領域　研究員

執筆者の所属表記は，2007年当時のものを使用しております。

目　次

【基礎編】

第1章　基本事項　　池田篤治，巽　広輔，片野　肇，加納健司

1　代謝と電池 …………………………… 3
2　電圧 …………………………………… 5
3　電流 …………………………………… 6
4　電圧と電流の関係：電気化学測定 …… 7

第2章　ボルタンメトリーの実際　　池田篤治，巽　広輔，片野　肇，加納健司

1　測定 …………………………………… 10
　1.1　サイクリックボルタンモグラム … 12
　1.2　定常状態のボルタンモグラム …… 14
2　ボルタンメトリーで起こっていること
　　………………………………………… 16
　2.1　定常状態のボルタンモグラム …… 16
　　2.1.1　可逆電子移動反応の場合 …… 17
　　2.1.2　電極電子移動反応が非可逆
　　　　　である場合 ………………… 21
　2.2　サイクリックボルタンモグラム … 23

第3章　アンペロメトリーの実際　　池田篤治，巽　広輔，片野　肇，加納健司

1　酸素電極 ……………………………… 29
　1.1　電極と測定セル ………………… 29
　1.2　測定例：酸化酵素の反応追跡 …… 30
　1.3　水素の測定 ……………………… 31
　1.4　酸素電極で起こっていること …… 31
2　膜被覆電極 …………………………… 32
　2.1　測定例：微生物の嫌気的代謝反応の
　　　追跡 ………………………………… 32
　2.2　フロー系における測定 ………… 34
3　回転円盤電極 ………………………… 34
4　酵素電極 ……………………………… 35
　4.1　基本原理 ………………………… 35
　4.2　実験例：酢酸菌の呼吸活性を利用す
　　　るエタノールセンサ ……………… 36
5　微小電極 ……………………………… 37
　5.1　特長 ……………………………… 37
　5.2　微小電極で起こっていること …… 37

I

第4章　酵素電気化学：バイオエレクトロカタリシスの実際
池田篤治, 巽　広輔, 片野　肇, 加納健司

1　基本反応 …………………………… 42	電極 …………………………………… 50
2　バイオエレクトロカタリシス ……… 46	4.1　基本原理 …………………… 50
3　酵素反応速度解析 ………………… 48	4.2　電極の構造とグルコースGlc濃度
3.1　例1 ……………………………… 48	測定例 ……………………… 52
3.2　例2 ……………………………… 49	5　タンパク質の酸化還元電位測定 …… 54
4　メディエータ型酵素電極：第二世代の酵素	

第5章　酵素工学の実際

1　キノ（ヘモ）プロテイン酸化還元酵素	2　ヒドロゲナーゼ
………………… **外山博英, 松下一信** … 62	………………… **緒方英明, 樋口芳樹** … 75
1.1　はじめに ……………………… 62	2.1　はじめに ……………………… 75
1.2　PQQキノプロテインの分類とアミノ	2.2　［NiFe］ヒドロゲナーゼ ……… 76
酸配列上の特徴 ………………… 63	2.2.1　［NiFe］ヒドロゲナーゼの全体
1.3　PQQキノプロテインの立体構造 … 65	構造と活性部位の配位構造 … 77
1.4　糖や糖アルコールを基質とするPQQ	2.2.2　DvM酵素の様々な状態のNi-Fe
キノプロテイン ………………… 67	活性部位の構造 ……………… 80
1.5　可溶性PQQキノプロテイン・アルコ	2.2.3　配位子の修飾原子の正体 …… 82
ール脱水素酵素（qMDH, Type-I &	2.2.4　Ni-A型とNi-B型のつくり分け
Type-II ADH）……………………… 69	……………………………… 83
1.6　細胞膜結合型PQQキノプロテイン・	2.2.5　酸素耐性［NiFe］
アルコール脱水素酵素（Type-III	ヒドロゲナーゼ …………… 83
ADH）……………………………… 70	2.3　［Fe］ヒドロゲナーゼ ………… 85
1.7　PQQキノヘモプロテインの分子内電	2.4　Iron-sulfur cluster-free
子伝達 …………………………… 71	ヒドロゲナーゼ ………………… 88
1.8　Type-III ADHのユビキノン・ユビキ	2.5　モデル化合物 ………………… 89
ノール酸化還元活性 …………… 72	2.6　おわりに ……………………… 90
1.9　PQQキノプロテインの電極との	3　マルチ銅オキシダーゼ …… **櫻井　武** … 92
反応性 …………………………… 73	4　構造生物学に基づいたタンパク質工学に

よる酵素の安定化
　　　　　………………日雉隆雄，西矢芳昭… 101
4.1　はじめに ……………………………… 101
4.2　タンパク質工学的手法による熱安定
　　　性の向上化技術 ……………………… 101
4.3　ランダム変異を利用した臨床分析用
　　　酵素の安定化実例 …………………… 102
　　4.3.1　コレステロールオキシダーゼ
　　　　　　………………………………… 102
　　4.3.2　グルコース6リン酸デヒドロゲ
　　　　　　ナーゼ ………………………… 103
4.4　立体構造解析に基づく*Bacillus*属
　　　細菌由来ウリカーゼのタンパク質
　　　工学 …………………………………… 103
　　4.4.1　*Bacillus*属細菌由来ウリカーゼ
　　　　　　の結晶構造解析 ……………… 105
　　4.4.2　耐熱型インターフェースループ
　　　　　　II変異体の開発 ……………… 106

【実用編—バイオセンサ】

第6章　メディエータ型酵素電極　　巽　広輔，片野　肇，池田篤治

1　各種メディエータ型酵素電極 ………… 113
　1.1　細胞膜酵素の利用（グルコン酸電極,
　　　　フルクトース電極）………………… 113
　1.2　基質選択性の低い酵素の利用
　　　　（アルドース電極）…………………… 116
　1.3　NADH測定電極 …………………… 117
2　過酸化水素センサ ……………………… 118
3　不溶性基質の酵素活性測定 …………… 120
　3.1　メディエータ型酵素電極を利用した
　　　　糖質加水分解酵素反応の速度論的研
　　　　究 ………………………………………… 120
　3.2　グルコアミラーゼによるデンプン粒
　　　　加水分解反応の速度解析 …………… 121
　3.3　セロビオヒドロラーゼによる結晶性
　　　　セルロース加水分解反応の速度解析
　　　　…………………………………………… 124
4　微生物触媒電極 ………………………… 126
5　微生物触媒電極の利用：大腸菌細胞膜
　　酵素のインビボ活性化過程の追跡 …… 128
6　まとめ …………………………………… 131

第7章　フローインジェクションバイオセンサ　　八尾俊男

1　はじめに ………………………………… 133
2　酵素膜修飾電極を用いるFIA ………… 133
　2.1　化学修飾酵素膜電極 ………………… 133
　2.2　電極の形状 …………………………… 135
　　2.2.1　デュアル酵素電極によるD,L-
　　　　　アミノ酸の光学分割検出 …… 135
　　2.2.2　トリプル酵素電極によるグルコ
　　　　　ース，L-乳酸，ピルビン酸の
　　　　　同時検出 ……………………… 136
　2.3　増幅型酵素電極 ……………………… 136

2.3.1　酵素-電極間基質リサイクリング ……………………………………… 137
　　2.3.2　酵素-酵素間基質リサイクリング ……………………………………… 137
3　酵素リアクターを用いるFIA ………… 138
3.1　FIAシステムの基本構成 ………… 138
3.2　同時定量センサシステム ………… 140
3.3　in vivo センサシステム ………… 143
4　おわりに ……………………………… 143

第8章　クーロメトリックバイオセンサ　　内山俊一，長谷部　靖

1　はじめに ……………………………… 145
2　バッチインジェクション式セルの構造と測定方式 ……………………………… 146
3　多孔性炭素表面への生体分子の固定化法 ……………………………………… 147
　3.1　吸着法 …………………………… 148
　3.2　化学修飾法 ……………………… 148
　3.3　電解重合膜包括法 ……………… 149
4　酵素を用いるバッチ式バイオクーロメトリー ……………………………… 149
5　多孔性炭素電極を用いるフロー型バイオクーロメトリー ……………………… 150

第9章　超微小電極とバイオセンサ　　水谷文雄，丹羽　修，栗田僚二

1　超微小電極とは？ …………………… 154
2　超微小電極を用いたバイオセンサの特徴・利用 ………………………………… 156
3　電極修飾技術 ………………………… 158
4　針状の電極を用いたバイオセンサ …… 160
5　平板状の電極を用いたバイオセンサ … 162
6　μ-TASを目指して …………………… 167
7　まとめ ………………………………… 170

第10章　血糖自己測定システム　　中南貴裕

1　背景　糖尿病と血糖自己測定 ……… 172
2　血糖センサ（A型）の開発 …………… 173
　2.1　酵素および電子伝達体 ………… 173
　2.2　電極作製 ………………………… 174
　2.3　電極被覆および試薬担持 ……… 175
　2.4　毛細管型血液キャビティ ……… 175
　2.5　センサの電流応答特性 ………… 176
　2.6　妨害物質の影響 ………………… 178
3　血糖センサ（B型）の開発 …………… 179
　3.1　酵素，電子伝達体，および試薬担持 …………………………………… 179
　3.2　電極およびキャビティ ………… 179
　3.3　センサの電流応答特性 ………… 181
4　血糖測定器の開発 …………………… 182
5　血糖自己測定システムの最先端および将来展望 ………………………………… 183

第11章　バイオセンサの産業利用　　林　隆造, 橋爪義雄

1　はじめに ……………………………… 185
2　固定化酵素電極法バイオセンサ ……… 185
3　オフラインバイオセンサの概要 ……… 186
4　過酸化水素電極の例 …………………… 187
5　酵素電極の測定原理 …………………… 187
6　バイオセンサの精度管理 ……………… 189
7　バイオセンサのメンテナンス ………… 189
8　測定対象 ………………………………… 189
9　オンラインバイオセンサ ……………… 190
10　動物細胞用マルチチャンネルバイオセンサ
　　………………………………………… 190
11　BODsセンサ―微生物センサの例― … 192
12　BODsの原理 …………………………… 192
13　BODsセンサの例 ……………………… 192
14　BODsセンサの測定例 ………………… 194
15　まとめ ………………………………… 195

第12章　電気化学的な遺伝子検出法 ── DNAセンサからDNAチップへ ──
　　　　　　　　　　　　　　　　　　　　石森義雄, 橋本幸二

1　何故電気化学検出なのか？ …………… 196
2　電気化学的DNAセンサの検出原理 …… 196
3　センサの作製と原理確認実験（B型肝炎ウイルス（HBV）検出を例にして）… 197
4　患者血清中のHBV遺伝子の測定 ……… 198
5　他の電気化学的DNAセンサについて · 199
　5.1　SMMD法 ………………………… 199
　5.2　ヘアピン型プローブを用いた電気化学的遺伝子検出法 ………… 200
6　電流検出型DNAチップ ……………… 201
7　電流検出型DNAチップを用いた検出例
　　………………………………………… 203
　7.1　薬物代謝酵素遺伝子解析用チップ
　　………………………………………… 203
　　7.1.1　N-アセチルトランスフェラーゼ2（NAT 2）………………… 203
　　7.1.2　CYP2C19 ………………… 204
　　7.1.3　CYP2C9 …………………… 204
　　7.1.4　Multi-drug-resistance 1（MDR 1）……………………… 204
　7.2　C型肝炎テーラーメイド医療用DNAチップ ……………………… 204
　7.3　ヒトパピローマウイルス（HPV）検査用チップ ……………… 205
8　まとめ ………………………………… 205

第13章　生体物質の局所分析と電気化学イメージング
　　　　　　　　　　　　　高橋康史, 安川智之, 珠玖　仁, 末永智一

1　はじめに ……………………………… 207
2　走査型電気化学顕微鏡（SECM）……… 209

2.1	SECMにおけるイメージングモード ……………………………… 209
2.2	SECMイメージングにおけるマイクロ電極の走査モード …… 210
2.3	電極の微細化 …………………… 212
2.4	SECM測定システム …………… 213
2.5	SECMによる酵素イメージング … 214
2.6	SECMによる生細胞の代謝イメージング ……………………………… 217
3	走査型イオンコンダクタンス顕微鏡 … 220
3.1	SICMにおけるピペット-試料間距離制御 …………………………… 220
3.2	SICMによる生細胞表面の評価 … 221
4	おわりに …………………………… 223

【実用編—バイオ電池】

第14章　バイオ電池の原理と実際　池田篤治

1	しくみと特徴 ……………………… 231
2	プロトタイプ水素-酸素バイオ電池 … 235
2.1	水素-酸素バイオ電池の基本特性とその評価法 …………………… 236
3	水素の製造 ………………………… 247
4	光合成-呼吸電池 …………………… 248
4.1	シアノバクテリアとビリルビンオキシダーゼ（BOD）を用いる光合成-呼吸電池 ………………………… 249

第15章　グルコース-空気燃料電池　谷口　功

1	はじめに …………………………… 252
2	グルコース-空気反応のエネルギーと生物燃料電池の起電力 …………… 253
3	糖-空気燃料電池構成のための電極反応特性 ………………………………… 253
4	酵素電極を用いたグルコース-空気生物燃料電池 …………………………… 254
5	酵素系バイオ燃料電池特性の改良 … 257
6	酵素の電極上での直接電子移動反応を利用した生物燃料電池特性の改良 … 257
7	グルコース酸化のための金属電極 … 260
7.1	金属電極の触媒作用 …………… 260
7.2	アンダーポテンシャルデポジション（UPD）法による触媒電極の作製 … 262
7.3	異種金属担持金電極上でのグルコース酸化反応特性 ………………… 263
8	アルカリ性グルコース-空気燃料電池の作製 ………………………………… 264
9	エネルギー事情・環境問題とグルコース-空気電池 ……………………… 266
10	おわりに：糖（グルコース）-空気電池の未来 ……………………………… 267

第16章　MEMSバイオ電池技術　安部　隆, 西澤松彦

1　はじめに ………………………… 271
2　MEMS微小機構の活用 …………… 272
3　MEMS製造技術の活用 …………… 274
   3.1　MEMS製造技術とは？ ……… 274
   3.2　バイオマイクロ燃料電池用材料 ‥ 275
   3.3　バイオマイクロ燃料電池のための
　　　　MEMS製造技術 ……………… 277
4　MEMS燃料電池の例 ……………… 278
5　おわりに ………………………… 281

第17章　アスコルビン酸燃料電池　藤原直子

1　はじめに ………………………… 283
2　アスコルビン酸の電気化学的酸化反応
　　　………………………………… 283
3　アスコルビン酸燃料電池の発電特性 ‥ 284
4　PEFCにおけるバイオ燃料利用の可能性
　　　………………………………… 287

第18章　直接電子移動型バイオ電池　辻村清也, 加納健司

1　直接電子移動型の酵素機能電極反応 ‥ 290
2　酸素還元反応触媒 ………………… 291
   2.1　マルチ銅酸化酵素 …………… 291
   2.2　酵素反応律速の電流-電圧曲線 ‥ 292
   2.3　酸化還元電位と触媒電流 …… 294
   2.4　酸素拡散律速の電気化学的4電子
　　　　還元反応 ………………………… 295
3　燃料酸化極 ……………………… 297
4　直接電子移動反応に基づくバイオ電池の
　　試作と評価 ……………………… 298

第19章　微生物燃料電池の最新の進歩　渡辺一哉, 石井俊一

1　はじめに ………………………… 303
2　MFCの原理 ……………………… 304
   2.1　MFCと内部抵抗 ……………… 304
   2.2　MFCの評価 …………………… 306
3　MFC装置の進歩 ………………… 307
   3.1　発電力の向上 ………………… 307
   3.2　二槽式MFC …………………… 308
   3.3　空気正極型MFC ……………… 308
   3.4　堆積相MFC …………………… 309
   3.5　その他のMFC ………………… 310
4　電気産生微生物 …………………… 311
   4.1　電子メディエータとナノワイヤー
　　　　……………………………… 311
   4.2　電気産生時の複合微生物群集 …… 312
5　実用化に向けて …………………… 313

【基礎編】

【裏表紙】

第1章　基本事項

池田篤治[*1]，巽　広輔[*2]，片野　肇[*3]，加納健司[*4]

1　代謝と電池

　代謝と電池は酸化還元反応という共通の基盤で結ばれている。代謝においてはブドウ糖が酸素で酸化される反応

$$C_6H_{12}O_6 + 6O_2 \rightarrow 6CO_2 + 6H_2O \tag{1}$$

からエネルギーが取り出される。
この反応を，プロトンと電子が露わな形で表すと次の二つの半反応

$$C_6H_{12}O_6 + 6H_2O \rightarrow 6CO_2 + 24H^+ + 24e^- \tag{1a}$$
$$6O_2 + 24H^+ + 24e^- \rightarrow 12H_2O \tag{1b}$$

に分けることができる。ブドウ糖から24個の電子が取り出されて6個の酸素分子へ取り込まれる。並行してプロトンの移動が起こり正味6分子の水が生じる。
燃料電池で起こる水素と酸素の反応

$$2H_2 + O_2 \rightarrow 2H_2O \tag{2}$$

も同様にして二つの半反応

$$2H_2 \rightarrow 4H^+ + 4e^- \tag{2a}$$
$$O_2 + 4H^+ + 4e^- \rightarrow 2H_2O \tag{2b}$$

に分けることができ，2分子の水素から4個の電子が取り出されて1分子の酸素へ取り込まれる。並行してプロトンの移動が起こり2分子の水が生じる。図1に示すようにこの二つの半反応

---

*1　Tokuji Ikeda　福井県立大学　生物資源学部　生物資源学科　教授
*2　Hirosuke Tatsumi　福井県立大学　生物資源学部　生物資源学科　助手
*3　Hajime Katano　福井県立大学　生物資源学部　生物資源学科　助教授
*4　Kenji Kano　京都大学　大学院農学研究科　応用生命科学専攻　教授

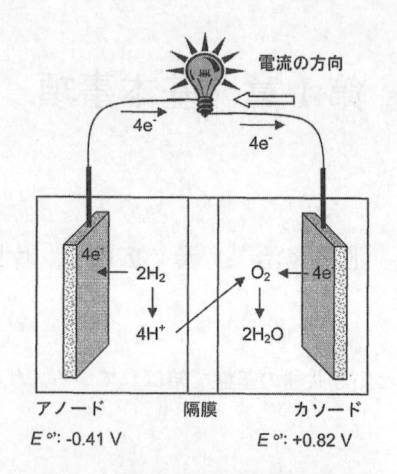

バイオ電気化学の実際——バイオセンサ・バイオ電池の実用展開——

図1 水素燃料電池の反応模式図

　が別々の電極で起こる。片方の電極（アノード；陽極）で水素から電子が取り出され(2a)，外部の線を通ってもう一方の電極（カソード；陰極）で酸素へ取り込まれる。アノードで放出されたプロトンは電池内部を移動してカソード電極で水が生成する(2b)。外部の線を通って電子が移動することは電流計で確かめることができるし，電球を点燈したり，モーターを回転させたりして実感できる。電気の流れは電流と呼ばれて，電子の移動とは逆方向と定義されるので，電流がカソードからアノードへ流れると言う。アノードというのは酸化反応（電子が出て行く反応：(2a)）が起こっている電極のことであり，カソードというのは還元反応（電子を取り込む反応：(2b)）が起こっている電極のことである。従って実際は電子がアノードからカソードへ流れている。このような電子の流れが起こるのは，(2a)と(2b)の酸化還元反応を組み合わせた場合に電子は(2a)から(2b)へ移動する傾向を持つからである（正味の反応は(2)）。電子は(2a)の状態のほうが(2b)の状態より高いエネルギー状態にあるので線を通って低いエネルギー状態の方へ移動する。電球やモーターを繋げば，このとき放出されるエネルギーが利用できることになる。

　代謝反応(1)も同じように考えれば，ブドウ糖の燃料電池ができる。アノードでブドウ糖から外部の線へ電子が取り出され(1a)，プロトンは電池内部を移動してカソードで電子とともに酸素と反応して水が生成する(1b)。こうして代謝エネルギーが電気エネルギーとして取り出せる。一日当たりヒトが2200キロカロリー相当の食物をとるとすると，代謝によってほぼ100ワットのエネルギーが取り出せる。すなわち，100ワットの電球を24時間点灯させるだけのエネルギーに相当する。そのうち約60％は体温維持のため熱として失われ，残りのエネルギーで人は物を運んだり，書き物をしたり，考えたりする日常の営みができるわけである。

第1章 基本事項

2 電圧

　大切なことは，(1)や(2)のような酸化還元反応を二つの半反応に分けることができて，電子はエネルギーの高い状態（(1a), (2a)）から低い状態（(1b), (2b)）へ移動する，と言うことである。この移動の過程でエネルギーを取り出すことができる。それぞれの半反応のエネルギー状態は標準酸化還元電位$E^{o'}$の値として知ることができる。表1にいくつかの興味ある酸化還元反応の$E^{o'}$値を示した。反応式は左辺に電子が含まれるように統一してある。実際の反応はかならず二つの半反応の組み合わせで起こるので，二つの$E^{o'}$値の差が電池の電圧となる。図1の電池では，表の1から9を引いて，電圧$\Delta E^{o'}(=E_1^{o'}-E_2^{o'})$は1.23 V（ボルト）と計算される。電子は負電荷を持っているので，$E^{o'}$値が負に大きいほど高いエネルギー状態にある。従って9の反応は左向きに起こり，電子が9から1に移ろうとする。二つの式の電子の数が合うように係数をそろえると正味の反応（(2)式）になる。いま2 mol（モル）の水素が使われると，その2倍の電子がこの電位の差を9から1へ流れ落ちる。このとき取り出すことができるエネルギー（標準ギブスエネルギー変化）$\Delta G^{o'}$（J：ジュール）は，この電位の差$\Delta E^{o'}$（V：ボルト）に，そこを流れ落ちる電気の量Q（C：クーロン）を乗じた量（J = CV）であり，次の式

$$\Delta G^{o'} = -nF\Delta E^{o'} \tag{3}$$

で計算できる。ここでnは電子数，Fはファラデー定数（1 mol当たりの電気量で$F = 9.6485 \times 10^4$ C mol^{-1}）で，いまの場合$n = 4$であるから$\Delta G^{o'} = -4 \times 9.6485 \times 10^4 \times 1.23$ C（クーロン）V（ボルト）mol^{-1} = -474.7 kJmol^{-1}と計算される。$\Delta G^{o'}$が負の値となるのは，エネルギーが取り出せることを意味している。同様にして(1)式の反応に基づいたブドウ糖電池は表の1から10を差し引いて

表1　生体酸化還元半反応の標準酸化還元電位 $E^{o'}$(pH7.0)：標準水素電極（SHE）基準*

	反		応	$E^{o'}$/V
1	$O_2 + 4H^+ + 4e^-$	↔	$2H_2O$	+0.82
2	$2HNO_3 + 10H^+ + 10e^-$	↔	$N_2 + 6H_2O$	+0.80
3	$CO_2 + 8H^+ + 8e^-$	↔	CH_4（メタン）$+ 2H_2O$	-0.25
4	$NAD^+ + H^+ + 2e^-$	↔	NADH	-0.32
5	HCOOH（蟻酸）$+ 4H^+ + 4e^-$	↔	CH_3OH（メタノール）$+ H_2O$	-0.36
6	グルコン酸 $+ 2H^+ + 2e^-$	↔	グルコース（ブドウ糖）$+ H_2O$	-0.36
7	$CO_2 + 6H^+ + 6e^-$	↔	CH_3OH（メタノール）$+ H_2O$	-0.40
8	CH_3COOH（酢酸）$+ 4H^+ + 4e^-$	↔	C_2H_5OH（エタノール）$+ H_2O$	-0.36
9	$2H^+ + 2e^-$	↔	H_2	-0.41
10	$6CO_2 + 24H^+ + 24e^-$	↔	グルコース（ブドウ糖）$+ 6H_2O$	-0.43
11	$2CO_2 + 12H^+ + 12e^-$	↔	C_2H_5OH（エタノール）$+ 3H_2O$	-0.32

*SHE（NHEと書くこともある）：水素ガス1気圧，水素イオン活量1の塩酸溶液（pH = 0）が示す酸化還元電位（反応9）を基準電極電位，すなわち$E^o(2H^+/H_2) = 0$と定義。

表2　物理定数と電気化学関連量（25℃）

R	気体定数	$8.31447\ \mathrm{J\ K^{-1}\ mol^{-1}}$
F	ファラデー定数	$9.64853\times 10^4\ \mathrm{C\ mol^{-1}}$
N_A	アボガドロ数	$6.02214\times 10^{23}\ \mathrm{mol^{-1}}$
e^-	電子電荷	$1.60217\times 10^{-19}\ \mathrm{C}$
k	ボルツマン定数	$1.38065\times 10^{-23}\ \mathrm{J\ K^{-1}}$
F/RT		$38.92\ \mathrm{V^{-1}}$
RT/F		$25.69\ \mathrm{mV}$
$2.303RT/F$		$59.16\ \mathrm{mV}$
RT		$2.48\ \mathrm{kJ\ mol^{-1}}$

化学便覧，改訂5版，日本化学会編，丸善，基礎編 I-3（2004）

1.25 Vの電圧が期待でき，1 molのブドウ糖が使われると24倍の電子が移動するので，(3)式から$\Delta G^{\circ\prime}=-2894.6\ \mathrm{kJmol^{-1}}$となる。1グラム当たり取り出せるエネルギーとして計算すると，水素の118.6 kJに比べてブドウ糖では16.1 kJと大変小さいが，水素は常温では気体なので1グラム相当の体積は12.2リットルと大変大きな容積を占める（高圧にすれば体積を小さくできるが電池への実用を考える場合は軽量で耐圧性に優れた容器が必要になる）。これに対して，ブドウ糖1グラムを含む飽和溶液の体積は2ミリリットルであり，1リットル当たり取り出せるエネルギーは水素の9.7 kJに比べてブドウ糖では8050 kJと800倍以上にもなる。

標準酸化還元電位と式量電位：標準酸化還元電位E°は，反応に関与する種が全て単位活量の状態で定義されるが，実際には活量ではなく濃度を用いる測定が多い。単位濃度の状態で測定される電位は式量電位（formal potential）と呼ばれ$E^{\circ\prime}$と表わされる。$E^{\circ\prime}$は溶液の組成（イオン強度など）に依存する。反応式に水素イオンが含まれる場合，水素イオン単位活量（単位濃度1 M, pH = 0）の状態は生理条件とはかけ離れているので，生化学反応では特にpHを指定して（通常pH7.0）そのときの標準酸化還元電位を$E^{\circ\prime}$（表1）と表すことが多い（詳しくは文献1参照）。

3　電流

外部の線を通ってどれくらいの電流が流れるだろう。電流は一秒間に電極を通って移動する電荷の量であって，A（アンペア）という単位で表される。これは外部の線に繋ぐモーターや電球の抵抗に依存する。予想される通り抵抗が大きいほど電子の流れ，すなわち電流は小さくなる。それでは逆に抵抗をどんどん小さくしていくと電流はいくらでも大きくなるかというと，そうでは無く電池自身が持っている上限がある。図1を例にとって説明すると，電流が流れると電池内部では，①アノードで(2a)の反応に従って単位時間（1秒間）当たりある量の電子が電極へ移動し，②この反応で生じたプロトンが正電荷をカソード極へ運ぶ（負荷電イオンがアノードへ移動

第1章　基本事項

することもある)。そして，③このプロトンと，外部の線からの電子とがカソード極で(2b)の反応に使われる。電流の上限はこの三つのうちの一番遅い過程で決まる。通常の電池では電極反応の速度（①(2a)または③(2b)）が律速となるので，反応速度を上げる為に白金のような金属触媒を付けた電極が用いられ，その特性が電池の性能に大きく影響する。なお，電流は，単位面積当たりの値である電流密度で評価されることが多い。

ブドウ糖は常温中性といった穏和な条件では(1a)式の電極反応速度が極端に小さいので観察できるような電流は流れない。また，白金のような金属は触媒作用を示さない。そこで，生体内代謝で働いている酵素を触媒に用いて電極反応速度を促進させようというのが，本書の実用編で取り上げるバイオ電池の研究である。

4　電圧と電流の関係：電気化学測定

電池の能力は電力（電圧と電流の積で与えられ，単位時間当たりのエネルギー出力：W（ワット）＝VA）で表される。先に述べたように，電圧は関与する二組の酸化還元反応の$E^{o'}$値の差に，また電流はアノード，カソード二つの電極反応速度に依存し，遅い方の電極反応速度に規制される。ところで，電極反応速度は電極の電位に依存して変化するので電圧と電流はお互いに独立ではない。従って，電池の能力を決定している因子を明らかにするには，電流と電圧の関係をはっきりさせることが肝要である。電池の電圧と電流の関係を測定するには，通常，図2に示すよう

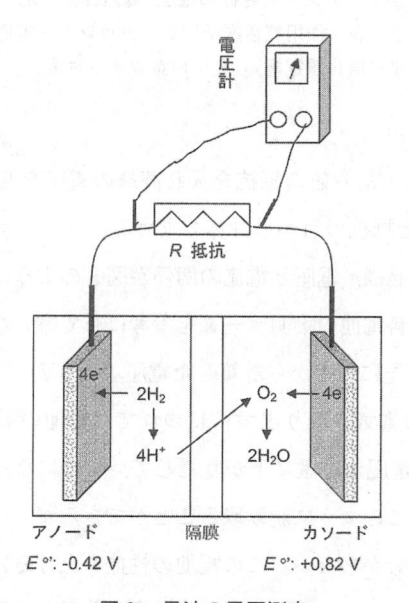

図2　電池の電圧測定

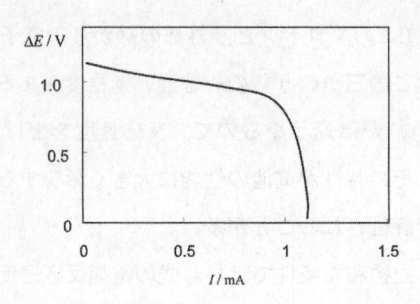

図3 図2に示した電池の電圧測定で得られる電圧-電流曲線

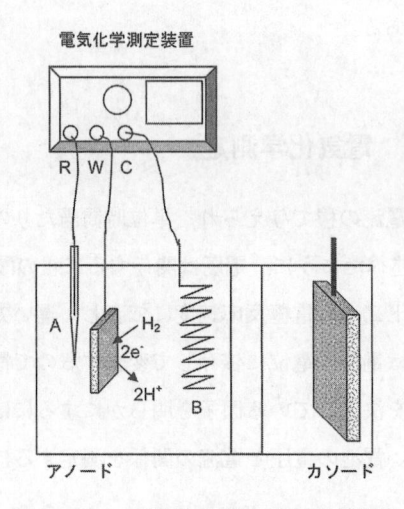

図4 アノード電極の電圧-電流曲線測定
R：参照電極端子，W：作用電極端子，C：カウンター電極（対極）端子
A：参照電極（銀−塩化銀電極），B：白金コイル対極

にアノードとカソードの間に，ある値の抵抗を入れ両端の電圧を測定する．電流はオームの法則 $I = \Delta E/R$ に従って，電圧と抵抗の値から計算で求めることができる．一連の異なる値の抵抗を用いて同様の測定を繰り返せば，電圧と電流の関係が図3のように求められる．この図は微生物を触媒として用いた水素燃料電池の実測データを参考にして書いたものである．電流がごくわずかしか流れないときには，先に表1から計算した電圧（1.23 V）に近い電圧が得られるが，電流が大きくなる（たくさんの電気を取り出す）につれて，電池の電圧が下がってくる．電流が1 mAを越えたところから，電圧が急激に下がりだして，ゼロになってしまうので，電力が取り出せなくなる．電池の性能はこのように読み取ることができるが，この図からは，どのような反応が性能を決めているのかは分からない．この電池の性能を上げるにはどのようにすればいいのだろう．アノード側，カソード側，それとも電池内の電荷移動が問題なのだろうか．このような

第1章　基本事項

疑問に答える指針を得るにはアノード電極，カソード電極での挙動を別々に測定する必要がある。その方法を図4にアノード電極を対象にした測定図として示した。この測定においては，外部から強制的に電圧を加え，それに伴って流れる電流を測定する。電圧を外部から規制して電流を測定する装置はポテンショスタットと呼ばれ，電圧を連続して変化させる装置と一体化させたものが電気化学測定装置として市販されている（安価なものは30万円程度で購入できる）。図4でアノード電極の電位は，参照電極（銀/塩化銀のような電極）に対して規定され，電流は対極との間に流れる。カソード電極についても同様の測定を行って，両方の結果を合わせると，図3を再現することができる。詳しくは，実用編でバイオ水素燃料電池を具体例として説明する。

　電気化学測定は，さまざまの化合物の酸化還元特性を調べるのに必須であり，無機，有機化学の研究分野に広く利用されており，生化学の分野でも有用な情報を与えてくれる。また，実用編で取り上げるバイオセンサの研究においても基本となる測定である。マニュアルに従えば電気化学測定は難しいことではない。しかし，測定された電流-電位曲線が何を意味しているかを正しく知ることはそれほど容易ではない。次章以下ではこの点に特に留意して3電極法による電気化学測定の実際を詳しく述べる。

エネルギーと電力：電池から取り出せる最大エネルギーは(3)式から，電池電圧$\Delta E^{\circ\prime}$と移動する電気量（1モル当たりnFクーロン）の積で与えられる。一方，電力は単位時間あたりにどれだけのエネルギーが取り出せるかを表わす。電流は単位時間（1秒間）に移動する電気量なので，電力は電圧$\Delta E^{\circ\prime}$と電流Iの積で与えられる。

　ここで，電位の差$\Delta E^{\circ\prime}$はこの落差を流れる電気の量（電子の数）には依存しない，すなわち$E^{\circ\prime}$の値は反応式中に現れる電子の数に依存しないことに注意しよう。たとえば，表1の反応9は，$H^+ + e^- \leftrightarrow \frac{1}{2}H_2$と書いてもかまわない。

文　　献

1)　化学便覧，基礎編II，改定5版，丸善，p.585（2003）

第2章　ボルタンメトリーの実際

池田篤治[*1], 巽　広輔[*2], 片野　肇[*3], 加納健司[*4]

　実際の測定例をとりあげ，電極近傍の溶液中で起こっている現象と対応させて測定結果の解析法と解釈を説明する。より厳密な取り扱いについては成書[2~7]を参照されたい。

1　測定

　図1にA：自作の電気化学測定装置とB：試料溶液用セル，C：市販の電極を示す。市販の測定装置はコンピューター制御でデータ処理ソフトも組み込まれている。マニュアルどおりに，3本の線を参照電極，作用電極，カウンター電極につなぐ。参照電極としては通常，銀／塩化銀電極が用いられ，カウンター電極には白金がよく用いられる。作用電極としては白金，金，炭素などが用いられるが，いずれも図1Cに示すように基材から円盤状に磨きだした表面を電極として使用する（電極の形状は実験データの解析に重要であり，理論的取り扱いが行われている図のような円盤状電極がよく用いられる）。実験に使用すると反応物が吸着するなどして電極表面が汚れる可能性があるので，できれば測定のたびごとに磨くのがよい（研磨用アルミナとパットがキットとして市販されている）。試料セルは小型のビーカーを代用してもよい。試料液内の電極配置は通常の測定ではあまり問題にならないが，できれば作用電極を真ん中にして，参照電極をできるだけ作用電極表面に近づけるのが望ましい（電流は作用電極とカウンター電極の間で流れるので，この中に参照電極が入らないほうがよい。詳しくは電気化学の本[3~5]を参照）。電圧は作用電極と参照電極との間に加えられるが，参照電極の電位は実際上一定に保たれるので，外部から加える電圧をそのまま作用電極の電位と呼ぶことが多い（実際は作用電極の電位と参照電極の電位（表1）との差である）。

　嫌気条件で測定する場合は窒素やアルゴンを通気（5分程度）して除酸素を行った後，試料液

　[*1]　Tokuji Ikeda　　福井県立大学　生物資源学部　生物資源学科　教授
　[*2]　Hirosuke Tatsumi　福井県立大学　生物資源学部　生物資源学科　助手
　[*3]　Hajime Katano　福井県立大学　生物資源学部　生物資源学科　助教授
　[*4]　Kenji Kano　　京都大学　大学院農学研究科　応用生命科学専攻　教授

第2章 ボルタンメトリーの実際

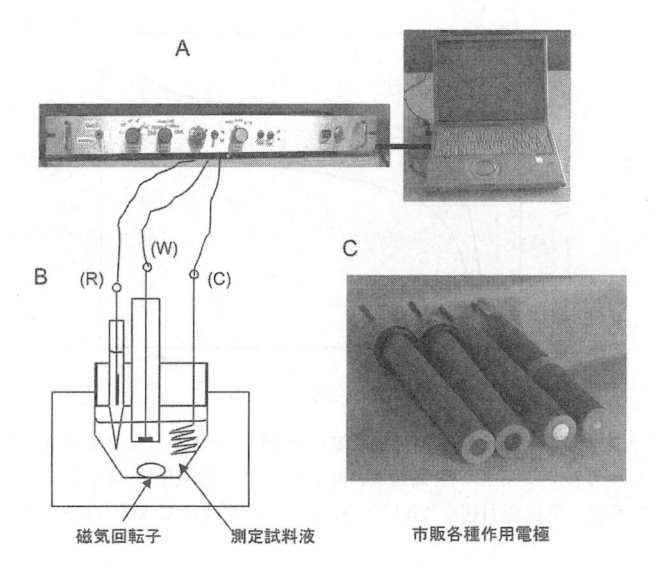

図1 電気化学測定系
A：電気化学測定装置 B：測定セル（試料液量は約1mL），(R) 参照電極（銀/塩化銀電極），(C) カウンター電極（対極ともいう）（白金コイル），(W) 作用電極。C：市販の作用電極（左からグラシーカーボン（GC）電極，プラスチックフォームドカーボン（PFC）電極，白金電極，金電極；長さ5.5cm，外径6mm，電極の直径3mm（金電極は1mm））。

表1 銀|塩化銀電極，カロメル電極の平衡電極電位（25℃）

電極系	E ($vs.$ SHE)/V
Ag|AgCl|0.1M KCl	0.289
Ag|AgCl|1.0M KCl	0.236
Ag|AgCl|飽和KCl	0.197
Hg|Hg$_2$Cl$_2$|0.1M KCl	0.3337
Hg|Hg$_2$Cl$_2$|1M KCl	0.2801
Hg|Hg$_2$Cl$_2$|飽和KCl	0.2412
Hg|Hg$_2$Cl$_2$|飽和NaCl	0.2360

SHE：標準水素電極

上面にガス通気を行いつつ測定する（除酸素ナシで測定を行うと溶液中の酸素が還元されるので，目的の測定に妨害となることがある。図2に示すようにグラシーカーボン電極の場合，中性条件で-0.4 V（Ag|AgCl|0.1M KCl対）くらいから酸素の還元による電流が流れ始める。水溶液に溶けている酸素濃度は常温でほぼ0.25mMである。温度を制御して測定を行う場合はウォータージャケットつきのセルを用いる。試料溶液の容量は0.5mL程度でも測定できるが，数mL程度あると測定が容易になる。生体試料などの場合はpHを制御するために緩衝塩を含む場合が多いので特に必要ではないが，塩を含まない溶液では塩化カリウムのような電解質を50mM程度添加して測定を行う（添加する塩を支持電解質と呼ぶ：詳しくは文献[2~5]参照）。試料の濃度は通常の測

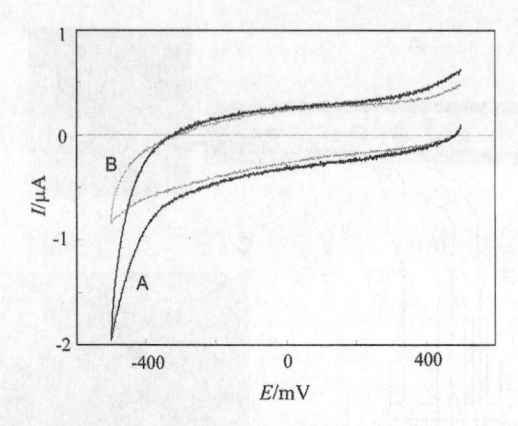

図2 ブランク溶液（25 mMリン酸緩衝液pH6.8）のサイクリックボルタンモグラム
電極：グラシーカーボン，A：空気飽和，B：アルゴン通気して除酸素後，参照電極：Ag|AgCl|0.1 M KCl，電位掃引速度：0.1 Vs^{-1}（ブランク電流は電位掃引速度にほぼ比例して大きくなる）。

定では0.1 mMから数mM程度が適当である（より低い濃度や，より高い濃度でも測定可能であるが，濃度が低い場合はブランク電流からの分離が難しくなり，濃度が高すぎると，電流の値が解析式の適用範囲を超えたり，装置の許容電流を超える場合がある）。

炭素電極：グラシーカーボン(GC)，プラスチックフォームドカーボン(PFC)，パイロリティックグラファイト(PG)（結晶面に平行なベーサル面と垂直なエッジ面で電極特性が異なる），高配向性パイロリティックグラファイト(HPG)などいろいろなグラファイトを用いた電極が市販されている。比較的安価で汎用性あるGC電極とPFC電極がよく用いられる。

1.1 サイクリックボルタンモグラム

図3に1 mMヘキサシアノ鉄酸(II)イオン（Fe(CN)$_6^{4-}$）と1 mMヘキサシアノ鉄酸(III)イオン（Fe(CN)$_6^{3-}$）のサイクリックボルタンモグラムを示す。Fe(CN)$_6^{4-}$（図3A）の場合，初期電位-0.2 Vから始めて0.5 Vまでの範囲を一定の電位掃引速度200 mVs^{-1}で往復させている。点線で示したような線を引き，正方向掃引のピーク（上向き）電流i_{pa}とピーク電位E_{pa}，負方向掃引のピーク（下向き）電流i_{pc}，ピーク電位E_{pc}を求める。二つのピーク電位の中点の電位E_m

$$E_m = (E_{pa} + E_{pc})/2 \tag{1}$$

は，反応

$$\mathrm{Fe(CN)}_6^{3-} + e^- \rightleftharpoons \mathrm{Fe(CN)}_6^{4-} \tag{2}$$

第2章　ボルタンメトリーの実際

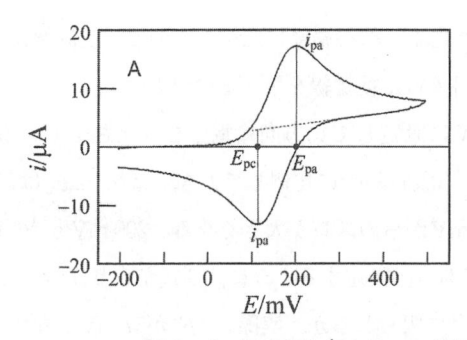

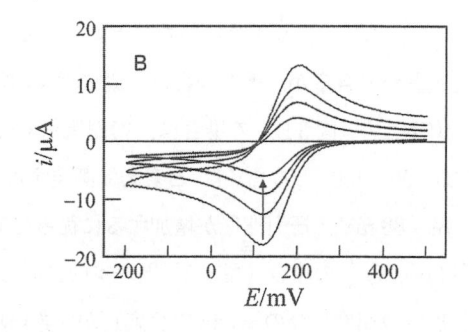

図3　A：$Fe(CN)_6^{4-}$とB：$Fe(CN)_6^{3-}$のサイクリックボルタンモグラム

0.1 M NaClを含む50 mMリン酸緩衝液（pH6.8）中A：1 mM $Fe(CN)_6^{4-}$，B：1 mM $Fe(CN)_6^{3-}$。PFC電極使用。Aの場合−0.2 VからBの場合0.5 Vから電位掃引（200 mVs^{-1}）開始。Bの場合電位掃引を200, 100, 50, 20 mVs^{-1}と変化（矢印）させて記録。参照電極：Ag|AgCl|0.1 M KCl。

の式量電位$E^{o'}$の値にほぼ等しい。図3Aから求めたE_m値は0.164 Vであり，これに参照電極（Ag|AgCl(0.1 M KCl)）の電位（表1）を加えると0.453 Vとなる。サイクリックボルタンモグラムの具体例として$Fe(CN)_6^{3-}$がよく使われるが，反応(2)の$E^{o'}$値はイオン強度やpHなど溶液組成に強く依存することに留意されたい（ここでの$E^{o'}$は文献1，II-581頁にある標準酸化還元電位E^{o}の値0.361Vとは大きく異なっている）。

ピーク電流と濃度の関係は

$$i_{pa} = 2.69 \times 10^5 \times AD_R^{1/2} v^{1/2} c_R^* \tag{3}$$

で与えられ，$i_{pc}/i_{pa} = 1$であるが，この式が使えるのは，ボルタンモグラムのE_{pa}とE_{pc}の差ΔE_pが57 mV（25℃）（57/n mV; nは反応の電子数で今の場合$n=1$）のときに限られる。ここでAは電極表面積（今の場合7.1×10^{-2} cm^2），D_Rは$Fe(CN)_6^{4-}$の拡散係数，vは電位掃引速度（今の場合0.2 Vs^{-1}）でc_R^*は$Fe(CN)_6^{4-}$の濃度（今の場合10^{-6} molcm^{-3}）である。図3Aから求めたΔE_pは86 mVと(3)式が使える条件57 mVより大きいが，これらA, v, c_R^*の値と実測のi_{pa}値を用いて(3)式からD_Rを計算すると4.1×10^{-6} cm^2 s^{-1}という値を得る。これは表2の文献値[2]

表2　ヘキサシアノ鉄酸(II)/(III) イオンの拡散係数Dの測定値（25℃）

溶液のKCl濃度/M	D/cm^2 s^{-1}	
	$Fe(CN)_6^{4-}$	$Fe(CN)_6^{3-}$
0.01		7.84×10^{-6}
0.1	6.50×10^{-6}	7.62×10^{-6}
1.0	6.32×10^{-6}	7.63×10^{-6}
3.0	6.2 ×10^{-6}	7.36×10^{-6}

文献2），106頁より

バイオ電気化学の実際——バイオセンサ・バイオ電池の実用展開——

$6.5×10^{-6}$ cm^2 s^{-1}より幾分小さな値となる。ピーク電流は試料濃度に比例するので，電流値から濃度定量ができるが，その場合は，既知濃度の試料で得た検量線を用いるのがよい。

　Fe(CN)$_6^{3-}$（図3B）の場合は，初期電位を0.5Vに設定して負方向に電圧を変化させている。vを20，50，100，200 mV s^{-1}と変えて測定すると，電流は$v^{1/2}$に比例して大きくなり，ΔE_pは75，77，80，88 mVと掃引速度が増加するに従って57 mVからのズレが大きくなる。200 mV s^{-1}の結果はFe(CN)$_6^{4-}$の場合（図3A）と基本的に同じである。後述するように，(3)式が成り立つのは，電極反応の速度（今の場合(2)の反応）が大きい場合に限られるが，実際にΔE_pが57 mVとなるようなサイクリックボルタンモグラムを得るのは大変難しい。反応には電極の表面状態（従って電極の研磨状態）が大きく影響する。逆に言えばサイクリックボルタンモグラムの形状から電極反応過程についての詳しい情報を得ることができるが，そのためには電気化学のかなりの知識と経験が必要である。バイオ関係の電気化学ではこのような立ち入った考察を要求されることはあまり無いが，どうしても電極過程の考察が必要な場合は，専門書[2~5]を参照戴きたい。可能であれば専門分野の人に相談されることをおすすめする。

　基本的にはピーク位置の電圧と電流の値からそれぞれFe(CN)$_6^{3-}$/Fe(CN)$_6^{4-}$の酸化還元電位と濃度の情報が得られるのであるが，ボルタンモグラム全体の形は何を意味するのだろうか。実験の方法を少し変えてみると，次に示すようにボルタンモグラムがピークを持たない形に変化する。

1.2　定常状態のボルタンモグラム

　図5はPFC電極の表面に半透膜（生化学実験で用いる透析膜，作成法は図4）を貼り付けて

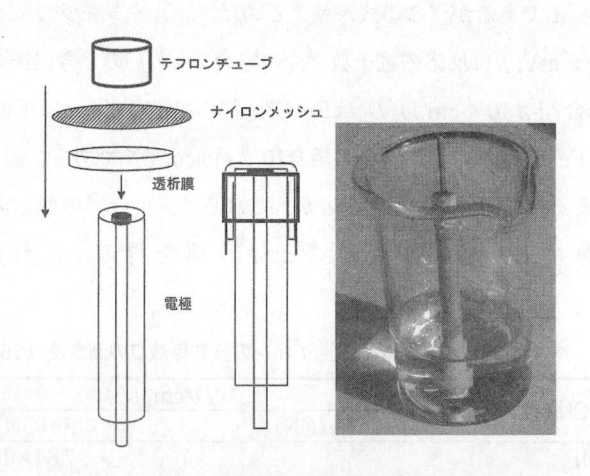

図4　膜被覆PFC電極作成法
電極表面に水で膨潤させた後の透析膜を載せ，テフロンチューブで固定する。透析膜の上をナイロンメッシュで覆うと物理的強度が増す。透析膜と電極表面との間に隙間ができないよう注意する。

第2章　ボルタンメトリーの実際

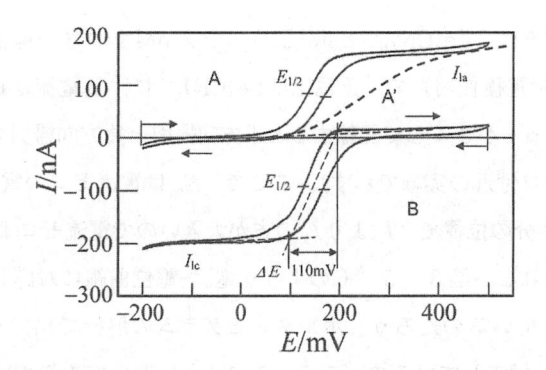

図5　膜被覆PFC電極（溶液攪拌）におけるサイクリックボルタンモグラム
図2と同じ溶液（A：1 mM Fe(CN)$_6^{4-}$とB：1 mM Fe(CN)$_6^{3-}$）使用。電位掃引速度：0.5 mVs^{-1}。参照電極：Ag|AgCl|0.1 M KCl。A'：電子移動反応が非可逆な場合に予想されるボルタンモグラム（本文参照）。

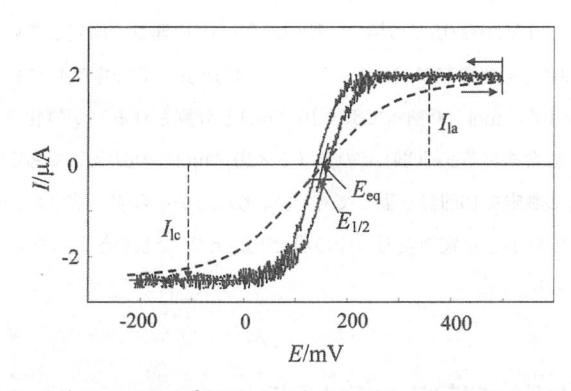

図6　Fe(CN)$_6^{4-}$とFe(CN)$_6^{3-}$両方を含む場合のサイクリックボルタンモグラム（ブランク電流補正済み）
2 mM Fe(CN)$_6^{4-}$と2 mM Fe(CN)$_6^{3-}$を含む25 mMリン酸緩衝液pH6.8。膜被覆グラシーカーボン電極（溶液攪拌），電位掃引速度：1 mV s^{-1}。E_{eq}：平衡電位，$E_{1/2}$：半波電位。参照電極：Ag|AgCl|0.1 M KCl。破線は電子移動反応速度が遅い場合に予想されるボルタンモグラム（本文参照）。

測定したサイクリックボルタンモグラムである。この場合は，セル内の磁気攪拌子で試料溶液を攪拌しながら測定を行う。Aは1 mM Fe(CN)$_6^{4-}$，Bは1 mM Fe(CN)$_6^{3-}$を含む溶液についての測定結果である。図3のA，Bと違って電位掃引とともにある高さの電流（限界電流I_lという）に達して一定となり，往きと帰りの電流–電位曲線がほぼ重なる。Fe(CN)$_6^{4-}$の場合Aは正の限界電流（I_{la}）が，Fe(CN)$_6^{3-}$の場合Bは負の限界電流（I_{lc}）が流れるので両者の区別ができる（図3の測定では区別ができない）。特徴的な電位として，限界電流の高さの半分の位置の電位を半波電位$E_{1/2}$と呼ぶ。ここでは往きと帰りのボルタンモグラムで異なる$E_{1/2}$の値を与えるが，電位掃引速度をさらに小さくして記録すると，正方向掃引と負方向掃引のボルタンモグラムが完全に

重なるようになる。図6は，$Fe(CN)_6^{4-}$と$Fe(CN)_6^{3-}$を2mMずつ含む場合のボルタンモグラム（図5とは異なる膜被覆電極使用）で，正電流は$Fe(CN)_6^{4-}$に，負電流は$Fe(CN)_6^{3-}$によるもので，電位掃引速度をずっと小さくして記録すると正方向掃引と負方向掃引のボルタンモグラムは一致する（図の電流ゼロ付近の実線で示す）。ここで，E_{eq}は電流ゼロの電位で平衡電位と言う。$E_{1/2}$は全電流$I_{la}-I_{lc}$の半分の位置で，I_{la}よりI_{lc}の方が大きいので電流ゼロより下側に来る。

このようにして得られる，図3，5，6のような電流-電位曲線に対応して，試料液の中でどのようなことが起こっているのだろう。ボルタンモグラムの解析で出てくるi_p，E_p，I_l，$E_{1/2}$，E_{eq}がどのような状況に対応しているのだろう。このことについて次節で詳しく見ていくことにしよう。

電気化学測定は実際上非破壊測定である：一回の測定でどれくらいの試料が電極反応に使われるか計算してみよう。図5のAの場合，0.1 Vから0.5 Vの間（一秒間に0.5 mVの速さで測定しているから，この間に1600秒かかる）にわたって約0.2 μAの電流が流れる。従って，$320×10^{-6}$ Cの電気量に相当する$Fe(CN)_6^{4-}$（ファラデー定数$F=9.6485×10^4$ C mol^{-1}で割って$3.3×10^{-9}$ molと計算される）が酸化される。これは，1 mM $Fe(CN)_6^{3-}$溶液（5 mL）に含まれる$Fe(CN)_6^{3-}$の量（$5×10^{-6}$ mol）の0.066%である。このように非常にわずかな量であるので，同じ測定を10回繰り返しても，0.66%にしかならず，溶液の$Fe(CN)_6^{4-}$濃度は実際上変わらないといえる。反応は小さな電極表面（今の場合0.07 cm^2）でしか起こらないので，反応で消費される試料の量はごく微量である。

2 ボルタンメトリーで起こっていること

電流と電圧の関係を示す図3や図5の電流-電位曲線（電流-電圧曲線とも言う）をボルタンモグラムと呼ぶ。電圧をある値の間で往復させる測定法をサイクリックボルタンメトリーと言い，CVと略す場合が多い。これに対して電圧を一方向だけの掃引で止める測定法はリニアスイープボルタンメトリー（略してLSV）と言う。なお，これらの方法で記録した電流-電位曲線（サイクリックボルタンモグラムおよびリニアスイープボルタンモグラム）自身をCVおよびLSVと略すこともある。

2.1 定常状態のボルタンモグラム

まず図5の電流-電位曲線，Aの場合を例にとって見ていこう。作用電極で起こる反応

$$Fe(CN)_6^{4-} \rightleftharpoons Fe(CN)_6^{3-} + e^- \tag{4}$$

の模式図を図7に示す。この反応で放出される電子が作用電極へ入り，外部回路に電流が流れ

第2章　ボルタンメトリーの実際

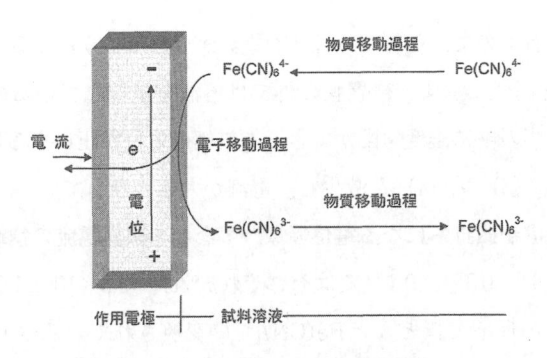

図7　作用電極で起こる基本反応

る。生成した$Fe(CN)_6^{3-}$は溶液内部へ移動する。電流が流れ続けるためには絶えず(4)の反応が起こっていなければならないので$Fe(CN)_6^{4-}$が溶液内部から電極界面へ絶えず補給される必要がある。電極界面での反応(4)を電子移動過程，溶液内部から電極界面へ$Fe(CN)_6^{4-}$が補給され，生じた$Fe(CN)_6^{3-}$が溶液内部へ移動する過程を物質移動過程と言う（電流-電位曲線の性質はもっぱら作用電極で起こる反応によって決まるのでカウンター電極の界面で起こっている反応は考えなくてよい）。このうち電極の電位（電圧）に直接影響をうけるのは電子移動過程である。

2.1.1　可逆電子移動反応の場合

電極電子移動過程(4)式の速さが物質移動過程の速さに比べて十分大きいときには，次のネルンスト式が成り立つ。

$$E = E^{\circ'} + \frac{RT}{nF}\ln\frac{c_o^\circ}{c_r^\circ} = E^{\circ'} + 59[\mathrm{mV}]\log\frac{c_o^\circ}{c_r^\circ} \quad (25°C) \tag{5}$$

ここでEは電極の電位，$E^{\circ'}$は式量電位，Rは気体定数$8.314\,\mathrm{JK^{-1}mol^{-1}}$，$T$は絶対温度で，$n$は電子数（今の場合1），$F$はファラデー定数$9.6485×10^4\,\mathrm{C\,mol^{-1}}$，$c_o^\circ$と$c_r^\circ$はそれぞれ酸化型（今の場合$Fe(CN)_6^{3-}$）および還元型（今の場合$Fe(CN)_6^{4-}$）の電極界面での濃度である。図5Aで最初の電位$-0.2\,\mathrm{V}$（計算には参照電極の電位$0.289\,\mathrm{V}$（表1）を加えた値$E = 0.089\,\mathrm{V}$を用いる）での$c_o^\circ$と$c_r^\circ$の比を，図から求めた$E^{\circ'} = 0.453\,\mathrm{V}$を用いて(5)式から計算すると，$c_o^\circ/c_r^\circ = 10^{-6}$となる。すなわちこの電位では，1 mM $Fe(CN)_6^{4-}$のうち電極界面で$Fe(CN)_6^{3-}$に酸化される量はごくごくわずか（百万分の一）であり，この程度の反応では電流として検出できない。図5Aで$0.1\,\mathrm{V}$になると電流上昇がみられ始め(4)式の電極反応が起こる。このときは$c_o^\circ/c_r^\circ = 0.12$となって，$Fe(CN)_6^{3-}$への酸化が10%程度になるので，電極に接している部分の$Fe(CN)_6^{4-}$濃度が薄くなる。そうすると，溶液内部の$Fe(CN)_6^{4-}$が濃度の薄い電極界面の方へ移動してくるので濃度比を$c_o^\circ/c_r^\circ = 0.12$に保つために(4)式の電極反応が連続して起こり，それだけの電流が流れる。電極の電位をさらに正方向へ移動すると(5)式に従ってc_o°とc_r°の比がどんどん大きくなり，酸化型の

電極界面濃度が増えて行くので、それだけ大きな電流が流れるようになる。電極近傍でのこのような濃度変化の様子を図8に示す。被覆膜の外では溶液を攪拌しているので$Fe(CN)_6^{4-}$濃度は1 mMに保たれ、被覆膜の中に濃度勾配ができる。電極の電位が正になるに従って、$Fe(CN)_6^{4-}$の界面濃度が$c_r°(2)$、$c_r°(3)$、$c_r°(4)$と減少し、電流が大きくなっていく。電流はこの濃度勾配に比例する。図5で電流が頭打ちになる電位領域、すなわち限界電流の領域での濃度比$c_o°/c_r°$を計算してみよう。例えば、0.3 V、0.4 Vではそれぞれ$c_o°/c_r° = 1.3 \times 10^2$と$1.5 \times 10^4$であり、電極界面で$Fe(CN)_6^{4-}$は(4)式の反応でほとんど$Fe(CN)_6^{3-}$に変換されている（0.3 Vで99.2%、0.4 Vで99.99%）。すなわち、図8の$c_r°(4)$に示すように$Fe(CN)_6^{4-}$の界面濃度が実際上ゼロになっている。これ以上大きい濃度勾配はできないので、濃度勾配に比例する電流は限界の大きさに達する。すなわち限界電流になる。結局、図5Aの電流-電位曲線は、図8のような被覆膜中での電位に依存した濃度勾配の変化を反映していることがわかる。

図5Bの電流-電位曲線も、$Fe(CN)_6^{3-}$溶液についての同様な考察によって理解できる（(4)式の反応が逆向きに起こるので電流が逆向きに流れる）。また、図6に示す$Fe(CN)_6^{4-}$と$Fe(CN)_6^{3-}$両方含む場合も、図5のAとBの和として同じように考えることができる。図5、6の電流-電位曲線の上昇部分には、ヒステリシスがみられる（限界電流の領域では、ブランク電流を補正すれば正方向掃引と負方向掃引の電流は一致する）が、これは、(4)式の電子移動反応にともなってできる被覆膜中の濃度勾配に時間のずれがあることを意味している。すなわち、迅速な電極反応による急激な界面濃度変化に続いて図8のような直線的な濃度勾配ができるにはある時間がかかる。被覆膜中に直線的な濃度勾配ができた後は、正方向と負方向掃引で同じ電流-電位曲線になり、この状態を定常状態と言う（図6には、電流ゼロ近傍での定常状態の電流-電位曲線を実線で示した）。この実線が電流ゼロ線と交わる点の電位を平衡電位E_{eq}と言う。この電位では電流が流れないから被覆膜中での濃度勾配がゼロ、すなわち、電極界面の濃度$c_o°$、$c_r°$はそれぞれ溶液中の$Fe(CN)_6^{3-}$と$Fe(CN)_6^{4-}$の濃度に等しい。今の場合、両者の濃度は同じ

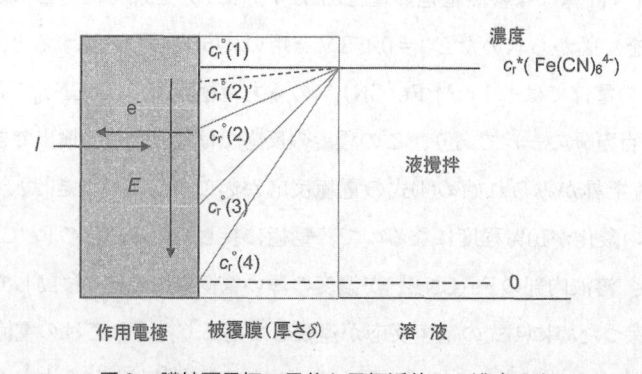

図8 膜被覆電極の電位と電極近傍での濃度分布

第2章　ボルタンメトリーの実際

（2 mM）であるので(5)式からわかるように$E_{eq} = E^{o'}$である。

　もう少し定量的な考察を行ってみよう。電極反応に関与する$Fe(CN)_6^{4-}$や$Fe(CN)_6^{3-}$のような化合物の物質移動速度はフラックスJ（単位時間（1秒間）に単位面積（1 cm²）を通って移動する物質の量：$mol\ cm^{-2}\ s^{-1}$）として次のように書ける。

$$\frac{I}{nFA} = J_r(x=0) = D_r\left[\frac{\partial c}{\partial x}\right]_{x=0} = D_r\frac{c_r^* - c_r^\circ}{\delta_r} \tag{6}$$

$$\frac{I}{nFA} = -J_o(x=0) = -D_o\left[\frac{\partial c}{\partial x}\right]_{x=0} = -D_o\frac{c_o^* - c_o^\circ}{\delta_o} \tag{7}$$

ここで、c_r^*とc_o^*は溶液中の濃度（今の場合試料液中の$Fe(CN)_6^{4-}$と$Fe(CN)_6^{3-}$の濃度）、D_rとD_oは還元型$Fe(CN)_6^{4-}$と酸化型$Fe(CN)_6^{3-}$の拡散係数、δ_r, δ_oは拡散層の厚さ（今の場合拡散層の厚さは被覆膜の厚さδで$\delta = \delta_r = \delta_o$）、$J$は単位面積当たりの電流$I/A$を電子数$n$とファラデー定数$F$で割った量に等しい。電極界面濃度$c_r^\circ$と$c_o^\circ$がゼロのときフラックスが最大（従って電流が最大）、すなわち限界電流I_{la}, I_{lo}になる。

$$\frac{I_{la}}{nFA} = D_r\frac{c_r^*}{\delta_r} \tag{6a}$$

$$\frac{I_{lo}}{nFA} = -D_o\frac{c_o^*}{\delta_o} \tag{7a}$$

これらの式を(5)式と併せると、電極の電位Eと電流Iとが界面濃度$c_r^\circ(c_o^\circ)$を介して結びついていることがわかる。界面濃度を消去すると図6の電流-電位曲線を表す次式が得られる。

$$E = E^{o'} + \frac{RT}{nF}\ln\frac{(D_r/\delta_r)}{(D_o/\delta_o)} + \frac{RT}{nF}\ln\frac{I - I_{lo}}{I_{la} - I} \tag{8}$$

平衡電位E_{eq}では(8)式で$I = 0$であるから

$$E_{eq} = E^{o'} + \frac{RT}{nF}\ln\frac{(D_r/\delta_r)}{(D_o/\delta_o)} + \frac{RT}{nF}\ln\frac{-I_{lo}}{I_{la}} = E^{o'} + \frac{RT}{nF}\ln\frac{c_o^*}{c_r^*} \tag{9}$$

となる。図6ではc_r^*（$Fe(CN)_6^{4-}$濃度）とc_o^*（$Fe(CN)_6^{3-}$濃度）が同じ2 mMであるから、平衡電位は式量電位$E^{o'}$に等しい。また、半端電位（電流Iが$(I_{la}+I_{lo})/2$の時の電位）$E_{1/2}$は

$$E_{1/2} = E^{o'} + \frac{RT}{nF}\ln\frac{(D_r/\delta_r)}{(D_o/\delta_o)} \tag{10}$$

となる。今の場合、$\delta = \delta_r = \delta_o$であるから、$E_{1/2} = E^{o'} + (RT/nF)\ln(D_r/D_o)$と式量電位とは第2項の値だけ異なる。$I_{la}$と$I_{lo}$の大きさの違いもまた、この$D$の値の違いによることがわかる（(6a), (7a)式）。図6から求めた$|I_{la}/I_{lo}|$（したがってD_r/D_o）は0.76であるので、第2項の値は$-7\ mV$と計算される。実際に図6で$E_{1/2}$はE_{eq}から7 mVだけ負になっている（表2のDの値か

らはD_r/D_oは0.86であり，この実験の被覆膜中では$Fe(CN)_6^{4-}$と$Fe(CN)_6^{3-}$のD値の違いが幾分大きいことを示唆している）。

(8)式で$I_{lo} = 0$とすれば図5のAに，また，$I_{la} = 0$とすれば図5のBに対応した式となる。図5，6のシグモイド型電流-電位曲線において，半波電位における接線（図5Bに波線で示す）の傾きは(8)式から$-(nF/4RT)I_{lc}$と計算される（25°Cで103 mV/n，今の場合$n = 1$）。この傾きは図5Bの波線と点線で示す解析によって電位幅ΔEとして評価されるが，こうして求めたΔEは110 mVである。計算値より少し大きいが許容範囲内の値と言える。ところで，電極電子移動速度が小さいと電極界面で(5)式が成り立たなくなる。それぞれの電位で(5)式に見合う濃度変化が起こる前に掃引によって別の電位へ移動してしまうからである。そうすると界面濃度変化が電位の変化から遅れて起こるので電流-電位曲線の傾きが大きくなる。次にこのような場合を考えよう。

ボルタンメトリーとポテンショメトリー：ボルタンメトリーが外部から電位を規制しながら，電流と電位（電圧）の関係を測定するのに対して，ポテンショメトリーでは電流が（実際上）流れない状態での電極の電位を測定する。電流が流れないのでカウンター電極は不要で，参照電極と作用電極との電圧（電位の差）を電圧計で測定する。図6で言えば，測定されるのはE_{eq}に相当する電位である。c_r^*（$Fe(CN)_6^{4-}$濃度）とc_o^*（$Fe(CN)_6^{3-}$濃度）の比を系統的に変えた一連の溶液についてポテンショメトリーを行えば，その結果は(5)式で説明でき，図6と同様な形状の濃度比-電位曲線（縦軸が電流の代わりに濃度比になる）が得られる。濃度比を試料液の吸収スペクトル変化などで測定しながらポテンショメトリーを行えば，式量電位$E^\circ{'}$を決定することができる。

水素イオンが関与する反応のネルンスト式：バイオ電気化学に関係深い第1章の表1のような酸化還元反応は次式で表されるように水素イオンが関与している。

$$O + mH^+ + ne^- = OH_m$$

このような反応のネルンスト式は

$$E = E^\circ + \frac{RT}{nF}\ln\frac{[H^+]^m c_o}{c_r} = E^\circ - (m/n) \times 59[mV] \times pH(25°C) + \frac{RT}{nF}\ln\frac{c_o}{c_r}$$

と書ける（c_oは酸化型（O）の濃度，c_rは還元型（OH_m）の濃度）。ここで

$$E^{\circ'} = E^\circ - (m/n) \times 59[mV] \times pH(25°C) \quad と置くと，\quad E = E^{\circ'} + \frac{RT}{nF}\ln\frac{c_o}{c_r}$$

と書ける。第1章の表1の脚注で述べたように，全ての酸化還元反応の電位は第1章の表1の反応9のpH = 0での電位を基準（$E^\circ(pH=0) = 0$と定義）にした値である。反応9では$n = 2$，$m = 2$なので1pH当たり59 mV負方向へ移行し，pH = 7のときは第1章の表1の値-413 mV（≈-0.41 V）になる。ちなみに生化学でよく出てくる反応4では$n = 2$，$m = 1$であり，その$E^{\circ'}(pH)$値は1pH当たり29.5 mV負方向に移行す

る。このように，生体酸化還元に重要な有機物の酸化還元電位はpHに依存することを忘れてはならない。

2.1.2　電極電子移動反応が非可逆である場合

この場合は(5)式が成り立たず，電極電子移動反応速度を表す式が必要になる。反応が非可逆で実際上一方向（酸化方向）にしか起こらない場合は

$$J = I/nFA = \vec{k} c_r^\circ \tag{11}$$

と書ける。反応速度は電極の電位が正になるほど大きくなる（電極電位が正になるほど電子は電極へ移動しやすい）ので，速度定数$\vec{k}$は次のように電位に依存した形に書ける。

$$\vec{k} = k^\circ \exp[(1-\alpha)(n_a F/RT)(E - E^{\circ\prime})] \tag{12}$$

ここで，k°とαはそれぞれ標準速度定数および移動係数（$0<\alpha<1$の値）と呼ばれる。n_aは電子移動反応の律速過程に含まれる電子数で必ずしもnに等しいとは限らない。(5)式の代わりに(11)式を用いて，(6)式とから界面濃度c_r°を消去すると，$I = I_{la}/(1+(D_r/\delta_r)/\vec{k})$ となり，(12)式を用いて次のような電流-電位曲線の式が書ける。

$$E = E^{\circ\prime} + \frac{RT}{(1-\alpha)n_a F} \ln \frac{(D_r/\delta_r)}{k^\circ} + \frac{RT}{(1-\alpha)n_a F} \ln \frac{I}{I_{la}-I} \tag{13}$$

この式を，電極界面でネルンスト式が成り立つ場合の(8)式（$I_{lo} = 0$とする）と比べると，対数の前の係数がRT/nFから$RT/(1-\alpha)n_a F$になっている。分母が小さくなるので電流-電位曲線の傾きが緩やかになる。

また，半波電位$E_{1/2}$（電流-電位曲線の高さが半分になるときの電位）は

$$E_{1/2} = E^{\circ\prime} + (RT/(1-\alpha)n_a F) \ln[(D_r/\delta_r)/k^\circ] \tag{14}$$

と書ける。(10)式の場合，右辺第2項は対数内の分母と分子がほぼ等しい値なので電位への寄与は大変小さい（図6の$E_{1/2}$とE_{eq}の差）が，(14)式では第2項の対数内は，物質移動過程の速度（濃度勾配）D_r/δ_rと電子移動過程の速度k°との比になっている。この比が大きい，すなわち電子移動速度が遅いほど$E_{1/2}$は正方向へ移動する。移動の大きさは対数の前の係数，従ってαによっても影響を受ける。典型的な非可逆ボルタンモグラムの形を図5A'に示す。この場合の状況を図8で説明すると次のようである。電極の電位を掃引して，ある電位（例えば，ネルンスト式（(5)式）に従うとすると界面濃度が$c_r^\circ(2)$になるような電位）に到達したとしよう。このとき電子移動反応$\vec{k}$が遅いと，電位掃引の時間内で界面濃度が$c_r^\circ(1)$から$c_r^\circ(2)$ではなく例えば$c_r^\circ(2)'$にまでしか減少しない（界面へ供給される濃度が多すぎて電極反応が追いつかない）ので点線で示す

ようなゆるやかな濃度勾配にしかならない。電流は電極界面の濃度勾配に比例するので，$c_r°(2)$ まで濃度減少が起こる場合に比べて同じ電位で小さな電流しか流れない。しかし，$\overleftarrow{k}$ は電位に依存して指数関数的に大きくなる((12)式)ので，十分電位を正に掃引すれば電子移動反応は大きくなり界面濃度がゼロ $c_r°(4)$ すなわち限界電流に達する（実際は図に示すような直線的な濃度勾配ができるのにもある時間がかかる）。このような事情で，半波電位の位置は物質移動の速度 D_r/δ_r と電子移動速度 $k°$ の比で決まることになる((13),(14)式)。

　反応が逆方向（還元方向）にしか起こらない場合も全く同様に取り扱うことができ，(11),(12)式に対応する

$$J = I/nFA = -\overleftarrow{k} c_o° \tag{15}$$

$$\overleftarrow{k} = k° \exp[-(\alpha n_a F/RT)(E - E°')] \tag{16}$$

と，(7)式から界面濃度 $c_o°$ を消去して，電流-電位曲線は

$$E = E°' - \frac{RT}{\alpha n_a F} \ln \frac{(D_o/\delta_o)}{k°} + \frac{RT}{\alpha n_a F} \ln \frac{I_{lo} - I}{I} \tag{17}$$

と書ける。この場合は物質移動の速度 D_r/δ_r と電子移動速度 $k°$ の比が大きくなるほど半波電位は負方向に移動する。

　より一般的には電極反応は酸化方向と還元方向の速度の差として次のように表される。

$$I/nFA = \overrightarrow{k} c_r° - \overleftarrow{k} c_o° \tag{18}$$

この式と(6),(7)式から界面濃度を消去すると

$$I = \frac{I_{la} + \frac{(D_r/\delta_r)}{(D_o/\delta_o)} \frac{\overleftarrow{k}}{\overrightarrow{k}} I_{lo}}{1 + \frac{(D_r/\delta_r)}{\overrightarrow{k}} + \frac{(D_r/\delta_r)}{(D_o/\delta_o)} \frac{\overleftarrow{k}}{\overrightarrow{k}}} \tag{19}$$

この式を(8)式や(13)式，(17)式のような形で表すのは難しい。そこで，可逆反応式((8)式)を(12),(16)式を考慮して(19)式と同じ形に書き換えると

$$I_{rev} = \frac{I_{la} + \frac{(D_r/\delta_r)}{(D_o/\delta_o)} \frac{\overleftarrow{k}}{\overrightarrow{k}} I_{lo}}{1 + \frac{(D_r/\delta_r)}{(D_o/\delta_o)} \frac{\overleftarrow{k}}{\overrightarrow{k}}} \tag{20}$$

と書ける。電流には可逆反応を意味する添え字をつけた。

(19)と(20)の比をとると

第2章 ボルタンメトリーの実際

$$\frac{I}{I_{\text{rev}}} = \frac{1 + \dfrac{(D_r/\delta_r)}{(D_o/\delta_o)}\dfrac{\vec{k}}{\overleftarrow{k}}}{1 + \dfrac{(D_r/\delta_r)}{\vec{k}} + \dfrac{(D_r/\delta_r)}{(D_o/\delta_o)}\dfrac{\vec{k}}{\overleftarrow{k}}} \tag{21}$$

この式からわかるように，どの電位においても$I < I_{\text{rev}}$であるので，可逆性が悪い場合は図6の破線で示すように，傾きの緩やかなボルタンモグラムになる。分母第2項は，電子移動速度と物質移動速度の比であり，この値が他の項に比べて無視できる程度に小さければ可逆波になる。ちなみに，(19)式は$E = E^{o'}$の電位では$\vec{k}/\overleftarrow{k} = 1$なので，酸化体と還元体の濃度が等しいとき式の分子がゼロになる（(6a)，(7a)，(9)式参照）。すなわち電流が流れない電位，平衡電位である。

2.2 サイクリックボルタンモグラム

　静止溶液中で被覆膜のない裸の電極で測定を行う場合を考えよう。この場合は，電位掃引にともなう電極界面の濃度勾配の状況が少し複雑になる（図9に模式図を示す）。電子移動速度が早くて，電極界面でネルンスト式が成り立つ場合，電位掃引にともなって電極界面濃度c_r^oは図8と同じように減少していく。それにともなって溶液からの補給が起こり電極界面近傍で濃度勾配ができる（拡散層δ）が，この拡散層は時間とともに溶液内部へ広がっていく。そのぶん電極界面での濃度勾配が時間とともに減少していく。電流は界面濃度勾配に比例するから，電位掃引中に起こるこの拡散層の広がりによる界面濃度勾配減少が電流減少効果として現れる。このことによって，静止液中の裸電極では，攪拌液中の膜被覆電極でのボルタンモグラムとは違った形状のボルタンモグラムになる（図3と図5）。図9に示すように，電位掃引を始めると界面での濃度変化が起こり，膜被覆電極の場合と同じように電流が電位掃引とともに増大するが，c_r^oが実際上ゼロになる電位まで掃引した後はそれ以上電位を掃引しても界面濃度は変化しない。しかし，この間にも拡散層はどんどん広がっていくので界面濃度勾配が小さくなり図3に見られるように

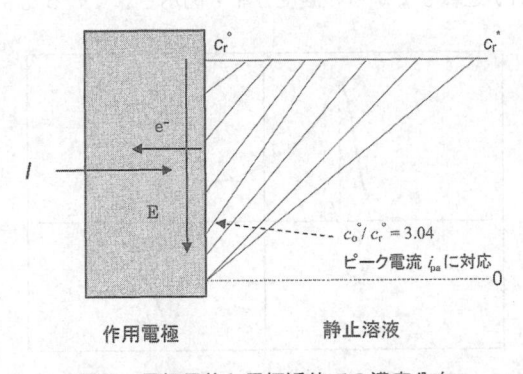

図9　電極電位と電極近傍での濃度分布

限界電流（物質移動過程（図7）が律速となる電流）が減少していく。最大電流i_pは(3)式で与えられ、そのときの電位E_pは

$$E_{pa} = E^{o'} + (RT/2nF)\ln(D_r/D_o) + 1.109(RT/nF) \tag{22}$$

である。ちなみにE_pでの$c_o^°$と$c_r^°$の比をネルンスト式((5)式)から計算すると$c_o^°/c_r^° = 3.04$となる。すなわち、$c_r^°$の濃度が溶液中の濃度c_r^*の1/3になったところで電流（すなわち界面濃度勾配）が最大になる（図9）。つぎに、限界電流の領域の電流の下がり具合について見てみよう。今、界面濃度がゼロとみなせる電位（$c_r^° = 0$とみなせる電位）にまでいきなりジャンプさせた場合を考えよう。そのときの電流は次のコットレル式で表される（ここでは、電流が時間依存性の場合は記号iを、定常状態の場合はIを用いている）。

$$i = nFAc_r^*\sqrt{D_r/\pi t} \tag{23}$$

ボルタンメトリーでは、ある電位E_zから電位掃引を始めるので電位と時間の関係は$E = E_z + vt$と書ける。この関係を(23)式に入れると電流は次式

$$i = nFAc_r^* D_r^{1/2} \pi^{-1/2} v^{1/2} (E - E_z)^{-1/2} \tag{24}$$

のように表される。図3で限界電流の領域では、この式のとおり$(E)^{-1/2}$に比例して電流が減少していく。電位掃引を逆転させても、逆反応が起こり始めるまで（図9で$c_r^° = 0$とみなせる電位）はこの電流が流れ続ける。再び$c_r^°$が増え始める電位まで戻ると初めて逆反応（還元反応）による逆向きの電流が流れ始める。この様子を図10に横軸を展開した形で示した（電位逆転のところで見られる段差はベース電流の寄与による）。従って還元反応の電流は図の破線を基準として測定することになる。なお、図9で濃度勾配を直線で記述しているが、実際は液内部へ広がっていくに従って濃度勾配がゆるやかになっていく（詳しくは文献5の117頁、文献6を参照されたい。文献には電位掃引が逆転してからの濃度分布も図示されている）。

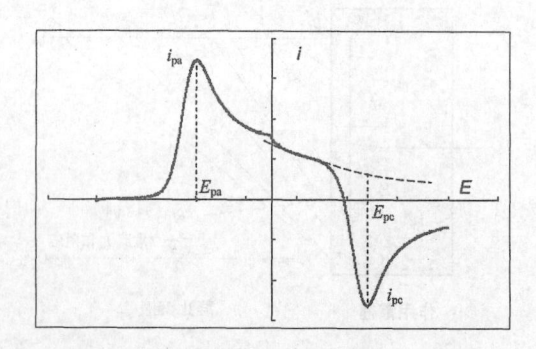

図10　図3Aと同じデータを横軸を展開して記録したもの

第2章 ボルタンメトリーの実際

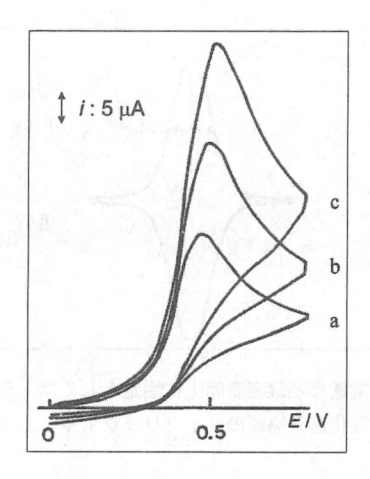

図11 NADHのサイクリックボルタンモグラム
5 mM NADHを含む0.1 Mリン酸緩衝液。PFC電極，電位掃引速度：a 50, b 100, c 200 mV s^{-1}，参照電極：Ag|AgCl|飽和KCl。

電子移動反応が遅くなると電流の立ち上がりがゆるくなり，サイクリックボルタンモグラムがゆがんだ形になってピーク電位間の幅ΔE_pが大きくなる。定常状態のボルタンモグラムの場合と同様に，可逆性（界面濃度がネルンスト式に従うかどうか）は，電子移動速度k^0と物質移動速度の比で決まる。サイクリックボルタンメトリーの場合の物質移動速度は$\sqrt{nFDv/RT}$で与えられるので，可逆性（従ってボルタンモグラムの形状）は掃引速度に依存する。k^0が小さくなると還元ピークと酸化ピークが大きく離れ，$E^{o'}$付近の電位では還元電流も酸化電流もほとんど流れない。このような場合は正方向掃引の電位範囲内では逆反応が無視でき，それに対応する電流が見られなくなる。一例として図11にNADH（ニコチンアミドアデニンジヌクレオチド）のサイクリックボルタンモグラムを示す。第1章の表1によればNADHの標準酸化還元電位は-0.32 Vであり，図で使用の参照電極基準にすると-0.517 Vである。実際には図から明らかなようにNADH酸化のボルタンモグラムはずっと正の電位で現れており，帰りの掃引では還元電流が現れない。このような非可逆波のピーク電流はやはり$v^{1/2}$に比例し，次式で表される。

$$i_{pa} = 2.98 \times 10^5 nA((1-\alpha)n_a)^{1/2} D_r^{1/2} v^{1/2} c_r^* \tag{25}$$

ここで注意が必要なのは，別の事情でも図11のように帰りの掃引で還元電流が現れない場合があることである。電極反応自身は可逆であっても生成物が直ちに非可逆化学反応をうけて電極不活性なものに変化する場合

$$R \rightleftharpoons O + ne \tag{26}$$

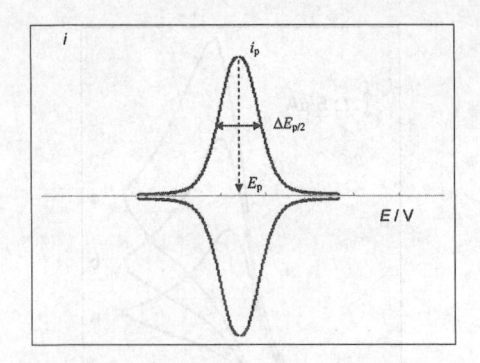

図12 修飾電極など電極表面上に固定もしくはトラップされている酸化還元物質のサイクリックボルタンモグラム

$$O \rightarrow X \tag{27}$$

図11と同様に非可逆な形をしたサイクリックボルタンモグラムが得られる。しかし，この場合のボルタンモグラムは$E^{o\prime}$の電位付近に現れるし，また，電位掃引速度を十分大きくするとOがXになる前にRに戻ることができて，還元電流が現れる可能性がある。ボルタンモグラムの位置や形の掃引速度依存性などから，両者の区別をすることができる。このように，電子移動反応に続いて（もしくは先立って）起こる溶液内反応がサイクリックボルタンモグラムの位置や形に影響する。これは，溶液内化学反応の過程が物質移動過程（図7）と並行して起こり，電極界面での濃度勾配に影響するからである。サイクリックボルタンモグラムの解釈で大切なことは，電極近傍で起こっている状況を化学反応の知識を踏まえて推察することである。このような推察に基づいて実験条件を変化させ，注意深い実験を行うことによって，ボルタンモグラムの挙動から推察した機構の妥当性が検証でき，他の方法では測定困難な溶液内反応の機構や速度に関する情報を得ることができる。ただ，ボルタンモグラムの解釈にはある程度の経験が必要で，専門書[3~6]を参照するとともに，できれば経験者に相談されるのがよい。

修飾電極のように酸化還元物質が電極表面に固定もしくはトラップされている場合は図9のような物質移動（拡散）過程がない。このような場合は図12のような左右上下対象のサイクリックボルタンモグラムが得られる[3~7]。溶液からの補給がないので電極上の物質が全部酸化されてしまえばそれ以上電流は流れない。従って，ピークを過ぎると電流が急速に減少してゼロになる。逆方向に電位を掃引すると，元の還元型に戻る反応が起こって電流が逆向きに流れる。ボルタンモグラムの形について見てみよう。電極上の酸化型と還元型の濃度をΓ_oとΓ_r（単位はmol cm^{-2}）と書くことが多い。これらについてネルンスト式（(5)式）を次のように書き

第2章 ボルタンメトリーの実際

$$\frac{\Gamma_o}{\Gamma_r} = \exp[(nF/RT)(E - E^{\circ'})] = \eta \tag{28}$$

全濃度 $\Gamma^* = \Gamma_o + \Gamma_r$ を用いて書き直すと

$$\Gamma_r = \Gamma^*/(1+\eta) \tag{29}$$

となる。一方，電流と濃度の関係は

$$i = nFA\frac{d\Gamma_r}{dt} \tag{30}$$

と書ける。(29)と(30)式から濃度Γ_rを消去（(29)式を時間に関して微分）すれば電流と電位の関係式が得られる。電位と時間の関係 $E = E_i + vt$ から $dt = dE/v$（帰りの掃引では $dt = -dE/v$）であることを考慮すると電流と電位の関係は

$$i = \pm\frac{n^2F^2vA\Gamma^*}{RT}\frac{\eta}{(1+\eta)^2} \tag{31}$$

と書け，電流は掃引速度vに比例し，その形は図12のようになる。ピーク電流は $E = E^{\circ'}$ の位置に現れ，その大きさは

$$i_p = \pm n^2F^2Av\Gamma^*/4 \tag{32}$$

である。ピーク電流の半分の電流値での電位間の幅（図12）$\Delta E_{p/2}$は

$$\Delta E_{p/2} = 3.53(RT/nF) = 90.6/n \text{ mV}(25°C) \tag{33}$$

となる。

　電子移動反応が遅くなると溶液種のサイクリックボルタンモグラムの場合と同様，電流の立ち上がりがゆるくなり，サイクリックボルタンモグラムがゆがんだ形になる。また，電極上の修飾層がある厚みを持つ場合には，修飾層内での物質移動過程を考慮する必要がある。この速度が遅い場合はピーク後の電流がゼロに落ちないで尾を引いた形になる。

　以上述べたように，ボルタンメトリーは電流と電位(電圧)の関係を測定する方法であり，得られる電流-電位曲線は基本的に電極電子移動過程と界面への物質移動過程を反映している。電位掃引は両者の速度比を変える手段であるので，掃引速度変化から電子移動情報と物質移動情報を取り出すことができる。また，物資移動過程（拡散過程）は電極の形状に依存する。次章で述べるように微小電極を用いると静止溶液中で図5のような定常状態のボルタンモグラムが得られるのはこの理由による。

バイオ電気化学の実際──バイオセンサ・バイオ電池の実用展開──

文　献

1) 化学便覧，基礎編Ⅱ，改定5版，丸善，p.585（2003）
2) J. Heyrovsky, J. Kuta, Principles of Plarography, Academic Press, New York, London(1965)
3) A. J. Bard, L. R. Faulkner, Electrochemical Methods Fundamentals and Applications, 2nd ed. John Wiley & Sons Inc., New York（2001）
4) 逢坂哲彌，小山昇，大坂武男，電気化学法─基礎測定マニュアル，講談社サイエンティフィック（1989）
5) 大堺利行，加納健司，桑畑進，ベーシック電気化学，化学同人（2000）
6) 大堺利行，加納健司，サイクリックボルタンメトリー(1) 可逆波，*Electrochemistry*, **73**(3), 220 (2005); (2) 準可逆波・非可逆波，*Electrochemistry*, **73**(4), 310 (2005)
7) 小柳津研一，湯浅真，*Electrochemistry*, **73**(6), 460 (2005)

第3章　アンペロメトリーの実際

池田篤治[*1], 巽　広輔[*2], 片野　肇[*3], 加納健司[*4]

　アンペロメトリーは電流が電位に依存しない（限界電流）領域に電極電位を固定して電流を測定する方法で，溶液中の目的物質を定量する方法として有用である（分光法で検出困難な場合特に有効である）。限界電流が流れる電位（界面濃度がゼロになる電位）にまでステップさせると，電流は(1)式（コットレル式）で与えられ

$$i = nFAc_r^* \sqrt{D_r / \pi t} \tag{1}$$

時間とともに減少していく。定量目的には測定値が時間に依存しないことが望ましいので，限界電流が定常状態になるような測定法がよく用いられる。以下よく用いられる定常状態測定法について述べる。

1　酸素電極

1.1　電極と測定セル

　図1Aに酸素電極の基本構造を示す。酸素ガス透過膜の内側に作用電極（白金）と対極（Ag/AgCl）が位置しているので，電極は被験液による汚れが無く，液中の酸化還元性物質と反応することもない。気相中の酸素も検出できる。ガス透過膜自身は汚れや劣化が起こるので交換が必要である。交換時には支持体表面に密着してしわのないようにOリングでしっかりと膜を固定する。長期間使用せず電極内部液が枯渇している場合は気泡が入らぬように指定の内部液を充填する。1M程度のKCl溶液で代替してもよい。電極を図1Bのような密閉型セルにセットして測定を行う。セルを満たすまで被験液を入れて栓をすると，栓の中心にある細孔から余分の液があふれ出て所定の容量になる。作用電極を負にして対極との間に約0.6Vの電圧を加え（2電極方式），

---

* 1　Tokuji Ikeda　福井県立大学　生物資源学部　生物資源学科　教授
* 2　Hirosuke Tatsumi　福井県立大学　生物資源学部　生物資源学科　助手
* 3　Hajime Katano　福井県立大学　生物資源学部　生物資源学科　助教授
* 4　Kenji Kano　京都大学　大学院農学研究科　応用生命科学専攻　教授

バイオ電気化学の実際——バイオセンサ・バイオ電池の実用展開——

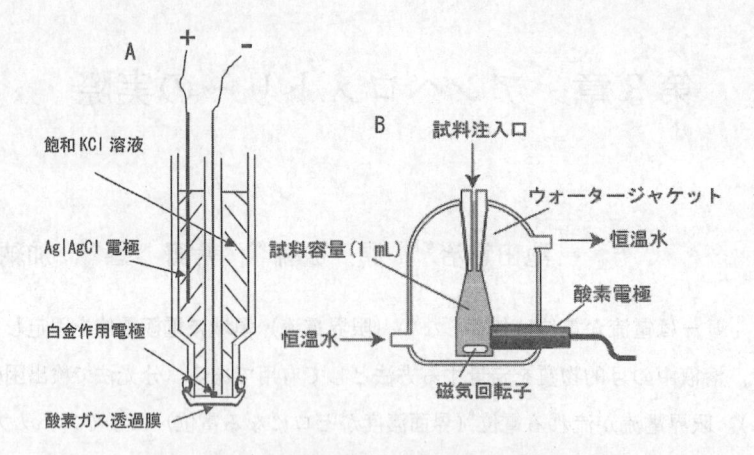

図1　A：酸素電極の基本構造とB：測定用セル

被験液を磁気回転子で撹拌した状態で電流を測定する。撹拌が弱いと電極膜への酸素供給が不足して電流が安定しないことがある。電流値は2％程度の温度依存性があるので一定温度で測定するのが望ましい。長時間連続測定する場合は電極での酸素消費による溶液内酸素濃度減少も念頭におく必要がある。溶液の撹拌と密閉性に留意すれば，小さなビーカーなどを用いた自作のセルを使用してもよい。

1.2　測定例：酸化酵素の反応追跡

ラッカーゼやビリルビンオキシダーゼ（BOD）といったマルチ銅酸化酵素は酸素を電子受容体としてそれぞれの基質を酸化する（第5章3節参照）。このとき次式に示すように酸素は水にまで4電子還元され，酸素電極でこの反応を追跡できる。

$$\text{基質} + O_2 \xrightarrow{\text{BOD}} \text{生成物} + 2H_2O \tag{2}$$

本来の基質のほかに，金属錯イオンなども電子供与体となる。図2はこのことをヘキサシアノ鉄（Ⅱ）イオン $Fe(CN)_6^{4-}$ について検証する実験で，BOD添加前には溶液中の酸素濃度（空気飽和では0.26 mM）に対応した定常電流が得られる。BOD添加によって(2)式の反応が進行して酸素が消費されるので，電流は急速に減少する。直線的減少部分の傾きから酸素消費速度が5 μmol $L^{-1}s^{-1}$ と求められる。いまBODの酵素活性を"1分間に1 μmolの O_2 を還元するとき1ユニット"と定義すれば，この溶液に加えたBODの活性は0.3ユニット（5 μmol $L^{-1}s^{-1}$ × 60 s × 10^{-3} L）と求めることができる。反応が進んで $Fe(CN)_6^{4-}$ が無くなれば酸素消費が起こらなくなるので，電流はそこで定常値に達する。この電流の減少量の初期値に対する相対量と，反応開始時の $Fe(CN)_6^{4-}$ と O_2 の濃度比 $[Fe(CN)_6^{4-}]/[O_2]$ から，酸素1 molの還元に4 molの $Fe(CN)_6^{4-}$ が

第3章　アンペロメトリーの実際

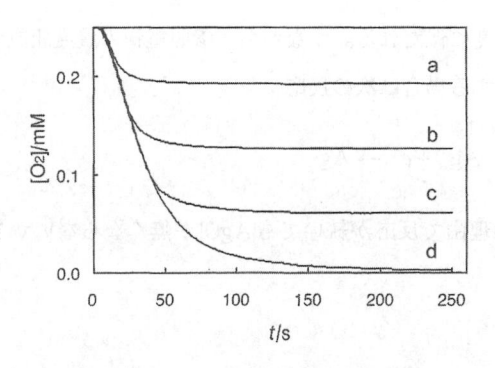

図2　酸素電極によるBOD触媒O_2還元反応の追跡
Fe(CN)$_6^{4-}$をそれぞれ（a）0.25，（b）0.50，（c）0.75，（d）1.0 mM含む空気飽和リン酸緩衝液（pH 7.0）1 mLに一定量のBODを添加したときの電流－時間曲線。縦軸は酸素濃度に変換してある。

必要であることが検証される。同様の方法で，酸素添加酵素反応や光合成反応の追跡もできる。

1.3　水素の測定

酸素電極は，印加電圧を逆転させて（作用電極を正にして対極との間に0.7Vの電圧を加える）使用すると水素濃度の測定もできる[6]。0.7Vより少ない電圧でも測定可能であるが，限界電流の電位領域が明瞭でなく，設定電位において実験時間内で安定した電流が得られることを確認してから使用することが望ましい。この点に留意すれば，ヒドロゲナーゼ反応による水素消費反応や水素生成反応の測定などが容易にできる。

1.4　酸素電極で起こっていること

酸素電極も第2章で述べた膜被覆電極に分類でき，電極近傍の状況は第2章の図8の模式図で説明できる。酸素電極の特色は二つの電極がどちらも膜の内側に組み込まれていることである。このことによって，膜は電気（イオン）を通す必要がなく，ガス（酸素）のみが透過する膜を用いることができる。それ故，図2の実験のように溶液が電極活性な酸化還元物質Fe(CN)$_6^{4-}$を含んでいても，酸素のみに応答する測定ができる。酸素は電極で過酸化水素または水にまで還元される（どちらの還元が起こるかは電極の電位，材質に依存する，第2章の図2参照）。酸素電極によく使われる白金では飽和Ag|AgCl電極に対して－0.6Vにすると水への還元に対応する限界電流が得られる。二電極方式なので同じだけの電流が参照電極にも流れる。そのため次の反応

$$Ag \rightarrow Ag^+ + e^- \tag{3}$$

が参照電極で起こり続けるが，できたAg$^+$イオンはCl$^-$と不溶性の塩AgClを形成するので，溶

解度積で決まる一定の濃度に保たれる。すなわち，参照電極の濃度組成が変わらないので電位は変化しない。水素を測定する場合は次の反応

$$AgCl \rightarrow Ag^+ + Cl^-, \quad Ag^+ + e^- \rightarrow Ag \tag{4}$$

が起こるが，上と同様の理由で反応が続いてもAgClが無くならないかぎり参照電極の電位は変化しない。

2 膜被覆電極

膜被覆電極が定常電流を与えることは前章で述べた。透析膜，フィルター用ポリカーボネート膜，ゲルやポリマーコーティング薄膜などで被覆した電極を限界電流領域の電位に設定して種々の酸化還元物質の定量ができる。

2.1 測定例：微生物の嫌気的代謝反応の追跡

大腸菌のような細菌の懸濁液にグルコースと色素を入れると色が徐々に退色していくことはよく知られている。これは図3のように細菌内の酵素作用によってグルコース（S1）が酸化され，色素（S2）が還元されるためである。電気化学法は分光法と違って試料液が濁っていても影響を受けないので，細胞懸濁液中での基質や色素の濃度変化を連続的に測定することができる。膜被覆電極は図4に示すように，(A) ベンゾキノン (BQ) の還元に対応する定常電流を与える。(B)

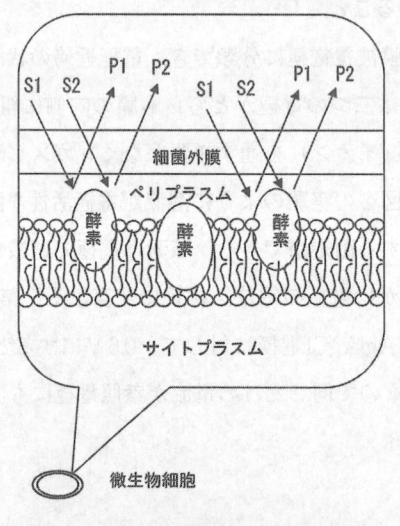

図3 微生物細胞触媒作用の模式図

第3章 アンペロメトリーの実際

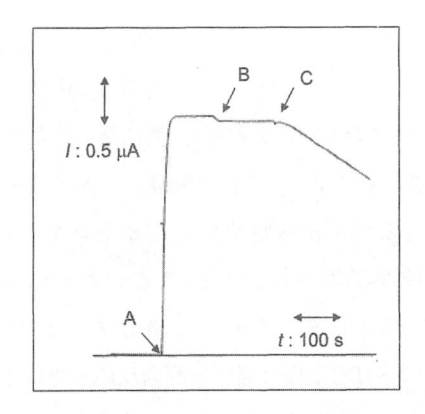

図4 膜被覆電極による酢酸菌の嫌気的糖代謝反応の追跡
リン酸緩衝液(pH 7.0, アルゴン通気下, 磁気回転子で攪拌(500 rpm))の0.92 mLに, (A) 10 mM BQ 50 μLを添加, (B)酢酸菌(*G. industrius*)懸濁液(25 mg mL^{-1})を20 μL添加, (C) 1 Mグルコースを10 μL添加。透析膜被覆-グラシーカーボン電極を使用し, -0.2 V vs. Ag|AgCl|飽和KClで記録。

ここに酢酸菌(*G. industrius*)懸濁液を加えると希釈効果によってわずかな定常電流の低下が見られ, (C) 更にグルコース(Glc)を添加すると電流が経時的に減少していくので, 酢酸菌のGlc代謝によってBQが減少することが分かる。すなわち, 酢酸菌は嫌気条件下でO_2の代わりにBQを電子受容体としたGlc代謝を行うことが検証でき, 電流の直線的減少部分から代謝速度が求まる。このような微生物触媒反応も酵素反応解析で用いられるミハエリス型の速度式で解析できる[7]。いくつかの微生物についてその触媒活性を表1に示す[8]。K_{S1}, K_{S2}はそれぞれ第1基質S1

表1 微生物細胞の触媒活性

微生物	S1	S2	K_{S1}/mM	K_{S2}/mM	k_{cat}/10^6 s^{-1}
A. aceti(NBRC3284)	エタノール	Q_0	1.8	0.59	0.78
	エタノール	Fe(CN)$_6^{3-}$	4.9	7.7	1.6
	エタノール	O_2	1.8	<0.02	3.0
P. fluorescence TN5	ニコチン酸	DCIP	0.45	0.89	17.3
	ニコチン酸	Fe(CN)$_6^{3-}$	0.21	7.2	4.6
	ニコチン酸	O_2	0.20	<0.02	10.8
G. industrius(NBRC3260)	グルコース	BQ	7.6	1.2	8.2
	グルコース	DCIP	0.41	0.20	0.58
	グルコース	O_2	3.1	<0.06	3.1
E. coli K12(NBRC3301)	グルコース	Q_0	0.64	1.1	6.7
	グルコース	Fe(CN)$_6^{3-}$	0.18	3.2	1.6
T. ferrooxidans	FeSO$_4$	O_2	0.037	<0.03	3.0
	Fe(CN)$_6^{4-}$	O_2	0.001	<0.07	1.5
D. vulgaris(Hildenborough)	MV$^{+\cdot}$	H$^+$	0.16	—	42.0

Q_0: 2,3-ジメトキシ-5-メチル-1,4-ベンゾキノン, DCIP: ジクロロフェノールインドフェノール, BQ: 1,4-ベンゾキノン, MV$^{+\cdot}$: メチルビオロゲンカチオンラジカル

（電子供与体）と第2基質S2（電子受容体）に対する見かけのミハエリス定数であり，k_{cat}は細胞1個当たりの触媒定数である。K_{S1}, K_{S2}には，これらの基質の細胞外膜透過性（ポーリンタンパク質を通って）の影響が含まれている（図3参照）。興味深いことに酢酸菌 A. aceti 細胞のK_{S1}値 1.8 mMはこの細菌から精製されたアルコール脱水素酵素のK_{S1}値 1.6 mMとほとんど同じである。D. vulgaris の K_{S1}値 0.16 mM もこの菌から精製されたヒドロゲナーゼのMV$^+$に対するK_{S1}値 0.12 mMとほぼ等しい。細胞外膜透過の影響は大きくないようである。その他k_{cat}値からこれらの細胞は1個当たり10^6回/秒前後のターンオーバー数を示すことが分かる。

ここで述べたように，キノンやDCIPなど通常の酵素反応追跡に用いられる発色試薬はたいてい電気化学活性である。前章で述べたように，ヘキサシアノ鉄酸イオンのような金属錯体やNADHの検出も可能で，膜被覆電極を用いるこのような方法は大変有用である。

補足：k_{cat}を求めるには，モル濃度単位で表した懸濁液中の細胞濃度を知る必要がある。それには，懸濁液の細胞数を計測し，1 L当たりの細胞数に換算したのちアボガドロ数で割る（通常の実験で用いるOD=1程度の懸濁液は1 mL当たり5×10^8個程度の細胞を含むのでモル濃度にすると1 pM程度になる）。

2.2 フロー系における測定

液体クロマトグラフィーやフローインジェクション法など試料溶液の流れ場に電極をおいてアンペロメトリーを行う方法で，電極上を試料が通過するとピーク状の電流が得られる。流路内の乱流を避けるため水路はできるだけ狭くする必要があり，様々な型のフローセルがBAS社などから市販されている。流路の上流に酵素固定カラムをつなぐと酵素の基質あるいは生成物が検出できる。例えばグルコースの検出にはグルコースオキシダーゼ固定カラムの下流に置いた膜被覆白金電極で，酵素反応で生成した過酸化水素を測定する。フロー系の具体例については実用編第7章，第11章で述べられている。

3　回転円盤電極

膜被覆電極では溶液を撹拌して測定したが，逆に電極を回転させると第2章の図5と同じような定常状態のボルタンモグラムが得られる。電極の回転によって溶液に対流が起こり電極のごく近傍まで濃度は均一に保たれる。ただし，電極に接したごく薄い層では対流による液の撹拌が起こらないので，この層の中で拡散による濃度勾配ができる。結局，第2章の図8の膜被覆電極での濃度分布と同じような状況になる。ただし，対流効果の及ばない層は被覆膜に比べてずっと薄いので，膜被覆電極の場合に比べて濃度勾配が大きく，大きな電流が流れる。測定においては，

白金，金，グラシーカーボンなどの固体電極（第2章の図1Cと同じ形状で長さが2.4 cmと短い）を市販の回転装置に取り付けて被験液中で一定の回転速度（300から6000回転/分程度）で回転させる。このとき電流は定常状態となり，限界電流領域での電流Iは次のLevich式で与えられる[2～5, 9]。

$$I = 0.620nFAD^{2/3}\varpi^{1/2}v^{-1/6}c^*　\tag{5}$$

ここで，n, F, A, D はそれぞれ電子数，ファラデー定数（C mol^{-1}），電極表面積（cm^2），および目的物質の拡散係数（cm^2 s^{-1}）である。ϖとvはそれぞれ回転角速度（1秒当たりの回転数fとは$\varpi = 2\pi f$の関係）と動粘性係数(水の場合 0.01 cm^2 s^{-1})，c^*は目的物質の濃度(mol cm^{-3})である。通常の実験条件（$n = 1$，$A = 0.07$ cm^2，$D = 10^{-5}$ cm^2 s^{-1}，$f = 5～100$回転/秒）で得られるIの大きさは$c^* = 10^{-6}$ mol cm^{-3}（1 mM）のとき23～105 μAと計算され，Iは$\varpi(f)$の平方根に比例して増大する（濃度勾配ができる層の厚さは$f=100$で6 μm程度である）。後述の酵素固定電極において，バイオエレクトロカタリシス反応が律速となる場合はIが$\varpi(f)$に依存しないので，Iの$\varpi(f)$依存性をしらべることによって電流を規制している過程を知ることができる（実用編第18章にその例が述べられている）。専用の電極回転装置と，それに適した電極が必要であり，目的物質の単純な定量目的には測定がやや煩雑であり，特にバイオ関連の実験のように試料が少ない場合にはあまり適していない。

4 酵素電極

4.1 基本原理

酸素電極の表面に酵素（グルコースオキシダーゼGOD）を含むアクリルアミド膜を固定（図5A）して電流測定を行うと，被験液のGlc濃度に依存して電流が減少する。GODが次の反応

$$\text{Glc} + O_2 \rightarrow \text{GlcA} + H_2O_2 \tag{6}$$

を触媒する（正確にはβ型Glcがグルコノラクトンを経てグルコン酸（GlcA）に酸化される）のでGlc濃度に応じて電極表面の酸素濃度が減少するためである（図5B）。この電極が酵素電極[10]として報告されて以来，電極表面に酵素層を持つこの種の電極は酵素電極と総称されている。酵素電極はGlcのような電極不活性な化合物をアンペロメトリーで選択的に検出できるという優れた特性を備えており，バイオセンサと呼ばれる広い概念の測定手法へ展開されるきっかけとなった。第一世代の酵素電極と呼ばれることもある[11]。

酸素電極の代わりに膜被覆白金電極の表面にGODを固定すれば，(6)式で生成するH_2O_2が測定

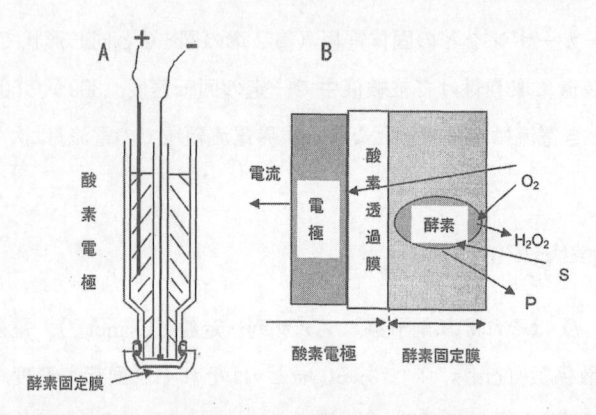

図5　A：酵素電極（図1Aの酸素電極表面を酵素固定膜で被覆）とB：応答原理の模式図

できる（H_2O_2のO_2への酸化電流を0.5 V *vs.* Ag|AgClで測定）。GODを他の酸化酵素に置き換えれば，それぞれの酵素の基質（アルコール，乳酸，ピルビン酸など）が定量できる[11]（第11章で実用例が詳しく述べられている）。

4.2　実験例：酢酸菌の呼吸活性を利用するエタノールセンサ[12]

カーボンペースト（CP）電極（ペーストと電極は市販されているが，グラファイト粉末5gと流動パラフィン3mlを練り合わせたペーストを直径5mm程度のガラス管の一端に，表面が滑らかになるように詰めれば自作できる）上に酢酸菌を固定（乾燥重量で1mL当たり8.7mgの酢酸菌（*A. aceti*）を含む菌体懸濁液の10μLを電極上に添加し，溶媒蒸発後に透析膜で表面を被覆）した電極を用いる。図6に示すようにこの電極のボルタンモグラムはAに示すように−0.4Vから負の電位でO_2のH_2O_2への還元に対応する限界電流を生じる。菌の代謝（エタノールから酢酸を生成）によって酸素が消費されるので，溶液に2mM程度のエタノールを添加するとBのよ

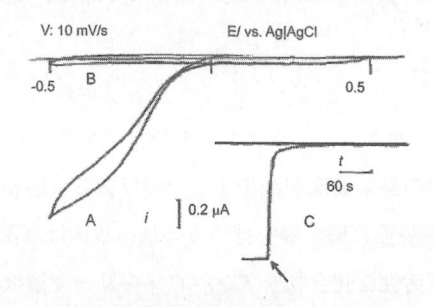

図6　酢酸菌固定電極のエタノール応答

A：緩衝液（pH 5.0）中で酸素還元反応の電流−電位曲線（電位掃引速度：10 mVs^{-1}，磁気回転子で撹拌（500 rpm）），B：10 mMエタノール添加，C：−0.4 Vでの電流−時間曲線。矢印で2 mMエタノール添加。透析膜被覆−酢酸菌（*A. aceti*）−カーボンペースト電極を使用。

第3章　アンペロメトリーの実際

うに還元電流が消失し，Cに示すように−0.4Vの定電位で測定すればエタノール添加によって電流がゼロになる。より低濃度（50 μMから1 mM）では電流減少がエタノール濃度に比例しエタノール定量ができる。

5　微小電極

5.1　特長

実用編第9章で詳しく取り上げられているように，電極のサイズがマイクロメータ程度まで小さくなると，被覆膜がなくても，静止溶液中で定常電流が得られ[2,13,14)]，ベース電流の寄与が相対的に小さくて精度よい測定ができる。電流値がナノアンペアからピコアンペアと小さいため，作用電極と参照電極の二電極で測定することもできる（その理由は酸素電極の場合と同じ）。ただし，ファラデーケージを用いるなど装置ノイズを軽減するための工夫が必要である。微小電極には円盤（微小円盤電極），円筒（一本の炭素繊維を電極とする），帯状（くし型電極）などいろいろな形状のものが市販されており，対応した電気化学測定装置も市販されている。また，希望の形状の電極を自作することもできる（文献13に電極作成，測定の実際が詳しく紹介されている）。微小電極は局所測定やフロー法測定に多くの利点を有しており，ナノ加工技術と組み合わせた新しいバイオ分析法の開発が活発に進められている。例えば，直径7 μm程度の炭素繊維を毛細管の先端に2 mm程露出させた電極が脳内カテコールアミンなどの測定に用いられる。また，くし型電極で，隣り合った二つの電極間で酸化還元を繰り返すことによって，より高感度な測定が実現できる。微小電極を用いたバイオ関連の測定については実用編第9章，13章で詳しく述べられている。

5.2　微小電極で起こっていること

毛細管の先端に形成した水銀滴は，再現性良い電極としてよく知られている[1)]。このような球形の電極表面への物質移動過程（拡散過程）は(1)式とは異なり，次式で与えられる。

$$i = nFADc^* \left[\frac{1}{(\pi Dt)^{1/2}} + \frac{1}{r} \right] \tag{7}$$

第一項の分母$(\pi Dt)^{1/2}$は電極近傍に形成される拡散層の厚さδに相当し，第二項のrは球電極の半径である。δとrの相対的な大きさを図7に示した。$\delta \ll r$の場合（図7 A）(7)式は(1)式に帰着し，球形の影響は現れない。一方$\delta \gg r$の場合は第一項が無視できて，電極表面積$A = 4\pi r^2$を考慮すると電流Iは$I = 4\pi nFc^*Dr$となって，時間に依存しない定常電流となる。いま，$D = 10^{-5}$ cm^{2}s^{-1}

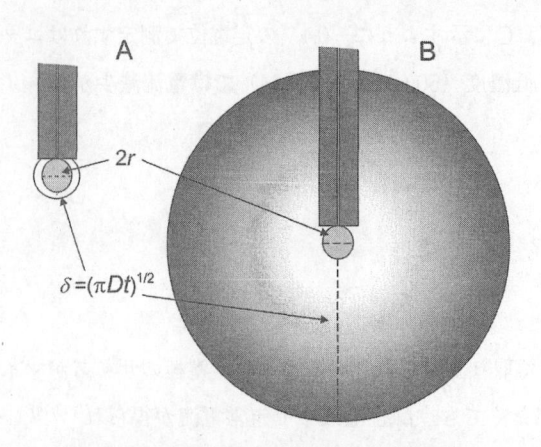

図7 水銀滴（球形）電極への拡散の様子

として，電極の半径rが1 mm，30 μm，10 μmのとき，δがrの10倍に達するまでの時間はそれぞれ，531分（約9時間），29秒，および3.2秒となり，10 μm程度の電極で5 mVs^{-1}程度の掃引速度で測定を行うと，第2章の図5のような形状の定常状態のボルタンモグラムになる。四方八方から物質移動（拡散）が起こるので時間が経っても一定量の移動が起こり続ける。このように，定常電流になるのは電極サイズと時間の兼ね合いということになる。従って掃引速度5000 Vs^{-1}で測定すれば，半径10 μmの球電極でも拡散層（(7)式第一項）は電極半径に比べて小さく，平面拡散となって，通常の形のサイクリックボルタンモグラムが得られる。このような方法で電極反応に後続して起こる速い化学反応の検出などが可能になる。

第2章の図1のような円盤電極でも電極半径を小さくすると電極面の真上からだけでなく横か

表2 微小電極の形状と（準）定常限界電流

電極の形状	（準）定常限界電流*	δ_{ss} ($I = nFADc^*/\delta_{ss}$)
球形 （$A = 4\pi r^2$）	$I = 4\pi nFrDc^*$	r
円盤 （$A = \pi r^2$）	$I = 4nFrDc^*$	$\pi r/4$
円筒 （$A = 2\pi rL$） 　L：円筒の長さ$\gg r$	$I = 4\pi nFLDc^*/\ln(4Dt/r^2)$	$r\ln[4Dt/r^2]/2$
帯状 （$A = wL$） 　L：帯の長さ$\gg w$：帯の幅	$I = 2\pi nFLDc^*/\ln(64Dt/w^2)$	$w\ln[64Dt/w^2]/2\pi$

定常電流は$Dt/r^2 \gg 1$（帯状電極では$Dt/w^2 \gg 1$）の条件が成り立つときに得られる。
＊円筒電極，帯状電極の場合の式は時間項を含むので定常ではないが，対数の中に含まれるので測定時間内での電流の時間変化はごく小さく準定常として取り扱える。

第3章 アンペロメトリーの実際

らの物質移動（拡散）が効いてくるので，球電極と同じように定常電流が得られる。表2にいくつかの形状の微小電極で得られる（準）定常電流の式をまとめた。表の3列めは電流Iを$I = nFADc^*/\delta_{ss}$と書いたときのδ_{ss}の表現を示す。δ_{ss}は等価的な拡散層の厚さと呼べるもので，第2章の図8の膜被覆電極の膜の厚さに相当する。例えば，半径5μmの微小円盤電極で得られる電流密度を達成するには，膜被覆電極では5μmの薄い膜が必要で，しかも溶液を強く攪拌しなければならない。また，回転円盤電極では9900回転/分で回転させたときの電流密度に相当するが，このような高速回転では液の乱流が起こって測定困難である。微小電極では横方向からの物質供給が大きく寄与するので，実効的な定常拡散層の厚さδ_{ss}が大変小さくなり，その結果電流密度が大きくなることがわかる。一方，ブランク電流は電極表面積に比例するので，微小電極ではS/N比が大きくなる。バイオセンサなどへの利用においては大変好都合である。

くし型電極（Interdigitated array electrode:IDE）：帯状電極（幅10μm，長さ2mm程度）をいくつも平行（間隔20μm程度）に並べ，片方の先端を一本の線でつなぐと櫛型になる。2組の櫛型を交互にかみ合わせるように配置した電極（図8）を櫛型電極と呼んでいる。それぞれの櫛型は独立の作用電極として働く。試料液量は10μL程度の微量でよい。さらに微量の液量でも測定できるが，電極面積と試料液との比が大きくなるので，測定による試料枯渇に留意する必要がある。また，可逆反応の場合はカウンター電極で逆反応が起こり一部は再生され得ることも考慮する必要がある。

バイオ電気化学に有用な使用法

（ⅰ）片方の作用電極W1のみに（または両方の電極に）限界電流が得られる領域の電位をかければ，一定時間後には通常のコットレル式（(1)式）に従う電流が得られる。電極間の横方向の拡散が重なり合って，櫛型電極全体への平面拡散になるからである（図9）。一方，ノイズとなるベース電流の方は実際の電極表面積に比例するから，空隙部分に相当するだけベース電流が無くなる。従って，この部分に起因するノイズが低下することになり，通常の電極に比べてS/N比の高い測定が可能になる。

（ⅱ）もう一方の電極W2にW1と逆の反応が起こるような電位を加えておけば，W1で生じた酸化生成物（酸化反応の場合）が，W2で元の還元型に戻され両電極の間で酸化還元が繰り返される。その結果，物質移動

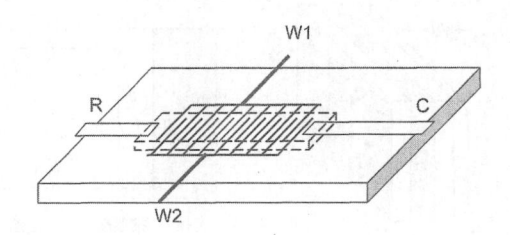

図8　櫛型電極：基盤（1cm×1.3cm程度）上の櫛型電極の模式図
W1, W2：作用電極，R：参照電極，C：カウンター電極
電極サイズ例：幅w：10μm，長さL：2mm，電極間隔b：5μm，くし本数：65本

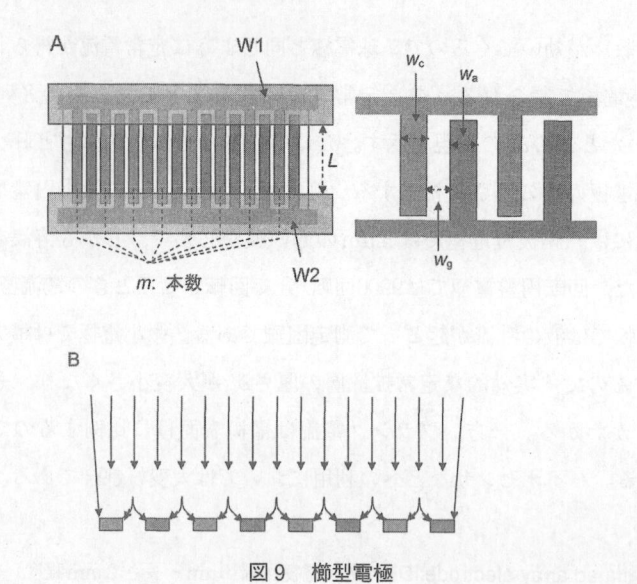

図9 櫛型電極
A：作用電極部，B：両方の電極（W1, W2）に同じ電位（限界電流が得られる電位）をかけた場合，ある時間経過後の物質移動過程は空隙部分を含めた電極全体への平面拡散になる。

過程が定常状態になるので，第2章の図5のようなシグモイド型のサイクリックボルタンモグラムとなり，大きな限界電流が得られる。両電極の幅（w_c, w_a）と電極間隙（w_g）が全て等しい（$w = w_c = w_a = w_g$）とき，限界電流は$I_1 = nFmLDc^*$で与えられwの値に依存しない（詳細は文献15参照）。櫛型電極全体の表面積$A = 4wmL$を用いて，限界電流の式を$I_1 = nFADc^*/\delta_{ss}$の形に書き直すと，等価な拡散層の厚さが$\delta_{ss} = 4w$となる。すなわち，この櫛型電極の限界電流は，厚さ$4w$の膜被覆電極（電極面積$4wmL$）の定常限界電流に等しい。この状況を図10Aに示した。これは図10Bに示すように，片方の電極から$4w$だけ離れた位置に無限の試料供給源があることに相当する。当然のことながら，決まった面積では，mの数が大きい程電流密度があがる（mの数を多くするにはwを小さくする必要があり，拡散層が薄くなる。電流は電極表面の濃度勾配に比例するから電流密度があがる）。

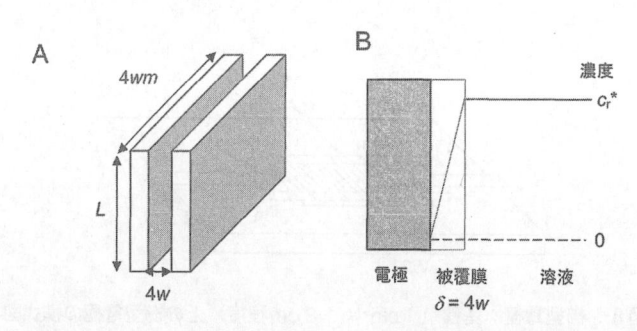

図10 櫛型電極（図9，$w = w_c = w_a = w_g$の場合）における酸化還元定常電流と同じ電流値を与える
A：一対の平行平盤電極（二つの電極間で酸化還元を繰り返す）とB：膜被覆電極。

第3章 アンペロメトリーの実際

文　献

1) J. Heyrovsky, J. Kuta, Principles of Plarography, Academic Press, New York, London (1965)
2) A. J. Bard, L. R. Faulkner, Electrochemical Methods Fundamentals and Applications, 2nd ed. John Wiley & Sons Inc., New York (2001)
3) 逢坂哲彌, 小山昇, 大坂武男, 電気化学法——基礎測定マニュアル, 講談社サイエンティフィック (1989)
4) 大堺利行, 加納健司, 桑畑進, ベーシック電気化学, 化学同人 (2000)
5) 大堺利行, 加納健司, サイクリックボルタンメトリー (1) 可逆波, *Electrochemistry*, **73**(3), 220 (2005); (2) 準可逆波・非可逆波, *Electrochemistry*, **73**(4), 310 (2005)
6) R. T. Wang, *Methods Enzym*, **69**, 409 (1980)
7) T. Ikeda, T. Kurosaki, K. Takayama, K. Kano, K. Miki, *Anal. Chem.*, **68**, 192 (1996)
8) 加納健司, 池田篤治, 化学と生物, **36**(11), 702 (1998)
9) 小柳津研一, 湯浅真, *Electrochemistry*, **73**(12), 1060 (2005)
10) S. J. Updike, G. P. Hicks, *Nature*, **214**, 986 (1967)
11) 加納健司, 池田篤治, ぶんせき, 576 (2003)
12) K. Kato, N. Taniguchi, Y. Yamamoto, K. Kano, T. Ikeda, *DENKI KAGAKU*, **64**, 1259 (1996)
13) 青木幸一, 森田雅夫, 堀内勉, 丹羽修, 微小電極を用いる電気化学測定法, 電子情報通信学会 (1998)
14) 山田弘, *Electrochemistry*, **73**(7), 518 (2005)
15) K. Aoki, M. Morita, O. Niwa, H. Tabei, *J. Electroanal. Chem.*, **256**, 269 (1988)

第4章 酵素電気化学：バイオエレクトロカタリシスの実際[1)]

池田篤治[*1], 巽 広輔[*2], 片野 肇[*3], 加納健司[*4]

1 基本反応

生体エネルギー代謝系には多くの酸化還元酵素$E_{O/R}$が関与しており，電子受容体（供与体）の種類によって表1のように分類できる。電子受容体（供与体）の多くは電極とも速やかに反応できるので，図1Aのように酵素反応と電極反応とを共役させることができる。基質の酸化反応においては，電子受容体M_Oの還元が起こるが，生成する還元体M_Rは電極反応で酸化体M_Oに戻さ

表1 酸化還元酵素（EC番号1）

1	酸化酵素 （オキシダーゼ）	$S + O_2 \to P + H_2O_2$	O_2を電子受容体としH_2O_2を生成
2	酸化酵素 （オキシダーゼ）	$S + O_2 \to P + H_2O$	O_2を電子受容体としH_2Oを生成
3	脱水素酵素 （デヒドロゲナーゼ）	$S + NAD(P)^+ \to P + NAD(P)H$	$NAD(P)^+$を電子受容体とする。逆反応を触媒する場合は$NAD(P)H$を電子供与体とする
4	脱水素酵素 （デヒドロゲナーゼ）	$S + M_O \to P + M_R$	有機（キノン類など）無機（金属錯体など）化合物（M_O）を電子受容体とする
5	その他 パーオキシダーゼ ジアホラーゼ	$H_2O_2 + M_R \to H_2O + M_O$ $NADH + M_O \to NAD^+ + M_R$	H_2O_2を還元する $NADH$を酸化する

S：基質，P：生成物

*酸化酵素は，O_2以外にキノン，ジクロロフェノールインドフェノール（DCIP），フェナジンメトサルフェート（PMS）のような色素やヘキサシアノ鉄酸イオンのような金属錯体も電子受容体とできるものが多い。

*分類1, 2, 4, 5の酵素は低分子の補因子を必要とする。補因子はビリルビンオキシダーゼの銅イオンのように金属イオンの場合や，グルコースオキシダーゼのフラビンアデニンジヌクレオチド（FAD）やグルコースデヒドロゲナーゼ（酢酸菌由来）のピロロキノリンキノン（PQQ）のような有機分子の場合がある。有機分子のときは特に補酵素という。補酵素は酵素本体（アポ酵素という）に共有結合している場合もあるし，非共有結合の場合もある。補酵素が結合した状態をホロ酵素という。分類3のデヒドロゲナーゼは補酵素を含まないが，電子受容体（供与体）である$NAD(P)^+$（$NAD(P)H$）自身が補酵素と呼ばれている。

---

*1　Tokuji Ikeda　福井県立大学　生物資源学部　生物資源学科　教授
*2　Hirosuke Tatsumi　福井県立大学　生物資源学部　生物資源学科　助手
*3　Hajime Katano　福井県立大学　生物資源学部　生物資源学科　助教授
*4　Kenji Kano　京都大学　大学院農学研究科　応用生命科学専攻　教授

第4章　酵素電気化学：バイオエレクトロカタリシスの実際

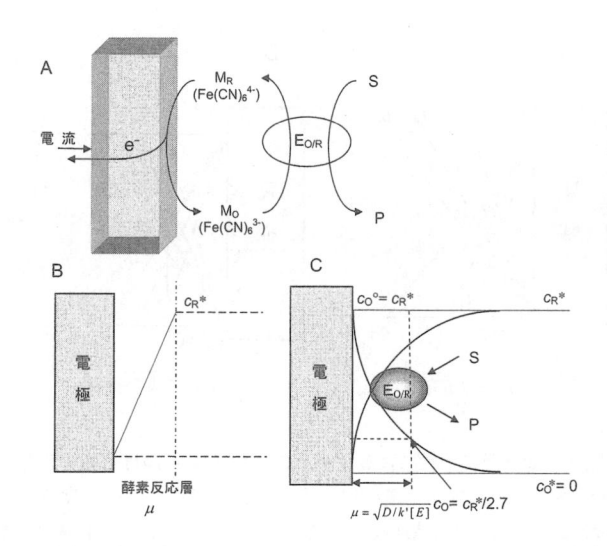

図1　酵素反応と電極反応の共役：バイオエレクトロカタリシス（基質Sが酸化される場合）
A：酵素反応で生成したM_R（例えば$Fe(CN)_6^{4-}$）は電極で酸化されて電子受容体M_O($Fe(CN)_6^{3-}$)が再生する。M_Rの電極酸化でできたM_Oは溶液へ移動すると同時に酵素反応によってM_Rへ戻されるので，M_RとM_Oの濃度は電極近傍で図Cのような定常的な分布をするようになる。図BはこのMRの濃度勾配を簡略化した模式図。電流はM_Rの電極界面での濃度勾配に比例する。

れ，電極が最終の電子受容体となる。このとき流れる酸化電流（1秒当たりに移動する電子の量）は1秒間に酵素反応で生じたM_Rの量，すなわち酵素反応速度そのものに等しい。電子受容体（供与体）は酵素と電極との電子のやりとりを媒介しているので，電子伝達メディエータ（略してメディエータ）と言う。基質を酸化する反応では溶液にM_Rを加えておく（M_Oを加えても溶液内で酵素反応が起こってすべてM_Rになってしまう）ので，酵素と反応するM_Oは電極反応によってしか供給されない。従って酵素反応は電極のごく近傍でしか起こらない。この酵素反応が起こる領域を酵素反応層（より一般的には反応層）と呼びμと書く習慣である。電極反応の立場からこの共役系を見れば反応種M_Rが酵素反応によって再生されるので，先に述べた櫛型電極での酸化還元サイクルと同様な事情によって電極界面のM_Rの濃度勾配が定常状態に保たれる（図1B）。定常状態の限界電流は次の式で表される[2]。

$$I_l = nFA\mu V \tag{1}$$

ここでVは酵素反応の速度（$V = k'[E]c_R^*$; k'は酵素EとM_Oとの反応の速度定数，c_R^*は溶液に加えるM_Rの濃度）でμは$\mu = (D/k'[E])^{1/2}$で与えられる（DはM_Oの拡散係数）。この式は，反応層μ内で起こる酵素反応が全て電流に寄与することを表している。(1)式はまた

$$I_l = nFAD \frac{c_R^*}{\sqrt{D/k'[E]}} \tag{1a}$$

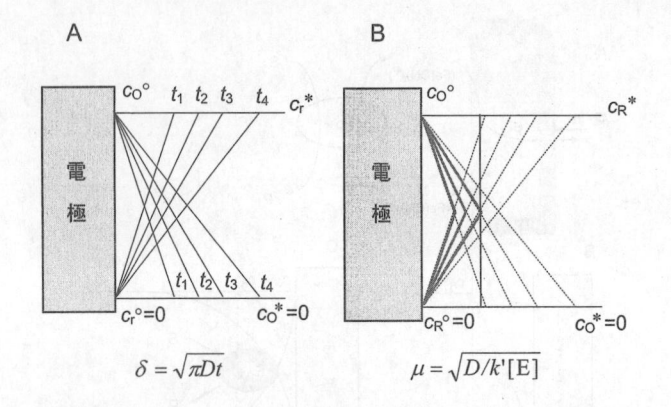

図2 酵素反応共役によるメディエータ（M_R）濃度分布の変化
A：限界電流領域へ電位を設定した後のM_R（例えば$Fe(CN)_6^{4-}$）の濃度分布（c_R）。コットレル式（第2章(23)式）に従って拡散層δが時間とともに大きくなる。同時に，電極でできたM_O（c_O）の拡散層が溶液内部へ広がっていく（M_RとM_OのDの値の違いはわずかなのでM_RとM_Oのδはほぼ同じ）。B：酵素反応と共役する場合：M_Rの電極酸化でできたM_Oは溶液へ移動すると同時に酵素反応によってM_Rへ戻されるので，両者の速度が釣り合った時点でM_RとM_Oの濃度分布は定常状態（より正確には図1C）になる。δがμの値と同程度の大きさになったとき定常状態になる。

とも書くことができ，図1Bのように電極反応と酵素反応との共役によってできるM_Rの定常濃度勾配によって電流の大きさが決まる。μはこの濃度勾配の厚さに等しく，その大きさはMの物質移動速度Dと酵素反応速度$k'[E]$との比で決まり，反応速度が大きいほどμが小さくなり，電流が大きくなる。

このような定常濃度勾配ができるのにどれくらい時間がかかるだろう。電極反応でできたM_Oは溶液内へ向かって拡散していくが，この拡散層の厚さδはコットレル式から$\delta_O = (\pi D t)^{1/2}$で与えられる。$\delta$が酵素反応層$\mu$と同程度の大きさになったとき定常状態になる（図2）。両者の比$\delta/\mu = (\pi t k'[E])^{1/2}$から$t$が$1/k'[E]$より大きくなったとき定常状態になることがわかる。サイクリックボルタンメトリー（リニアスイープボルタンメトリー）においても同じように考えることができる。例を図3に示す。第3章1節でビリルビンオキシダーゼ（BOD）の触媒反応

$$\text{基質} + O_2 \xrightarrow{\text{BOD}} \text{生成物} + 2H_2O \tag{2}$$

において，ヘキサシアノ鉄（II）酸イオン$Fe(CN)_6^{4-}$が基質となることを述べた。図3に見られるように，BODが存在すると$Fe(CN)_6^{3-}$の$Fe(CN)_6^{4-}$への還元電流が顕著に増加する。掃引速度が$5\,mV\,s^{-1}$，$10\,mV\,s^{-1}$のときにはボルタンモグラムはシグモイド型となり限界電流領域では，図2Bの模式図で示す定常状態になっていることがわかる。掃引速度が$20\,mV\,s^{-1}$，$50\,mV\,s^{-1}$

第4章 酵素電気化学：バイオエレクトロカタリシスの実際

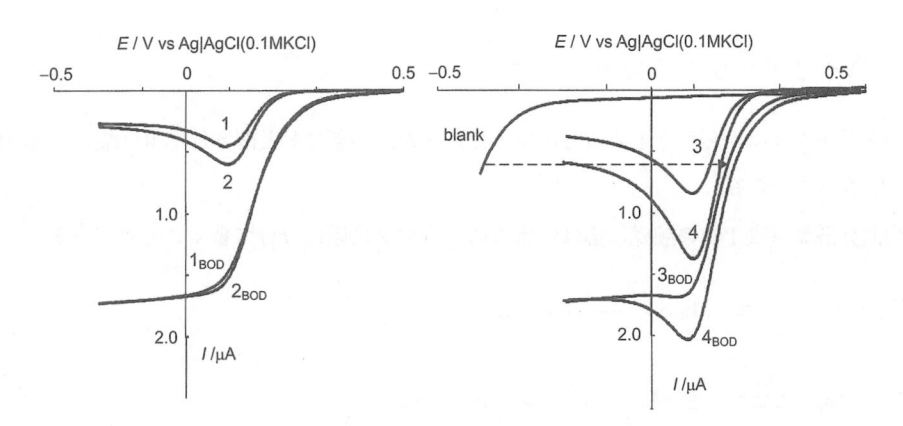

図3 Fe(CN)$_6^{3-}$をメディエータとするBOD触媒バイオエレクトロカタリシス電流

Fe(CN)$_6^{3-}$（0.1 mM）のリニアスイープボルタンモグラム。電位掃引速度1：5，2：10，3：20，4：50 mVs^{-1}。1_{BOD}，2_{BOD}，3_{BOD}，4_{BOD}はBOD（0.15 μM）添加後のボルタンモグラム。グラシーカーボン電極（ϕ = 3 mm），pH 5.0(0.1 M 酢酸緩衝液)，30℃。ブランク溶液のボルタンモグラム（blank）で−0.31 V付近から流れはじめる電流は溶液中のO$_2$の還元による。BOD存在下ではFe(CN)$_6^{3-}$の電極反応が(2)式の反応と共役することによって，O$_2$の電極還元が点線矢印に示すように大きく正電位方向にシフトすることになる。

と大きくなると限界電流の始めにピークが現れる。速い掃引での電流の立ち上がり部分ではFe(CN)$_6^{3-}$（およびFe(CN)$_6^{4-}$）の拡散層$\delta = (\pi Dt)^{1/2}$が反応層$\mu = (D/k'[E])^{1/2}$にまで広がっていない（図2A，B）ので実際の反応層は$(D/k'[E])^{1/2}$より薄く，Fe(CN)$_6^{4-}$の濃度勾配が大きいため，定常電流を越えたピーク状の電流が現れる。さらに電位掃引を続けて時間tが経過すると定常状態の電流に落ち着く。定常状態を評価するパラメータとしてδとμの比に相当する量$\lambda = tk'[E]$が導入されている。電位掃引速度vは時間tと$t = RT/nFv$のように関係づけることができるので，λはまた，$\lambda = RTk'[E]/nFv$と書ける。酵素がある場合（図3では1_{BOD}，2_{BOD}，3_{BOD}，4_{BOD}）のボルタンモグラムのピーク電流（ピークが無い場合は定常限界電流の値）と無い場合のピーク電流（図3では1，2，3，4）の比$I_{p(l)}/i_p$と，$\lambda^{1/2}$の関係が文献[3]に与えられているので，図3のような実験からk'を求めることができる。実際の実験においては，図3から明らかなように$I_{p(l)}/i_p$の比が2以上ではボルタンモグラムは定常限界電流となり，(1)式を用いてk'を求めることができる（掃引速度を小さくすれば定常電流が得られ(1)式を用いることができる）。クロノアンペロメトリー（いきなり限界電流領域に電位をステップさせて電流と時間の関係を記録する）における，酵素有り無しでの限界電流の比については$\lambda = tk'[E]$をパラメータとする解析式が与えられている（文献3, 503頁）。

2 バイオエレクトロカタリシス

ボルタンモグラムからk'を求める方法を上で述べた。つぎにk'と酵素反応((2)式)との関係(図1A)について考える。

酸化還元酵素(表1)の触媒反応は通常次のように2段階に分けて書くことができる。

$$E_O + S \underset{k_{-1}}{\overset{k_1}{\rightleftarrows}} E_OS \xrightarrow{k_2} E_R + P \tag{3a}$$

$$E_R + M_O \underset{k_{-3}}{\overset{k_3}{\rightleftarrows}} E_RM_O \xrightarrow{k_4} E_O + M_R \tag{3b}$$

ここで，E_O，E_Rはそれぞれ酸化状態，還元状態にある酵素，Sは基質，Pは生成物，M_Oは電子受容体，M_Rはその還元型，E_OSとE_RM_Oはそれぞれ，酵素と基質，酵素と電子受容体(基質還元反応の場合は電子供与体)との複合体(ミハエリス複合体)である。酵素反応速度(通常の測定時間ではE_OS，E_RM_O濃度に定常状態が成立)Vは

$$V = \frac{k_{cat}[E]}{1 + K_M/[M_O] + K_S/[S]} \tag{4}$$

と書ける。K_M，K_SはM_O，Sに対する酵素のミハエリス定数，k_{cat}は触媒定数で$[E]$は酵素濃度である。酵素反応の特性はこれら三つのパラメータで評価でき，(3a)，(3b)式中の速度定数と次の関係にある。

$$k_{cat} = k_2 k_4 / (k_2 + k_4) \tag{5}$$

$$K_S = [k_4 / (k_2 + k_4)][(k_{-1} + k_2) / k_1] \tag{6}$$

$$K_M = [k_2 / (k_2 + k_4)][(k_{-3} + k_4) / k_3] \tag{7}$$

これらの式から，k_{cat}が反応(3a)と(3b)の遅い方の過程を反映すること，比k_{cat}/K_SはSとE_Oとの2分子反応速度定数((3a)式のみに関係)，k_{cat}/K_MはM_{ox}とE_{red}との2分子反応速度定数((3b)式のみに関係)に相当することがわかる。

さて，前節で述べたk'は(4)式とどのように対応するのだろう。ビリルビンオキシダーゼの反応((2)式)を例にとって考えよう。この場合(3a, b)式を

$$BOD_{ox} + Fe(CN)_6^{4-} \underset{k_{-1}}{\overset{k_1}{\rightleftarrows}} BOD_{ox}\text{-}Fe(CN)_6^{4-} \xrightarrow{k_2} BOD_{red} + Fe(CN)_6^{3-} \tag{8a}$$

第4章　酵素電気化学：バイオエレクトロカタリシスの実際

$$BOD_{red} + O_2 \xrightleftharpoons[k_{-3}]{k_3} BOD_{ox}\text{-}O_2 \xrightarrow{k_4} BOD_{ox} + 2H_2O \tag{8b}$$

と書くと，$Fe(CN)_6^{3-}$の電極還元反応

$$Fe(CN)_6^{3-} + e^- \longrightarrow Fe(CN)_6^{4-} \tag{9}$$

との共役によって還元電流が流れる（図1とは逆向きの電流）。(8a), (9)式では電子数$n_M = 1$であるが，(8b)式では電子数が$n_S = 4$である。従って(8a)についての酵素反応速度（(4)式）は

$$V_M = \frac{(n_M/n_S)k_{cat}[E]}{1+K_M/[M_R]+K_S/[S]} \tag{10}$$

と書ける。基質S（今の場合O_2）大過剰$[S] \gg K_S$で電子供与体M_R（今の場合$Fe(CN)_6^{4-}$）濃度が十分低い$[M_R] \ll K_M$場合には，(10)式は次のように簡単になる。

$$V_M = (n_S/n_M)(k_{cat}/K_M)[E][M_R] \tag{11}$$

この式は，酵素BODと電子供与体M_Rとの2分子反応(8a)の速度を表す式になっており，(1)式のVに相当する。電極反応(9)との共役系では$[M_R]$は溶液のM_O濃度c_O^*に等しいので

$$I_l = nFA\mu(n_S/n_M)(k_{cat}/K_M)[E]c_O^* = nFA(n_S/n_M)(D_M(k_{cat}/K_M)[E])^{1/2}c_O^* \tag{12}$$

と書けて(1)式のk'は$k' = (n_S/n_M)(k_{cat}/K_M)$となる。結局，(1)式（あるいは酵素有り無しでのピーク電流の比）から求めることができるのはメディエータM_R（基質還元反応の場合，基質酸化反応の場合はM_O）と酵素との2分子反応速度定数k_{cat}/K_Mである。

バイオエレクトロカタリシス：酵素反応と共役した電極反応（図1A）においては，基質の電極反応が酵素反応によって促進されると見ることができるので，酵素共役電極反応をバイオエレクトロカタリシス反応と呼ぶ。例えば，図3でblankボルタンモグラムに見られるようにO_2の電極反応は非可逆で-0.3 V付近から始まるが，酵素共役系では点線矢印で示すように0.6 Vも正の電位の$+0.3$ Vから還元が始まる。O_2/H_2Oの酸化還元電位はpH 5.0で$E°' = 0.65$ V. vs. Ag/AgCl（0.1 M KCl）（第1章表1，第2章表1）であり，酵素／メディエータの選択によっては，さらに正の電位で還元できる。

ここで，酵素反応の表現に(11)式を用いていることに注意しよう。すなわち，基質と電子供与体（受容体）の濃度がそれぞれ$[S] \gg K_S$, $[M] \ll K_M$と言う条件を満たすときのみに(1)式は酵素反応速度と関係づけることができる。より一般的には(10)式を用いる必要があるが，基質濃度が薄い場合は酵素反応層へ向かっての基質の物質移動（拡散）が顕著になり，限界電流が定常状態にならない。従って，バイオエレクトロカタリシス反応は$[S] \gg K_S$の条件下で行う必要がある（文献2参照）。このような条件下で(10)式は

47

$$V_M = \frac{(n_M/n_S)k_{cat}[E]}{K_M+[M_R]}[M_R] \tag{13}$$

と書ける。(11)式の代わりに(13)式を用いた場合のバイオエレクトロカタリシス電流は

$$I_l = n_M FA\sqrt{(n_S/n_M)D_M k_{cat} K_M [E]} \sqrt{2\left[\frac{c_M^*}{K_M} - \ln\left(1+\frac{c_M^*}{K_M}\right)\right]} \tag{14}$$

となる[4c]。この式は$c_M^* \ll K_M$のとき $\ln(1+\frac{c_M^*}{K_M}) \approx \frac{c_M^*}{K_M} - \frac{1}{2}\left(\frac{c_M^*}{K_M}\right)^2$ と書けて(12)式に近似できる。

　一連のメディエータ濃度についてI_lの測定を行い，データが(14)式に適合するようにk_{cat}とK_Mの最適値を決めることができる。この操作は例えばエクセル上で行うことができる。(14)式は近似式として次のように表すこともでき[4a,b]

$$I_l = n_M FA \sqrt{(n_S/n_M)D_M k_{cat} K_M [E]} \frac{c_M^*}{K_M} \sqrt{\frac{2}{2+c_M^*/K_M}} \tag{15}$$

5％の誤差で(14)式に一致する。また，次のように書き直すことができ

$$\frac{I_l^2}{c_M^*} = \frac{2n_S n_M (FA)^2 D_M k_{cat}[E]}{2K_M + c_M^*} c_M^* \tag{15a}$$

左辺I_l^2/c_M^*と右辺のc_M^*との関係がミハエリス・メンテン式と同じ形であるので，通常の酵素反応速度解析法と同様，ラインウィーバー・バークプロットなどによって，k_{cat}とK_Mを求めることができる。

3　酵素反応速度解析

3.1　例1[5]

　メチルアミン脱水素酵素（QH-AmDH）はシトクロムc-550（Cyt$c$-550）を天然の電子受容体としてn-ブチルアミンの酸化を触媒する。シトクロムのような比較的分子量の小さい（1万程度）酸化還元タンパク質は，ビス（4-ピリジル）ジスルフィドのようなプロモータと呼ばれる化合物存在下で電極との直接電子移動が促進されることが，H. A. O. Hill[6]ら，谷口[7]らによって見出されている。従って，図1Aの模式図においてCyt$c$-550をメディエータ，QH-AmDHを酵素とするバイオエレクトロカタリシス反応が可能である。酵素QH-AmDHが存在しない場合は，図4Aの点線に示すようにCyt$c$-550自身の酸化還元波が見られ，QH-AmDHを添加すると実線のように，Cyt$c$-550をメディエータとするn-ブチルアミンの酸化定常電流が得られる。限界電流は図4BのようにCyt$c$-550濃度とともに増大し，(14)式を適用して酵素反応の触媒定数k_{cat}とCyt$c$-550に対するミハエリス定数K_Mをそれぞれ$k_{cat} = 4.7$ s^{-1}，$K_M = 1.0 \times 10^{-7}$ Mと見積も

第4章　酵素電気化学：バイオエレクトロカタリシスの実際

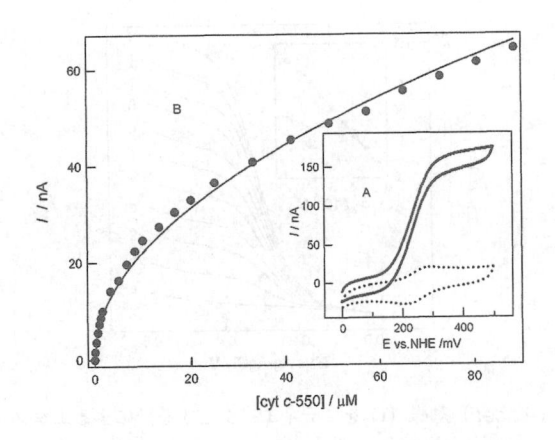

図4　メチルアミン脱水素酵素反応の電気化学測定
A：n-ブチルアミン（100 mM），QH-AmDH（8.3 μM），Cyt$c$-550（44 μM）を含む溶液（pH 7.5）のサイクリックボルタンモグラム。点線はQH-AmDHを含まない溶液のサイクリックボルタンモグラム。電位掃引速度10 mV s^{-1}。B：定常限界電流（0.4 V $vs.$ Ag/AgCl）のCyt$c$-550濃度依存性。QH-AmDH（0.47 μM），n-ブチルアミン（10 mM），ビス（4-ピリジル）ジスルフィド修飾金電極使用。

ることができる。実線は$k_{cat} = 4.7$ s^{-1}，$K_M = 1.0 \times 10^{-7}$ Mとしたときの理論曲線である。見積もられたK_M値は大変小さくQH-AmDHのCyt$c$-550への親和性が大変高いことがわかる。通常の分光法ではこのような低濃度領域のCyt$c$-550測定は困難で，QH-AmDHの吸収が重なることもあって，速度解析は不可能である。ここで用いた電気化学法では同一の酵素溶液に順次Cyt$c$-550を加えていくことによって解析に必要な一連の測定ができる。このように，微量の酵素で測定ができることもバイオエレクトロカタリシス法の特色である。

3.2　例2[8]

　微生物がそのままで生体触媒となり，その特性がミハエリス・メンテン型の速度式で評価できることはすでに述べた（第3章表1）。微生物触媒バイオエレクトロカタリシスの例として酢酸菌のエタノール酸化反応を取り上げる。2-メチル-5,6-ジメトキシベンゾキノン（Q_0）溶液に酢酸菌（*Acetobacter aceti*: NBRC03284）をOD = 2.02となるように懸濁し，基質となるエタノールを20 mM加えると，図5に示すように，定常状態のボルタンモグラムが得られ，限界電流はQ_0の濃度とともに大きくなる。この定常電流は，図1Aの模式図において，Q_0をメディエータ，*A. aceti*を触媒とするエタノールのバイオエレクトロカタリシス反応に対応する。Q_0濃度依存性は挿入図に示すように低濃度領域では直線関係（⑿式）を満足し高濃度になると直線性からずれてくる（⑭式）。直線領域に⑿式を適用すると$k_{cat}/K_M = 1.0 \times 10^9$ M^{-1}s^{-1}を得る。ここで，Q_0のみの溶液のクロノアンペロメトリーからQ_0の拡散係数は$D = 9.8 \times 10^{-6}$ cm^{2}s^{-1}，また*A. aceti*

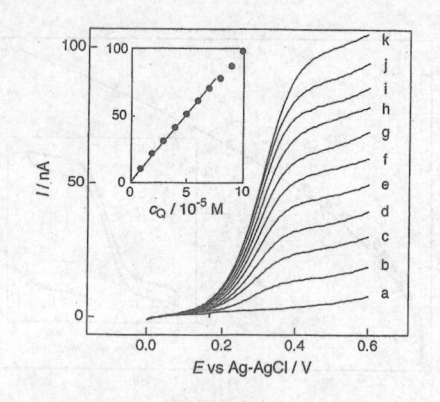

図5 酢酸菌（*A.aceti*）触媒（Q_0をメディエータとする）によるエタノール酸化の
バイオエレクトロカタリシス

A.aceti（OD：2.02）とエタノール（20 mM）を含む溶液（嫌気条件下 pH 6.0）にQ_0を順次（a：0，b：10，c：20，d：30，e：40，f：50，g：60，h：70，i：80，j：90，k：100 μM）添加してそれぞれのボルタンモグラムを記録。電位掃引速度 1 mV s^{-1}。挿入図は0.5 Vでの電流。金電極（ϕ = 1.6 mm）使用。

濃度c_{Aceti}は別途菌数計測からOD = 2.02で$c_{Aceti} = 7.07 \times 10^{-12}$ Mと見積もり，これらの量を計算に使用している。k_{cat}とK_Mの値は，すでに膜被覆電極を使用した実験から個別に$k_{cat} = 7.8 \times 10^5$ s^{-1}と$K_M = 5.9 \times 10^{-4}$ Mと求められている（第3章表1）。両者の比をとると$k_{cat}/K_M = 1.3 \times 10^9$ M^{-1}s^{-1}となり，ここで得た値とよく一致している。

4 メディエータ型酵素電極：第二世代の酵素電極

4.1 基本原理

メディエータ型酵素電極は第3章4節で述べた酵素電極とは応答原理が異なる。電極表面に固定された酵素の触媒反応がメディエータ化合物（M_{ox}/M_{red}）を介して電極反応と共役し，バイオエレクトロカタリシス反応（図1）を行うので，酵素反応の速度そのものが電流として測定される。このため酵素機能電極とも呼ばれ，酸化酵素，脱水素酵素を含む多様な酵素が利用できる。ボルタンモグラム（電流-電位曲線）はメディエータの電極反応と酵素反応の特性に左右され，限界電流Iの目的物質（基質）濃度c_S依存性は一般に次式で表せる[9〜11]。

$$I / I'_{max} = 1/(1 + K_S'/c_S) \tag{16}$$

I'_{max}とK_S'は電極特性を表す実験パラメータであり，酵素膜（および被覆膜）中の基質の透過性にも大きく依存する量である。市販の家庭用血糖測定機はこの型の原理に基づくものが多い。

第4章　酵素電気化学：バイオエレクトロカタリシスの実際

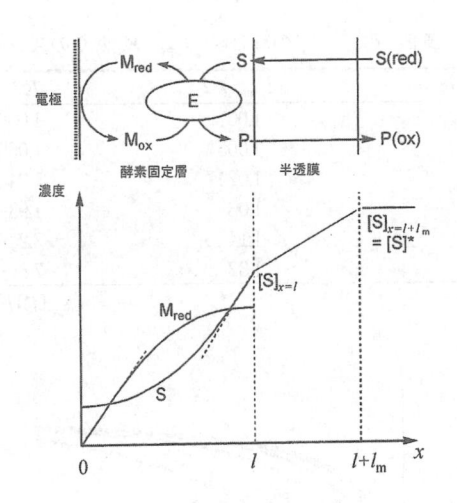

図6　メディエータ型酵素電極の反応スキーム

M_{ox}/M_{red}：電子伝達メディエータ，S：基質（反応物質），P：生成物（矢印は基質酸化反応の場合）。酵素層に連続的に入ってくるSが酵素反応を受けてM_{red}が生成しその分だけ電極で消費されるから，M_{red}の電極界面でのフラックス（濃度勾配，すなわち電流）は酵素層に入ってくるSの量（$x=l$でのフラックス）に等しい。酵素層の外側を半透膜で覆えば，半透膜中でもSの濃度勾配ができるので，酵素層でのSの濃度はその分だけ低くなる。

(16)式についてもう少し詳しく説明しよう。図6に示すように酵素反応は電極表面の酵素固定層内でのみ起こる。メディエータ化合物は通常酵素層に大過剰存在させるので，(4)式は

$$V = \frac{k_{cat}[E]}{1+K_S/[S]} \tag{17}$$

と簡単化できる。メディエータが外に漏れ出さないとすると，メディエータの電極反応と酵素反応の進行に伴って酵素層内での濃度分布は図6のようになる。電極界面でのメディエータの濃度勾配（電流の大きさを決める量）が酵素膜内溶液側での基質の濃度勾配に等しいとおくことができるので，電流と基質濃度の関係を(16)式で近似的に表すことができる（詳細は文献10）。酵素層内で基質濃度[S]の低下が大きくない場合はI'_{max}とK_S'は，それぞれ$I'_{max} = I_{max} = nFAk_{cat}[E]l$，$K_S' = K_S$と書けるが，酵素層内の酵素反応速度$k_{cat}[E]l/K_S$と基質の膜内移動速度（拡散速度）$D/l$の比$\sigma^2 = (k_{cat}[E]l/K_S)/(D/l)$が大きくなると酵素層内の電極側での基質濃度[S]が低くなり，表2に示すようにI'_{max}，K_S'はI_{max}，K_Sより大きな値になってくる。これらの比を用いて(16)式を書き直すと

$$I/I_{max} = (I'_{max}/I_{max})/[1+(K_S'/K_S)(K_S/c_S)] \tag{18}$$

と書ける。I'_{max}/I_{max}，K_S'/K_Sの値が大きくなると電流I/I_{max}と濃度c_S/K_Sの関係が図7に示すように，より高濃度側へ拡大された形になる。(18)式（従って(16)式）は近似式であるが，図7に

表2 I'_{max}, K_s'の真の値 I_{max}, K_s からのズレ

σ_s	I'_{max}/I_{max}	K_s'/K_s
0.17	1.001	1.006
0.50	1.005	1.055
1.0	1.024	1.24
2.0	1.08	1.93
3.0	1.14	3.2
5.0	1.32	7.8

$\sigma_s = (k_{cat}[E]l^2/K_S D_S)^{1/2}$

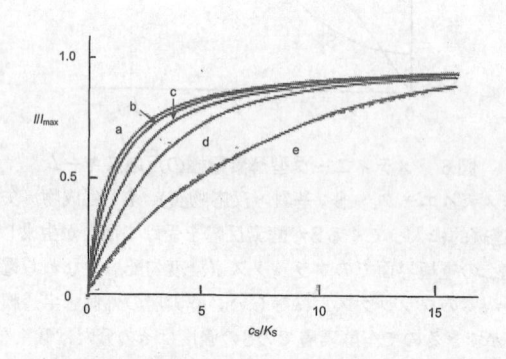

図7 数値計算による I/I_{max} と c_S/K_S との関係
σ_S = a : 0.17, b : 1.0, c : 2.0, d : 3.0, e : 5.0。図eの点線は I'_{max}/I_{max} =1.32, K_S'/K_S =7.8 として(18)式から計算。

見られるように，実験結果をよく説明することができ，その誤差はσが5を越えないときは5％以下である。通常の酵素反応測定においてこの程度の誤差は許容範囲と言えよう。

結論として，酵素固定電極における電流の基質濃度依存性は(16)式で表すことができるが，得られる二つのパラメータ I'_{max} と K_s' は必ずしも酵素反応本来の触媒定数 k_{cat}，ミハエリス定数 K_S に結びつく量ではなく，見かけの値である。その値は本来の値よりも必ず大きくなるが，これはバイオセンサへの利用を考える上では直線応答濃度領域が広がることを意味しており好都合と言える。実際の電極では次に述べるように，酵素層の上にさらに半透膜を持つ場合があるが，半透膜での基質透過性が酵素層での基質濃度低下をもたらし，さらに直線応答濃度領域が広がる。

4.2 電極の構造とグルコースGlc濃度測定例[12]

電極は酵素以外にメディエータも固定化されている必要があり，メディエータの選択も含めて種々の方法がある[11]。一例を図8に示す。第3章4節で述べたカーボンペーストCP電極のペースト部にベンゾキノンBQが練り込まれ，グルコースオキシダーゼGODが固定化されている。BQは一部GOD層に溶出してメディエータとして働く。0.5Vで測定した限界電流は図9に示す

第4章 酵素電気化学：バイオエレクトロカタリシスの実際

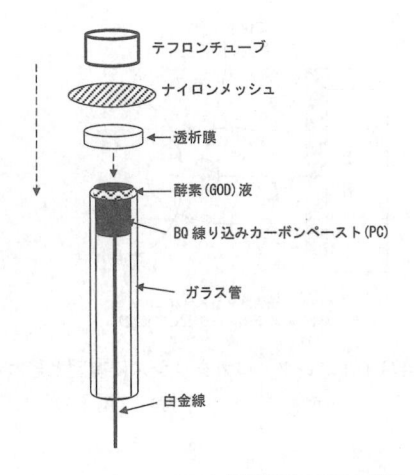

図8 メディエータ内蔵型酵素電極の構造

酵素液蒸発後（第2章図4）と同じ方法で順次透析膜，ナイロンメッシュを重ねテフロンチューブで固定。

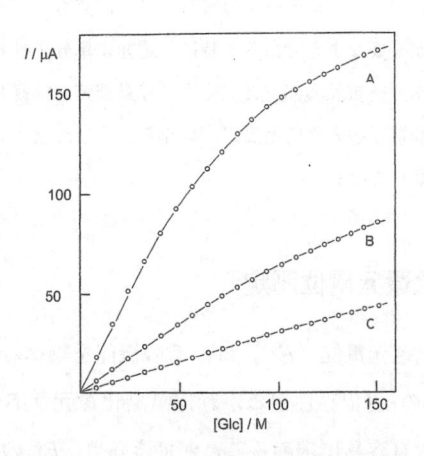

図9 メディエータ型酵素電極のGlc応答

膜被覆-GOD(180 µg)-BQ(30 %)-CP電極を使用し緩衝液(pH 5.0)中0.5 V vs. Ag/AgClで記録。膜：A 50 µmニトロセルロース膜，B 50 µm透析膜，C 100 µm透析膜。

ようにGlc濃度とともに増大する。酵素層外側の被覆膜を厚くしてGlcの透過性を小さくすると(16)式のK_S'値が大きくなり直線部分がより高濃度領域まで伸びる。ただし膜厚とともに感度が低下し応答時間が長くなる。

直接電子移動型バイオエレクトロカタリシス：酵素の活性中心が直接電極と電子移動反応を行えば，メディエータなしのバイオエレクトロカタリシス，直接バイオエレクトロカタリシスが可能になる。これまでに，いくつかの酵素について直接バイオエレクトロカタリシスが見出されており[13]，ごく最近かなり大きな電流

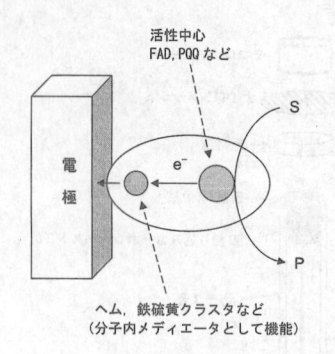

図10 直接バイオエレクトロカタリシスに有望と思われる酵素
電子中継部位（ビルトインメディエータ）を持ち，電子の入り口と出口が異なる。

が得られる例が報告されるようになってきた（詳しくは実用編第18章の直接電子移動型バイオ電池の項で取り上げられている）。また，電極に固定した酵素のバイオエレクトロカタリシス挙動についても関心が高まっている。しかし，個々の論文における実験データの解釈には疑問点も多く，電気化学挙動の定量的解析法が確立されるにはもう少し時間が必要なようである。特に，電極に単分子吸着した酵素の直接バイオエレクトロカタリシスにおいては，酵素の基質反応部位と電極電子移動部位の位置関係が問題となるように思われる。著者らは，図10に示すような電子の入り口と出口が異なるような酵素が有望であろうと考え，ビルトインメディエータ酵素の概念を提案している[14]。

5　タンパク質の酸化還元電位測定

酸化還元タンパク質の酸化還元電位（$E^{\circ\prime}$）は，その機能を調べる上で大変重要なパラメータのひとつである。また，$E^{\circ\prime}$のpH依存性がわかれば，酸化還元反応に伴うプロトン数や酸化体あるいは還元体の酸解離定数も容易に求めることができる[15]。$E^{\circ\prime}$の直接測定には，通常，ポテンショメトリーかボルタンメトリーが用いられる。しかし，以下に述べるように信頼できるデータを得ることは，必ずしも容易ではない。

ポテンショメトリーは平衡論的な測定法であり，例えば，酸化体Oと還元体Rの反応（$O + ne^- \rightleftarrows R$；$n$は電子数）が電極と平衡にあるとき，その電極電位（$E$）はネルンスト式により表される。

$$E = E^{\circ\prime} + \frac{RT}{nF} \ln \frac{[O]}{[R]} \tag{19}$$

ここで，R, T, Fはそれぞれ気体定数，絶対温度，ファラデー定数である。従って，OとRの濃度比（$[O]/[R]$）を変えてEを測定し，(19)式に従って解析すれば$E^{\circ\prime}$が求まる。濃度比$[O]/[R]$を変化させるためには，適当な還元剤あるいは酸化剤で滴定する必要があるが，滴定試薬と目的物質との副反応や，還元性物質と酸素との反応性に留意しなければならない。その上，指示電位

第4章 酵素電気化学：バイオエレクトロカタリシスの実際

が必ずしも目的とする酸化還元平衡の平衡電位を示すとは限らない。その理由のひとつとして，電極と電極系が平衡に達するのに時間を要することが挙げられる。ポテンショメトリーでは正味の酸化還元反応は進行しないが，平衡に達する時間には速度論的要素が関係しているからである。もうひとつの要因は，混成電位と呼ばれる値を観測してしまう場合である。例えば，鉄の酸化（$Fe \rightarrow Fe^{2+} + 2e^-$）と水素発生（$2H^+ + 2e^- \rightarrow H_2$）が同時に同じ速さで起こると電極電位は，これら2種の酸化還元平衡電位の中間値となる。このようなことは，O/R対と電極間との電子移動速度が極端に遅い場合や，[O]/[R]が0あるいは∞に近づくときに観測される。タンパク質の場合，その活性部位が電極表面に近接することができず，電極と電子のやり取りが起こりにくい。このような速度論的理由から，タンパク質の平衡電位を直接ポテンショメトリーで測定することは実際上不可能である。

一方，第2章で述べたように，ボルタンメトリーは，電極が酸化剤あるいは還元剤としてふるまうので，試薬で滴定する必要がなく，電流信号を測定するだけで，容易に酸化還元電位を測定できる。解析法は第2章で述べたとおりである。しかし，ボルタンメトリーで得られる電流や波形は，ポテンショメトリーで得られる電位以上に速度論的因子を受けやすい。タンパク質の場合は，先に述べた速度論的理由から，ボルタンメトリーの適用は極めて困難である。適当な電子移動促進剤（プロモータ）で電極を修飾する方法が有効な場合もあるが，一般性があるわけではないのでここでは触れない。

以上のような理由から，通常は図11のように，低分子酸化還元物質（メディエータ）を介在させて滴定する[16]。一般に，タンパク質とメディエータとの間，あるいはメディエータと電極との間の電子移動速度は，タンパク質−電極間のそれに比べ速く，短時間で平衡化できる。つまりメディエータは，タンパク質−電極間での平衡化に要する時間を短縮する機能がある。

このときタンパク質の酸化体と還元体の濃度比$[P_O]/[P_R]$の測定も重要である。タンパク質が可視部で吸収帯を持つ場合，ある波長における吸光度変化から$[P_O]/[P_R]$比を求めることができる。

$$\frac{[P_O]}{[P_R]} = \frac{A - A_R}{A_O - A} \tag{20}$$

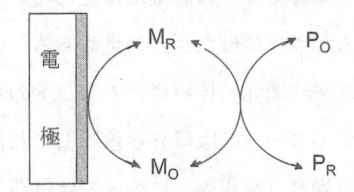

図11 メディエータを用いたタンパク質の電解平衡化の模式図

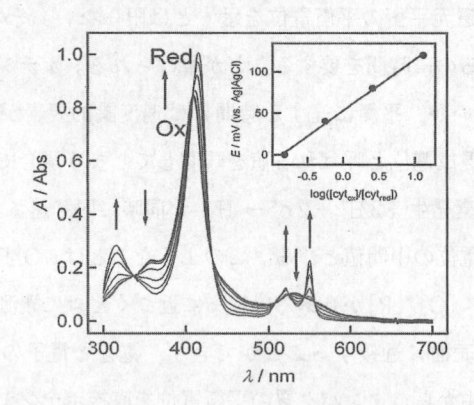

図12 シトクロームc（10 μM）の溶液電位変化に伴う吸収スペクトル変化
溶液電位は矢印の順に0.20, 0.16, 0.12, 0.08, 0.04, 0, −0.10 V（$vs.$ Ag/AgCl）と変化させた。
挿入図は550 nmにおける吸光度変化を(19)式および(20)式で解析したものを示す。

ここで，A_OおよびA_Rはそれぞれ$E \gg E^{\circ\prime}$, $E \ll E^{\circ\prime}$におけるタンパク質の吸光度で，Aは$E^{\circ\prime}$付近の任意のEにおける吸光度である。

シトクロームcを例に挙げ解析法の概略を図12に示す。シトクロームcの酸化体は，400 nm付近にγバンド（ソーレバンドとも呼ばれる）を示す。シトクロームcを還元すると長波長側から順にαとβバンドと呼ばれる吸収帯が現れ，γバンドは長波長シフトする。このように吸収スペクトルが変化するとき，図12に示すようにいくつかの等吸収点が現れる。このことはこの酸化還元反応が$P_O + ne^- \rightleftarrows P_R$のように1段階で進行することを示す重要な証拠となる。等吸収点以外の任意の波長での吸光度変化を(19)式と(20)式に従って解析すると，切片から$E^{\circ\prime}$が求まる。図12の挿入図は，αバンドの吸収帯変化について解析したプロットを示したもので，傾きは$n = 1$で予想される値にほぼ等しい。ただし，(19)式と(20)式は酸化還元反応が1段階で進行する場合にのみ適用できる。フラビンやキノンの反応のように2段階で進行する場合や，複数の酸化還元中心を持つタンパク質の場合には，一般には等吸収点は現れない。このような場合の解析法については，文献を参考にされたい[15,17~19]。また，タンパク質が可視部に吸収帯を持たない場合，あるいは酸化還元に伴う吸収スペクトル変化が小さい場合には，電子スピン共鳴法など，他の物理的測定法を取り入れなければならないが，本書ではその詳細には触れない。

さて，先にメディエータを使用する利点を挙げたが，欠点もある。多くのメディエータはそれ自身が可視部に吸収帯を持ち，それは酸化還元に伴い変化する。その吸収帯が目的とするタンパク質の吸収帯と重なる場合には，メディエータの吸収分を差し引かねばならない。このため，タンパク質がある場合（実測定）とない場合（空実験）についてほぼ同一条件での測定をしなければならない。測定には高度な再現性が求められる。先にも述べたように，溶液電位を変化させる

第4章 酵素電気化学：バイオエレクトロカタリシスの実際

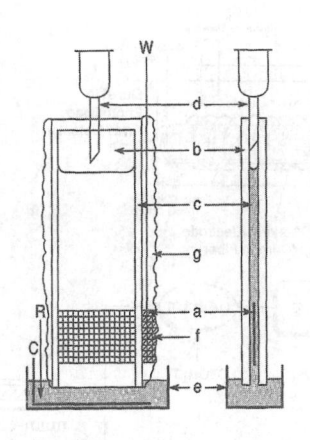

図13　光透過性薄層電解セルの模式図
a：金ミニグリッド作用電極，b：石英板，c：テフロンスペーサー，d：注射針，e：溶液だめ，
f：銀ペースト，g：セラミック接着剤，C：対極，R：参照電極，W：作用電極のリード線

　最も一般的な方法は，酸化剤（例えば$K_3Fe(CN)_6$溶液）や還元剤（例えば$Na_2S_2O_4$溶液）で滴定することである。吸光分析での高い再現性を保つためには，滴定試薬の滴加量だけでなく測定液の全量も厳密に制御しなくてはならない。溶存酸素を除去することなども考えると非常に熟練した技術を要する。また，後述のバルク電解法とは異なり，滴定剤の酸化還元緩衝能のため，溶液電位はせいぜい滴定剤の$E°'$付近までしか変化させることはできないことにも留意する必要がある。

　ボルタンメトリーで代表されるように，電気化学法を用いると，滴定剤を電極に置き換えることができる。溶液電位を制御するためにはバルク電解法を利用する。例えば，図13に示す光透過性薄層電解セルを用いた方法がよく知られている[16,20]。スペーサーをはさんだ2枚の石英板の間に挿入された金グリッドが作用電極である。ここで電解し，このグリッド間を光透過させて分光分析する。この方法は，薄層内での拡散が反応律速となるため電解速度が低く，平衡化に時間を要する。また，薄層であるため酸化還元に伴う吸光係数の変化が大きなタンパク質にしか適用できない。

　我々は，メディエータの吸収補正を容易にする方法として，フロー型カラム電解分光法を検討した[18]。図14にバルク電解法の一種であるカラム電解法とそれをタンパク質の電位測定に応用した測定系の模式図を示す。適当なメディエータ溶液（酸化還元緩衝液）の電位をカラム電解法で制御し，そこにタンパク質を注入し，タンパク質とメディエータとの間で迅速な平衡化を実現し，タンパク質の酸化還元状態を分光的に検出するものである。図15にパーオキシダーゼの測定例を示す。この系では，メディエータの吸収は時間変化しないので，タンパク質に基因する小さな吸光度信号も安定して取り出すことができる。結果としてメディエータ濃度を高めることがで

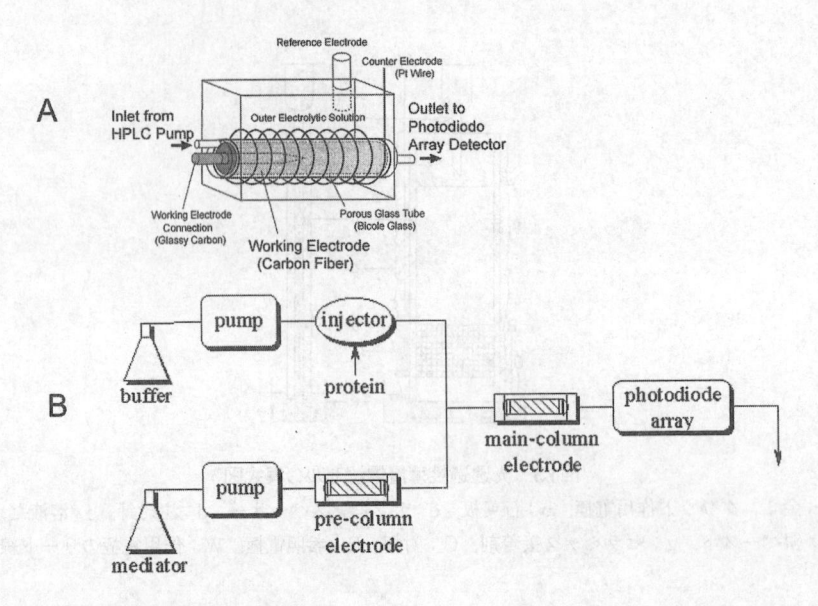

バイオ電気化学の実際──バイオセンサ・バイオ電池の実用展開──

図14　A：カラム電解セルの模式図
　　　B：タンパク質の酸化還元電位測定用のフロー型カラム電解分光法の模式図

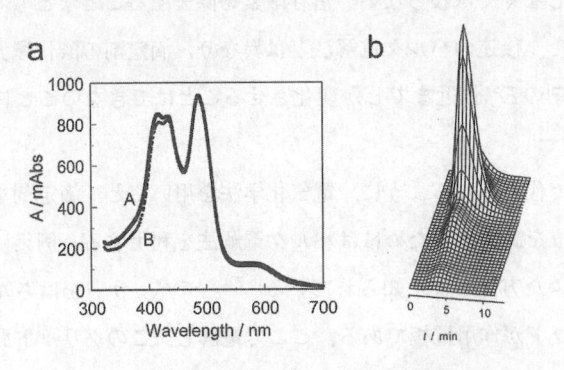

図15　a：フロー型カラム電解分光法で得られる吸収スペクトルの例
　　　Aはタンパク質とメディエータの吸収でBはメディエータのみの吸収。
　　　このスペクトルの差がタンパク質の吸収となる。
　　　b：aで得られたタンパク質の吸収を時間と波長の関数として3D表示したもの

きるので，平衡化時間も短縮できる。平衡化過程においてメディエータの濃度変化は事実上ないので，タンパク質－メディエータ間の電子移動に関する速度論的解析にも利用できる[19]。ただし，タンパク質試料を注入するので，図15に示すようにその吸光度信号はピーク状になる。このピークをするどく対称にするために，HPLCカラムと同様，電解カラムの内部空間を微細・均一化し，径を細くすることが今後の課題であろう。また本法は，疎水性タンパク質のように吸着しやすい試料の場合，ピークが広がる欠点がある。

第4章 酵素電気化学：バイオエレクトロカタリシスの実際

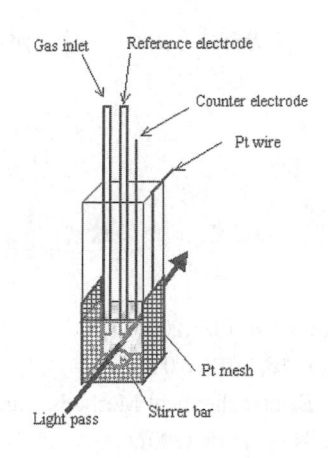

図16 無隔膜電解法による分光セルの模式図

後者の欠点を克服するため，無隔膜型バルク電解法を考案した[21,22]。この方法は，図16に示すように，対極の表面積を作用極のそれに比べて極端に小さくしたセル系において，ポテンショスタット制御の下で電解する方法である。対極での電流は，作用極での電解の逆反応としてではなく，主に溶媒等の電解によってまかなわれるため，事実上再電解は無視でき，バルク電解が実現する。この電解を図16に示すように通常の分光光度計のセル中で行うと，吸収スペクトルをその場測定できる。電流信号あるいは吸光度信号の時間依存性をモニターすれば，平衡化の目安が得られる[23]。ただし，この方法も，先に述べた滴定法や光透過性薄層電解の場合と同様，メディエータの吸収補正が必要で，メディエータだけの空実験をしなければならない。

このようにメディエータを用いる方法は，対象タンパク質ごとに高機能なメディエータを選択することが最も重要で，これには経験と試行錯誤を要する。タンパク質との反応性だけでなく，その$E^{o'}$も重要である。タンパク質とメディエータの$E^{o'}$が大きく異なっている場合には，平衡化に達する時間は極端に長くなり，しばしば平衡化に達する前に電位測定してしまうことがある。このため，たとえ，タンパク質の真の$E^{o'}$がメディエータの$E^{o'}$から離れていても，メディエータの$E^{o'}$に近い値として観測してしまう危険性がでてくる[24]。このような危険性は，特に1種のメディエータだけを用いる場合に起こりやすい。タンパク質の真の$E^{o'}$の両側でかつ近接した位置に$E^{o'}$を有する2種以上のメディエータを利用することが望まれる。このような理由から，タンパク質の電位がまったくわからない場合には，いろんなメディエータを用い，広い電位範囲にわたって何度も測定し，測定すべき電位範囲をしだいに絞っていかねばならない。そして，最終的には，得られた$E^{o'}$の値が，用いたメディエータの酸化還元緩衝能のある領域内に入っているかを確認する必要がある。キノン類のように電子数が2の場合には，緩衝能がある電位領域が狭くなることにも留意する必要がある。このように，タンパク質の電位測定に関しては，誰でも

でき，どのタンパク質にも適用できる万能な方法は，残念ながら現在のところ実現していない。

文　献

1) T. Ikeda, *The Chemical Record*, **4**, 192 (2004)
2) K. Kano, T. Ikeda, *Anal. Sci.*, **16**, 1013 (2000)
3) A. J. Bard, L. R. Faulkner, Electrochemical Methods Fundamentals and Applications, 2nd ed. John Wiley & Sons Inc., New York (2001)
4) a) K. Kano, T. Ohgaru, H. Nakase, T. Ikeda, *Chem. Lett*, 439 (1996); b) T. Ohgaru, H. Tatsumi, K. Kano, T. Ikeda, *J. Electroanal. Chem.*, **496**, 37 (2001); c) R. Matsumoto, K. Kano, T. Ikeda, *ibid.*, **535**, 37 (2002)
5) a) K. Takagi, K. Yamamoto, K. Kano, T. Ikeda, *Eur. J. Biochem.*, **268**, 470 (2001); b) N. Fujieda, M. Mori, K. Kano, T. Ikeda, *Biochim. Biophys. Acta*, **1647**, 289 (2003)
6) M. J. Eddows, H. A. O. Hill, *J. Chem. Soc. Chem. Commun.*, **1977**, 771
7) I. Taniguchi, K. Toyosawa, H. Yamaguchi, K. Yasukouchi, *J. Chem. Soc. Chem. Commun.*, **1982**, 1032
8) T. Ikeda, K. Kato, H. Tatsumi, K. Kano, *J. Electroanal. Chem.*, **440**, 265 (1997)
9) 加納健司，池田篤治，ぶんせき, 576 (2003)
10) T. Ikeda, K. Miki, M. Senda, *Anal. Sci.*, **4**, 133 (1988)
11) 池田篤治，分析化学, **44**, 333 (1995)
12) T. Ikeda, H. Hamada, K. Miki, M. Senda, *Agric. Biol. Chem.*, **49**(2), 541 (1985)
13) a) 池田篤治，食品工業, **35**, 1 (1992); b) T. Ikeda, Biosensorics I. Eds. F. W. Scheller, F. Schubert, J. Fedrowits, Birkhauser Verlag. Basel, p.244 (1997)
14) T. Ikeda, D. Kobayashi, F. Matsushita, T. Sagara, K. Niki, *J. Electroanal. Chem.*, **361**, 221 (1993)
15) N. Fujieda, M. Mori, K. Kano and T. Ikeda, *Biochemistry*, **41**(46), 13736 (2002)
16) S. Dong, J. Niu, T. M. Cotton, *Methods in Enzymology* (K. Sauer, Ed.) Academic Press, New York, **246**, pp.701-732 (1995)
17) M. Torimura, K. Kano, T. Ikeda, T. Ueda, *Chem. Lett.*, **1997**, 525; M. Torimura, M. Mochizuki, K. Kano, T. Ikeda and T. Ueda, *J. Electroanal. Chem.*, **451**, 229 (1998); A. Sato, K. Takagi, K. Kano, N. Kato, J. A. Duine and T. Ikeda, *Biochem. J.*, **357**, 893 (2001); N. Fujieda, M. Mori, K. Kano and T. Ikeda, *Biochim. Biophys. Acta*, **1647**, 289 (2003)
18) M. Torimura, M. Mochizuki, K. Kano, T. Ikeda and T. Ueda, *Anal. Chem.*, **70**, 4690 (1998)
19) A Sato, M. Torimura, K. Takagi, K. Kano and T. Ikeda, *Anal. Chem.*, **72**, 150 (2000)
20) W. R. Heineman, F. M. Hawkridge, H. N. Blount, *Electroanalytical Chemistry*, A.J. Bard (Ed.), **13**, Marcel Dekker, New York, pp.1-113 (1984)
21) A. Kuriyama, M. Arasaki, N. Fujieda, S. Tsujimura, K. Kano and T. Ikeda,

Electrochemistry, **72**, 484 (2004)
22) S. Tsujimura, A. Kuriyama, N. Fujieda, K. Kano and T. Ikeda, *Anal. Biochem.*, **337**, 325 (2005)
23) 本法は，電解の速度論的解析にも用いることができる。吸収スペクトルの時間変化を追跡する場合には，通常の分光光度計よりフォトダイオード型の分光光度計を利用するのが好ましい。
24) K. Kano and T. Ikeda, *Anal. Sci.*, **16**, 1013 (2000)

第5章　酵素工学の実際

1　キノ（ヘモ）プロテイン酸化還元酵素

外山博英[*1]，松下一信[*2]

1.1　はじめに

　センサーなどに利用する酸化還元酵素は，NADやNADPを電子受容体とするものよりは，それらに依存しない，反応中に解離することの無い強固に結合した酵素酸化還元補酵素を持つ酵素の方が望ましい。測定中にNADなどの補酵素を添加する必要が無く，酵素から電極への直接電子伝達可能な酵素電極の構築が可能だからである。そうした酵素には，ピロロキノリンキノン（PQQ）を含むキノプロテイン，FMNやFADを含むフラボプロテイン，モリブデン補酵素を含む酵素，などが知られている。血糖値測定用として既に実用化されているグルコースオキシダーゼとグルコース脱水素酵素（sGDH）はそれぞれフラボプロテインとPQQを含むキノプロテインである。

　キノプロテインとは，キノン構造を有する補欠分子族をもつ酵素の総称である。PQQの他には，「ビルドインコファクター」と呼ばれている，チロシン残基などの酵素タンパク質の芳香族アミノ酸残基が誘導体化されて補欠分子族となったものがある。ヒスタミンの定量などに応用されているアミン脱水素酵素やアミンオキシダーゼなどが「ビルドインコファクター」を持つ酵素である。この節ではPQQを補酵素としているキノプロテイン（PQQキノプロテイン）について説明するが，その他のキノプロテインについては言及しないので，ここでは参考文献を挙げておく[1]。「ビルドインコファクター」と異なり，PQQは酵素タンパク質に強固に結合しているが非共有結合であり，その生合成はアポタンパク質の生合成とは独立して行われる。

　PQQは近年，哺乳類のビタミンとしての可能性が取りざたされている物質でもある[2]が，まだ決着はついていない。確実にPQQキノプロテインであることが示されている酵素は，今のところすべて微生物，中でもプロテオバクテリアに集中して見つかっている。これらの酵素はプロテオバクテリアの細胞表面（ペリプラズム）に存在していて，酸化により得られた電子を呼吸鎖に渡すことでエネルギー生産に関与している。そうした能力から，電極への高い電子伝達能が期待され，バイオセンサーなど酵素電極への応用に向いていると考えられ検討されている。

[*1]　Hirohide Toyama　山口大学　農学部　生物機能科学科　助教授
[*2]　Kazunobu Matsushita　山口大学　農学部　生物機能科学科　教授

第5章 酵素工学の実際

この節では，PQQキノプロテインの分類と酵素立体構造上の特徴，さらには電子伝達様式について解説する。

1.2　PQQキノプロテインの分類とアミノ酸配列上の特徴

現在までに知られていて，機能が解析されたPQQキノプロテインを表1にまとめた[3]。

反応する基質で見ると，糖や糖アルコールを基質にする酵素，アルコールを基質とする酵素，

表1　PQQを含むキノプロテイン

酵素名	局在*	酵素を有する微生物
Quinoproteins able to oxidize sugar or sugar alcohols		
グルコース脱水素酵素（sGDH）	S	アシネトバクター
アルドース脱水素酵素	S	大腸菌
ソルボース・ソルボソン脱水素酵素（S/SNDH）	S	グルコノバクター
グルコース脱水素酵素（mGDH）	M	グルコノバクター，大腸菌，シュードモナスなど
グリセロール脱水素酵素（GLDH）	M	グルコノバクター
キナ酸脱水素酵素（QDH）	M	アシネトバクター，グルコノバクター
Quinoproteins able to oxidize alcohols		
メタノール脱水素酵素（MDH）	S	メチロトロフ
Type-I ADH（PQQ）		
エタノール脱水素酵素（qEDH）	S	シュードモナス
アルコール脱水素酵素（ADH-I）	S	シュードモナス
1-ブタノール脱水素酵素（BOH）	S	シュードモナス
ポリプロピレン脱水素酵素（PPGDH）	S	ステノトロフォモナス
アルコール脱水素酵素（ADH_PS）	S	シュードグルコノバクター
Quinohemoproteins able to oxidize alcohols		
Type-II ADH（PQQ/heme c）		
エタノール脱水素酵素（qhEDH）	S	コマモナス
アルコール脱水素酵素（ADH-IIB）	S	シュードモナス
アルコール脱水素酵素（ADH-IIG）	S	シュードモナス
テトラヒドロフルフリルアルコール脱水素酵素（THFADH）	S	ラルストニア
1-ブタノール脱水素酵素（BDH）	S	シュードモナス
ポリビニルアルコール脱水素酵素（PVADH）	S	シュードモナス，スフィンゴモナス
バニリルアルコール脱水素酵素（ポリエチレングリコール脱水素酵素）	S	ロドシュードモナス
Type-III ADH（PQQ/heme c /3 hemes c）		
アルコール脱水素酵素	M	アセトバクター，グルコノバクター，グルコンアセトバクター，アシドモナス
Other quinoproteins		
ホルムアルデヒド脱水素酵素	M	メチロコッカス
ホルムアルデヒド脱水素酵素	S	ハイホミクロビウム
Other quinohemoproteins		
ソルボソン脱水素酵素（SNDH）	S	ケトグロニシゲニウム
ルパニン水酸化酵素	S	シュードモナス

*S：可溶性酵素，M：膜結合型酵素

それ以外のもの，の3つに分けられる。

これらすべてのPQQキノプロテインはペリプラズムで機能しているが，可溶性で得られるものと，細胞膜に強固に結合していて精製には界面活性化剤で可溶化することが必要なものとに分けることができる。表中ではそれぞれSとMで表している。また，細胞膜への結合様式には2種類あって，5つの膜貫通αヘリックス領域を介して結合しているもの（図1，helicesと記述している部分）と，チトクロムcサブユニットで結合しているもの（酢酸菌のADH，後述）がある。

図1は，現在までにアミノ酸配列が明らかになっているPQQキノプロテインの配列上の特徴を模式的に表している[4]。後述の立体構造から明らかなように，これらには共通してβシート構造を形成する領域（図1中のABCD）が8つあり，この中にPQQキノプロテインのアミノ酸配列中に見つかる特徴的な繰り返し配列（AxDxxxGK(E)xxW，Trp-モチーフ）がある（図1のCの一部とDに相当する）。PQQに加えてヘムcを補欠分子族として有し，キノヘモプロテインと呼ばれる酵素では，上述したPQQドメインとチトクロムcドメインがヒンジ部分でつながっている（図1）。

表1に挙げた酵素のほかにも，ゲノム配列から得られた構造遺伝子の中に，PQQを補酵素と

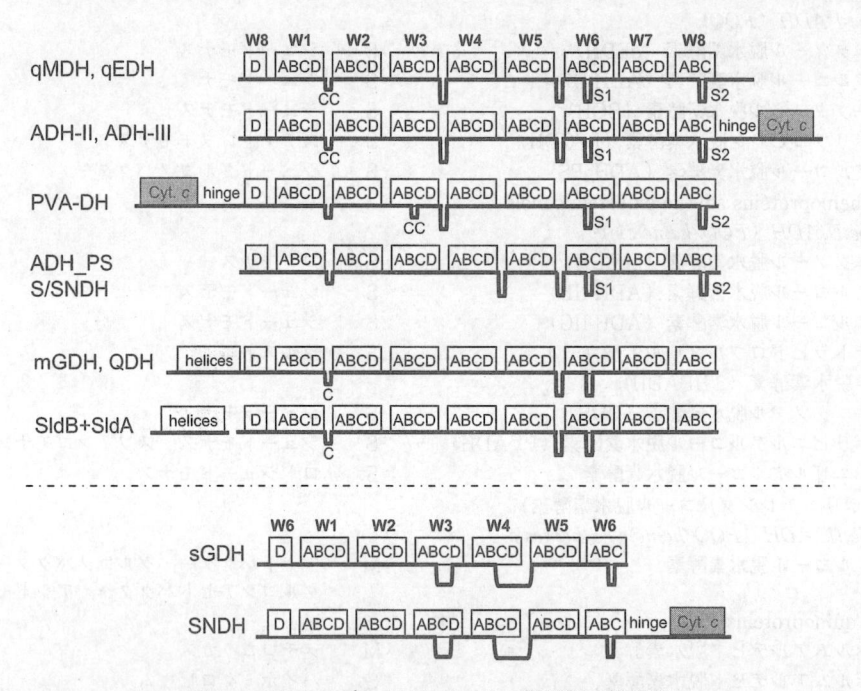

図1 PQQキノプロテインのアミノ酸配列の模式図
　　キノプロテインの特徴である「W-blade」，チトクロムドメイン，膜貫通領域をそれぞれ四角形で示した。ループ構造をその下の太い線で表した。環状ジスルフィド結合をCCで，qADH間で特に構造が異なる図2で示した領域をS1とS2で示した。

するキノプロテインと推定されるものが多数存在している。それらには，現在までに構造が明らかとなっているPQQキノプロテインのアミノ酸配列に相同性を示すものに加え，特徴的な繰り返し配列（Trp-モチーフ）を持つものも含まれている。このモチーフがマウスゲノム中の機能未知の遺伝子に見つかり，その遺伝子がPQQ依存性の酵素をコードしていると考えられた。そのため，PQQがビタミンではないかと報告された[2]訳であるが，Trp-モチーフを有するタンパク質がすべてPQQキノプロテインであるとは限らない。

1.3 PQQキノプロテインの立体構造

図2に示すように，6つのキノプロテインでX線結晶構造解析が完了している（メタノール脱水素酵素，qMDHは3つの細菌から独立に構造決定されている）。これらの酵素のアミノ酸配列の相同性は比較的高く，立体構造も非常に似ている。βシート4つがねじれた逆平行のシートを形成していて（"W"の形の「羽」ということで「W-blade」と呼ぶ），W-bladeが8枚集まって樽状の構造を形成している（superbarrel構造，図1, 2を参照）。唯一の例外が可溶性グルコース脱水素酵素（sGDH）で，superbarrel構造ではあるが6枚のW-bladeで構成されていて，

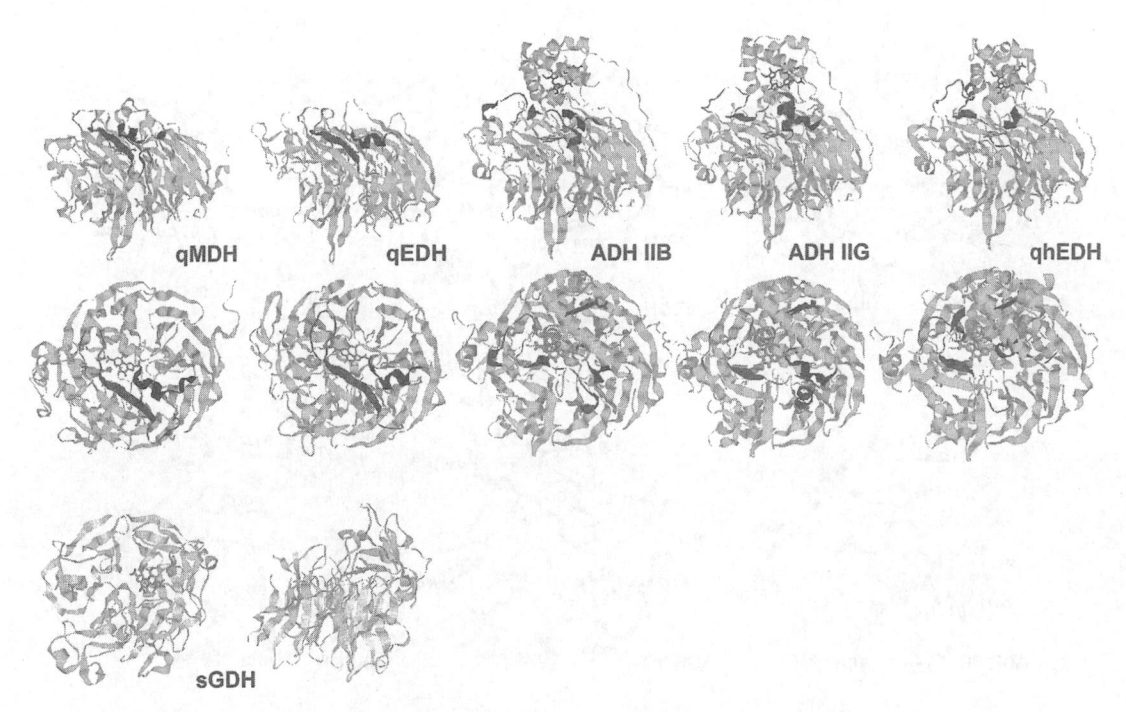

図2 X線結晶構造解析が行われたPQQキノプロテインの構造
X線結晶構造解析で明らかになった立体構造をリボンモデル，PQQとヘムcはスティックモデルで表した。qADH間で構造が異なる領域S1とS2を黒色で表した。

Trp-モチーフはあまり明確ではなく，他のキノプロテインとアミノ酸配列上の相同性もほとんどない[5]。最近，いくつかの細菌ゲノム配列中にこのsGDHのホモログが見つかってきていて，そのうちのひとつ，大腸菌のYliIが実際にPQQキノプロテインで，アルドース脱水素酵素活性を持っていることが証明された[6]。

PQQはsuperbarrel構造の真ん中に位置している（図2）。キノプロテイン・アルコール脱水素酵素（qADH）では，PQQの下にはトリプトファン残基があり，上には隣り合った2つのシステイン残基がジスルフィド結合した8員環（環状CC）があって，上から押さえつけるような構造をとっている（図4を参照）。このPQQ結合様式は，立体構造が明らかでないqADHに関してもアミノ酸配列から保存されていると推測されるが，グルコースなどアルコール以外の基質を酸化するキノプロテインには保存されていない（図1）。PQQの平面に対して水平方向の結合に関与しているアミノ酸残基も，qADHの間ではよく保存されているのに対して，sGDHでは保存されておらず，しかも酵素タンパク質と結合するPQQの面が他の酵素の場合と逆転している（図3）。いずれの酵素もカルシウムイオンがPQQと結合していて活性に必要である。qMDHではス

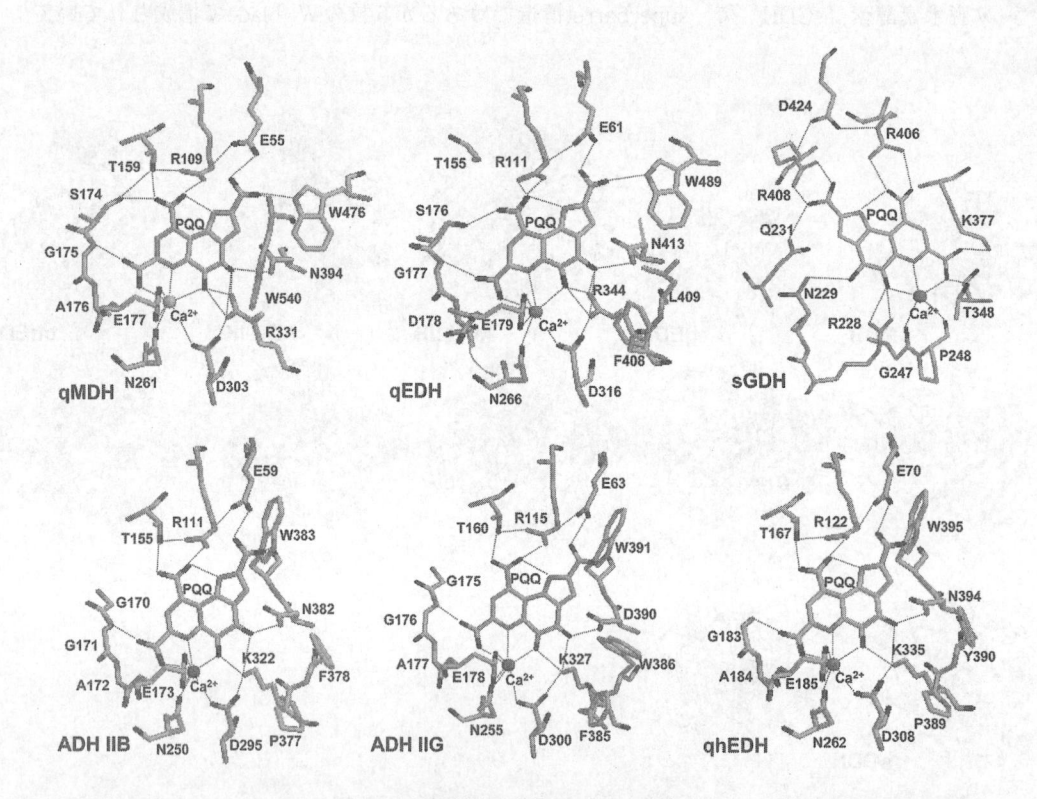

図3　PQQ結合に関わるアミノ酸残基
qADH間では結合に関わるアミノ酸残基はよく保存されている。sGDHでは結合に関わるアミノ酸残基は異なっていて，PQQが裏返っている。

トロンチウムイオンやバリウムイオンに置き換えても活性がある。mGDHではマグネシウムイオンの方が有効である。こうした2価の金属イオンは，PQQの5'位のカルボニル酸素や6位の窒素や7'位のカルボキシル酸素と配位結合しており，PQQキノプロテインの酵素活性発現に直接かかわっている。こうした性質から，多くのPQQキノプロテインがEDTAなどのキレート剤で処理すると酵素活性を失うが，sGDHやqMDHなど影響を受けないPQQキノプロテインもある。

1.4　糖や糖アルコールを基質とするPQQキノプロテイン

　sGDHを除いて，これらのほとんどが酢酸菌の，しかも細胞質膜結合型で存在している。例外的に，mGDHはプロテオバクテリア中に比較的広く分布している。これらの酵素については，X線結晶構造解析での立体構造は可溶性のsGDHを除いて現在までに明らかになっていないが，アミノ酸配列の明らかなキノプロテインがいくつかあるので，それらの構造についてもまとめてみた。

　sGDHは既に述べたように，他のキノプロテインとは構造が大きく異なり，さらにW-bladeの2つ（W3とW4）には大きなループ構造が挿入され（図1，2），PQQの結合する面が他の酵素の場合と逆転している（図3）。PQQの5位のカルボニル基とH144が最初のプロトン引き抜きに重要であることが推測されている。この酵素は血糖値測定用の診断酵素として，グルコースオキシダーゼに代わり普及し始めている。

　mGDHは上述したsGDHとは全く異なる酵素である[7]。大腸菌ゲノム中にも本酵素遺伝子があるが，大腸菌はPQQ生合成系を持たないため補欠分子族を持たないアポ型のmGDHを生産する。PQQが外から与えられれば，大腸菌はこの酵素でグルコースを酸化し，酸化生成物のグルコン酸を取り込み代謝することが明らかにされている。qADH間ではカルシウム結合に関与するアミノ酸残基はよく保存されている（図3）が，相当する部分のアミノ酸配列の相同性はmGDHでは低い。mGDHとアミノ酸配列上の相同性が高いキナ酸脱水素酵素（QDH）も報告されている。これらはN末端領域に細胞膜結合領域があり，残りのアミノ酸配列（PQQドメイン）は他のキノプロテインと比較的高い相同性を持っている（図1）。アミノ酸配列の相同性からPQQの下部にはqADHと同じようにトリプトファン残基があると予想される（図4）が，qADHに見られた環状CCに相当する部分のアミノ酸配列にはシステイン残基が一つしかない。活性中心のモデル構造が提唱されているが，その構造ではH262がPQQの上部のアミノ酸残基とされている。膜貫通領域にユビキノン反応部位があると予想されていたが，膜貫通領域を取り除いても細胞膜に結合し，しかもユビキノンと反応できるので，PQQドメイン中にユビキノン反応部位が存在していることが示された。

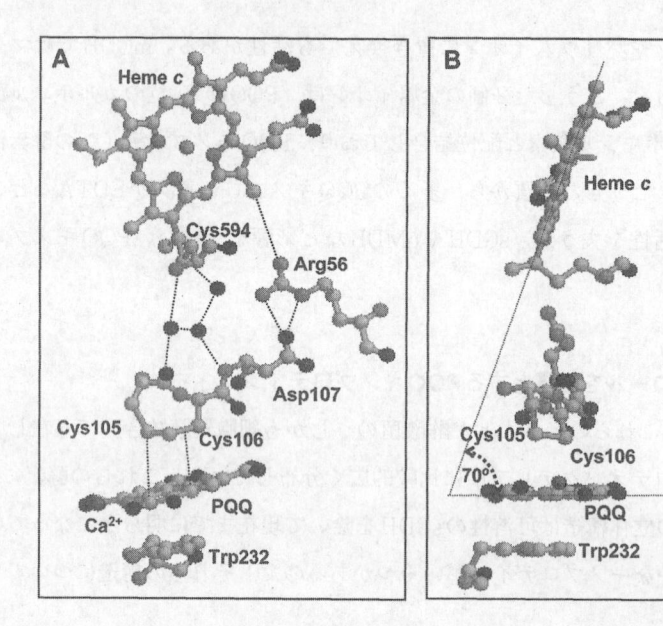

バイオ電気化学の実際──バイオセンサ・バイオ電池の実用展開──

図4　ADH-IIBのPQQからヘムcへの電子伝達経路（A）とPQQとヘムcの作る二面角の違い（B）
（A）電子伝達経路を点線で示している。黒い丸は酸素原子を表し，タンパク質主鎖中に無い独立したものは水分子で，結晶構造解析で観察された結合水である。PQQの下部にあるトリプトファン残基も同時に示した。
（B）PQQとヘムcの平面が作る2面角は70度であった。

　グルコノバクター属酢酸菌に見られるグリセロール脱水素酵素（GLDH）は，比較的広い基質特異性を持ち多くの糖アルコールを酸化する。しかし，立体特異性と位置特異性が高く，一級水酸基に隣接した二つの二級水酸基がエリスロ配位をとっている糖アルコールの2位のみを酸化してケトースを生産する，いわゆるベルトラン−ハドソン則に従う。現在工業化されているビタミンCの化学的製造過程において唯一取り入れられている，D−ソルビトールからL−ソルボースへの特異的転換過程にこの酵素は働いていて，D−ソルビトール脱水素酵素と呼ばれていた。アミノ酸配列はmGDHと高い相同性を示すが，膜貫通領域とPQQドメインが2つのサブユニットとして別々の遺伝子となっている（SldBとSldA）。PQQサブユニットは他のキノプロテインとも相同性を示す[8]（図1）。最近我々はこの酵素がグルコン酸をも基質とすることができ，5-ケトグルコン酸を生産することを示した[9]。5-ケトグルコン酸はビタミンCや酒石酸の原料となる物質であり，この酵素を利用した酸化発酵で安定にこの物質を供給できることが明らかとなった。
　このグループには入らないが，関連するキノプロテインとしてホルムアルデヒド脱水素酵素が報告されている。*Methylococcus capsulatus*からは細胞質膜結合型として[10]，*Hyphomicrobium zavarzinii*からは可溶性酵素として得られている[11]。どちらも精製酵素からPQQが定量的に抽出されていることからPQQキノプロテインに間違いないが，前者はN末端アミノ酸配列がsulfide:

第5章　酵素工学の実際

quinone 酸化還元酵素と高い相同性を示しPQQキノプロテインと相同性を示さず，後者はsGDHと弱い相同性（19.2% identity）しか示していない。今後の構造解析が待たれる。

1.5　可溶性PQQキノプロテイン・アルコール脱水素酵素（qMDH, Type-I & Type-II ADH）

　メタノール脱水素酵素（qMDH）は最もよく研究されたキノプロテイン[12]であり，メタノールを唯一の炭素源として生育できるグラム陰性細菌から得られる。メタノールに対して高い親和性を示し，他の低分子のアルコールとも反応するが親和性が低い。大小二つのサブユニット2組から構成される。

　qMDH以外の，アルコールを基質とするPQQキノプロテイン（qADH）は，PQQのみを補欠分子族として持つキノプロテイン，PQQとともにヘム c も補欠分子族とするキノヘモプロテイン，キノヘモプロテイン・サブユニットと別にさらにチトクロム c・サブユニットを持つ酵素に分けられ，それぞれType-I ADH, Type-II ADH, Type-III ADHと呼んでいる。

　Type-I ADHは現在までに5つ報告されている。エタノール脱水素酵素（qEDH）[13]は，シュードモナスなどの酸化細菌がエタノールで生育する時に誘導生産する酵素でqMDHと構造や酵素化学的性質が似ているが，ホモ2量体であり，メタノールにはあまり反応せずエタノールなどの炭素鎖の短い1級アルコールとよく反応する。活性中心に存在するカルシウムイオンに加えて，サブユニット中にもう一つ別のカルシウムイオンを持つ。*Stenotrophomonas maltophila*から報告されたポリプロピレングリコール脱水素酵素[14]や*Pseudomonas butanovora*のBOH[15]も同様の酵素と考えられる。さらに，*Pseudogluconobacter saccharoketogenes*のL-ソルボースから2-ケトL-グロン酸を生産する酵素（ADH_PS）が，qMDHやqEDHと似たアミノ酸配列を持っているサブユニット（65kDa）2つの2量体酵素であることが報告されている[16]。ADH_PSは糖アルコールよりも1級アルコールや2級アルコールとの反応性が高いが，qADHに特徴的な環状CCはない（図1）。別に報告されたソルボース・ソルボソン脱水素酵素（S/SNDH）[17]は異なるサブユニット（64.5kDa, 62.5kDa）の2量体であるが，似た基質特異性を持つことから，そのアミノ酸配列はまだ明らかではないがADH_PSと同等の酵素と思われる。

　Type-II ADHは表1のように7つ報告されている。*Comamonas testosteroni*のqhEDHのアミノ酸配列が最初に決定され，X線結晶構造解析がなされた[18]。また，中鎖アルコールを資化する*Pseudomonas putida* HK5は，炭素源とするアルコールに応じて3種類の異なるqADHを生産する[19]。そのうち二つがType-II ADHであり，1-ブタノールなどの中鎖1級アルコールで誘導生産されるADH-IIBと，1,2-propanediolやグリセロールで誘導生産されるADH-IIGである。もう一つはエタノールで誘導生産される，上述のqEDHと類似の酵素で，ADH-Iと呼んでいる。最近，ADH-IIBとADH-IIGの構造遺伝子をクローニングしてアミノ酸配列を決定し，同時に

X線結晶構造を明らかにした[20, 21]。それら3つのType-II ADHの全体構造はお互いによく似ていて，立体的に分離されたPQQドメインとチトクロムcドメイン，そしてそれらをつなぐヒンジ部分からなっている（図2）。PQQドメインは上述のqMDHやqEDHともよく似ている。しかし，図2中で黒色で示した領域（S1とS2）はこれらの酵素の立体構造上で異なっており，他のアミノ酸配列の明らかなType-II ADHである *P. butanovora* の1-ブタノール脱水素酵素（BDH）[15]や *Ralstonia eutropha* のテトラヒドロフルフリルアルコール脱水素酵素[22]でもアミノ酸配列上で相同性が低く，さらにアミノ酸残基数もそれぞれ異なっている。そのため，この領域にあるアミノ酸残基は，これらの酵素の基質特異性を決定する上で重要な役割をしていると考えられる。

Type-II ADHには人工高分子化合物を基質とし分解する酵素がいくつか知られている。ポリビニルアルコール脱水素酵素（PVA-DH）はキノヘモプロテインであるが，他のType-II ADHとは異なりチトクロムcドメインがN末端側にある[23, 24]（図1）。また環状CCが他のqADHで見られるようなW1とW2の間のループには存在せず，W3のβシートBとCの間に隣接したシステイン残基があるが，環状CCを構成しPQQの上部にあるかどうかは明らかでない。ポリエチレングリコール脱水素酵素にもキノヘモプロテイン型のものが知られている[25]が，そのアミノ酸配列はまだ明らかではないので，ドメイン構造がPVA-DH様であるのかはわからない。

その他，Type-II ADHには分類されないキノヘモプロテインが2つ報告されている。ルパニン水酸化酵素[26]は，植物アルカロイドであるルパニンのイミノ基を酸化し，その酸化反応の結果形成された2重結合が水解されてルパニンが水酸化されるので，基本的には脱水素酵素である。アミノ酸配列はADH-IIBやqhEDHと比較的高い相同性を示す（同一アミノ酸残基が40%程度）が，PQQ結合に関わるアミノ酸残基の半分が保存されておらず，また環状CCもない。また最近，*Ketogulonicigenium vulgare* のソルボソン脱水素酵素（SNDH）が精製され，遺伝子配列が決定された[27]。SNDHはキノヘモプロテインであるが，Type-II ADHと異なり，PQQドメインはsGDHと相同性があった（図1）。この酵素はソルボソンからビタミンCへ直接変換することができる。

1.6 細胞膜結合型PQQキノプロテイン・アルコール脱水素酵素（Type-III ADH）

細胞膜結合型のqADHはType-III ADHと呼ばれ，キノヘモプロテイン・チトクロムc複合体であり，その脱水素酵素サブユニットIはType-II ADHと相同性が高い（図1）。現在のところ酢酸菌のみに見つかっていて，細胞質膜のペリプラズム側に結合して存在し，呼吸鎖に連結してアルコールからアルデヒドへ酸化し，モリブデン補酵素を持つ細胞膜結合型アルデヒド脱水素酵素とともに酢酸発酵を担っている[28]。Type-III ADHは，mGDHやGLDHと同様にユビキノンへ電子伝達することで機能するが，それらのキノプロテインに比べ，サブユニットや補欠分子族を

複数有することから，電子伝達様式ははるかに複雑である。

　Type-III ADHは，異なる種の酢酸菌の細胞膜から3つのサブユニットの酵素として可溶化・精製されている。サブユニットIには PQQ1分子とヘムc 1分子が，サブユニットIIには3分子のヘムcが存在する[29]。このように，サブユニットIとIIにADH複合体の電子移動反応に関与する5つの補欠分子族すべてが含まれている。*Gluconacetobacter polyoxogenes* および *Gluconacetobacter europaeus* の精製酵素にはこのサブユニットIIIが見られない。後述するように，*Gluconobacter suboxydans* のADHをサブユニットI/III複合体とサブユニットIIに解離させ，これらのサブユニットとリポソームの相互作用を調べた結果，膜との結合領域はサブユニットIIに存在していることが明らかとなった（未発表）。推定アミノ酸配列からは，細胞質膜貫通可能な疎水性α-ヘリックス領域は認められないが，両親媒性のα-ヘリックス領域が推定されている[30]。また，ユビキノンの結合部位もこのサブユニットIIにある。

1.7　PQQキノヘモプロテインの分子内電子伝達

　Type-II ADHでは，基質が酸化されてPQQへと渡った電子は，ヘムcへと分子内で電子伝達される。この電子伝達経路は図4のように予想されている。すなわち，PQQから環状CC，さらに1〜2個の結合水を経由し，ヘムに共有結合しているシステイン残基からヘムcへと電子伝達されることが，シミュレーション計算により予測されている。しかし，この計算はX線結晶構造解析の結果得られた静的な構造を基にしているので，必ずしもこの通りではないかもしれない。PQQドメインとチトクロムcドメインが反応過程中で接近して，アミノ酸残基や結合水を介さないで直接電子伝達する可能性も考えられる。図4に示した様にPQQとヘムcの作る2面角がADH-IIBでは70度であるが，他のキノヘモプロテインでは異なっている（ADH-IIGでは80度，qhEDHでは65度）ことも，ドメインが反応過程中に動く可能性を示唆している。

　Type-III ADHの最初の電子移動反応は，Type-II ADHと同様，サブユニットI内のPQQとヘムc（c-I）の間で起こると考えられ，その後ヘムc-IからサブユニットIIの3つのヘムを介してユビキノンへ電子伝達されると考えられる。この分子内電子移動の情報は，*G. suboxydans* および *Acetobacter methanolicus* のADHをサブユニットI/III複合体とサブユニットIIへ解体し，それらを再構成して得られる酵素を用いたキネティックス解析[29]およびこれらのADHの4つのヘムcの酸化還元電位の測定[31]により得られた。すなわち，サブユニットIIの3つのヘムc（電位に基づいて仮に，c-II_1, c-II_2, c-II_3と考える）のうち少なくとも1つがユビキノンの還元に関与していないこと，その3つのヘムcの酸化還元電位が，pH 7では49 mV，188 mV，188 mV，pH 4.5では187 mV，190 mV，255 mVとなることから，3つのヘムcのうちの1つがpHで酸化還元電位が変動しないことが明らかになった（図5）。このヘムcは溶液に露出していない（つま

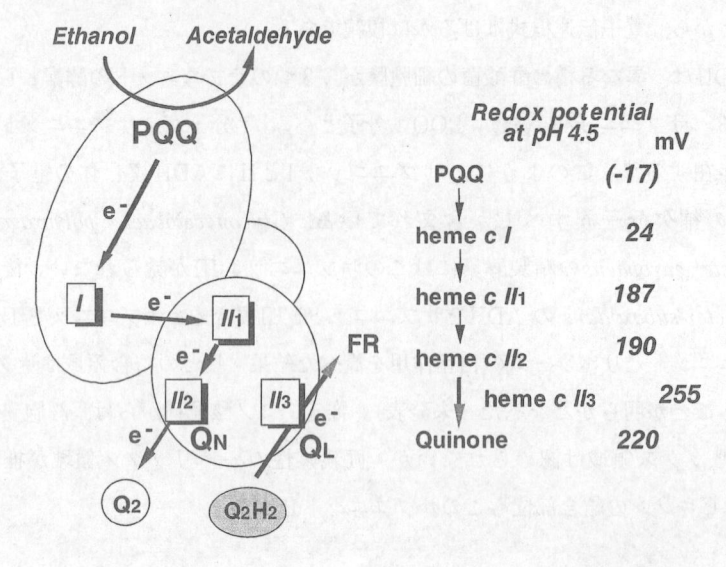

図5　Type-Ⅲ ADHのヘムcの酸化還元電位と分子内電子伝達

り疎水領域にある）と考えられ，熱力学的にはこの部位（c-II_2：190mV）からユビキノン（220mV）へ直接電子伝達されると考えられる。そうすると，pH 4.5では1つのヘムc（c-II_3：255mV）はユビキノンへの電子伝達に関与しないと考えることができる。このことは再構成によって得られたデータとも符合する[29]。

1.8　Type-Ⅲ ADHのユビキノン・ユビキノール酸化還元活性

Type-Ⅲ ADHは，生理学的にはエタノール酸化呼吸鎖の初発脱水素酵素として機能している[32]。すなわち，細胞膜上でユビキノンに電子伝達し生ずる還元型ユビキノン（ユビキノール）が，細胞膜に存在するユビキノール・オキシダーゼによって酸素まで電子伝達されることで完結する。このType-Ⅲ ADHによるユビキノン還元反応は，上述したように，サブユニットⅡで行われることが示されている。この活性とは別に，Type-Ⅲ ADHには，ユビキノールから人工電子受容体のFRへ電子移動を媒介する能力がある[33]。このユビキノール酸化活性の反応部位はやはりサブユニットⅡに存在し，少なくとも G. suboxydans ADHでは，そのユビキノン還元活性よりも強い比活性を示し，しかも両反応部位はキネティックス的にもキノン阻害剤の特異性においても識別することができる[33]。最近我々は，精製に使用する可溶化剤を従来使われていたTriton X-100からドデシルマルトシドに代えることで，ユビキノン（Q10）を結合したままのADHを分離することに成功した[34]。この酵素のサブユニットを解離させると，サブユニットⅡにQ10が結合していた。これは，上記のユビキノン還元部位およびユビキノール酸化部位がサブ

第5章　酵素工学の実際

ユニットIIにあることと符合する。結合型ユビキノンをもつ酵素とそれを欠落した酵素を用いて，ADHを特異的に阻害する合成キノン構造類似体（PC16）もしくはアンチマイシンAの阻害キネティックス解析を行ったところ，本酵素のサブユニットIIには結合型キノンの入る高親和性キノン部位（Q_H）と低親和性のキノン反応部位（Q_L）およびキノール反応部位（Q_N）の少なくとも3カ所のキノン反応部位が存在していることが推測された。

現在，Type-III ADHの結晶構造解析が進められているので，この酵素分子内に存在する4つのヘムcや結合型キノンの立体的な位置関係が明らかになれば，図5に示された分子内および分子間電子移動について，より具体的な議論ができるようになると期待される。

1.9　PQQキノプロテインの電極との反応性

京都大学の池田，加納らは，グルコースオキシダーゼやフルクトースデヒドロゲナーゼや酢酸菌ADHなどを使い，メディエーターを使うことなく電極に電子を直接授受することが可能であることを示している[35]。後者の2つはチトクロムcをサブユニットとして有しており，上述したように，細胞膜結合部位でありキノン還元部位であるサブユニットが電極との直接反応に重要であることが容易に想像できる。

最近我々は，デンソー福田らとの共同研究で，ADH-IIBの電極との反応性について検討したところ，他のキノヘモプロテインと比較しても，格段に高い電子伝達能力を示すことを見いだした。ADH-IIBは水溶性の酵素であるので取り扱いやすく，また酵素も比較的容易に精製し調製することができるので，細胞質膜結合型酵素よりも実用化に向いている酵素である。現在，この酵素が電極へ直接電子伝達する能力が高い理由を明らかにするための解析を行っている。

このように，キノプロテインの構造と，酵素電極間の電子授受のしやすさの相関関係が明らかになってくれば，高性能なセンサーや出力の大きな燃料電池の開発につながっていくものと期待される。

文　献

1) 岡島俊英，谷澤克行，蛋白質核酸酵素，**48**, p.740-746（2003）
2) T. Kasahara and T. Kato, *Nature*, **422**, 832（2003）
3) H. Toyama *et al.*, *Arch. Biochem. Biophys.*, **428**, 10-21（2004）
4) 外山博英ほか，化学と生物，**42**, 435-441（2004）

5) A. Oubrie, *Biochim Biophys. Acta*, **1647**, 143-151 (2003)
6) S. M. Southall et al., *J. Biol. Chem.*, **281**, 30650-30659 (2006)
7) M. Yamada et al., *Biochim Biophys. Acta*, **1647**, 185-192 (2003)
8) T. Hoshino et al., *Biochim Biophys. Acta*, **1647**, 278-288 (2003)
9) K. Matsushita et al., *Appl. Environ. Microbiol.*, **69**, 1959-1966 (2003)
10) J. A. Zahn et al., *J. Bacteriol.*, **183**, 6832-6840 (2001)
11) A. C. Schwartz et al., *Arch. Microbiol.*, **182**, 458-466 (2004)
12) P. Williams & C. Anthony, *Biochim Biophys. Acta*, **1647**, 18-23 (2003)
13) T. Keitel et al., *J. Mol. Biol.*, **297**, 961-974 (2000)
14) M. Yasuda et al., *FEMS Microbiol. Lett.*, **138**, 23-28 (1996)
15) A. Vangnai et al., *J. Bacteriol.*, **184**, 1916-1924 (2002)
16) T. Shibata et al., *J. Biosci. Bioeng.*, **92**, 524-531 (2001)
17) A. Asakura & T. Hoshino, *Biosci. Biotechnol. Biochem.*, **60**, 46-53 (1999)
18) A. Oubrie et al., *J. Biol. Chem.*, **277**, 3727-3732 (2002)
19) H. Toyama et al., *J. Bacteriol.*, **177**, 2442-2450 (1995)
20) C.-W. Chen et al., *Structure*, **10**, 837-849 (2002)
21) H. Toyama et al., *J. Mol. Biol.*, **352**, 91-104 (2005)
22) G. Zarnt et al., *J. Bacteriol.*, **183**, 1954-1960 (2001)
23) M. Shimao et al., *Microbiology*, **146**, 649-657 (2000)
24) R. Hirota-Mamoto et al., *Microbiology*, **152**, 1941-1949 (2006)
25) M. Yasuda et al., *FEMS Microbiol. Lett.*, **138**, 23-28 (1996)
26) D. Hopper et al., *Biochem. J.*, **367**, 483-489 (2002)
27) T. Miyazaki et al., *Appl. Environ. Microbiol.*, **72**, 1487-1495 (2006)
28) K. Matsushita et al., *Advances in Microbial Physiology*, **36**, pp. 247-301 (1994)
29) K. Matsushita et al., *J. Biol. Chem.*, **271**, 4850-4857 (1996)
30) 山田守, 松下一信, 日本生化学会誌, **66**, 1665-1669 (1992)
31) J. Frébortová et al., *Biochim. Biophys. Acta*, **1363**, 24-34 (1998)
32) K. Matsushita et al., *Biosci. Biotech. Biochem.*, **56**, 304-310 (1992)
33) K. Matsushita et al., *Biochim. Biophys. Acta*, **1409**, 154-164 (1999)
34) K. Matsushita et al., International Interdisciplinary Conference on Vitamins, Coenzymes, and Biofactors, Abstract book, pp. 18, Awaji, Japan, Nov. 6-11 (2005)
35) T. Ikeda & K. Kano, *Biochim Biophys. Acta*, **1647**, 121-126 (2003)

2　ヒドロゲナーゼ

緒方英明[*1]，樋口芳樹[*2]

2.1　はじめに

ヒドロゲナーゼは水素の酸化還元反応を触媒する金属酵素である。1931年にStephensonらによって硫酸還元菌中に発見され，ヒドロゲナーゼと命名された[1]。ヒドロゲナーゼは最も小さな分子・水素分子を基質とし，その触媒する反応は以下に示す単純なものである。

$$H_2 \rightleftharpoons 2H^+ + 2e^-$$

最終生成物は2個のプロトンと2個の電子であるが，その反応過程ではヒドリドが生成されると言われている。つまり水素分子は最初にヒドリドとプロトンに分けられ（ヘテロリシス），その後ヒドリドから2電子が奪われて2個目のプロトンができる。

この触媒作用を利用し，ヒドロゲナーゼは細胞内で膜内外のプロトン濃度を調節し，エネルギー代謝を円滑にする役割を担っている。また，水素を分解して得られる電子は種々の酸化還元反応に利用され，逆に生体内反応によって生じる余剰の電子はヒドロゲナーゼによって水素分子として放出される。ヒドロゲナーゼは大きく分けて，[NiFe]ヒドロゲナーゼ，[Fe]ヒドロゲナーゼ，Iron-sulfur cluster-freeヒドロゲナーゼの3種類に分類されている。このうちIron-sulfur cluster-freeヒドロゲナーゼは，長い間，金属原子を持たないMetal-freeヒドロゲナーゼと呼ばれていた。しかし，2004年にLyonらによって，鉄を含む補因子が結合していることが示された。このため現在ではIron-sulfur cluster-freeヒドロゲナーゼと呼ばれている。

20世紀以降の人類による化石燃料（石油，石炭，天然ガスなど）の大量消費は地球環境を大きく変化させた。種々の排気ガスは大気を汚染し，またCO_2の増加は地球温暖化などの気候変化をもたらし，これらは地球規模の重大な問題となってきている。エネルギー消費はさらに増加しつつあり，将来枯渇すると予想されている化石燃料に替わる次世代のエネルギーの開発・供給も要求されている。この次世代エネルギー源の一つとして最も期待されるのが水素であろう。水素はエネルギーとして利用しても水が生成されるだけなので，燃料として最もクリーンなものである。地球の大気組成で水素の割合は低い。従って大気から水素を分離抽出して燃料とするのは難しい。もっとも効率的な方法として，水から電気分解により水素を発生させるシステムが考えられる。光合成による水の分解反応（酸素とプロトンが生成）とヒドロゲナーゼの水素合成反応を組み合わせた方法がバイオ水素生産システムの一方法として現在活発に研究されている。また，

[*1]　Hideaki Ogata　マックスプランク生物無機化学研究所　博士研究員

[*2]　Yoshiki Higuchi　兵庫県立大学　大学院生命理学研究科　教授

バイオ電気化学の実際——バイオセンサ・バイオ電池の実用展開——

ヒドロゲナーゼによる水素の分解反応は，新規の燃料電池の開発に有効であると期待できる。現在開発されている燃料電池は主に白金触媒を用いたものである。しかし，白金は希少かつ高価であるため，これに替わる安価で大量生産可能な触媒の開発が望まれている。

酵素・ヒドロゲナーゼにより進められる水素活性化の反応機構が明らかになれば，ヒドロゲナーゼの活性部位をモデルとした人工ヒドロゲナーゼ触媒を化学合成することが可能になる。これは高効率かつ大規模な水素発生装置の開発や新規の燃料電池の開発につながる可能性があり，エネルギー問題の解決に大きく貢献することが期待される。ここでは，ヒドロゲナーゼの反応機構の研究を主にX線結晶構造解析の結果をもとに概説する。

2.2 ［NiFe］ヒドロゲナーゼ

［NiFe］ヒドロゲナーゼは，3種類のヒドロゲナーゼのうち最も良く研究されている酵素である。［NiFe］ヒドロゲナーゼのほとんどは大サブユニット（分子量約60,000）および小サブユニット（分子量約30,000）と呼ばれる2つのポリペプチド鎖からなるヘテロ二量体構造を持つ。［NiFe］ヒドロゲナーゼは*Desulfovibrio vulgaris* Miyazaki F（DvM）由来の酵素が1987年に著者らによって初めて結晶化されたが[2]，最初のX線結晶構造は*Desulfovibrio gigas*（Dg）の酵素がVolbedaらにより分解能2.5Å分解能で報告された（1995年）[3]。その2年後，DvMの酵素が高分解能1.8Åで報告された[4]。X線結晶構造は，これまでにDvMおよびDgに加えて*Desulfovibrio desulfuricans*（Dd）[5]，*Desulfomicrobium baculatum*（Db）[6]，*Desulfovibrio fructosovorans*（Df）[7]由来の［NiFe］ヒドロゲナーゼが報告されている。不思議なことに，硫酸還元菌以外のヒドロゲナーゼのX線結晶構造は今までに報告されていない。Dbのヒドロゲナーゼは，Ni原子に配位している4つのシステイン残基のS原子のうち1つがSe原子に置き換わっている［NiFeSe］ヒドロゲナーゼである。

［NiFe］ヒドロゲナーゼは，電子常磁性共鳴（EPR）法や赤外吸収（FT-IR）スペクトル法による測定結果から以下のような酸化還元状態が区別されている（図1）[8]。Ni-A型とNi-B型は最も酸化された不活性状態であり，これらは活性化されるまでの時間やEPRによるg値の差異によって区別されている。両者ともにNi^{III}である。Ni-A型ではg値は$g = 2.01, 2.24, 2.32$であり，Ni-B型では$g = 2.01, 2.16, 2.33$である[9]。また活性化されるまでの時間はNi-B型が数秒から数十秒であるのに対し，Ni-A型では数分から数時間である。このため，Ni-B型はReady state（活性準備型），Ni-A型はUnready state（非準備型）とも呼ばれる。Ni-A型，Ni-B型が1電子還元されると，それぞれEPRサイレントなNi-SU（Silent Unready），Ni-SR（Silent Ready）となる（ともにNi^{II}）[10]。酵素分子がさらに1電子還元されると，Ni-C型という還元型（活性型）になるが，この時のNi原子はNi^{III}に戻っているとも言われている。このNi-C型に光を照射する

第5章　酵素工学の実際

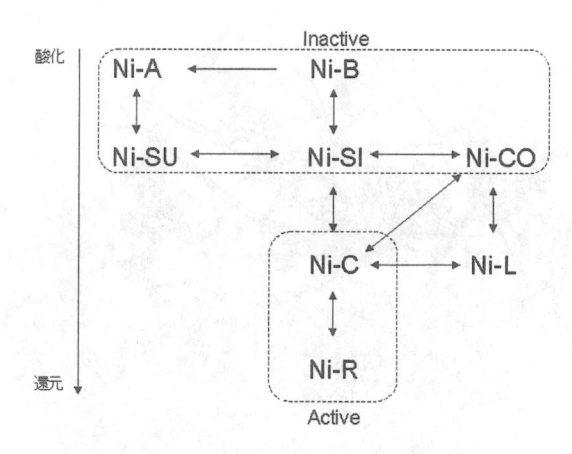

図1　Ni-Fe活性部位のNi原子の酸化還元サイクル

と光活性型（Ni-L型）になる[11]。このNi-L型には温度により幾種類か異なった状態が存在するが，その詳細な性質は分かっていない。また，Ni-SR及びNi-C型の状態で一酸化炭素（CO）が結合すると考えられている（Ni-CO型）。Ni-CO型も光感受性であり，光を照射するとNi-L型に変化する。Ni-CO型やNi-L型においてNiはNi^{I}と考えられている。Ni-C型をさらに1電子還元するとNi-R（Ni^{II}）型になる。また，嫌気的に培養した菌体を通常の空気中で精製すると，Ni-A型とNi-B型の混合物が得られる。これを「As-purified」酸化型と呼ぶことにする。DvMの［NiFe］ヒドロゲナーゼの場合，通常Ni-A型とNi-B型の比が3：7の「As-purified」酸化型酵素が得られる。以上のように，酸化還元サイクルにおいてNi原子はNi^{III}～Ni^{I}の様々な電子状態を示すが，Fe原子はこの間低スピンFe^{II}のまま一定であると考えられている[12]。以下では一番多くの状態のX線構造が明らかになっているDvMの［NiFe］ヒドロゲナーゼの構造的特徴を中心に紹介する。

2.2.1　［NiFe］ヒドロゲナーゼの全体構造と活性部位の配位構造

DvMの［NiFe］ヒドロゲナーゼは大サブユニットのN末部分がアンカーになり膜に結合している膜結合性タンパク質であった。そこで膜へのアンカー部分をトリプシン消化により切断して抽出・精製し，「As-purified」酸化型［NiFe］ヒドロゲナーゼを得た[2,4]。「As-purified」酸化型［NiFe］ヒドロゲナーゼのX線結晶構造を図2に示す。ヘテロ二量体構造を持つ［NiFe］ヒドロゲナーゼの全体構造およびNi-Fe活性部位の配位子構造の概要は，皆ほぼ同じであることがわかっている。分子全体は直径約70Åの球形をしている。大小2つのサブユニットから構成されており，小サブユニットは分子量28,800，大サブユニットは62,500である。これら2つのサブユニットは，サブユニット間に存在する疎水性のアミノ酸残基同士の疎水性相互作用によって安定化されている。小サブユニットには，3つのFeSクラスターが存在しており，これらは電子伝

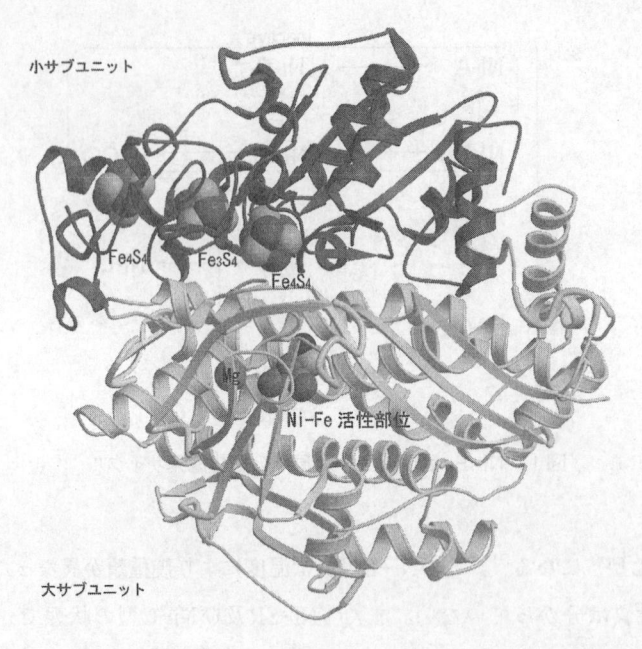

バイオ電気化学の実際——バイオセンサ・バイオ電池の実用展開——

図2 *Desulfovibrio vulgaris* Miyazaki Fの［NiFe］ヒドロゲナーゼの全体構造
小サブユニットには3つのFeSクラスターが保持され，大サブユニットにはNi-Fe活性部位とMg中心が保持されている。

達に関連していると考えられている。大サブユニットには，Ni-Fe活性部位とMg中心が存在している。特に，Ni-Fe活性部位は分子中心に埋め込まれるように位置している。

3つのFeSクラスターはすべて小サブユニットに保持されている。Ni-Fe活性部位に近い方から，（近位）Fe_4S_4，（中位）Fe_3S_4，（遠位）Fe_4S_4という構成である。近位と中位FeSクラスターのFe原子にはすべてシステイン残基のS原子が配位している。遠位クラスターでは，4つの配位子のうち1つだけがヒスチジン残基のN原子であり，残り3つはすべてシステイン残基のS原子である。3個のFeSクラスターは，NiFe活性部位から約13Åの間隔で一直線上に並んでいる。3個のクラスターのうち（中位）Fe_3S_4クラスターの，酸化還元電位がもっとも高い。

［NiFe］ヒドロゲナーゼでは，大きく分けて3つの反応経路が考えられている（図3）。1つは，分子表面からNi-Fe活性部位に至る経路で，疎水性残基で囲まれた空洞を通じて水素分子が運搬される。また，プロトンは，Ni-Fe活性部位から酸性側鎖アミノ酸や水分子などを介して，最終的に分子表面近くに位置するMg中心へ輸送されると考えられる。水素が分解されることにより発生した電子は，小サブユニットに位置する3つのFeSクラスターを通って，分子表面へ伝達されると考えられている。生理学的な電子伝達体は4ヘムのチトクロムc_3であり，ヒドロゲナーゼと電子の授受を行う。遠位Fe_4S_4クラスターは分子表面近くに位置しており，このクラスター

第5章　酵素工学の実際

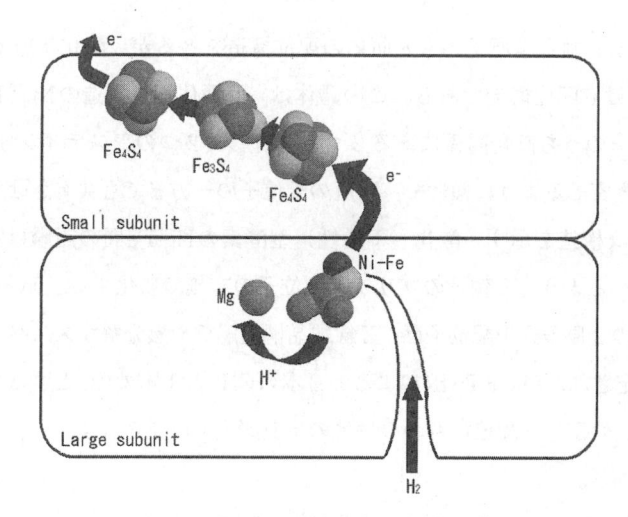

図3　［NiFe］ヒドロゲナーゼの3つ（水素，プロトン，電子）の反応経路

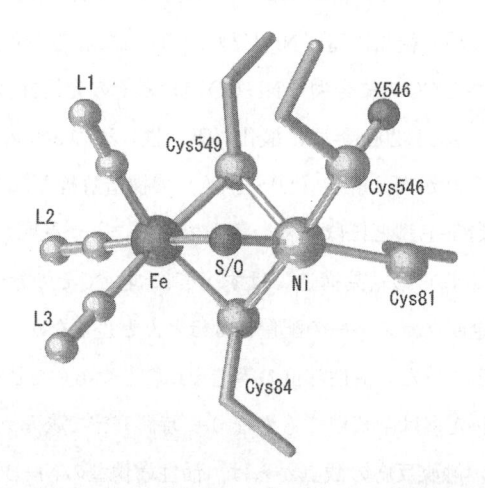

図4　*Desulfovibrio vulgaris* Miyazaki FのAs-purified酸化型のNiFe活性部位
L1，L2，L3は，それぞれSO/CO/CN⁻のいずれかの2原子分子配位子とされた。

が窓口になりチトクロムc_3との電子伝達が行われるのであろう。また，メチルビオロゲンなどの人工の電子伝達体が利用できる。

　［NiFe］ヒドロゲナーゼの活性部位（図4）はNi原子とFe原子の2個の金属原子で構成されるヘテロ2核金属錯体である。Ni原子には4個のシステイン残基（Cys81, Cys84, Cys546, Cys549）のS原子が配位している。その4個のシステインのうち2個はFe原子にも配位し，ブリッジを形成する。また，Fe原子には3個の非アミノ酸由来の2原子分子が配位している。さらに，酸化状態ではNi原子とFe原子の間に単原子に見えるブリッジ配位子が3番目のブリッジ

として配位している。両金属原子とも8面体の配位構造をとるが，酸化状態では，Ni原子は5配位構造，Fe原子は6配位構造である。この錯体は，8面体配位構造のNiとFeを横に並べて，水平の4本の配位子のうち直角関係にある2つを共有し（2つのシステインS配位子），さらに8面体の上部を引き寄せるように傾けて，垂直の配位子の一方までも共有させた（3個目のブリッジ配位子）特異な構造を示す。酸化（不活性）型酵素のNi-Fe間の距離は2.6～2.9Åであり，この距離は後で述べるように3個目のブリッジ配位子の有無で変化する。DvMでは，Fe原子に配位している3つの2原子分子配位子は，X線結晶構造解析や熱分解マススペクトルの結果からSO/CO/CN$^-$と同定されたが，FT-IRによると2本のCN$^-$と1本のCOとするのが妥当な様である[13]。Fe原子にCOやCN$^-$を配位にもつのは他の金属酵素では見られず，これはヒドロゲナーゼに特徴的なものである。

2.2.2 DvM酵素の様々な状態のNi-Fe活性部位の構造

DvMの[NiFe]ヒドロゲナーゼの結晶構造は，1997年に「As-purified」酸化型の構造が解明されて後，1999年に還元型の結晶構造（Ni-C型）が1.4Åで報告された[14]。また2002年には基質水素の競争的阻害剤であるCOの結合型（Ni-CO型）とその光活性型（Ni-L型）も解明された（1.2～1.4Å分解能）[15]。さらに2005年には酸化（不活性）型の2つの型（Ni-A型とNi-B型）が作り分けられて，それぞれが高分解能（1.0～1.4Å）で構造解析された[16]。この結果，DvM酵素のAs-purified酸化型はNi-B型とほぼ同様の構造であることが証明された（As-purified型は70％がNi-B型である）。これらの結晶構造ではすべてについてその分子全体のポリペプチド主鎖の折りたたみや5つの金属クラスターの配置にはほとんど差がなかったが，Ni-Fe活性部位の配位子構造の詳細が異なっていた。活性部位の構造を比較したものを図5A-Dに示す。

不活性酸化型酵素のNi-A型は空気中でもかなり長時間安定であるが，Ni-B型はそれに比べて不安定で失活しやすい。触媒反応の観点からは，活性準備型のNi-B型は重要であるが，活性部位の反応サイクルを制御するには活性非準備型のNi-A型も重要である。Ni-A型では，Ni原子とFe原子の間の3番目のブリッジ配位子は2原子分子であった（図5CのXA1-XA2）。このXA1-XA2間の距離は1.57Åであり，通常のO＝OやH$_2$O$_2$の結合距離より長い。ブリッジ配位原子のXA1は，他の修飾原子より明らかに電子密度が大きく，S原子とで精密化したところ占有率は0.49となり収束した。電子密度からこの原子の種類（SかOか）を特定することは困難であった。Ni-B型では3番目のブリッジ配位子は単原子であり，O原子として精密化できた（図5DのXB1）。

Ni-A型やNi-B型では3番目のブリッジ配位子の電子密度ピークがはっきりと確認できた。しかし，この電子密度はNi-C型（図5A）では明らかに消失していた。これは，水素還元によってこのブリッジ配位子がNi-Fe活性部位から遊離したことを示している。また，Ni-Fe間の

第5章　酵素工学の実際

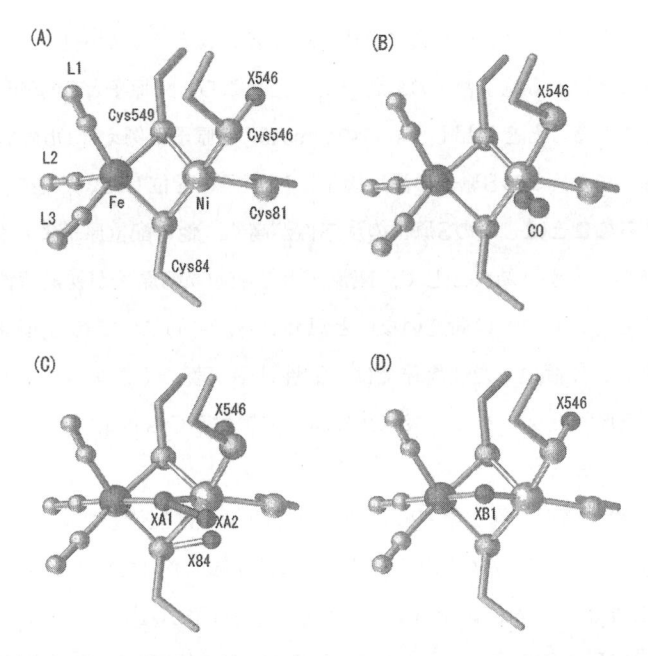

図5　*Desulfovibrio vulgaris* Miyazaki FのさまざまなNi-Fe活性部位の配位子構造
(A) 水素還元型, (B) CO結合型, (C) Ni-A型, (D) Ni-B型。L1, L2, L3は図4と同じ。

距離はNi-A型やNi-B型では2.6〜2.8ÅであったがNi-C型では2.5Åであった。酵素が水素還元されることによって、3番目のブリッジ配位子が遊離すると活性部位への水素分子の取り込みが可能になる。さらにNiとFe原子が0.2〜0.3Å近づき、2核金属錯体は活性型に変化する（活性化サイクル）。その後は周りに水素があるかぎり触媒サイクルが続く。活性部位周辺から水素が無くなり、酸化されるとブリッジ配位子が戻り、分子はまた不活性状態になる。ヒドロゲナーゼには活性化サイクルと触媒サイクルが存在し、この3番目のブリッジ配位子は活性部位を他の配位子（例えば、塩素・酸素など）から守るための役割を持っているとも考えられる。

　では、ヒドロゲナーゼの水素活性化の反応部位は、Fe原子とNi原子の両方なのかそれともどちらか一方なのであろうか？　DFT計算の結果から、DoleとDe GioiaらはNi原子、NiuらはFe原子が水素分子の結合部位と予想した[17〜19]。COは、ヒドロゲナーゼの基質である水素の競争阻害剤として働くことが知られている。そのため、COの結合部位が活性化反応における水素の初期結合部位であることが予想される。構造解析の結果,外部から加えたCOはFe原子ではなくNi原子に配位していた。このCO分子はNiに対しわずかに曲がった角度（130〜160°）で配位していた。水素還元後COを導入したため、ブリッジ配位子の電子密度はNi-C型と同様に消失していた。また、このときのNi-Fe間の距離は2.6Åであり、Ni-C型のそれよりは若干長い距離であった。Ni原子に配位したCOの電子密度は強い光を長時間照射することで減少し（Ni-L型）、さ

らに結晶のまわりの気相をCOから水素に置換することでほとんど消失した。同一の結晶でCOが結合・遊離することによる電子密度の変化を調べたところ，Ni原子とCys546のS原子の電子密度だけが顕著に変化することを見出した。このCys546のS原子は例えばDbの酵素ではSe原子に置き換わっている。また，このS原子の温度因子はNi原子に配位している他のS原子よりも明らかに大きい。これらのことは，このS原子の反応性が高く，他の配位原子よりも重要であることを示唆するものであろうか。結論として，Ni原子とCys546のS原子が初期活性化反応において重要な役割を果たしていることは間違いないと思われる。さらに，このCys546に隣接するグルタミン酸をグルタミンに置換した変異体では，活性効率が著しく下がったことが報告されている[20]。これから，Ni原子とグルタミン酸残基の間に位置するCys546はプロトン輸送に関連しているとも考えられている。

DvM酵素では，構造解析された全ての型においてNi原子に配位しているCys546とCys84のS原子の両方，あるいは一方が何かの原子（OかS）により修飾されていた（図5のそれぞれX546およびX84）。X546原子はその位置から2つのグループ（Ni-A/Ni-COおよびNi-B/Ni-C）に分けられる。Ni-A/Ni-COでは，もう一方のNi-B/Ni-Cに比べX546原子とNi原子との距離が約0.5Å短くなっていた。また，Ni-A型のX84はNi原子にもっとも近く（1.77Å）に位置していた。さらに興味深いことに，Ni-A型のXA1-XA2配位子のXA2原子はCO結合型のCOのC原子の位置とほぼ重なっていた（図5のBとC）。この様に，Ni-A型（活性非準備型）とCO結合型（活性阻害型）のNi原子付近の構造は非常によく似ている。Ni-A型がなかなか活性化されないのは水素がNi原子へ近づき反応（結合）することをXA2やX84，X546が阻害しているためと考えられる。事実，XA2の位置は，分子表面からNi原子へ続く水素が運搬される疎水性ガスチャネルの終端に位置している。

2.2.3　配位子の修飾原子の正体

Ni-Fe活性部位の配位子を修飾している原子の正体は何であろうか？　その答えを得るために以下のような酵素学的実験結果を得ている[21]。密閉したバイアルに水素飽和バッファーを用意し，ヒドロゲナーゼを加え37℃で20分間反応させ，反応後の気相中の硫化水素の量をガスクロマトグラフィーで測定した。その結果，①発生する硫化水素の量は，バイアル内のヒドロゲナーゼのモル数に比例して増加する，②窒素ガスで飽和しても硫化水素は発生しない，③電子伝達体が無ければ反応の進行が極めて遅い，ことなどが分かった。これらの結果から，[NiFe]ヒドロゲナーゼ分子中には水素還元により硫化水素として遊離されるS源が存在すると結論した。この硫化水素のS源となり得るFeSクラスターのS原子の電子密度は，Ni-C型のX線結晶解析の電子密度図でもはっきりと確認でき，S原子の原子パラメータも問題なく精密化された。従って，硫化水素は還元によりFeSクラスターが破壊されて遊離してきたものではない。これとこれまでの

第5章 酵素工学の実際

X線構造解析の結果から，Ni-Fe活性部位の配位子，あるいは配位子の修飾原子の中にS原子が含まれている可能性が高いと結論づけられる。Ni-A型，Ni-B型およびAs-purified型酵素について水素還元により遊離されてくる硫化水素の量を定量したところ，ヒドロゲナーゼ1分子あたりそれぞれ0.62，0.08，0.24分子であった[16]。これはNi-A型が最も多くの遊離されやすいS源を保持していることを示す。Dbの還元型酵素では，分子内に硫化水素分子が同定されている[6]。一方，Dgでは，$H_2^{17}O$を用いたENDOR（Electron Nuclear Double Resonance）実験で水素還元後，再度酸化するとNi原子にO^{2-}またはOH^-が配位することが示されている[22]。また，Ni-C型の分光法（EPR，ENDORおよびHYSCORE）による実験では，Ni-Fe活性部位にはヒドリドが配位していることが示された[12]。Ni-Fe活性部位の配位子の原子種の完全同定は今後の更なる構造化学的な研究の成果を待たねばならない。

2.2.4 Ni-A型とNi-B型のつくり分け

Ni-B型は，水素還元したヒドロゲナーゼを酸素飽和した緩衝液中に徐々に希釈することによって得られる[16]。Ni-A型は，通常の条件下で精製したAs-purified酸化型のヒドロゲナーゼ（Ni-B型が70%）に50 mMのNa_2Sを添加した後，空気（酸素）に暴露することで得られる[16]。この反応を詳細に調べたところ，Na_2Sを添加した後，1分後にはNi-B型のスペクトルは減衰し始め，約6分でNi-B型のシグナルは消失する。また，酵素分子を空気に暴露するまでは，3個のFeSクラスターのうち最も酸化還元電位が高いFe_3S_4のクラスターだけが1電子還元を受けていることが明らかになり，その状態ではNi-A型でもNi-B型でもない新しい型（Ni-B'，$g = 2.29$，2.14，2.00）が生成する。その後，活性部位が酸素と反応することで活性部位は速やかにNi-A型に変化する。またこのとき，Fe_3S_4クラスターは再び酸化状態に戻る。Ni-A型に変化したヒドロゲナーゼは，その後数日間安定してNi-A型を維持しており，また再度Na_2S処理をしてもNi-B型には戻らない。しかし，Ni-A型の調製後，長期間空気中で保存するとNi-B型との混合物に戻る。上記は著者等が様々な還元剤を利用しているうちに偶然見つけたプロトコルであり，Ni-B型→Ni-A型変換機構の詳細は未だ不明である。これについては今後さらに詳しく調査していく必要がある。

2.2.5 酸素耐性［NiFe］ヒドロゲナーゼ

通常，ヒドロゲナーゼは酸素に対して感受性が高く不活性化されやすい。バイオ水素を生産する場合，藻類などのヒドロゲナーゼは酸素によって容易に不活性化されてしまうという難題がある。いくつかの微生物では好気条件下で水素活性をもつ酸素耐性［NiFe］ヒドロゲナーゼをもつことが知られている。このヒドロゲナーゼの酸素耐性のメカニズムは，燃料電池やバイオ水素生産技術への応用を考えると非常に興味深い。2005年にBuhrkeらによって，酸素耐性をもつ［NiFe］ヒドロゲナーゼの疎水性チャネルに隣接するアミノ酸を変異させることによって，水素

活性化能が下がることが示された[23]。グラム陰性好気性桿菌 Ralstonia eutropha (Re) は 3 つの酸素耐性 [NiFe] ヒドロゲナーゼを持っている。これらは膜結合型ヒドロゲナーゼ，細胞質・水溶性型ヒドロゲナーゼやセンサーヒドロゲナーゼである[24~26]。FT-IRの結果から細胞質・水溶性型ヒドロゲナーゼでは，NiFe活性部位のFe原子に配位している3つの2原子分子（CO/CN^-）に加えて，さらにNi原子とFe原子に1つずつCN^-が配位していることが示されている。また，Ni原子にCN^-を持たない変異体では，好気条件下で水素活性能が低下する[27]。

　[NiFe] ヒドロゲナーゼには，分子表面から分子中心部のNiFe活性部位まで疎水性のガスチャネルがある。これは，Xeガスを用いたX線結晶構造解析や分子動力学法を用いた計算から求められた[7]。このガスチャネルは分子表面からNi原子付近まで続いていて，水素や他の小分子（酸素など）が通ることができる。このチャネル内には，[NiFe] ヒドロゲナーゼ間で良く保存されているバリンとロイシンの2つの疎水性アミノ酸からなる部分がある。酸素耐性を持つReやRhodobactor capsulatusのセンサーヒドロゲナーゼでは，これらの残基がより大きな疎水性残基のイソロイシンとフェニルアラニンに置き換わっている[28]。図6に示すように，Reのセンサーヒドロゲナーゼのガスチャネルはこの部分で小さくなっていて，水素以外の分子が通過できないと考えられた。このイソロイシンとフェニルアラニンを，バリンとロイシンへ変異させた変異体を発現させた。その結果，空気中で精製した場合，ヒドロゲナーゼが酸素によって不活性化され水素活性化能は劇的に減少した（約1％）。嫌気的に精製した場合は，約半分の水素活性化能を示した。どちらの場合も，分子そのものの安定性は野生株と変わらない。これらの結果から，水素だけが活性部位に到達できるような「関門」があることによって，ヒドロゲナーゼが酸素耐

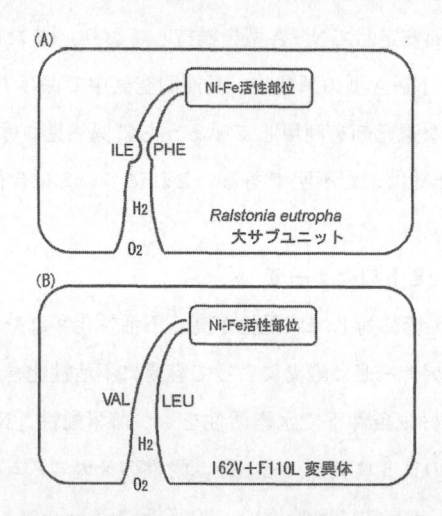

図6　Ralstonia eutropha 由来の [NiFe] ヒドロゲナーゼの疎水性ガスチャネル
（A）野生型の大サブユニット。（B）I62V+F110Lの変異体の大サブユニット。

第5章　酵素工学の実際

性能を獲得していることが示された[23]。

2.3 ［Fe］ヒドロゲナーゼ

　［Fe］ヒドロゲナーゼは水素合成活性が強いことが知られている。酵素の中には1秒間に約1万の水素分子を発生するものもある。立体構造が明らかになる以前は，いくつかのFeSクラスターからなる部分が活性部位であると考えられていた。現在では，活性部位はホモ2核Fe錯体と1つのFe_4S_4クラスターで構成されていることが分かり，これをH-cluster（水素活性化クラスター）と呼んでいる。これまでに，2つの［Fe］ヒドロゲナーゼのX線結晶構造が報告されている。グラム陽性菌 Clostridium pasteurianum（Cp）の細胞質・単量体ヒドロゲナーゼCp Iの立体構造はPetersらによって1998年に分解能1.8Åで[29]，硫酸還元菌・Ddのペリプラズム・ヘテロ2量体のチトクロムc_3酸化還元ヒドロゲナーゼはNicoletらによって1999年に分解能1.6Åで報告された[30]。ヒドロゲナーゼCp Iは，2核Fe活性部位と4つのFe_4S_4クラスターと1つのFe_2S_2クラスターを持っている。Cpは2つのヒドロゲナーゼを持ち，どちらも［Fe］型である。Cp Iは，水素合成能・分解能ともに高い。しかし，Cp IIはFe_2S_2クラスターを持っておらず水素発生能が非常に低い。Ddは2核Fe活性部位と3つのFe_4S_4クラスターを持っている。

　［Fe］ヒドロゲナーゼCp Iの全体構造は，マッシュルームの形に似ている（図7）。金属クラスターはすべて約10Åの間隔で保持されている。FeSクラスターのうちの1つ（FS4Cと呼ばれる）は，クラスターを保持するアミノ酸のうち3つがシステインのS原子，1つがヒスチジンの

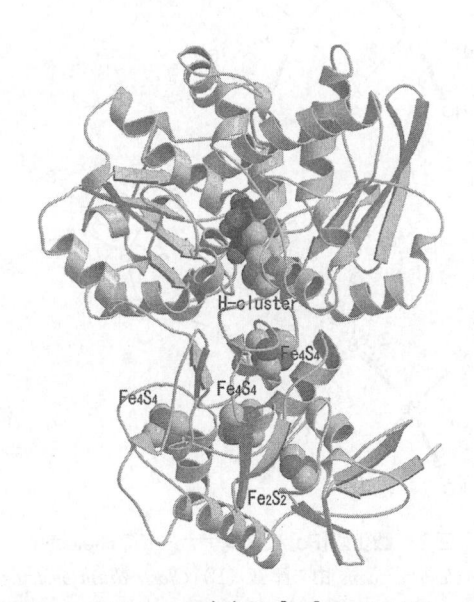

図7　Clostridium pasteurianum 由来の［Fe］ヒドロゲナーゼの全体構造

N原子である。これと同じ配位方法は，［NiFe］ヒドロゲナーゼの遠位Fe_4S_4クラスターでも報告されている。これらのFeSクラスターは［NiFe］ヒドロゲナーゼの場合と同様に，電子伝達に関わっていると考えられている。Ddの全体構造は，大小2つのサブユニットから成っている。大サブユニットには，H-clusterと2つのFe_4S_4クラスターが保持されている。しかし，ヒドロゲナーゼCpⅠと異なりFe_2S_2クラスターとFS4Cクラスターは持っていない。小サブユニットのN末部分にシグナルペプチドが挿入されており，これを利用してヒドロゲナーゼは細胞質からペリプラズムへ移行していると考えられている。

活性部位であるH-clusterは6個のFe原子（2核FeクラスターとFe_4S_4クラスター）から構成されている（図8A，B）。このFe_4S_4クラスターとFeクラスターの近位のFe原子は，システイン残基のS原子がブリッジとなり結合されている。Feクラスターには5本の非アミノ酸由来の2原子分子配位子（CO/CN^-）が配位している。これらは，2個のFe原子それぞれに2本ずつ配位し，残り1本はFe原子間をブリッジしている。また，Fe原子間には2個のS原子がブリッジ

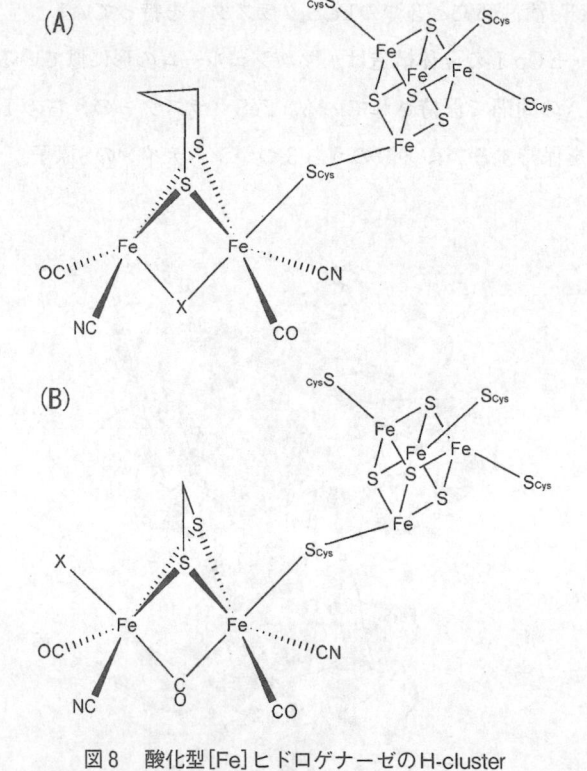

図8　酸化型［Fe］ヒドロゲナーゼのH-cluster
（A）*Desulfovibrio desulfuricans* 由来酵素　（B）*Clostridium pasteurianum* 由来酵素。
Xは，OまたはH_2O。

第5章　酵素工学の実際

している。CpIでは，H_2OまたはOH$^-$が遠位Fe原子に弱く配位しているが，DdではH$_2$Oに対応する原子は見出されていない（図8A）。近位Fe原子は6配位構造をとり，遠位Fe原子は通常5配位構造をとると考えられている。Ddのブリッジ配位子は，当初プロパンジオールと考えられていたが，近年ではジチオメチルアミン（DTN）との報告もある[31]。^{14}Nを用いたEPR分光法（ENDOR, HYSCORE）の結果から，このDTNはN原子を含むことが示唆されているが，この配位子の詳細は分かっていない。

Ddの水素還元型［Fe］ヒドロゲナーゼのX線結晶構造解析が，2001年にNicoletらによって1.85Å分解能で報告された[31]。構造解析の結果，水素還元されるとブリッジ配位子であるCOが近位Fe原子から外れ，遠位Fe原子のみに配位することが分かった（図9A）。［Fe］ヒドロゲナーゼでも［NiFe］ヒドロゲナーゼと同様に，活性部位の非アミノ酸配位子は不活性状態の活性部位の安定化に大きく寄与しているようである。

一酸化炭素結合型［Fe］ヒドロゲナーゼCpIのX線結晶構造解析が，1999年にLemonらによって2.4Å分解能で報告された[32]。［NiFe］ヒドロゲナーゼと同じように，［Fe］ヒドロゲナーゼ

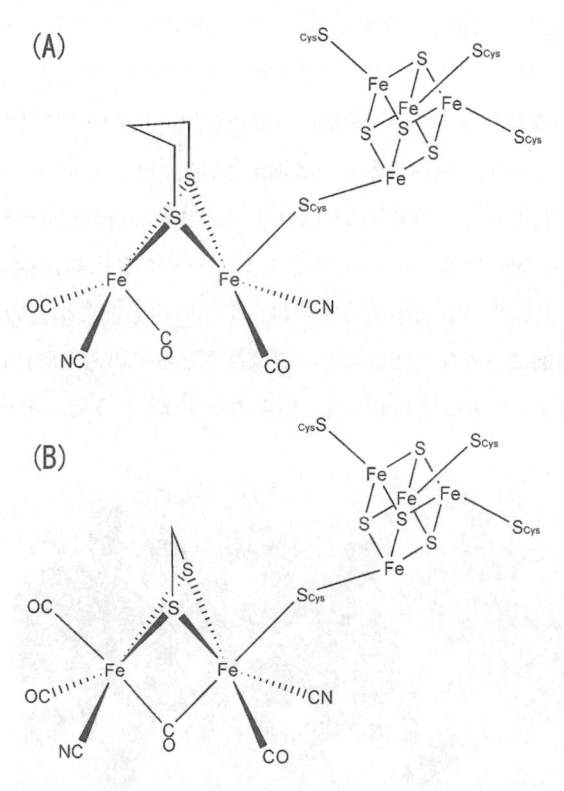

図9　(A) *Desulfovibrio desulfuricans* の還元型［Fe］ヒドロゲナーゼのH-cluster
　　　(B) *Clostridium pasteurianum* のCO結合型［Fe］ヒドロゲナーゼのH-cluster

でも，一酸化炭素は競争阻害剤として働く。構造解析の結果，酸化型で遠位Fe原子に配位していたH_2Oが外部から加えられたCOと置き換わることがわかった（図9B）。また，遠位Fe原子のこの部分はガスチャネルにつながっている。

以上の酸化型，水素還元型，阻害剤CO結合型の構造解析の結果から，遠位Fe原子のH_2Oが配位している部分が基質である水素の結合位置であると考えられている。

2.4 Iron-sulfur cluster-freeヒドロゲナーゼ

Iron-sulfur cluster-freeヒドロゲナーゼ（H_2-forming methylene tetrahydromethanopterin dehydrogenase,Hmd）は，5,10-メテニル-H_4MPTと水素から5,10-メチレン-H_4MPTとプロトンを生成する反応を可逆的に触媒する酵素である。Hmdは分子量38,000のモノマー2個からなるホモダイマーであり，各ダイマーにFe原子を1つずつ持っている。[NiFe]ヒドロゲナーゼや[Fe]ヒドロゲナーゼは，活性部位が2核錯体でFeSクラスターによって電子伝達が行われるのに対し，HmdはFe原子を1つしか持っておらず，5,10-メテニル-H_4MPTが直接水素化物受容体として働くため反応機構はかなり異なっていると考えられる[33]。メスバウアー分光法によると，Fe原子は低スピンFe^0かFe^{II}であるとされる[34]。また，IR分光法により，2つのCO分子がFe原子に配位していることが示された[35]。X線吸収スペクトル分析の結果から，Fe原子には2つのCO，1つのS原子と少なくとも1つのNまたはO原子が配位していることが示唆されている（未発表）。このS原子は，システイン由来のものと推定されており，このシステインはHmdの活性化に重要な役割を果たしている。2006年にPilakらにより*Methanocaldococcus Jannaschii*（Mj）と*Methanopyruns kandleri*（Mk）のHmdヒドロゲナーゼのX線結晶構造がそれぞれ分解能1.75Å，2.4Åで報告された[36]。Hmdの全体構造は，1つの中心部に樽型のサブユニットと，2つのサブユニットが両端に一直線上に並んでいる構造をとっている（図10）。両端のサブユニットの構造はロスマンフォールドに属している。中央のサブユニットは，それぞれ4本のαヘリッ

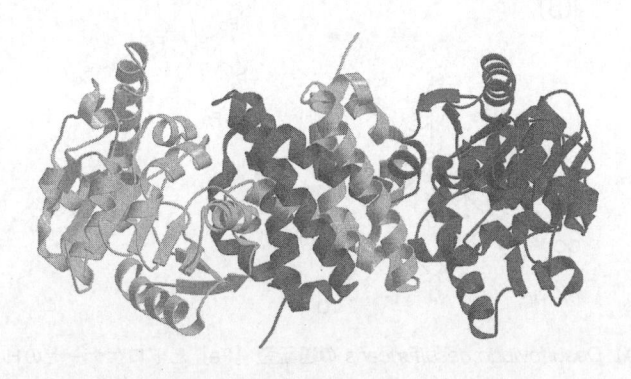

図10 *Methanocaldococcus Jannaschii* のIron-sulfur cluster-freeヒドロゲナーゼの全体構造

第 5 章　酵素工学の実際

クスバンドルからなっている。MkのHmdではN末とC末サブユニット間に13Åの深さの溝があり，約35°開いた構造をとっているが，Mjではその部分が閉じた構造になっている。この溝にFe補因子が結合する活性部位があると考えられているが，Fe補因子の構造は電子密度図上で確認できず，詳細な構造は未だ明らかにはなっていない。

2.5　モデル化合物

[Fe]ヒドロゲナーゼのH-clusterに似た金属錯体として，$[Fe_2(\mu-SR)_2(CO)_6]$が挙げられる。$[Fe_2(\mu-SR)_2(CO)_6]$は，$Fe_3(CO)_{12}$からトルエン中で脱水素することにより得られることが今から70年以上前に発見され，CO/CN$^-$配位子をもつFe2核錯体の基本となるモデルであった[37]。1998年に[Fe]ヒドロゲナーゼのX線結晶構造が報告されて以来，Fe2核錯体とFeSクラスターを結合させたH-clusterのモデル化合物合成への挑戦が続けられてきた。

2005年，Tardらによって初めて，水素活性化能をもつH-clusterのモデル化合物$[Fe_4S_4(SCH_3)_3\{Fe_2(CH_3C(CH_2S)_3)(CO)_5\}]^{2-}$が合成された[38]。これは，図11に示すようにFeSクラスターのFe原子にS原子が配位し，2核Fe錯体には合計5本のCO分子が配位している。しかし，H-clusterに存在するブリッジ配位子COが，このモデル化合物には無い。DFT（Density Functional Theory）を用いて構造最適化の計算が行われ，Fe-Fe間の距離は2.6Å，また，Fe原子はともにFe^Iであることが提唱された。電気化学的サイクリックボルタンメトリー（CV）を測定することによって，このモデル化合物が酸化還元能を持ちFeSクラスターが$[Fe_4S_4]^{2+}$，$[Fe_4S_4]^+$と還元されることが報告された[38]。

[NiFe]ヒドロゲナーゼのモデル化合物の合成については，日本の研究グループ（名古屋大学の巽や九州大学の小江ら）により積極的に進められている。このモデル化合物の合成の困難さは

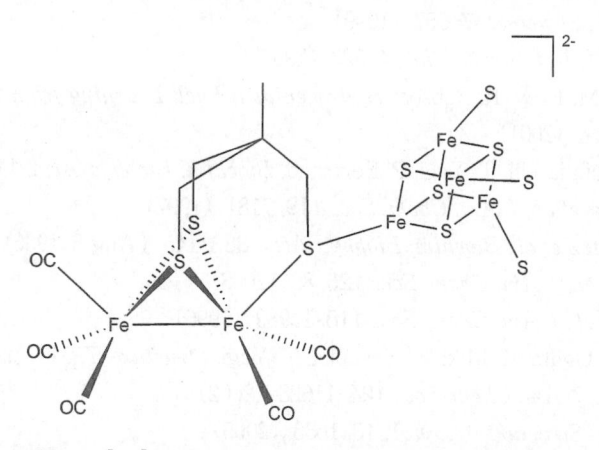

図11　[Fe]ヒドロゲナーゼのH-clusterのモデル化合物

ニッケルにあると言われている。

2.6 おわりに

　本節のはじめに述べたが，ヒドロゲナーゼによる水素分解反応の最終生成物は2個のプロトンと2個の電子である。しかし，その反応過程では水素分子のヘテロリシス分解が起こり，ヒドリドとプロトンに分けられ，その後ヒドリドから2電子が奪われて2個目のプロトンができる。EPRでヒドリドが観測されたこととNiとFe原子の両方に結合する3番目のブリッジ配位子が酸化還元で脱着を繰り返すことからヒドリド中間体の可能性は高い。ヒドロゲナーゼは水素の分解や合成以外にオルト・パラ水素の変換や，水素・重水素の交換反応を促進することも良く知られている。ヒドロゲナーゼをD_2/H_2O系で水素・重水素の交換反応をさせるとHDとH_2を同時に生成する。これは従来の金属触媒では見られない酵素特有の反応である。これらのことを全て説明していかなければ反応機構の解明には至らない。著者等はNiとFe原子以外にもう1つS原子（システイン配位子の1つ）も反応に関与していると考えている。

文　献

1) M. Stephenson, L. H. Stickland, *Biochem. J.*, **25**, 215（1931）
2) Y. Higuchi *et al.*, *J. Biol. Chem.*, **262**, 2823（1987）
3) A. Volbeda *et al.*, *Nature*, **373**, 580（1995）
4) Y. Higuchi, T. Yagi, N. Yasuoka, *Structure*, **5**, 1671（1997）
5) P. M. Matias *et al.*, *J. Biol. Inorg. Chem.*, **6**, 63（2001）
6) E. Garcin *et al.*, *Structure*, **7**, 557（1999）
7) Y. Montet *et al.*, *Nat. Struct. Biol.*, **4**, 523（1997）
8) R. Cammack, M. Frey, R. Robson, *Hydrogen as a Fuel, Learning from Nature*, Taylor and Francis, London（2001）
9) M. Asso, B. Guigliarelli, T. Yagi, P. Bertrand, *Biochim. Biophys. Acta*, **1122**, 50（1992）
10) A. L. De Lacey *et al.*, *J. Am. Chem. Soc.*, **119**, 7181（1997）
11) V. M. Fernandez *et al.*, *Biochim. Biophys. Acta*, **883**, 145（Aug 6, 1986）
12) S. Foerster *et al.*, *J. Am. Chem. Soc.*, **125**, 83（2003）
13) A. Volbeda *et al.*, *J. Am. Chem. Soc.*, **118**, 12989（1996）
14) Y. Higuchi, H. Ogata, K. Miki, N. Yasuoka, T. Yagi, *Structure*, **7**, 549（1999）
15) H. Ogata *et al.*, *J. Am. Chem. Soc.*, **124**, 11628（2002）
16) H. Ogata *et al.*, *Structure*（*Camb*）, **13**, 1635（2005）

17) F. Dole *et al.*, *Biochemistry*, **36**, 7847 (1997)
18) L. De Gioia, P. Fantucci, B. Guigliarelli, P. Bertrand, *Inorg. Chem.*, **38**, 2658 (1999)
19) S. Q. Niu, L. M. Thomson, M. B. Hall, *J. Am. Chem. Soc.*, **121**, 4000 (1999)
20) S. Dementin *et al.*, *J. Biol. Chem.*, **279**, 10508 (Mar 12, 2004)
21) Y. Higuchi, T. Yagi, *Biochem. Biophys. Res. Commun.*, **255**, 295 (1999)
22) M. Carepo *et al.*, *J. Am. Chem. Soc.*, **124**, 281 (2002)
23) T. Buhrke, O. Lenz, N. Krauss, B. Friedrich, *J. Biol. Chem.*, **280**, 23791 (2005)
24) B. Schink, H. G. Schlegel, *Biochim. Biophys. Acta*, **567**, 315 (1979)
25) K. Schneider, H. G. Schlegel, *Biochim. Biophys. Acta*, **452**, 66 (1976)
26) O. Lenz, B. Friedrich, *Proc. Natl. Acad. Sci. U S A*, **95**, 12474 (1998)
27) B. Bleijlevens *et al.*, *J. Biol. Chem.*, **279**, 46686 (2004)
28) L. Kleihues, O. Lenz, M. Bernhard, T. Buhrke, B. Friedrich, *J. Bacteriol.*, **182**, 2716 (2000)
29) J. W. Peters, W. N. Lanzilotta, B. J. Lemon, L. C. Seefeldt, *Science*, **282**, 1853 (1998)
30) Y. Nicolet *et al.*, *Structure*, **7**, 13 (1999)
31) Y. Nicolet *et al.*, *J. Am. Chem. Soc.*, **123**, 1596 (2001)
32) B. J. Lemon, J. W. Peters, *Biochemistry*, **38**, 12969 (1999)
33) B. Schworer, V. M. Fernandez, C. Zirngibl, R. K. Thauer, *Eur. J. Biochem.*, **212**, 255 (1993)
34) S. Shima, E. J. Lyon, R. K. Thauer, B. Mienert, E. Bill, *J. Am. Chem. Soc.*, **127**, 10430 (2005)
35) E. J. Lyon *et al.*, *J. Am. Chem. Soc.*, **126**, 14239 (2004)
36) O. Pilak *et al.*, *J. Mol. Biol.*, **358**, 798 (2006)
37) H. Reihlen, A. Gruhl, G. von Hessling, *Justus Liebigs Annalen der Chemie*, **472**, 268 (1929)
38) C. Tard *et al.*, *Nature*, **433**, 610 (2005)

3 マルチ銅オキシダーゼ

櫻井　武*

　マルチ銅オキシダーゼはタイプI, II, IIIに分類される3種，計4個の銅イオンからなる活性中心を有する銅含有酵素の総称である[1]。タイプI銅は電子移動タンパク質であるブルー銅タンパク質の有するブルー銅中心と本質的に同じ銅中心であり，基質から電子を引き抜く役割を担っている。タイプII銅と一対のタイプIII銅は三核銅中心を形成しており，タイプI銅から約13Åの距離を分子内で輸送された電子を利用して，酸素を4電子還元し，2分子の水へと変換する役割を担っている。生物燃料電池にとってマルチ銅オキシダーゼが有用であるのは，酸素を水にまで変換する機能を発揮する酵素として，好気呼吸における末端酸化酵素とマルチ銅オキシダーゼのみが存在するからである。酸素を4電子還元する機能を有する酵素は，酸素の中間還元種である活性酸素を経由するものの，系外に放出しないという特徴を有している。しかしながら，末端酸化酵素は複雑なサブユニット構造を有する膜タンパク質であるのに対し，マルチ銅オキシダーゼは一本鎖の可溶性タンパク質であることから，生物燃料電池におけるカソード触媒として適している。マルチ銅オキシダーゼに関する詳細な解説は他の成書[1]や総説[2,3]に譲り，本節では，まず，その種類，構造，性質など最低限必要な情報を確認し，次いで本論である酸素の4電子還元機構やマルチ銅オキシダーゼの基質反応ならびにその改変について解説する。

　マルチ銅オキシダーゼはごく最近まで，ラッカーゼ，アスコルビン酸オキシダーゼ，セルロプラスミンからなるマイナーな酵素群であると考えられていた。しかしながら，表1に示すように，新発見が続いており，微生物からヒトにいたるまで多種多様なマルチ銅オキシダーゼの存在が明らかとなっている。ラッカーゼには高等植物起源のものと菌類や昆虫起源のものがあり，アミノ酸配列の相同性や基質特性を考慮すると，別の名前を与えられてしかるべきだったのかもしれない。高等植物のラッカーゼはウルシの主成分であるウルシオールの酸化重合やリグニン合成の役割を担っている。一方，菌類のラッカーゼは白色腐朽菌に豊富に含まれており，リグニン分解がその役割である。昆虫のラッカーゼは外骨格のクチクラ形成に寄与する。ラッカーゼは一般に基質特異性があまり高くない。ビリルビンオキシダーゼはビリルビンの酸化活性が高いことから名前がつけられているが，ラッカーゼの一種と考えてよさそうである。CotAは枯草菌の芽胞（内生胞子）皮膜形成に関係しており，極めて耐熱性が高い。高等植物に含まれるアスコルビン酸オキシダーゼは成長の著しい部分に多く含まれている。フェノキサジノンシンターゼやジヒドロゲオジンオキシダーゼはそれぞれ，生合成にかかわるが，研究例は多くない。以上のマルチ銅

---

*　Takeshi Sakurai　金沢大学大学院　自然科学研究科　物質科学専攻　教授

第5章 酵素工学の実際

表1 マルチ銅オキシダーゼの機能，発現系および結晶構造

種類	起源	機能	発現系	結晶構造(PDBコード)
ラッカーゼ	ウルシ	保護皮膜形成	−	
	Coprinus cinereus	リグニン分解	*Aspergillus oryzae*	1A65, 1HFU
	Coriolus hirsutus			preliminary
	Trametes versicor		*Aspergillus oryzae*	1QR4, 1GYC, 1KYA
	Melanocarpus albomyces		−	1GW0
	Rigioporus lignosus		−	1V10
	Manduca sexta	クチクラ形成	−	
CotA	*Bacillus sabtilus*	胞子形成	大腸菌	1GSK, 1W8E, 1W6Lなど
ビリルビンオキシダーゼ	*Myrothecium verrucaria*	ビリルビン酸化	*Pichia pastoris, Aspergillus oryzae*	
CueO	大腸菌	Cu排出(Cu(I)酸化)	大腸菌	1N68, 1PF3, 1KV7
PcoA	大腸菌	Cu排出	大腸菌	
Fet3p	*Saccharomyces cerevisiae*	Fe輸送(Fe(II)酸化)	*Saccharomyces cerevisiae*	1ZPU
CumA, MofA, MnxG	*Pseudomonas putida*	Mn(II)酸化	−	−
フェノキサジノンシンダーゼ	*Streptomyces lividans*	抗生物質合成	−	
ジヒドロゲオジンオキシダーゼ	*Aspergillus terreus*	グリサン合成	*Aspergillus nidulans*	
アスコルビン酸オキシダーゼ	植物	細胞分裂		1AOZ, 1ASO, 1ASPなど
セルロプラスミン	ヒト	Fe輸送(Fe(II)酸化)	*Pichia pastoris*	1KCW
ヘフェスチン	ヒト	Fe輸送(Fe(II)酸化)	BHK細胞	

　オキシダーゼは有機物を基質としているが，Cu，Fe，Mnなど金属イオンを基質とするマルチ銅オキシダーゼも多様である。CueOやPcoAはCuのホメオスタシスを保つためにCuを排出するシステムのマルチ銅オキシダーゼである。Feの輸送にはマルチ銅オキシダーゼが関わっており，ヒトの小腸から血液へのFeの移動にかかわるセルロプラスミンとヘフェスチン，酵母におけるFeの膜トランスポーターFtr1pと複合体形成しているFet3pが知られている。さらに，Mnの酸化活性を有するCumA，MofA，MnxGもまたマルチ銅オキシダーゼであり，これまで知られている金属イオンオキシダーゼがすべてマルチ銅オキシダーゼであることを考えると，金属イオンオキシダーゼという酵素分類が生まれるのもそう遠い先のことではないかもしれない。一方，Fet5はFe(III)リダクターゼであるがこれもまた，マルチ銅オキシダーゼである。

　起源や機能によるマルチ銅オキシダーゼの分類はアミノ酸配列の相同性とも対応している。アミノ酸配列から，マルチ銅オキシダーゼは大きく3グループに分類されている[4,5]。2ドメイン型の銅含有亜硝酸還元酵素，ラッカーゼに代表される3ドメイン型のマルチ銅オキシダーゼ，セルロプラスミンに見られる6ドメイン型のマルチ銅オキシダーゼである。ここで唐突に銅含有亜硝酸還元酵素が出てくるのは次の理由による。マルチ銅オキシダーゼはブルー銅タンパク質のプリカーサーがduplicateした後，さらにtriplicateして先祖酵素が生まれ，この共通の先祖酵素か

93

ら，3つのグループに分子進化していったというものである。亜硝酸還元酵素は2つのブルー銅型のcupredoxinドメインからなるサブユニットの3量体で，タイプI銅とタイプII銅を有している。タイプII銅はサブユニット間に存在するという特異な構造を取っており，構造的には亜硝酸還元酵素のタイプII銅はマルチ銅オキシダーゼのタイプIII銅の一方に対応する。3ドメイン型のマルチ銅オキシダーゼでは3つのドメインが一本鎖としてつながっている。銅結合部位はドメイン1とドメイン3にあり，ドメイン2は構造的な因子となっている。ところで，菌類のラッカーゼには構造的に特異なグループがあることがわかってきている。*Cantharellus cibarius, Tricholoma giganteum, Pleurotus eryngii*などのラッカーゼは分子量が通常のラッカーゼの2/3程度であり，2ドメイン型なのである。生物燃料電池への応用という観点からは分子量が小さいほど好ましいので，これらSLAC（small laccase）[6]とよばれるラッカーゼの探索や構造・機能研究もまた重要になってくるであろう。

ここで，結晶構造が明らかになっているマルチ銅オキシダーゼを眺めてみよう。表1に結晶構造が解明されているマルチ銅オキシダーゼのPDBコードを示した。最も早く構造解析が行なわれたのはズッキーニのアスコルビン酸オキシダーゼである。ラッカーゼとしては4つの菌類起源のものについて構造解析が行なわれている。しかし，マルチ銅オキシダーゼのプロトタイプともいうべき，ウルシのラッカーゼは糖含量が高いため結晶化不可能である。アミノ酸配列決定後も[7]，活性を有する組換え体の異種発現には未だ成功しておらず，3次元構造は不明のままである。CotAやCueOは酵素としてのキャラクタリゼーションがほとんど進んでいない時点から，結晶構造が提出された。最近，Fet3p（膜アンカーを切断した可溶部のみ）の構造解析も行なわれ，先に構造の明らかになっていたセルロプラスミンと合わせると，3つの金属イオンオキシダーゼとしてのマルチ銅オキシダーゼの構造が明らかになっている。

図1にインデューサーである2,5-キシリジンが結合した*Trametes versicolor*のラッカーゼの構造を示す。2,5-キシリジンはタイプI銅付近に位置している。タイプII，III銅からなる三核銅部位はドメイン1と3の間に位置しており，タイプI銅から約13Å離れている。しかしながら，図2に示したCueOの活性部位によると，タイプI銅と2つのタイプIII銅は，ヒスチジン-システイン-ヒスチジンというマルチ銅特有の配列によって直接結びつけられており，主としてスルーボンド経路によって分子内長距離電子伝達が可能な構造となっている。このタイプI銅と三核銅部位間の電子伝達は一部，水素結合も経由して電子の移動距離を短縮していると考えられている。休止状態ではタイプIII銅間にはOH$^-$が架橋しており，マルチ銅オキシダーゼに特徴的な330 nmの吸収（OH$^-$からCu(II)への電荷移動）やタイプIII銅の反強磁性相互作用の起源となっている。これに対してタイプII銅は休止状態において，3配位（2つのヒスチジンと1分子の水）という異常な結合様式をとっている。ところが，このようなステレオタイプ的な三核銅部位

第5章 酵素工学の実際

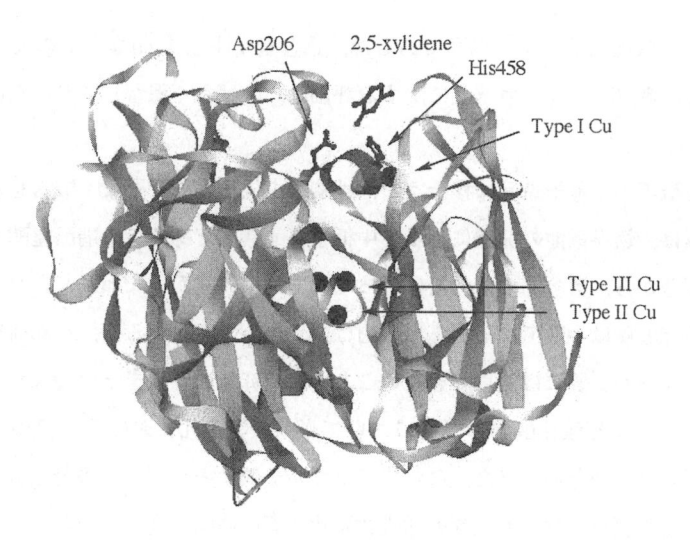

図1 2,5-キシリジンがドッキングしたTrametes versicolorラッカーゼ
2,5-キシリジンはアスパラギン酸206とタイプI銅に配位したヒスチジン458と水素結合している。図はPDBコード1KYAをもとに作成した。

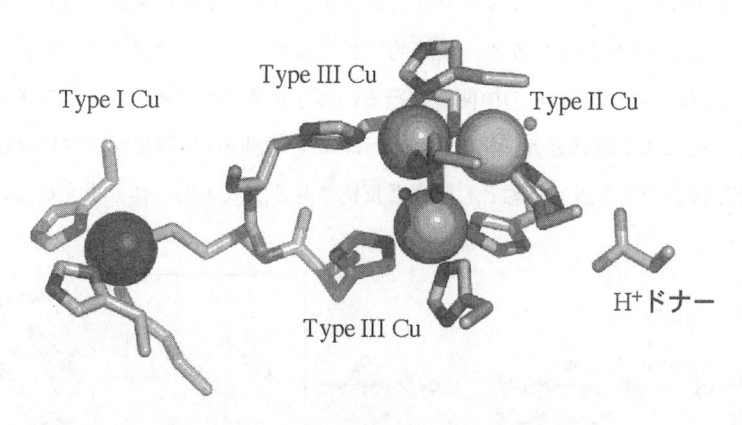

図2 アスコルビン酸オキシダーゼの活性中心
図はPDBコード1AOZをもとに作成した。

に対するイメージは，さまざまなCotAの結晶構造解析で崩れつつある[8]。すなわち，休止状態で酸素分子やパーオキサイドがタイプIII銅間に既に存在している場合のあることが示されたのであるが，我々の経験では，異種発現したマルチ銅オキシダーゼの状態は，一度ターンオーバーを経験したマルチ銅オキシダーゼの休止状態と必ずしも一致しないことから[9]，アーティファクトが反応機構との関係で真実として語られている可能性も排除できない。いずれにしても異種，同種発現に関わらずマルチ銅オキシダーゼのように多くの補因子を翻訳後，あるべき場所に的確に導入するのは必ずしも容易ではない。これに関連してホワイトラッカーゼと呼ばれるラッカー

ぜがあり，アミノ酸配列はマルチ銅型であるが，銅含量が少なくZnなどその他の金属イオンが含有されている。ホワイトラッカーゼに関する評価は，しばらく保留しておいたほうがいいかもしれない。

　ここで，話を酸素の4電子還元に移そう。活性酸素を放出することなく酸素を水にまで4電子還元する仕組みは，燃料電池の開発にとって中枢をなす機能である。末端酸化酵素についてはその生物学的重要さから，数多くの研究者によって精力的に研究が行なわれてきたが，マルチ銅オキシダーゼの研究者層は手薄である。この理由はいくつか考えられるが，ヘム研究のように多彩な研究手段が銅タンパク質には適用できないことも，研究者の意欲をそいで来た理由のひとつと推測される。事実，末端酸化酵素の研究においても，酸素還元におけるCuBの機能に関する直接的な情報は得られていない。また，これまではマルチ銅オキシダーゼの発見数が少なかったことや，酸素の安全な変換ではなく酸素の活性化に化学者の興味が向いていることも理由のひとつであろう。

　酸素に電子を与えて行くと，まず，スーパーオキサイド$O_2^{-\cdot}$，次いで，パーオキサイドO_2^{2-}となる。パーオキサイドはホモリティックまたはヘテロリティックに開裂することもあるが，さらに1電子受け取るとO^{2-}と$O^{\cdot}$になり，最終的に$2O^{2-}$に至る。マルチ銅オキシダーゼによる酸素の4電子還元過程においてこれらの中間種を経るかどうかは不明であるが，現在考えられるマルチ銅オキシダーゼによる酸素還元機構を図3に示した。中間体Iは酵素反応中には検出されていないが，三核銅部位のみを還元状態とし酸素と反応させると人工的に作り出すことができる。タ

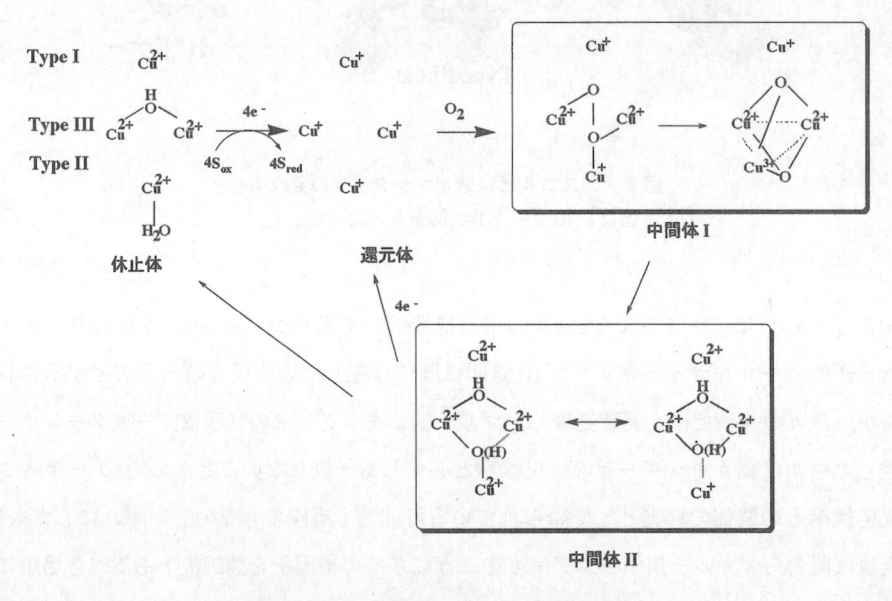

図3　マルチ銅オキシダーゼの反応機構

第5章 酵素工学の実際

イプI銅を水銀置換するか[10]，タイプI銅への配位子であるシステインをセリンに置換した変異体を作成し，タイプI銅部位を空とするか[11,12]，もしくはタイプI銅を酸化状態とした混合原子価状態を人工的に作り出し[13]，タイプI銅からの電子移動を不可能とすると，分から時間オーダーの寿命の中間体Iを検出することが出来る。通常，マルチ銅オキシダーゼの反応では，タイプI銅から4つめの電子がすぐさま供給されるため，中間体Iの検出は不可能なのである。この中間体の消失において，三核銅部位の背後に位置するアスパラギン酸がこの中間体にH^+を供給する役目を担っていることがわかっている[12,14,15]。しかしながら，分光学的および磁気的なキャラクタリゼーションは行なわれているものの，構造につながる情報は得られていない。構造としては酸素がパーオキサイドとして結合しているという説が有力であるが，$1Cu(III)2Cu(II)2O^{2-}$からなる5核構造も排除できない。一方，中間体IIは，ターンオーバー条件下で観測されることはないが，4電子還元状態のマルチ銅オキシダーゼと酸素を1回だけ反応させることによって検出されている[10,12,16]。3電子還元状態であり，不対電子がO原子上に乗っているという説が長い間有力であり，不対電子は$Cu(II)$上にも非局在化しているという構造的バリエーションも考えられた。しかし，極低温における電子スピン共鳴スペクトルにおいて観測されるg<2のシグナルが2つのタイプIIICu(II)による三重項状態に由来すると帰属されるようになったことから，休止状態とは異なる酸化状態と見なしたほうが良さそうである。この種の消失においても，三核銅部位の背後に位置するアスパラギン酸からのH^+供給が寄与している。

　H^+供給がかかわる過程では低pHほど中間体の寿命が短くなるが，この過程は，ベル型を与えるマルチ銅オキシダーゼの酵素反応のpH依存性において，高pH側での速度の低下に関わっているのかもしれない。一方，低pH側での速度の上昇は基質の認識における酸性アミノ酸の関与，基質からのH^+の脱離などが関係しているであろう。また，当然，各銅部位の酸化還元電位も重要な因子であるが，タイプI銅とその他の銅の酸化還元電位はいずれの場合にも近い値であり，約13Åの分子内での長距離電子移動は必ずしも，マルチ銅オキシダーゼの反応速度に対する律速段階とはならないと考えられる。

　最後に，実用的観点からマルチ銅オキシダーゼを眺めてみる。現在，マルチ銅オキシダーゼは色素の形成や脱色，リグニンの分解，臨床検査薬としてなどの用途があり，また，実用化を目指して開発途上にあるケースもある。生物燃料電池への応用は，後者の重要な例のひとつであることは間違いなく，夢物語という段階から，限定された条件下では実用化可能かもしれないという希望を持てる状況になりつつある（実用編参照）[17,18]。実用化を目指す立場からは，一方ではマルチ銅オキシダーゼの探索，他方では改変というアプローチとなる。前者については，SLACのようなサイズの小さいマルチ銅オキシダーゼや電極との間での電子のやり取りに有利なマルチ銅オキシダーゼを探索することなどが要求される。後者については多くの場合，トライアルアンド

バイオ電気化学の実際——バイオセンサ・バイオ電池の実用展開——

エラーを着実に繰り返さざるを得ないであろう。

酵素を電気化学に利用する場合，その安定性は重要な因子のひとつである。タンパク質をより安定化するには，一般に糖を連結すれば効果はあるが，電極との相互作用においては立体障害となるであろう。ポリエーテルによる修飾も同様の効果をもたらすと考えられる。これと関連して，タンパク質を固定化することによるセンサーとしての利用も多数報告されている[19]。マルチ銅オキシダーゼの銅中心の電位を変更するという方法はある程度有効かもしれない。ビリルビンオキシダーゼの場合，タイプI銅への配位子のひとつであるメチオニンをグルタミンに変異させると，酸化還元電位は負側へシフトする[20]。この変異はブルー銅タンパク質のうち高等植物に含まれ，ラジカルスカベンジャーとして機能していると考えられるフィトシアニンの配位様式を参考にしたものであり，基質によっては天然型酵素よりも高い活性を示すことから，分子内電子移動速度を加速させる効果を発揮する[21]。一方，菌類のラッカーゼは植物ラッカーゼと異なり，タイプI銅への配位子のひとつであるメチオニンの代わりにフェニルアラニンやロイシンのような非配位性のアミノ酸が位置しており，タイプI銅の酸化還元電位が高い要因のひとつと考えられることから，菌類のラッカーゼをメチオニン型へと変異させることも同様の効果を発揮するであろう[22]。この様な構造への変異はタイプI銅と三核銅部位間の分子内電子移動には不利となるが，基質からの電子引き抜きは有利となる[23,24]。また，配位子ではなく，銅結合部位近傍の疎水性を改変させることは穏やかな電位変更につながるであろう。しかしながら，現時点では発現系が構築されているマルチ銅オキシダーゼは限られており，また，電気化学への応用を念頭に置いての改変は行なわれていない。しかし，今後は異分野の研究者のコラボレーションによって有力な改変体が作成される可能性はある。

電極とタイプI銅間の電子移動を有利にするには，タンパク質のオリエンテーションの制御と両者の距離を短くすることも有効である。プロモーターの使用や電極表面と基質結合部位との相互作用を増すような改変はもちろん，マルチ銅オキシダーゼの基質結合部位のクレバス底部に位置するタイプI銅への配位ヒスチジンのイミダゾールエッジをタンパク表面に近づけるような改変もまた有効かもしれない。マルチ銅オキシダーゼの基質結合部位はβ構造の折り返しをなすループによって構成されているので，マルチ銅オキシダーゼの骨格構造に影響を与えることなく，この部位を小さくするのである（図4）[25,26]。変異導入などや大規模なプロテインエンジニアリングによって，マルチ銅オキシダーゼが生物燃料電池に利用できる日がくることが期待される。

第5章　酵素工学の実際

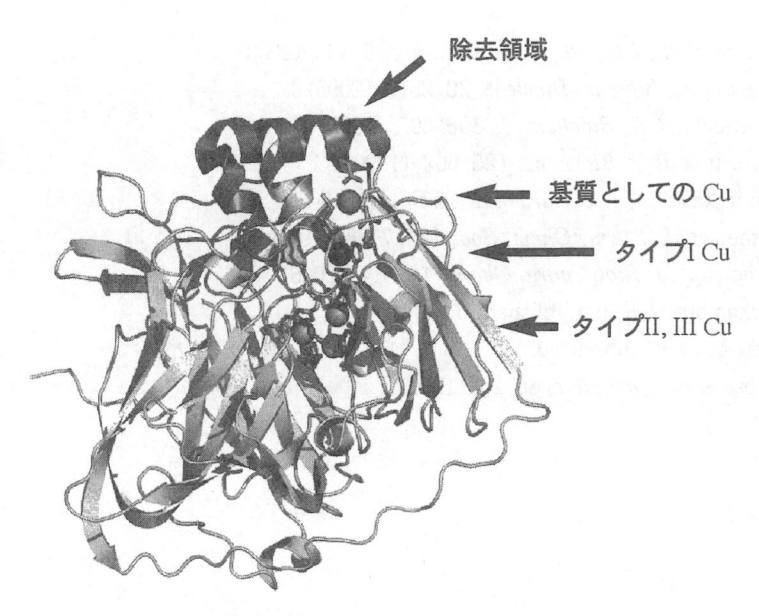

図4　CueOの全体構造とそのプロテインエンジニアリング
Pro357–His406を除去した。図はPDBコード1N68をもとに作成した。

（図中ラベル：除去領域／基質としてのCu／タイプI Cu／タイプII, III Cu）

文　献

1) A. Messerschmidt (ed.), "Multicopper Oxidases", World Scientific, Singapore (1997)
2) E. I. Solomon et al., Chem. Rev., **96**, 2563 (1996)
3) T. Sakurai and K. Kataoka, Chem. Rec., **7**, in press (2007)
4) K. Nakamura and N. Go, CLMS, Cell. Mol. Life. Sci., **62**, 2050 (2005)
5) P. J. Hoegger et al., FEBS J., **273**, 2308 (2006)
6) M. C. Machczynski et al., Prot. Sci., **13**, 2388 (2004)
7) K. Nitta et al., J. Inorg. Biochem., **91**, 125 (2002)
8) I. Bento et al., J. Biol. Inorg. Chem., **11**, 539 (2006)
9) T. Sakurai et al., Biosci. Biotechnol. Biochem., **67**, 1157 (2003)
10) E. I. Solomon et al., Angew. Chem. Int. Ed., **40**, 4570 (2001)
11) A. E. Palmer et al., Biochemistry, **41**, 6438 (2002)
12) K. Kataoka et al., Biochemistry, **44**, 7004 (2005)
13) G. Zoppellaro et al., J. Biochem., **129**, 949 (2001)
14) Y. Ueki et al., FEBS Lett., **580**, 4069 (2006)
15) L. Quintanar et al., Biochemistry, **44**, 6081 (2005)
16) H. Huang et al., J. Biol. Chem., **274**, 32718 (1999)

17) Tsujimura et al., *Electrochem. Commun.*, **5**, 138 (2003)
18) S. Shleev et al., *Biosens. Bioelect.*, **20**, 2517 (2005)
19) E. Agostinelli et al., *Biochem. J.*, **306**, 697 (1995)
20) A. Shimizu et al., *J. Biochem.*, **125**, 662 (1999)
21) Y. Kamitaka et al., *J. Electroanal. Chem.*, in press.
22) A. Palmer et al., *J. Am. Chem. Soc.*, **121**, 7138 (1999)
23) P. Durao et al., *J. Biol. Inorg. Chem.*, **10**, 514 (2006)
24) K. Tsukamoto et al., unpublished.
25) K. Kataoka et al., submitted.
26) S. Kurose et al., *chem. lett.*, **36**, 232 (2007)

4 構造生物学に基づいたタンパク質工学による酵素の安定化

日斉隆雄[*1], 西矢芳昭[*2]

4.1 はじめに

　グルコースセンサーが上市されて以来，多種多様なバイオセンサーが日々開発されている。とはいえ，臨床分析分野でのバイオセンサーの利用はまだ本格的とはいえず，多くの技術的課題が残されている。分析対象を認識する主体である，酵素やリセプターなど生体成分の安定性の向上はそうした課題の一つである。

　バイオセンサーに用いられる生体成分の安定性がバイオセンサーの保存安定性やデータの信頼性に直接関わることから，その安定性の向上は実用化に向けた重要な課題として関心が向けられてきた。酵素を利用したバイオセンサーでは，汎用的な酵素安定化法として電極表面への固定化がよく知られている[1,2]。例えば，グルコースオキシダーゼを利用したグルコースバイオセンサーでは，カーボンペーストへの練り込みやシリカゲルへの吸着など非共有結合的な固定化法，および高分子化や化学修飾など共有結合による固定化法を用いて電極表面に固定化し，酵素寿命やセンサーの安定性向上を実現した例が報告されている[3~7]。酵素固定化のメリットは，安定性の向上だけとは限らないが，酵素の直接化学修飾による安定化法に比べて酵素の種類によらず実施できる点で安定化法として優れており，さらに他の方法と併用可能な点でも利用価値が高い。こうした酵素の固定化では，酵素の熱安定性も向上することがしばしば報告されている。それでは酵素の熱安定性を向上させればセンサーの安定化につながるのではないかと思われるが，センサーへの応用を目的として積極的にタンパク質工学的改変を行った例は少ない。これは，酵素の安定性を向上する一般的なタンパク質の改変方法が確立されていないことが一つの要因であり，また好熱性細菌由来の耐熱性酵素が至適温度や基質特異性という面で必ずしもセンサーに適しているとは限らないことも要因として考えられる。とはいえ，本来，不安定なことが多い酵素自身の熱安定性を高める技術が確立すれば，固定化と併用してバイオセンサーの安定性や信頼性を高めることが期待され，また，バイオセンサーに適応可能な酵素の範囲を大きく広げることも期待される。

4.2 タンパク質工学的手法による熱安定性の向上化技術

　タンパク質は，20種類のアミノ酸が重合してできた高分子ペプチドであり，遺伝子情報にコードされた様々な機能を発現する。多岐にわたる生体の機能がこのように限られた原材料から生み

[*1] Takao Hibi　福井県立大学　生物資源学部　生物資源学科　助教授
[*2] Yoshiaki Nishiya　東洋紡績㈱　敦賀バイオ研究所　研究員

出されることは驚きであり，タンパク質が万能素材と呼ばれる所以でもある。しかし，これらのタンパク質自体はもともと生体が生命を維持するために適応してきたのであり，人間が利用するのに都合が良い性質ばかりをもつ訳ではない。そこで，1980年代以降遺伝子工学の発展を背景として，タンパク質の人為的な改良による新素材の開発がタンパク質工学の名の下に試みられてきた。特に，タンパク質の熱安定性の向上に関しては膨大な研究成果が報告されており，遺伝子工学的な改変に基づいた熱安定性向上化の戦略として，①タンパク質が持つ天然折り畳み構造の安定化もしくは変性状態の不安定化，②化学的に不安定なアミノ酸残基の安定な残基への置換，が有効であることが明らかにされ，こうした戦略に従って実際にタンパク質の工学的改変が行われてきた。こうした戦略を実行する上で，特にケース①では改変すべき標的，アミノ酸残基をどのように絞り込むかが大きな問題となる。変異導入に現在用いられている方法には，分子進化工学的な選抜等を利用したランダム変異導入法，経験的な法則性に基づいた部位特異的変異導入法，計算化学を利用した分子設計法などがあり，現在も盛んに研究されている。こうしたタンパク質熱安定性の具体的な改良方法については既に多くの優れた総説があるので，詳細について興味のある読者は参考にされたい[8~10]。とはいえ，そうしたタンパク質工学的なアプローチとバイオセンサーとのコラボレーションというのはまだあまり例を見ない。そこで，今後のバイオセンサー分野への展開の参考として，臨床検査用酵素の安定化を実現化した例について紹介する。

4.3 ランダム変異を利用した臨床分析用酵素の安定化実例

　まず，一般的なランダム変異を利用した手法により臨床分析用酵素の安定性を高めた2つの実例について紹介する。

4.3.1 コレステロールオキシダーゼ

　コレステロールオキシダーゼ（CHOD, EC1.1.3.6）は，*Streptomyces*属，*Brevibacterium*属等の細菌が生産し，コレステロール測定に汎用されている。しかしながら，近年の臨床検査の発展により，より安定なCHODの開発が望まれている。特に，*Streptomyces*由来のCHOD（ChoA）は非常に反応性の良い酵素だが（$K_m = 13 \mu M$），安定性が欠点であった。そこで，ホモロジーモデリングにより分子構造を構築し，基質結合部位や補酵素結合部位を極力避けるようにランダム変異操作を実施した。結果として，反応性を損なうこと無く，熱安定性が向上した変異が得られた[11]。

　各種変異型ChoAのうち最も効果的なM2変異は，60℃における半減期が野生型の4.2倍に向上していた。このM2と野生型をそれぞれ水溶液中で40℃にて処理した時の活性残存率の変化を図1に示す[12]。M2の変異効果により，野生型と比べて長期の安定性が大幅に向上した。

第5章 酵素工学の実際

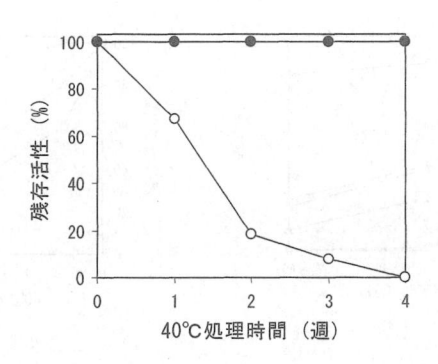

図1 コレステロール測定試薬中でのコレステロールオキシダーゼの安定性
○, 野生型；●, M2（V145E+S103T）
各酵素を含む測定試薬を40℃にて4週間まで処理し，残存活性を調べた。
試薬組成の詳細は引用文献12を参照のこと。

4.3.2 グルコース6リン酸デヒドロゲナーゼ

グルコース-6-リン酸デヒドロゲナーゼ（G6PDH, EC1.1.1.49）は，動植物から微生物まで広く存在し，クレアチンキナーゼ，グルコース等の測定に使用されている。これらの用途として *Leuconostoc* 属細菌や酵母等の微生物から採取されたものが主に用いられているが，従来のG6PDHは安定性が不足しており，特に補酵素であるNADPやNAD共存下での安定性が悪く，その改良が望まれていた。そこで，*Leuconostoc pseudomesenteroides* のG6PDHに変異を導入することにより，安定性が向上した変異型G6PDHが開発された。

各種変異型G6PDHと野生型のG6PDHを，それぞれ52℃にて熱処理した時の活性残存率の経時的変化を図2-(1)に示す。変異型G6PDHは変異を適宜組み合わせることで，野生型と比べて安定性が相加的に向上している。さらに，変異型と野生型をそれぞれ，NADPを含む水溶液中で40℃にて処理した時の活性残存率の変化を図2-(2)に示す。変異型G6PDHは野生型と比べて補酵素NADP共存下での安定性が向上し，実用性を高めることができた。

4.4 立体構造解析に基づく *Bacillus* 属細菌由来ウリカーゼのタンパク質工学

4.3で紹介した二例に限らずランダム変異を利用した酵素の耐熱性向上については多くの成果が報告されている。一方で，適切な選抜系がない場合にランダム変異による改変で目的とする酵素を得ることは困難である。また，ある程度目的とする安定性を持った酵素がとれてきたとしても，実用化に必要な他の機能，すなわち比活性や基質特異性について優れた特性を併せ持たせること（または維持すること）は困難な場合も多く，この方法が実用レベルで適用可能な例は限られていることもまた事実である。そこで，目的の酵素を安定化し実用化する別の方法として，タンパク質の立体構造に基づく分子設計と構造改変への取り組みが必要となってくる。

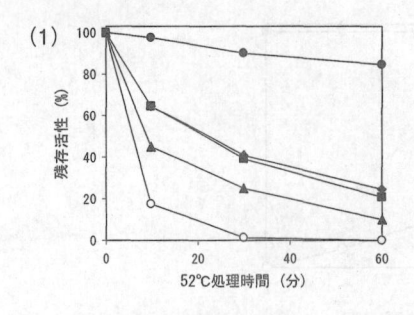

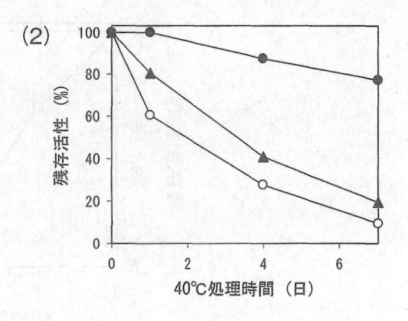

図2 グルコース-6-リン酸デヒドロゲナーゼの熱安定性

(1) 変異導入による安定性の増加
○, 野生型；▲, Y207F；■, Y207F+N240S；◆, Y207F+K353R；●, Y207F+N240S+K353R+F66L+D324G
各酵素を2mMのEDTAを含む100mMイミダゾール酢酸緩衝液（pH6.7）に溶解し，52℃での残存活性を調べた。

(2) グルコース-6-リン酸デヒドロゲナーゼの補酵素NADP共存下での安定性
○, 野生型；▲, Y207F；●, Y207F+K344Q
各酵素を2mMのEDTA及び2mMのNADPを含む100mMイミダゾール酢酸緩衝液（pH6.7）に溶解し，40℃にて7日間処理し，残存活性を調べた。

酵素分子の立体構造をベースとして触媒能や安定性を考えるとき，その平均構造だけではなく，溶媒やリガンドとの相互作用を通じてタンパク質内部の分子運動が実際どのように変化しているかが重要となる[13,14]。こうした分子運動は，X線結晶構造解析法では温度因子として知られる原子の運動に関連したパラメータから推定することができるが，機能している際の本当の動的構造を捉えることができないため，酵素分子の機能設計が現時点で困難であることは否めない。しかし，平均構造に基づいたとしても，変性に伴う構造変化が開始する領域や触媒機能に関わる構造変化が起こる領域をある程度特定することができれば，動的構造と安定性や触媒能との関係に適当な作業仮説を構築することが可能となる。適切な作業仮説を設定できれば，変性開始に関わる不安定な領域の中から，活性に関わる構造変化に影響を与えない部分を選抜し，その部分を部位特異的な変異導入により安定化すれば，活性を保持したまま熱安定性を高めるといった変異体酵素の効率の良い設計が可能になる。こうした考えのもとに，我々は，臨床検査用の酵素として実用化されてきたウリカーゼ（UOD, EC1.7.3.3）についてX線結晶構造解析を行い，その立体構造上の特徴に様々な検討を加えた結果，基質特異性や活性など野生型酵素の優れた特性は維持したままで優れた熱安定性を獲得した変異体をただ一つのアミノ酸残基の変異により取得することができたので，ここに紹介する。

第5章　酵素工学の実際

　尿酸は，細胞が生まれ変わる過程で遺伝子を構成する核酸が分解される際に老廃物として生産される。また，食品中のうまみ成分であるプリン体は肝臓で尿酸に変わることも知られており，このようにして体内で生じた尿酸は尿とともに体外に排泄される。通常ヒトでは，性差はあるが3〜7mg/dℓ程度の比較的高濃度の尿酸が血中に維持されており，尿酸プールと呼ばれている。高尿酸血症とは，尿酸値7mg/dℓを正常上限とし，尿酸の生成と排泄のバランスが崩れた結果，血漿中の尿酸濃度が正常上限を超えた場合と定義される[15]。従来，高尿酸血症は痛風発作の前段階と考えられてきたことから，尿酸値の分析の目的は痛風発作の予防や治療とされてきた。ところが，長期間無症状のことが多い高尿酸血症は過食・肥満・運動不足などから生じる典型的な生活習慣病であることが多く，近年になって肥満・高血圧症・高脂血症・糖尿病などと並ぶ，いわゆるメタボリックシンドロームの表現形の一つとして考えられるようになり，尿酸値分析が生活習慣病の監視マーカーとして位置づけられるようになってきた[16]。

　尿酸の定量には主としてUODを利用した酵素分析法が用いられ，最近では，UODを利用したバイオセンサーも市販が開始されるようになった。UODは，尿酸を酸化してアラントイン，過酸化水素，二酸化炭素を最終的に生成する反応を触媒するオキシダーゼであり，この反応は極めて尿酸に特異的である。

$$\text{尿酸} + \text{酸素} + \text{水} \xrightarrow{\text{UOD}} \text{アラントイン} + \text{過酸化水素} + \text{二酸化炭素} \tag{1}$$

　*Bacillus*属細菌由来ウリカーゼ（bUOD）は，既知UODの中でも高い至適温度（45〜50℃）を有しており，酵素分析試薬として優れた安定性を有する[17,18]。UODは臨床分析のための実用酵素として代表的なものだが，これまで好熱性細菌では見出されておらず，現在用いられている酵素の熱安定性の上限はせいぜい60℃前後である。既に実用化されているとはいえ，より高活性且つ，室温でも長期間安定な高機能型UODが得られれば，高感度分析への応用・センサー化・常温流通等，様々な応用上の利点が考えられる。こうした背景のもと，より安定性の高い変異体酵素の開発を目指して，bUODのX線結晶構造解析およびタンパク質工学的改変を行った。

4.4.1　*Bacillus*属細菌由来ウリカーゼの結晶構造解析

　bUODの結晶化は，ポリエチレングリコール8,000，0.16M Li_2SO_4を結晶化剤として用いたハンギングドロップ蒸気拡散法により行い，板状結晶を得た。結晶化条件探索の過程で結晶成長とLi_2SO_4濃度の関係について興味深い現象を見出した。Li_2SO_4濃度が0.2Mを超えると結晶の成長速度が上がって1mm以上の大きな結晶が得られたが，同時に結晶の品質も低下し構造解析に適さなくなった。また，0.05M以下の濃度では針状結晶が生じ十分な回折強度が得られなかった。結局，0.16Mで最も良質の単結晶が得られ構造解析に成功した。当時はLi_2SO_4濃度の増加によって結晶成長が促進される理由は分からなかったが，本酵素の安定化に関連することが結晶構造から

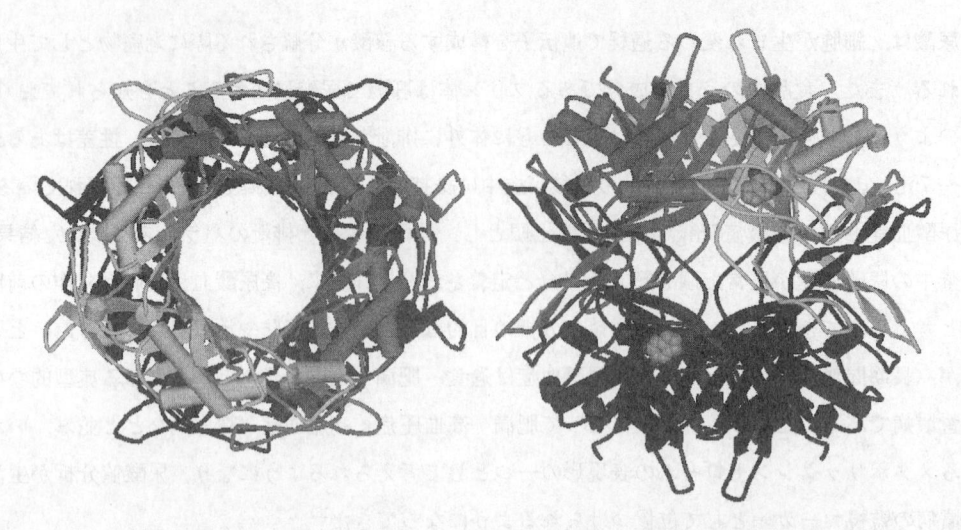

図3 *Bacillus* 属由来ウリカーゼの結晶構造（PDB ID 1J2G）

明らかになった（後述）。大型放射光施設SPring-8のビームラインBL41XUを用いてX線回折実験を実施した結果，2.2Å分解能をこえる回折斑点が観測され，本結晶の空間群は$P2_12_12$，格子定数は$a=133.8$Å，$b=144.6$Å，$c=78.9$Åであった。その結果，2.2Å分解能においてR値=18％，R_{free}値=22％のモデルを得た（PDB code: 1J2G）[19]。

得られた本酵素の結晶構造を見てみると，4つのサブユニット分子が集まって1つの大きなバレル状構造を形成していることが分かる（図3）。そのバレル構造を構成する1つのサブユニット分子内部では，平板状構造である4本鎖逆平行β-シートを含むTフォールドモチーフと呼ばれる基本的な折りたたみ構造2つが並んでおり，バレル内部の壁を形成する。サブユニット分子2つが点対称に配置することで，4つの逆平行β-シートが円環状に配置し逆平行β-バレル構造となる。尿酸アナログである8-アザキサンチンはこのサブユニットの境界部分に結合することから，このサブユニット分子界面に活性中心が存在することが明らかになった。

4.4.2 耐熱型インターフェースループⅡ変異体の開発

示差走査型熱量計（DSC）による測定では，UODの熱変性は少なくとも2段階で進むことが知られ，低温側の1段階目の変性でその活性を不可逆的に失う。bUODは，*Aspergillus*属真菌由来の酵素（$T_{m1}=50$℃，$T_{m2}=67$℃）[20]に比べれば，熱安定性に優れており約20℃も変性温度が高い（$T_{m1}=72$℃，$T_{m2}=88$℃）。本酵素の主鎖構造を，既に結晶構造が知られていた*Aspergillus*属酵素の結晶構造[21]と比較したところ，β-バレル構造および周囲のα-ヘリックスについては有意な変化がなかったのに対して，bUODのサブユニット界面に位置し4量体形成に関与すると考えられるループ領域，インターフェースループⅠ（125-145残基）およびインターフェースループⅡ（277-300残基）の主鎖構造には，大きな変位が認められた（図4-(1)，(2)）。

第5章 酵素工学の実際

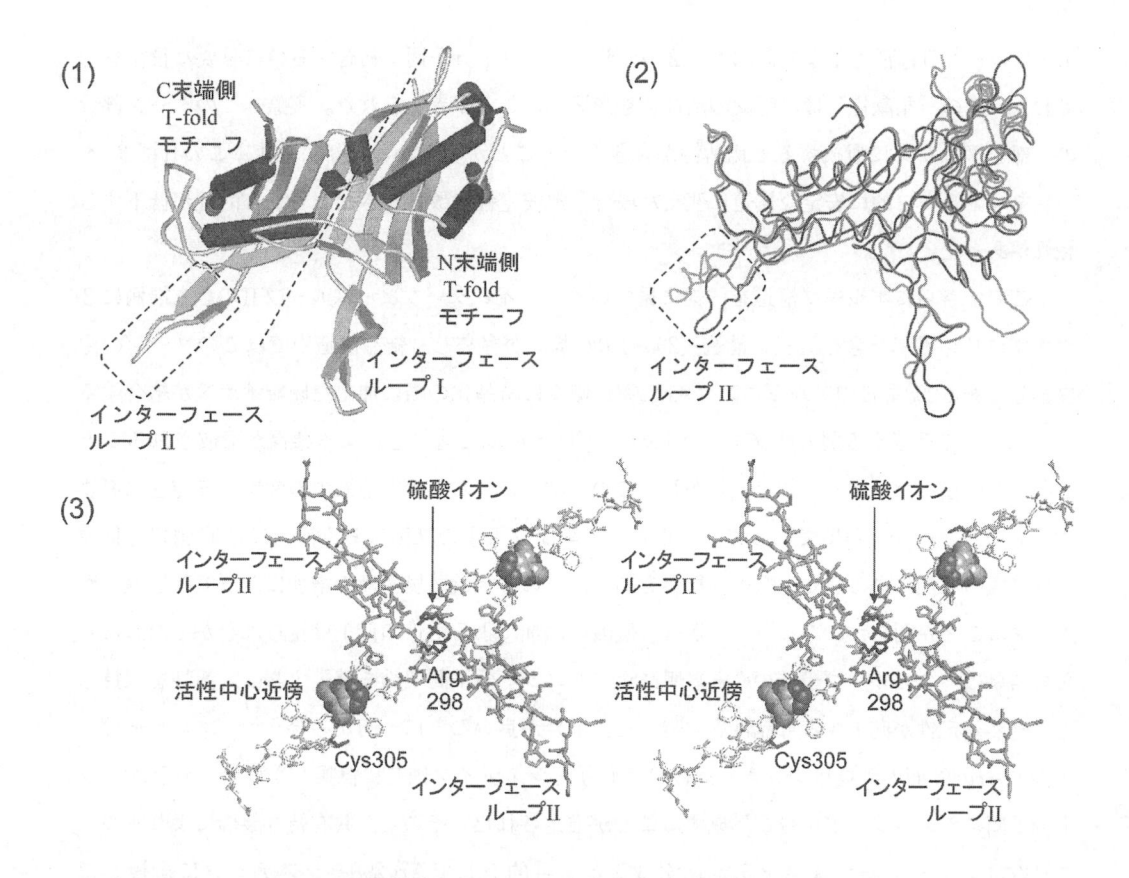

図4 bUODのサブユニット分子構造とインターフェースループ
(1) サブユニット分子の立体構造
　点線で囲った部分がインターフェースループⅡ。
(2) *Bacillus*属UODと*Aspergillus*属UODとの主鎖構造の比較
　黒色が*Bacillus*属UOD，灰色が*Aspergillus*属UODそれぞれの主鎖構造（リボン図）を示す。
(3) インターフェースループⅡと硫酸イオン結合部位（ステレオ図）
　中央に結合する硫酸イオンと塩架橋するArg298を太線で示した。

　我々は，bUODの熱安定性を考える上でインターフェースループⅡに着目した。インターフェースループⅡは，活性中心の形成に関わるβ-ストランドにつながっているが，このβ-ストランド中には本酵素中唯一のシステイン残基Cys305が存在する。このCys305は通常は化学修飾を受けにくい位置にあるが，熱変性に伴いサブユニット間ジスルフィド結合が生じることから，このインターフェースループⅡからC末端にかけての領域（277-318残基）が熱変性しやすい領域であることが示唆された。このことは，Ⅱ型β-ターンと呼ばれる本ループ先端の折り返し部分の構造周辺の温度因子が他の主鎖構造が持つ温度因子に比べて有意に大きくなっており，このループのコンフォメーションの"柔軟性"が示唆されたことからも支持された。しかし，インターフ

ェースループⅡは活性中心を構成する2つのサブユニット分子間を結合するのに重要な役割をしており，その"柔軟性"は本酵素の活性にも影響することが考えられた。実際，このターン部分の一部をグリシンに置換すると比活性が大きくなることが明らかとなり，単純にこのⅡ型β-ターンをエネルギー的に安定な構造に変えた場合，熱安定性は改善できたとしても活性が低下する恐れがあった。

そこで，さらに本ループ構造を詳細に見ていくと，インターフェースループⅡのC末端側に3つのプロリン残基を含むターン構造（296-300残基）が存在し，結晶構造中ではこのターンの中央部分にある298番目のアルギニン（Arg298）側鎖に結晶化の際に加えた硫酸イオンが結合すること，そして近接する別のサブユニットのArg298との間で塩結合による架橋が形成されることが明らかになった（図4-(3)）。しかし，この塩結合による架橋が溶液中の酵素の安定性に影響するものかどうかは不明であったことから，大阪府立大学の深田はるみ博士にDSC測定を依頼し硫酸塩の添加による熱安定性への影響を調べたところ，硫酸塩濃度の増加に伴って変性温度が上昇することが明らかになった。しかも，硫酸塩添加による活性の低下は見られなかった。これらの結果は，このループ構造のC末端側にサブユニット分子間架橋を導入すれば，活性を保持したまま熱安定性が向上する可能性を示唆した。都合が良いことに，向かい合うサブユニット分子同士のArg298間の距離は約5Åと近接しており，システイン残基に置換した場合，サブユニット分子間にジスルフィド結合を形成することが推定された。そこで，共有結合架橋により本ループⅡのコンフォメーションを安定化することを目的としてArg298をシステインに置換したR298C変異体を作製した。R298C変異体を非還元状態でSDS-PAGE分析した結果，サブユニッ

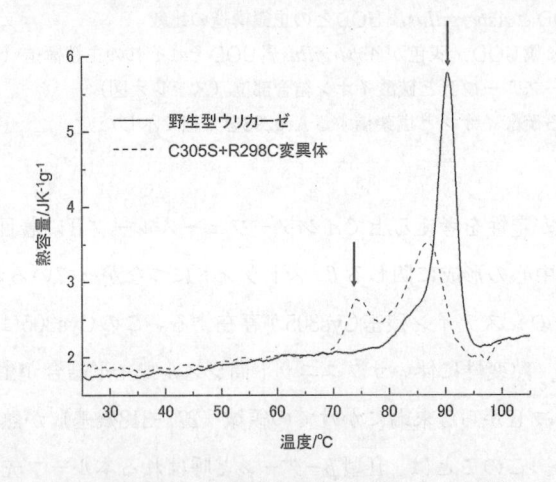

図5　野生型とR298C変異型bUODのDSC測定例
　　点線が野生型，実線がR298C変異体の測定結果を示す。酵素濃度は2.8mg/ml，
　　昇温速度は1℃/min。

第5章 酵素工学の実際

ト分子間のジスルフィド結合が自発的に形成されていることが明らかになった。30分間加熱後の酵素活性を調べた結果，残存酵素活性が50%となる温度は85℃と野生型酵素より約20℃上昇した。このことはDSCによる測定でも示され（図5），R298C変異体における著しい熱安定性向上が確かめられた。還元剤である10mM　ジチオスレイトールを添加すると熱安定性の増加は起こらないことから，サブユニット分子間ジスルフィド架橋は熱安定性の上昇に必須であることが示唆された。また，本変異体の至適温度は35～40℃と，耐熱性が向上したのにも関わらず温度依存性は約10℃低下し，結果として野生型との比較でも37℃での比活性に低下は認められないことが明らかになり，比活性についても酵素分析への応用に問題ないことが確認された。

　以上のように，機能解析の結果を利用しながら立体構造モデルに基づいたインターフェースループの分子設計を行うことで，熱安定性が約20℃向上した，恐らく世界一熱安定性の高いウリカーゼ変異体を得ることに成功した。以上の変異体については既に特許出願を行っており，本酵素変異体を利用したバイオセンサーや常温流通などの実用化について検討していく予定である。

　バイオセンサー開発に少しでも役立つよう，今後はこうした酵素の安定化技術が一般化できるように尽力したい。立体構造の取得というと時間がかかると思われるかもしれないが，現在，タンパク3000プロジェクトの成果として酵素の立体構造が次々明らかになり，構造解析の技術も飛躍的に発展している。今後は他の分析用酵素でも同様の戦略をもう少し手軽に展開できるようになるものと予想される。

文　献

1) K. Martinek & V. V. Mozhaev, *Adv. Enzymol. Relat. Areas Mol. Biol.*, **57**, 179-249 (1985)
2) C. O. Fagain & R. O' Kennedy, *Biotechnol Adv.*, **9**, 351-409 (1991)
3) R. Wilson & A. P. F. Turner, *Biosens. Bioelctron.*, **7**, 165-185 (1992)
4) T. Ikeda, H. Hamada, K. Miki and M. Senda, *Agri. Biol. Chem.*, **49**, 541-543 (1985)
5) Q. Chen, G. L. Kenausis and A. Heller, *J. Am. Chem. Soc.*, **120**, 4582-4585 (1998)
6) N. C. Foulds & C. R. Lowe, *Anal. Chem.*, **60**, 2473-2478 (1988)
7) L. J. Kricka & T. J. Carter, *Clin Chim. Acta*, **79**, 141-147 (1977)
8) C. Vielle & G. J. Zeikus, *Microbiol. Mol. Biol. Review.*, **65**, 1-43 (2001)
9) M. Lehmann *et al.*, *Biochim. Biophys. Acta*, **1543**, 408-415 (2000)
10) R. Ladenstein & G. Antranikian, *Adv. Biochem. Eng. Biotechnol.*, **61**, 37-85 (1998)
11) Y. Nishiya *et al.*, *Protein Eng.*, **10**, 231-235 (1997)
12) 西矢芳昭, 川村良久, 生物試料分析, **20**, 149 (1997)

13) P. A. Fields, *Compartive Biochem. Physiol.*, **A129**, 417-431 (2001)
14) D. Ringe & G.A. Petsko, *Prog. Biophys. Mol. Biol.*, **45**, 197-235 (1985)
15) 「高尿酸血症・痛風の治療ガイドライン」,日本痛風・核酸代謝学会(2002)
16) M. A. Becker & M. Jolly, *Rheum Dis. Clin. North. Am.*, **32**, 275-293 (2006)
17) K. Yamamoto *et al.*, *J. Biochem.*, **119**, 80-84 (1996)
18) Y. Nishiya, T. Hibi and J. Oda, *J. Anal. Bio-Sci.*, **23**, 443-446 (2000)
19) T. Hibi *et al.*, *ISDSB2003 symposium booklet*, 128 (2003)
20) A. Bayol *et al.*, *Biophys. Chem.*, **54**, 229-235 (1995)
21) N. Colloc'h *et al.*, *Naturre Struct. Biol.*, **4**, 947-952 (1997)

【実用編―バイオセンサ】

【ギャラクトクス一族甲実】

第6章 メディエータ型酵素電極

巽　広輔[*1], 片野　肇[*2], 池田篤治[*3]

　酵素電極（第一世代の酵素電極）（第3章4節）との基本的な違い，電極の作成法についてはグルコースオキシダーゼを用いた場合を例に挙げて第4章で説明した。グルコース以外に種々の酸化還元酵素を用いた電極が作成でき，グルコン酸，フルクトース，マルトース，オリゴ糖，ニコチン酸，エタノールなどが測定の対象となる，NADH測定，H_2O_2測定用電極も可能である。これらの電極の使用例について述べる。

1　各種メディエータ型酵素電極

1.1　細胞膜酵素の利用（グルコン酸電極[1]，フルクトース電極[2]）

　膜結合型グルコン酸脱水素酵素 GADH（EC.11.99.3）は*Pseudomonas fluorescence* FM-1の細胞膜から1％コール酸ナトリウムで可溶化できる。この可溶化液中にカーボンペースト電極（CPE）を10分程度保持するとGADHが電極表面に強固に吸着する。カーボンペーストにベンゾキノンBQを練りこんでおくと，一部がこの酵素吸着層へ溶け出し，メディエータ型酵素電極として機能する。膜結合型酵素はカーボンペースト電極との相性が良く，被覆膜（第4章の図8の透析膜）無しでも酵素が電極表面に安定に保持される。このようにして作成した電極GADH-BQ（カーボンペースト中の重量比0.26％）-CPEのサイクリックボルタンモグラムを図1Aに示す。点線で示すようにBQの還元，酸化に対応するピークが現れ，酵素層へ溶け出したBQが電極反応を行うことがわかる。溶液にグルコン酸を加えると，実線で示すようにバイオエレクトロカタリシス反応によって酸化電流が顕著に増加し，基質であるグルコン酸が2-ケトグルコン酸へ酸化される。電位を固定して電流測定を行うと30秒程度で定常電流値に落ち着き，その電位依存性は図1Bに示すようにシグモイド型になる。図1Bではカーボンペースト中BQ含量が0.65％と多いので限界電流が図1Aよりも大きくなっている。この電流-電位曲線の半波電位$E_{1/2}$（半

---

*1　Hirosuke Tatsumi　福井県立大学　生物資源学部　生物資源学科　助手
*2　Hajime Katano　福井県立大学　生物資源学部　生物資源学科　助教授
*3　Tokuji Ikeda　福井県立大学　生物資源学部　生物資源学科　教授

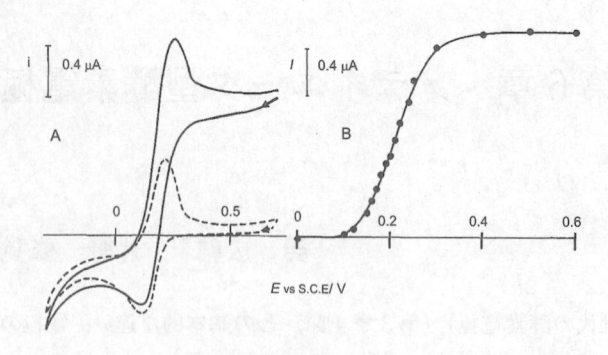

図1　グルコン酸に対するバイオエレクトロカタリシス電流
GADH-BQ-CPEのA：サイクリックボルタンモグラム（電位掃引速度1 mVs^{-1}）とB：定常状態のボルタンモグラム。酢酸緩衝液（pH 4.5）+50 mM GlcA。図Aの点線はGlcA無し。溶液は窒素ガス通気によって除酸素後磁気回転子で撹拌（500 rpm）。S.C.E.：飽和カロメル電極（第2章表1）。

波電位は第2章で説明）の値は図1Aに見られるBQの中点電位（式量電位$E^{o'}$にほぼ等しい（第2章））に近い。

一般にメディエータ型酵素電極の電流-電位曲線の半波電位$E_{1/2}$は，メディエータの電極反応が可逆な場合はその式量電位$E^{o'}$（第1章2節）よりも負側（基質酸化反応の場合）にシフトし，メディエータ濃度が大きくなる程，また酵素層内でのメディエータの拡散速度が大きい程，シフトが大きくなる。メディエータの電極反応が非可逆な場合は$E_{1/2}$は逆に$E^{o'}$より正側となり，電流-電位曲線の傾きが緩やかになる（詳細は文献3）。今の場合，メディエータであるBQの電極反応の可逆性がそれほど悪くない（図1A）ので$E_{1/2}$が$E^{o'}$に近い位置にある。

図2Aは限界電流（0.4 Vで測定）のグルコン酸濃度依存性を示す。第4章の(16)式を用いて求めた見かけのミハエリス定数K_S'は2.2 mMである。図2Bは，より多量の酵素を固定する目的でGADH可溶化液20 μLを直接電極表面に添加し第4章の図8の方法で透析膜（20 μm）被覆した電極 Film(20 μm)-GADH-BQ(1.3 %)-CPEを用いて測定した結果である。電流感度が上がり，直線性がより高濃度側へ延びている。酵素量の増加によって酵素反応速度が上がった結果，低濃度のグルコン酸では透析膜内のグルコン酸移動速度が律速段階になり，電流の値が透析膜透過速度（グルコン酸濃度に比例する）で決まっていることを示している。このことは，固定層中のGADH活性が少々低下しても電流応答が変化しないことを意味しており，事実，電極の応答特性は一ヶ月近く変化しない（図3B）。応答時間も1分以内であり（図3A）センサとして使用可能である。電極上の酵素層は水に溶けないユビキノン（Q-10）をトラップすることもでき，BQの場合と同様のバイオエレクトロカタリシス電流を生じる。グルコン酸に対するミハエリス定数K_S'は2.0 mMとBQの場合と同程度である。ユビキノンがGADHの天然の電子受容体であるとす

第6章　メディエータ型酵素電極

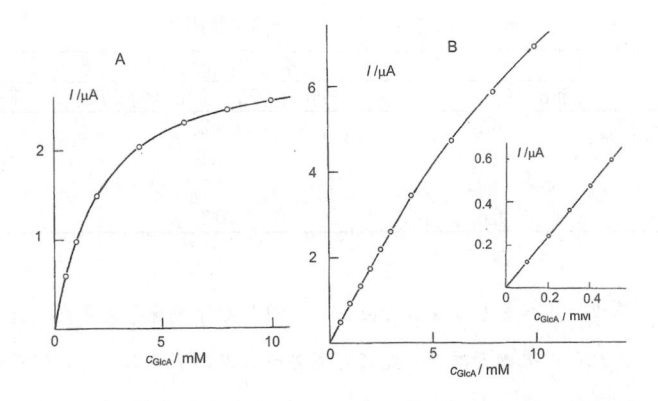

図2　グルコン酸濃度に対する検量線
A：被覆膜ナシ電極（GADH-BQ(1.3 %)-CPE），とB：被覆膜アリ電極（Film(20 μm)-GADH-BQ(1.3 %)-CPE）。酢酸緩衝液(pH 4.5)中，0.4 Vで電流を測定。

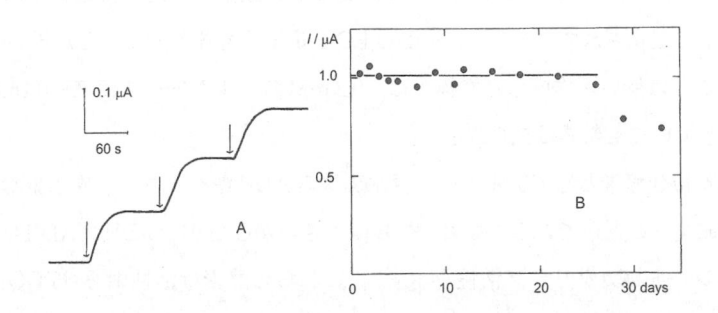

図3　グルコン酸に対する電流応答時間と電極の安定性
Film(20 μm)-GADH-BQ(1.3 %)-CPEのA：応答時間（4 mLの酢酸緩衝液（pH 4.5）に0.2 M GlcAを2 μLずつ添加）とB：安定性（1 mM GlcAに対する電流（0.4 V））。

る考えを支持する結果である（より詳細な解析は文献1b参照）。

　GADHと同様な膜結合型酵素であるフルクトース脱水素酵素 FDH（EC.11.99.11）は市販（東洋紡）されている。FDHは第4章の表1の4に分類される酵素でキノンや金属錯体などの化合物を電子受容体として，フルクトースを5-ケトフルクトースへ酸化する。第4章の図8の方法で作成したFilm(20 μm)-FDH-BQ(1.3 %)-CPEはフルクトース濃度50 mMまで良好な検量線を与え，pH 3.5～6.5の範囲で使用可能で，電極の応答時間は30秒である。基質選択性が高く，グルコース，ガラクトース，スクロース，ラクトース，マルトース，キシロース，ソルビトールなどの糖類に応答しない。溶存酸素の影響も無い。ただし，アスコルビン酸は測定電位0.5 Vでは直接電極と反応するので果物中のフルクトース測定などにおいて，共存するアスコルビン酸が正の誤差を与える。表1に実測例を示す。Film-FDH-BQ-CPEでの測定結果を市販の測定キット（F

表1 果物中のフルクトース含量測定

サンプル	濃度/10^2 mM		
	Film-FDH-BQ-CPE	Film-FDH/ASOD-BQ-CPE	F-キット法
リンゴ	4.2_2	4.2_0	4.2_0
ミカン	1.5_0	1.4_0	1.4_1
グレープフルーツ	1.8_3	1.7_0	1.7_1
レモン	0.6_4	0.5_9	0.5_9

キット）で測定した結果と比べるとリンゴではよく一致した結果を与えるが，他の果物では6～8％高い値になる。これらの果物ではモル比にして2～3％のアスコルビン酸を含んでおり，正誤差の原因となる。例えばアスコルビン酸オキシダーゼ ASODをFDHとともに電極に固定化することによってこの影響は除くことができる。表1に示すようにFilm-FDH/ASOD-BQ-CPEでは正誤差はなくなる。ASODは酸素を電子受容体とし（第4章の表1分類2），BQを電子授与体としないので，アスコルビン酸はASODによって溶存酸素を使用して電極不活性なデヒドロアスコルビン酸に酸化されてしまう。ASODはBQを電子受容体とすることが無いのでFDHの反応と競合することは無い。作成した電極では，0.2 mMのフルクトース溶液に0.1 mMのアスコルビン酸が共存していても影響は見られない。

　他にも細胞膜結合酵素としてアルコール脱水素酵素ADHやグルコース脱水素酵素があり，同様な電極を作成することができる。なお，信号は小さいがGADH，FDH，ADHは直接電子移動型のバイオエレクトロカタリシス活性を示す[4]。これらの酵素は活性中心（PQQ，FAD）以外に分子内に酸化還元部位（ヘム，鉄硫黄）を持っており，第4章の図10に示すような反応機構が推定される。

1.2　基質選択性の低い酵素の利用（アルドース電極[5]）

　オリゴ糖脱水素酵素ODH（*Staphylococcus sp.*由来）も第4章の表1の4に分類される酵素で酸素とは反応しない。基質特異性が低く，キシロースのようなペントースから，グルコース，ガラクトースのようなヘキソース，さらにラクトース，マルトース，マルトヘキサオースのようなオリゴ糖も基質となるが，ケトースであるフルクトースには応答しない。この酵素を用いて先と同様にして作成した電極Film（20 μm）-ODH-BQ（3％）-CPEはこれらの全ての糖に電流応答を示す。固定量，被覆膜厚さなどの調節によって，1 μMから10 mMの広い濃度範囲で直線応答を示す電極が可能であり，図4に示すように単糖からマルトヘキサオースまで基質の分子サイズによって応答電流が変化する電極も作成できる。牛乳のように一つの糖（ラクトース）を大過剰含む試料の場合，この電極で前処理無しに糖の定量ができる。リン酸緩衝液pH 6.0に牛乳を1/10から1/100に希釈するだけでラクトースの定量が可能である。先に述べたFDHと共固定すれば，

第6章 メディエータ型酵素電極

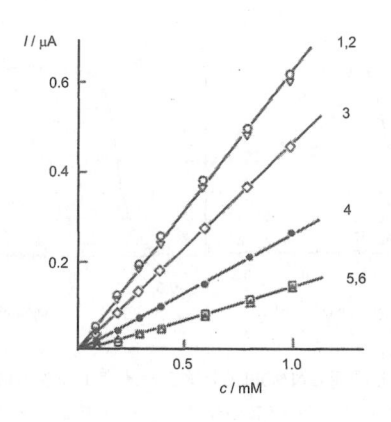

図4 アルドース電極の各種糖類に対する検量線
Film(20 μm)-ODH-BQ(3%)-CPE。1 ○ グルコース，2 ▽ ガラクトース，3 ◇ マルトース，4 ● マルトトリオース，5 □ マルトペンタオース，6 △ マルトヘキサオース。リン酸緩衝液(pH 7.0)，25°C

クロマトグラフィーやフローインジェクション法における還元糖検出用電極としても利用できる。

1.3 NADH測定電極[6]

第4章の表1分類3に挙げたNAD(P)$^+$を補酵素とする脱水素酵素の場合は，NADH自身を検出できる電極を作成し，各種脱水素酵素を共固定することによって多様なセンサが可能になる（補酵素自身電極活性であるが，第2章の図11に示したように電極反応が非可逆なのでメディエータとすることができない）。ジアホラーゼ DI（EC.1.6.5.2 *Bacillus stearothermophilus*由来，ユニチカ）はフラビン，キノン類，フェロセンなど種々の化合物をメディエータとしてNADHのバイオエレクトロカタリシス酸化を行うことができる（メディエータの選択によってNAD$^+$の還元もできる）。図5AにビタミンK$_3$をメディエータとするDI固定電極 Film(20 μm)-DI-VK$_3$(0.26%)-CPEのサイクリックボルタンモグラムを示す。溶液にNADHが存在するとVK$_3$の酸化電流が大きく増加し，この電位でNADHの電気化学酸化が起こる。電位を固定して電流を測定すると電流は定常状態に達し，その電流-電位曲線（半波電位$E_{1/2} = -0.28$ V）はDIを固定しない電極の場合（$E_{1/2} = 0.42$ V，図5Ba；第2章の図11参照）に比べてはるかに負電位に現れる。図6に示すように1分以内に定常値に達し，NADHの広い濃度範囲にわたって直線応答を示す。この電極にグリセロール脱水素酵素，乳酸脱水素酵素，アルコール脱水素酵素を共固定すれば，それぞれグリセロール，乳酸，アルコールに応答する電極となる。これらの酵素は酸素を電子受容体とはしないけれども，電極応答は溶液中の酸素によって10%弱の影響を受ける。これは還元型VK$_3$が溶存酸素で一部自動酸化することによる。VK$_3$の代わりにベンゾキノンBQやフェロ

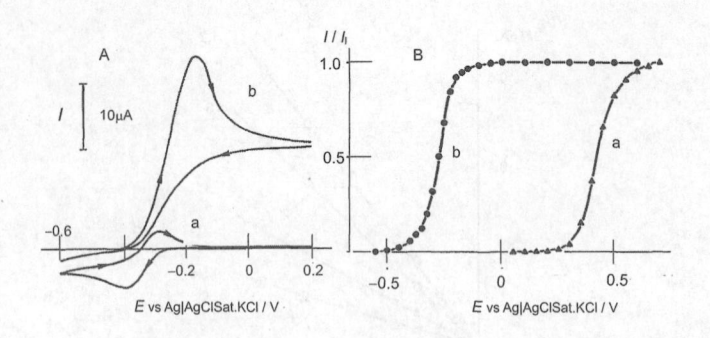

図5 ジアホラーゼ電極のNADHに対するバイオエレクトロカタリシス電流
A：Film(20 μm)-DI-VK$_3$(0.26 %)-CPEのサイクリックボルタンモグラム。a：トリス緩衝液（pH 8.5），b：トリス緩衝液（pH 8.5）＋ 25 mM NADH，電位掃引速度 5 mVs^{-1}。B：a：ジアホラーゼ(DI)ナシ電極（Film(20 μm)-VK$_3$(0.26 %)-CPE）とb：ジアホラーゼ(DI)固定電極(Film(20 μm)-DI-VK$_3$(0.26 %)-CPE）の定常状態での電流 I/I_1（I_1 = 161 μA）-電位曲線。緩衝液（pH 8.5）＋ 25 mM NADH。

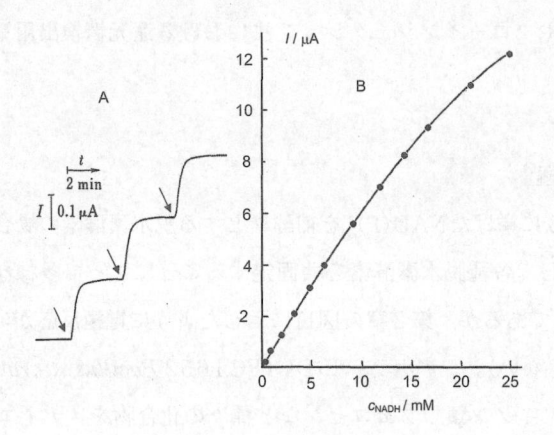

図6 ジアホラーゼ電極のNADHに対する電流応答時間と検量線
A：NADH（矢印で1.6 mMになるように添加）に対する電流応答（0 Vで測定）。Film(20 μm)-DI-VK$_3$(0.26 %)-CPE，トリス緩衝液（pH 8.5），B：定常電流（0 Vで測定）のNADH濃度依存性。Film(20 μm)-DI-VK$_3$(1.29 %)-CPE,トリス緩衝液（pH 8.5）。

センを用いれば酸素の影響はずっと少なくなるが，より正の電位で測定する必要があり，ビタミンCや尿酸などの妨害を受けやすくなる。

2 過酸化水素センサ[7,8]

第4章で述べたメディエータ内蔵型酵素電極（第4章図8）において，カーボンペースト中にフェロセンを練りこみ，パーオキシダーゼ（POD）を牛血清アルブミンとグルタルアルデヒド

第6章 メディエータ型酵素電極

でペースト電極上に固定化，その上をポリビニルアセテート膜で覆った電極は，フェロセンをメディエータとするH_2O_2還元のバイオエレクトロカタリシス電流を与える。ゼロボルト（銀|塩化銀電極基準）付近で電流測定ができるので，ビタミンCや尿酸といった試料中の還元物質の影響を受けにくく，ベース電流も小さいので高感度測定ができる。フロー系のH_2O_2検出に使用する場合，10 nM～25 μMの範囲のH_2O_2定量ができる。H_2O_2微量定量は食品分析や生体内局所分析において要望が強く，蛍光法がよく用いられる。H_2O_2存在下POD反応による試薬からの蛍光によってH_2O_2の検出が行われるが，被検液にポリフェノール，ビタミンC，チオール類のような還元剤が存在すると，これらが試薬と競合してPODの還元剤として働くのでH_2O_2検出の妨害になる。ここで作成したメディエータ型H_2O_2電極は被覆膜がH_2O_2に選択的な透過性を持つのでこのような妨害が無い。この電極を実際のH_2O_2測定に用いた二つの例について述べる。

ワイン中の全フェノール量の定量：一定量のH_2O_2とPODを含む溶液にカテキン（catechin: 3,3',4',5,7-ペンタヒドロキシフラバン）や没食子酸（galic acid: 3,4,5-トリヒドロキシ安息香酸）を含む試料液を加えると，カテキン，没食子酸のPOD反応によってH_2O_2が消費される。この液にメディエータ型H_2O_2電極を入れておくと，電流が試料液添加によって減少し，0.3 μMから15 μMの範囲でカテキンの定量ができる。ワイン中のフェノール定量例を表2に示す。フォーリン-チオカルト法（フェノール試薬）と良い一致を示している。この方法はフォーリン-チオカルト法に比べて，少量のサンプルで，短時間で測定でき，一桁感度が高い。SO_2やグルコースなどの共存物質の影響が少なく，着色したり，濁っている試料の測定もできるなど多くの利点を持っているので，実サンプル測定用として装置化されている。

茶の中のH_2O_2の定量：ワイン同様，茶もカテキン類を多く含んでおり，抗酸化剤として酸素と反応する結果，酸素が還元されてH_2O_2が生成する。基礎実験の結果，共存するビタミンCからもカテキンを媒介としてH_2O_2が生成し，H_2O_2反応はCu^{2+}やFe^{3+}のような金属イオンによって促進されることが確認されている。表3に示すように，市販の緑茶，ウーロン茶，紅茶からH_2O_2が生成することがわかる。缶や，ペットボトルのお茶に比べて，家庭でお茶を入れた場合にH_2O_2生成量が多い。高温で抽出するためH_2O_2反応の速度が上がるためと考えられる。

表2 ワインに含まれる全フェノール量

サンプル	全フェノール含量 / mM			
	カテキン標準		没食子酸標準	
	電極法	FC法	電極法	FC法
白ワイン （ドイツ）	1.2	1.2	2.0	1.9
赤ワイン1 （フランス）	5.2	5.7	9.0	8.8
赤ワイン2 （アメリカ）	6.0	6.5	10.4	10.0
赤ワイン3 （フランス）	3.2	3.6	5.6	5.5

表3 茶飲料中のH_2O_2とアスコルビン酸含量

	緑茶	ウーロン茶	紅茶
ビタミンC{市販飲料}/mM	1.24	0.56	0.93
H_2O_2{市販飲料}/μM	3.4	4.4	5.7
H_2O_2{抽出直後}/μM	17.5	38.5	19.3
H_2O_2{抽出後3時間半経過}/μM	52.8	121.1	85.0

3 不溶性基質の酵素活性測定

3.1 メディエータ型酵素電極を利用した糖質加水分解酵素反応の速度論的研究

　アミラーゼ，セルラーゼ等の糖質加水分解酵素は，実用目的で生産されている酵素の大部分を占め，農産・食品加工，医薬，繊維工業などにおいて幅広く利用されている．また近年，環境・エネルギー問題への関心の高まりの中で，バイオマス，とりわけデンプンおよびセルロースが再生産可能なエネルギー資源として注目され，糖質加水分解酵素はこのようなバイオマス高度利用のための鍵となる酵素としても期待されている．

　酵素反応速度解析は，酵素の基質への作用機構の解明や触媒機能の評価を行う上で不可欠であるばかりでなく，酵素を利用した各種工業プロセスの高効率化などのために応用的にも重要である．これらの加水分解酵素については，すでに研究の初期から詳細に反応速度論的研究が行われてきているが，酵素反応速度の測定および解析のしやすさなどの理由から，基質と酵素がともに水に溶けている均一な溶液内で酵素反応が進行する場合のみを扱っていることが多い．一方で，これらの加水分解酵素は，天然でも，また各種工業プロセスにおいても不溶性多糖の表面で作用することが多く，均一系での結果だけに基づく触媒機能評価は必ずしも十分とはいえない．

　従来，不溶性多糖の酵素的加水分解反応の追跡には比濁法または分光法が用いられてきた．比濁法は，不溶性多糖の懸濁液に加水分解酵素を添加し，単純に濁度の減少を記録するものであり，実験操作は簡便であるが，この方法自体は定量に向かず，反応速度の追跡法として問題がある．一方，分光法は，不溶性多糖の懸濁液に加水分解酵素を添加し，一定時間後に不溶性多糖を遠心分離で除いてから上清の生成物増加を分光法により測定するものであるが，生成物の濃度の時間変化を直接，連続的に測定することはできないという欠点がある．したがって現状ではこれらの方法に基づく定性的な評価しか行われておらず，適切な反応速度の追跡法が望まれていた．

　電気化学測定法の利点の一つとして，原理上試料液の濁度や着色の影響を受けないことが挙げられる．筆者らは，メディエータ型酵素電極による懸濁液の直接測定に基づき，不溶性多糖の酵素的加水分解反応の速度解析を試みた．ここではそれらの結果について解説する．

第6章 メディエータ型酵素電極

3.2 グルコアミラーゼによるデンプン粒加水分解反応の速度解析[9〜11]

グルコアミラーゼは，デンプンの非還元末端に作用してグルコースを生成するエキソ型アミラーゼで，多くの微生物の分泌タンパク質として見出され，製糖，製菓，製パン，醸造等各種工業において広く利用されている．加えて近年，環境へ与える負荷が小さいバイオマスとしてトウモロコシ等のデンプンが注目され，デンプンを原料としたエタノール等の燃料生産，生分解性プラスチック等の材料生産においても利用され始めている．グルコアミラーゼは工業的には通常加熱糊化したデンプンに作用させるが，とくにバイオマス利用におけるエネルギーコストの低減のため，非加熱の，すなわちデンプン粒の酵素的加水分解に関する詳細な研究が望まれている．

ここでは，デンプン粒分解活性が高いと報告されている*Rhizopus*属かび由来のグルコアミラーゼを用い，各種植物由来デンプン粒の加水分解反応の速度解析を行った．加水分解生成物であるグルコースをデンプン粒懸濁液中で直接，かつ連続的に測定するための方法として，グルコースオキシダーゼを透析膜でトラップし，ベンゾキノンをカーボンペースト中に練りこんだメディエータ型酵素電極（第4章図8）を用いた．本電極は，0.01から10 mMのグルコースに対して濃度に比例する電流値を与え，その感度は0.40 μA mM^{-1}であった．また応答時間（約20秒）も加水分解反応速度を測定するのに十分であった．

図7 Aに可溶性デンプン（0.25 mg cm^{-3}）について測定された電流(I) – 時間(t)曲線を示す．グルコアミラーゼを添加する前の電流値は小さく，測定溶液中へのグルコースの混入は無視できる．グルコアミラーゼ（2 U mL^{-1}）を添加すると，グルコースの生成に伴って電流値は上昇し，数分で定常値に達した．この電流値から得られたグルコースの最終濃度は，可溶性デンプンの完

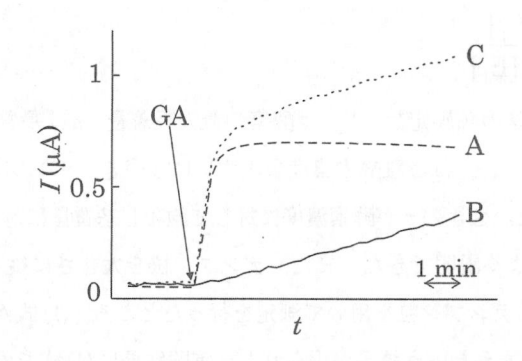

図7 グルコアミラーゼによるでんぷん加水分解速度の測定

0.25 mg cm^{-3} 可溶性デンプン（曲線A），0.020 g cm^{-3} トウモロコシ由来デンプン粒（曲線B），およびその両方（曲線C）を含む0.1 M酢酸緩衝液（pH 5.0）中でのグルコース生成の電流(I)–時間(t)曲線．矢印で示したところでグルコアミラーゼ（2 U mL^{-1}）を添加．グルコースに対する感度は0.47 μA mM^{-1}．(H. Tatsumi and H. Katano, *J. Agric. Food Chem.*, **53**, 8125 (2005) より許可を得て転載．Copyright 2005, American Chemical Society.)

全な加水分解を仮定して計算される値と一致した。すなわち，可溶性デンプンはこの条件では数分以内に完全に加水分解されることがわかる。一方曲線Bはトウモロコシ由来デンプン粒（0.020 g cm^{-3}）の懸濁液中にグルコアミラーゼを添加したときのI–t曲線で，加水分解反応に伴い直線的に電流値が上昇した。デンプン粒懸濁液の上清についてはグルコアミラーゼの添加による電流値の上昇は見られなかったため，バルク溶液へのデンプンの溶解は無視でき，曲線Bの電流上昇はデンプン粒の酵素的加水分解に伴うグルコース生成に帰属できる。また曲線Cは可溶性デンプンとデンプン粒の両方を加えたときのI–t曲線である。グルコアミラーゼの添加により，電流値が曲線Aと同じように上昇し，その後曲線Bと同じ勾配の直線が得られた。この結果より，グルコアミラーゼによるデンプン粒表面での加水分解の定常状態における反応速度（v）は，懸濁液中に可溶性デンプンを含んでいたとしても，変曲点後の電流の直線的上昇の勾配から決定できることがわかる。

　得られたvは酵素濃度の増加とともに飽和値に近づいたのに対し，基質量に対しては比例した。通常のミカエリス・メンテン型の速度式からは，vは酵素濃度に比例し，基質濃度に対しては飽和することが予想されるが，ここで得られた酵素および基質量依存性はこれとは逆になっている。一次構造が知られているグルコアミラーゼのうちデンプン粒加水分解活性を示すものは全て，デンプン結合ドメインとよばれる部位を有し，それを介してデンプン粒表面に吸着して加水分解反応が進行すると考えられている。このように可溶性の酵素が不溶性の基質の表面に吸着して反応を触媒する場合，基質の二次元的な特性のため，ミカエリス・メンテン型の速度式は適用できない。そこで本研究では，(i) 酵素の基質表面への吸着，(ii) 吸着した酵素の基質との反応，(iii) 生成物の放出という三段階の反応機構を仮定し，そこから導かれた速度式：

$$v = k_0 \Gamma_{\max} aS \frac{\beta[\mathrm{E_f}]}{1+\beta[\mathrm{E_f}]} \tag{1}$$

（ここでk_0は吸着した酵素の触媒定数，$\Gamma_{\max}$は酵素の最大吸着量，aは基質の比表面積，Sは基質量，βは酵素の吸着係数，[$\mathrm{E_f}$]は遊離酵素濃度を表す）に基づき，デンプン粒の酵素的加水分解反応の速度解析を行った。さきのvが酵素濃度に対して飽和し基質量に対しては比例するという依存性は，(1)式によりよく説明できた。また，デンプン粒を大きさに従って分離し，等しい基質量で比表面積の異なるデンプン粒を用いて測定を行ったところ，(1)式からの予想と一致して，vは基質比表面積に比例するという結果が得られた。実験結果に(1)式をあてはめることにより，各種パラメータを求めた。k_0値は6.2 s^{-1}と計算され，マルトデキストリン（平均重合度15.5）の加水分解に対するグルコアミラーゼの触媒定数として廣海ら[12]によって報告された24 s^{-1}よりいくぶん小さな値であった。従って不溶性基質は可溶性基質と比べていわゆる「生産的な複合体（productive complex）[12]」の形成が多少不利であると示唆された。また，得られたk_0値と，生

第6章　メディエータ型酵素電極

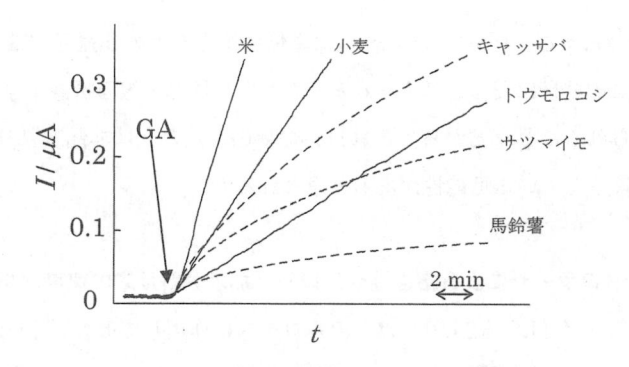

図8　各種植物由来デンプン粒の加水分解速度の測定
0.010 g cm^{-3}の各種植物由来デンプン粒を含む 0.1 M 酢酸緩衝液（pH 5.0）中でのグルコース生成の電流（I）-時間（t）曲線。
矢印で示したところでグルコアミラーゼ（3 U mL^{-1}）を添加。グルコースに対する感度は 0.40 μA mM^{-1}。（H. Tatsumi, H. Katano and T. Ikeda, *Biosci. Biotechnol. Biochem.*, in press（2007）より許可を得て転載。）

産的な複合体の加水分解の速度定数として廣海ら[12]によって報告された値 77 s^{-1}から，デンプン粒表面に吸着した酵素のうち12分の1が定常状態において生産的な複合体を形成していると計算された。

図8に各種植物由来デンプン粒からのグルコース生成のI-t曲線を示す。デンプン粒懸濁液にグルコアミラーゼを添加すると，米，小麦，トウモロコシといった穀類由来のデンプン粒については，酵素添加直後から加水分解反応に伴い直線的に電流値が上昇した。一方，キャッサバ，サツマイモ，馬鈴薯といった根茎由来のデンプン粒については，電流上昇の傾きが酵素添加直後では大きく，時間とともにだんだん小さくなり，約15分後には直線的に上昇するという電流変化が見られた。前もって15分間グルコアミラーゼで反応させた根茎デンプン粒を用いた場合には直線的な電流上昇が見られたことから，これらの表面には加水分解を受けやすい部分が存在し，それが反応初期に消費されることが示唆された。ここでは，酵素添加後約15分後の直線とみなせる電流上昇よりvを見積もった。vは粒径の小さい，すなわち比表面積の大きいデンプン粒を用いたときほど大きくなった。実験結果に(1)式をあてはめることにより，先と同様に各種パラメータを求めた。その結果，グルコアミラーゼのデンプン粒表面への吸着に関わるパラメータΓ_{max}およびβについては，デンプン粒の種類による違いは比較的小さかったが，k_0値についてはデンプン粒の種類により顕著な違いが認められ，デンプン粒のX線回折像においてA型図形を与える米，小麦，トウモロコシでは大きく，B型の馬鈴薯では小さく，AとBの混合型であるC型のキャッサバとサツマイモではそれらの中間のk_0値が得られた。A型を与える結晶構造はB型と比較してより密であると推定されているので，k_0値は比較的密な結晶構造では大きく，疎な結晶構造では

小さい傾向があると言える。理論的には k_0 値は単位面積当たりの非還元末端の数に比例すると予想されるので，この結果は妥当と考えられる。ただし，同じX線回折像を与えるデンプン粒にも k_0 値の違いが見られることなどから，これ以外の要因，たとえば非晶質部分の構造の違いや，不純物の影響等も関与している可能性があると思われる。

3.3 セロビオヒドロラーゼによる結晶性セルロース加水分解反応の速度解析[13]

セロビオヒドロラーゼ（EC. 3.2.1.91）は，セルロースに作用してセロビオースを生成するエキソ型セルラーゼで，とくに結晶性セルロース分解活性の高い *Trichoderma* 属真菌由来の酵素が農産加工，医薬，繊維・製紙工業などの分野で幅広く利用されている。セロビオヒドロラーゼもグルコアミラーゼと同様，セルロース結合部位を持ち，これを介してセルロース表面に吸着して反応すると考えられているので，先のグルコアミラーゼの場合と同様の取り扱いができると考えられる。ただし，加水分解生成物がセロビオースであるので，それを測定するための方法が必要となる。

グルコースオキシダーゼを固定化したメディエータ型酵素電極もセロビオースに対してわずかながら応答を示すが，感度が小さく，応答時間も遅いなどの理由でセロビオヒドロラーゼの反応の追跡には適さなかった。ピロロキノリンキノン依存型グルコースデヒドロゲナーゼ（EC. 1.1.5.2：以下PQQ-GDH，東洋紡から市販）は，基質特異性が低く，セロビオースもグルコースと同様に酸化することができる。そこでベンゾキノンを練りこんだカーボンペースト電極上にPQQ-GDHを固定化したメディエータ型酵素電極を作製したところ，1から500 μMのセロビオースに対して濃度に比例する電流値を与え，その感度は0.83 μA mM^{-1}であった。また応答時間（1分以内）も加水分解反応速度を測定するのに十分であった。

図9に微結晶セルロース（アビセル®）懸濁液について測定された I-t 曲線を示す。懸濁液に *Trichoderma viride* 由来セロビオヒドロラーゼを添加すると，先の根茎デンプン粒の加水分解と同様，電流上昇の傾きが酵素添加直後で大きく，時間とともにだんだん小さくなり，約30分後には直線的に上昇するという電流変化が見られた。この電流は，グルコースに対する基質特異性が非常に高いNAD依存型グルコースデヒドロゲナーゼおよびNAD$^+$を添加しても変化しなかったことから，ここでのグルコース生成は無視できる。懸濁液の上清についてはセロビオヒドロラーゼの添加による電流値の上昇は見られなかったため，バルク溶液へのセルロースの溶解は無視できる。さらに，基質が入っていない状態でセロビオヒドロラーゼを過剰に入れ，電流変化が起こるかを見たところ，変化は見られず，メディエータ型酵素電極に使用した透析膜（再生セルロース）の加水分解による影響も無視できた。従ってここでの電流上昇は，微結晶セルロースの酵素的加水分解に伴うセロビオース生成に帰属できる。前もって30分間セロビオヒドロラーゼで反応

第6章　メディエータ型酵素電極

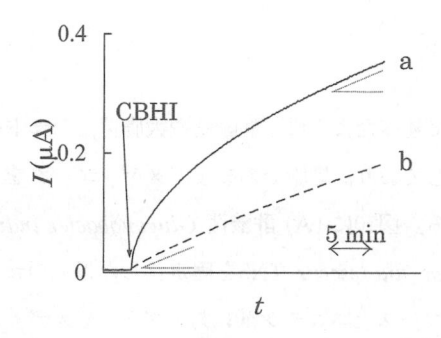

図9　セロビオヒドロラーゼによるセルロース加水分解速度の測定
0.010 g cm^{-3}微結晶セルロース（曲線a），前もって40℃で30分間7.5 μMセロビオヒドロラーゼで反応させた後洗浄した0.010 g cm^{-3}微結晶セルロース（曲線b）を含む0.1 M 酢酸緩衝液（pH 5.0）中でのセロビオース生成の電流（I）−時間（t）曲線。
矢印で示したところでセロビオヒドロラーゼ（7.5 μM）を添加。セロビオースに対する感度は0.83 μA mM^{-1}。（H. Tatsumi, H. Katano and T. Ikeda, *Anal. Biochem.*, **357**, 259（2006）より許可を得て転載。Copyright 2006, Elsevier Science.）

させた基質を用いた場合には，破線で示すように直線的な電流上昇が見られたので，基質表面には加水分解を受けやすい部分が存在し，それが反応初期に消費されることが示唆された。ここでは，酵素添加後約30分後の直線とみなせる電流上昇の傾きよりvを見積もった。

　得られたvは，(1)式からの予想と一致して，酵素濃度の増加とともに飽和値に近づき，基質量に対しては比例した。実験結果に(1)式をあてはめることにより，各種パラメータを求めた。k_0値は0.044 s^{-1}と計算され，可溶性基質である4-メチルウンベリフェリルセロビオシドの加水分解に対する触媒定数の実測値 0.025 s^{-1}と同程度であった。従って結晶性セルロース表面に吸着したセロビオヒドロラーゼの加水分解反応様式は可溶性基質溶液中でのそれと変わらないことが示唆された。可溶性基質を用いたときにいくぶん小さい触媒定数が得られたのは，可溶性基質の4-メチルウンベリフェリル基がセロビオヒドロラーゼの活性中心にとって好ましくないためと考えられる。なお，ここで得られたk_0値は，先にグルコアミラーゼによるデンプン粒の加水分解反応について得られたk_0値の100分の1程度であった。

　濁度に影響されないという電気化学測定法の特徴は，とくに生体関連試料を扱う際にきわめて有利な点である。これまではエキソ型の糖質加水分解酵素のみを研究対象としてきたが，これは生成物が1種類で反応速度解析が容易であったからである。今後研究対象を広げ，他の不均一酵素反応の解析にも電気化学測定法を適用することは興味深い。

4 微生物触媒電極[14]

第3章2節，第4章3節で述べたように，酢酸菌や大腸菌，シュドモナス菌は細胞膜やペリプラスムに酸化還元酵素を有しており，細胞そのままでメディエータを介する迅速なバイオエレクトロカタリシスが可能である。図10に（A）酢酸菌 *Gluconobacter industrius*（NBRC3260），（B）シュドモナス菌 *Psudomonas fluorescens* TN5を固定化した電極のサイクリックボルタンモグラムを示す。それぞれ，グルコースとニコチン酸に対してBQをメディエータとする顕著なバイオエレクトロカタリシス電流を生じる。電極に固定する菌体量はOD$_{660}$が0.1から3程度の懸濁液の5〜20 μLであり，電極（表面積0.09 cm^2）上で溶媒を蒸発させた後透析膜（膜厚20 μm）で被覆して固定する。図11にこれらの微生物電極における定常電流の基質濃度依存性を示す。Aは図10Aと同じ酢酸菌固定電極の結果で，菌体固定量を増やすと電流値が大きくなり，200 μA cm^{-2}にも達する。挿入図に示すように，グルコース添加後30秒で定常値に達するなど，酵素固定電極に匹敵する特性を示す。このことはグルコースやBQの細菌外膜透過過程が十分早いことを示唆している。BQの代わりにFe(CN)$_6^{3-}$やフェロセン，DCIP，PMSのような化合物もメディエータとして機能する。大腸菌や酢酸菌の細胞膜酵素による基質酸化反応は呼吸鎖につながっていると予想され，呼吸鎖を通しての酸素による酸化反応がBQとの反応と競合すると予想される。酢酸菌 *Acetobacter aceti* 電極の場合，図11Bに示すように酸素の影響は見られるがそれほど大きなものではない。細胞膜には複数の酸化還元酵素が含まれており，微生物電極はそれぞれの酵素の基質に応答する。*Gluconobacter industrius*（NBRC3260）（図10A，11Aの電極）はグルコース

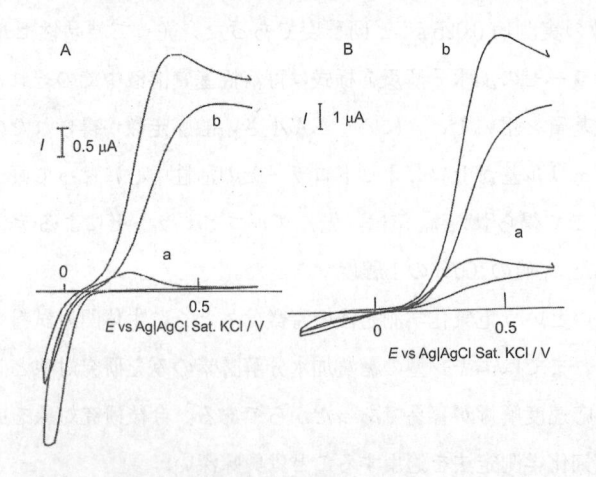

図10 微生物触媒電極のサイクリックボルタンモグラム
A：Film-*Gi*-BQ-CPE，a：ブランク（pH 7.0），b：10 mM グルコース。電位掃引 5 mVs^{-1}．
B：Film-*Pf*-BQ-CPE，a：ブランク（pH 7.0），b：10 mM ニコチン酸。電位掃引 2 mVs^{-1}。

第6章 メディエータ型酵素電極

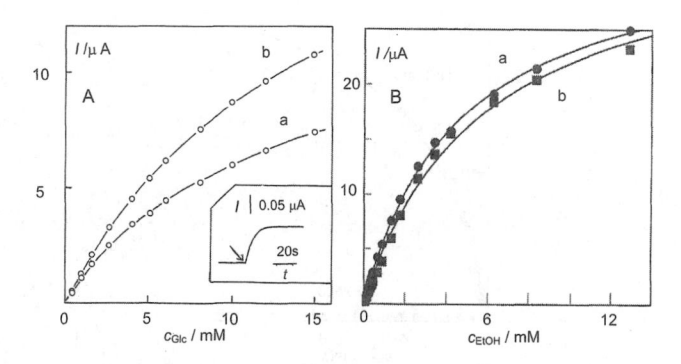

図11 微生物電極の（A）グルコース，（B）エタノールに対する電流応答
A：Film-Gi-BQ-CPE，Gi固定量 a：1.2×10^6 cells，b：2.4×10^6 cells；挿入図：0.2 mMグルコースに対する電流応答，B：Film-$A.\ aceti$-Q_0-CPE，a：嫌気条件下，b：空気飽和溶液 pH 6.0。

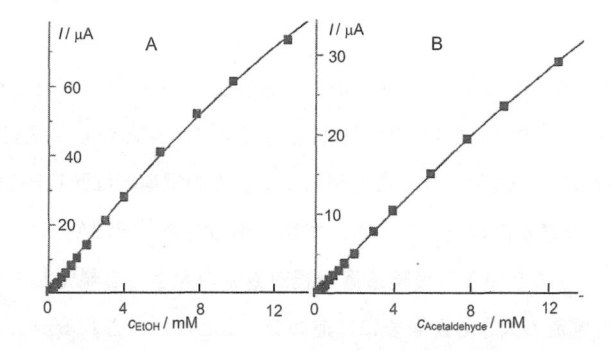

図12 酵素ADH固定電極の（A）エタノール，（B）アセトアルデヒドに対する電流応答
$A.\ aceti$から単離した酵素ADHを固定した電極（Film-ADH-Q_0-CPE）。pH 6.0，溶存酸素の影響無し。

以外にグリセロール，フルクトース，エタノールを酸化する酵素を有しており，これらの基質に対しても電流応答を示す。しかし，その相対強度はBQをメディエータとする場合，グルコースへの応答を1としてグリセロール0.3，フルクトース0.04であり，エタノールは検出されない。グルコースに対する検量線は10 μMから2 mMで直線関係を満足し，1 mMグルコースに対する変動係数は5.2 %（n＝5），連続6時間測定で応答変動がほとんど無いなど，バイオセンサとしての使用に耐えうる特性を持っている。

　微生物バイオセンサは選択性に劣り，長い応答時間を要するとされてきた。しかし，ここに示したように，細胞膜酵素のバイオエレクトロカタリシス反応に依拠した電流応答は酵素バイオセンサのそれと応答時間，電流感度において匹敵する特性を示す。選択性においても用いる微生物種やメディエータの適切な選択によって，実用に耐えうるものが可能になると期待される。この点について酢酸菌電極によるエタノール検出を具体例として述べよう。図12は図11Bで用いた

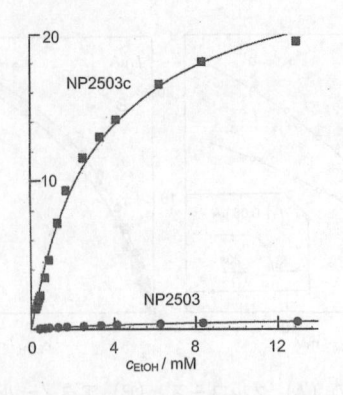

図13 ADH遺伝子操作微生物を固定化した電極のエタノールに対する電流応答
ADH遺伝子欠損株 *A. pasterianus* NP2503固定化電極（Film-NP2503-Q_0-CPE）とADH遺伝子導入株 *A. pasterianus* NP2503c固定化電極（Film-NP2503c-Q_0-CPE）のエタノールに対する電流応答（pH 6.0）。

Acetobacter aceti から単離精製したアルコール脱水素酵素ADHを固定した電極の電流応答である。エタノールだけでなくアセトアルデヒドにも応答することがわかり，電流の相対強度からエタノールは一挙に酢酸にまで酸化されることがわかる。この電極では図11Bの酢酸菌電極の菌体と同量（重量基準）の酵素が固定されている。酵素電極の場合（図12A）は，より高濃度領域にまで直線性が伸びていることから被覆膜透過過程が電流の大きさを規定していることが伺えるが，図11Bと図12Aで電流の大きさが顕著には違わないことは注目される。

遺伝子操作によって目的酵素を大量発現させた菌体を用いることによって，選択性の高い微生物電極が可能になると期待される。図13に，ADH遺伝子を欠損した菌株とこの菌にADH遺伝子を導入した菌株を用いた微生物電極のエタノールに対する電流応答を示す。遺伝子導入によってエタノールに対して非常に高い電流応答を示すようになることがわかる。このことはまた，遺伝子導入によって酸化還元膜酵素がどの程度発現しているかを定量的に評価する方法としても微生物電極法が有用であることを意味している。

5 微生物触媒電極の利用：大腸菌細胞膜酵素のインビボ活性化過程の追跡[15]

大腸菌は細胞膜にグルコース脱水素酵素GDHを持っているが，補酵素ピロロキノリンキノンPQQを生合成できないために単離精製したGDHは不活性なアポ型である。Mg^{2+}イオンとPQQを加えてホロ型へ変換すると酵素活性が発現することが知られている。それでは，細胞懸濁液に直接Mg^{2+}イオンとPQQを加えると細胞内のGDHはホロ型に変換されるだろうか。微生物電極は，このようなインビボでの酵素活性発現と触媒機能評価には最適の手段となる。図14に示すよ

第6章　メディエータ型酵素電極

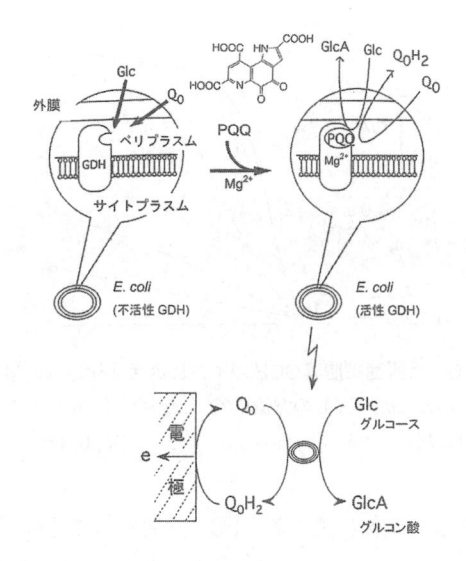

図14　大腸菌細胞膜GDHのインビボ活性化のバイオエレクトロカタリシス測定模式図
大腸菌細胞膜グルコース脱水素酵素GDH（アポ型）のピロロキノリンキノンPQQ，Mg^{2+}添加による活性化（ホロ型への変換），と活性化GDHによる大腸菌のバイオエレクトロカタリシス反応。Q_0：2-3-ジメトキシ5-メチル1,4-ベンゾキノン（ユビキノン類縁体）とQ_0H_2：その還元型。

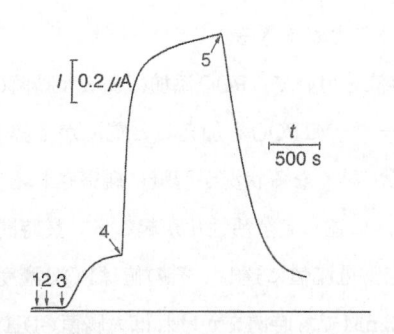

図15　膜被覆大腸菌固定化グラシーカーボン電極（Film-E. coli-GCE）の電流応答
1. Q_0（1 mM），2. グルコース（5 mM），3. PQQ（2.3 μM），4. $MgSO_4$（1 mM），5. EDTA（2 mM）添加（濃度は溶液中の濃度）。pH 6.5, 0.4 Vで測定。

うに，電極に固定された大腸菌がPQQとMg^{2+}を取り込んでGDHがホロ型（活性型）に変換されれば，前節で述べたバイオエレクトロカタリシス電流によって活性化が検出できる。一例を図15に示す。大腸菌（OD = 20.9の懸濁液pH 6.5）の5 μLをグラシーカーボン電極（ϕ = 3 mm）表面に滴下，溶媒蒸発後透析膜（厚さ20 μm）で被覆して作成した電極をpH 6.5の緩衝液に入れ0.4 Vで電流測定を行うと，図に示すように，Q_0（ユビキノン類縁体）とグルコースを順次溶液に添加しても電流は流れないが，ここにPQQを添加すると電流が流れ始める。さらにMg^{2+}を添

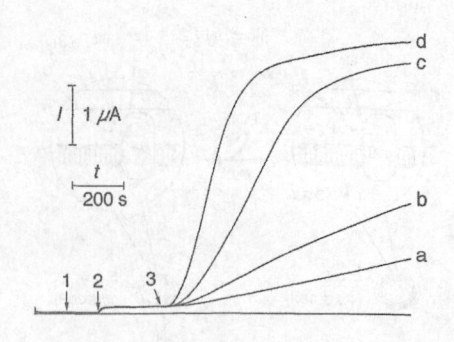

図16 大腸菌細胞膜GDHのインビボ活性化過程の追跡
GDH活性化に伴うFilm-*E. coli*-GCEの電流応答。MgSO$_4$（5 mM）を含む緩衝液（pH 6.5）に 1. グルコース（50 mM），2. Q$_0$（5 mM），3. PQQ（a 2.3, b. 4.6, c. 23, d. 46 nM）添加。

加すると電流は大きく上昇し一定値に達する。PQQ添加のみで電流上昇が見られるのは，細胞に内在性のMg^{2+}イオンがGDH活性化に関与しているものと推定され，溶液へのMg^{2+}添加によって細胞内GDHが完全に活性化されると考えられる。ここで溶液にEDTAを加えると電流が急激に減少することから，Mg^{2+}イオンが活性に関与していることが確認できる。EDTA処理を行うことによって活性化GDHは不活性型に戻るので，溶液を変えることによって，同じ電極で何度でも活性化過程の測定を行うことができる。

図16はMg^{2+}イオンを含む溶液を用いて，PQQ添加による大腸菌GDH活性化過程を追跡したものである。3の時点でnMオーダーのPQQを加えると電流が上昇し，上昇速度（すなわち活性化速度）がPQQ濃度に依存して早くなる状況が明瞭に観察される。50 nM程度のPQQを加えれば数分で一定電流（定常電流）に達し完全活性化が起こる。長時間測定を続けるとaのような低濃度のPQQ添加においても定常電流値に達し，その値はPQQ濃度に依存しない。このことは，ここで加えたPQQ最小濃度2.3 nMでも時間をかければ大腸菌GDHが全て活性化されることを示している。さらに低濃度のPQQ溶液に電極を入れると，電流は徐々に大きくなり一日後には一定になるが，このときの定常電流は図16の定常電流より低い値に留まる。このことから，ごく低濃度のPQQでは大腸菌GDHはその一部分しか活性化されないことがわかる。PQQのピコモル濃度領域では，定常電流はPQQ濃度とともに大きくなり2 nM程度で図16に示す最大定常電流に達する。この測定結果は次式

$$I_\mathrm{s} = I_{\mathrm{max,s}} \frac{c_\mathrm{PQQ}}{K_\mathrm{PQQ} + c_\mathrm{PQQ}} \tag{2}$$

で説明できる。ここでI_sは定常電流，$I_\mathrm{max,s}$は大腸菌GDHが全て活性化された場合に得られる最大定常電流，c_PQQはPQQ濃度，K_PQQはPQQと大腸菌GDHとの結合の解離定数であり，実験で求めたI_sのc_PQQ依存性から$K_\mathrm{PQQ} = 0.82$ nMと求められる。単離したGDHの解離定数についてはこ

第6章 メディエータ型酵素電極

れよりはるかに大きな値$K_{PQQ} = 90$ nMが報告されていることから，GDHはインビボ状態ではPQQに対してはるかに高い親和性を持っていることがわかる。PQQを過剰に含む溶液でMg^{2+}イオン添加による大腸菌GDH活性化過程を追跡すれば，同様にしてMg^{2+}イオンと大腸菌GDHとの解離定数K_{Mg}を求めることができる。その値は$K_{Mg} = 0.14$ mMでありインビボGDHの活性発現には溶液に1 mM程度のMg^{2+}イオンが必要である。この値はMg^{2+}イオンとEDTAとのpH 6.5での解離定数1.5×10^{-5} Mよりは一桁程度大きく，GDHとMg^{2+}イオンとの結合がGDH分子内のアミノ基側鎖によるとして妥当な値と言えよう。また，図15に見られるように，同程度の濃度のEDTA添加によってMg^{2+}イオンがGDHから脱離し，活性が無くなることも理解できる。

ところで，懸濁液中の大腸菌GDH活性は，第3章2節で述べた膜被覆電極法を用いて測定することができ，大腸菌内GDHのインビボ触媒定数（ターンオーバー数）や，一個の大腸菌に含まれるGDHの個数を見積もることができる。1 µMのPQQと5 mMのMg^{2+}イオンを含む大腸菌懸濁液（OD = 0.2～5）について，Q_0を電子受容体とするグルコースの酸化反応の触媒定数は第3章の表1に示すように$k_{cat} = 6.7 \times 10^6$ s^{-1}である。先に述べたようにこの値は一個の大腸菌が示す平均触媒定数で，大腸菌一個当たりに含まれるGDHの平均数zと大腸菌内のGDH 1分子当たりの触媒定数$k_{cat, GDH}$との積で$k_{cat} = z k_{cat, GDH}$と書き直すことができる。このzの値は次のような実験で求めることができる。濃い細胞懸濁液（OD = 23.9）にPQQを逐次添加（nMから数十nMの範囲）していき，第3章2節の方法で懸濁液の活性を逐次測定すれば，活性はPQQ添加量に依存して増加する。加えたPQQが大腸菌GDHに結合して活性化するからである。PQQ添加量が増えて全ての大腸菌GDHが活性化されると，それ以上PQQを添加しても活性は変化しなくなる。活性とPQQ添加量の関係を記録すると最初は直線的に増加し，あるPQQ濃度で最大値に達し，それ以後はPQQ濃度に依存しない。最大値に達するときのPQQ量（モル数）と懸濁液中の細胞数（細胞の数を数えモル数に変換）との比をとると$z = 2.2 \times 10^3$と求まり，一個の大腸菌が平均2200個のGDHを含むと計算される。その結果インビボでのGDHの触媒定数は$k_{cat, GDH} = 3.0 \times 10^3$ s^{-1}となる。興味深いことに，この値は単離したGDHの触媒定数より一桁大きい。

6 まとめ

メディエータ型酵素電極の利用面に視点をおいて述べてきた。バイオセンサの研究は，商品化を目標とした技術開発研究として位置づけられている側面が大きいように思われる。しかし，ここで述べたように生化学分野における研究手段としても有用であり，分光法のような他の方法では測定困難な現象の追跡に用いることができる。大学や研究所，企業の研究開発部などで行われている研究に，他の方法を補う簡便な測定法として十分利用価値があると思われる。測定装置は

比較的安価（数十万円）であり，基礎編で述べた電極作成法に従えば手軽に自作できるので，便利な測定法としていろんな方面に利用されることを期待したい。

文　献

1) a) T. Ikeda, K. Miki, F. Fushimi, M. Senda, *Agric. Biol. Chem*, **52**, 1556 (1988); b) T. Ikeda, K. Miki, F. Fushimi, M. Senda, *Agric. Biol. Chem*, **51**, 646 (1986)
2) T. Ikeda, F. Matsushita, M. Senda, *Agric. Biol. Chem*, **54**, 2919 (1990)
3) 加納健司，池田篤治，ぶんせき，576 (2003)
4) 池田篤治，食品工業，**35**, 1 (1992)
5) a) T. Ikeda, T. Shibata, M. Senda, *J. Electroanal. Chem.*, **261**, 351 (1989); b) T. Ikeda, T. Shibata, S. Todoriki, M. Senda, H. Kinoshita, *Anal. Chim. Acta*, **230**, 65 (1990)
6) a) K. Takagi, K. Kano, T. Ikeda, *J. Electroanal. Chem.*, **445**, 211 (1998); b) K. Miki, T. Ikeda, S. Todoriki, M. Senda, *Anal. Scien.*, **5**, 269 (1989)
7) M. Mochizuki, S. Yamazaki, K. Kano, T. Ikeda, *Anal. Sci.*, **17**, Supplement, i1383 (2001)
8) Y. T. Kong, S. Imabayashi, K. Kano, T. Ikeda, T. Kakiuchi, *Am. J. Enol. Vitic.*, **52**, 381 (2001)
9) H. Tatsumi, H. Katano, *Chem. Lett.*, **33**, 692 (2004)
10) H. Tatsumi, H. Katano, *J. Agric. Food Chem.*, **53**, 8123 (2005)
11) H. Tatsumi, H. Katano, T. Ikeda, *Biosci. Biotechnol. Biochem.*, in press (2007)
12) K. Hiromi, Y. Nitta, C. Numata, S. Ono, *Biochim. Biophys. Acta*, **302**, 362 (1973)
13) H. Tatsumi, H. Katano, T. Ikeda, *Anal. Biochem.*, **356**, 256 (2006)
14) a) K. Takayama, T. Kurosaki, T. Ikeda, *J. Electroanal. Chem.*, **356**, 295 (1993); b) K. Takayama, T. Kurosaki, T. Ikeda, T. Nagasawa, *J. Electroanal. Chem.*, **381**, 46 (1995); c) T. Ikeda, K. Kato, M. Maeda, H. Tatsumi, K. Kano, K. Matsushita, *J. Electroanal. Chem.*, **430**, 196 (1996)
15) a) T. Ikeda, H. Matsubara, K. Kato, D. Iswantini, K. Kano, M. Yamada, *J. Electroanal. Chem.*, **449**, 219 (1998); b) D. Iswantini, K. Kano, T. Ikeda, *Biochem. J.*, **350**, 916 (2000)

第7章　フローインジェクションバイオセンサ

八尾俊男*

1　はじめに

　フローインジェクション分析（FIA）法は簡易迅速，高精度のオンライン分析法として発展してきたが，用いる反応の多くは化学反応に基づいている。しかし，複雑な組成からなる試料，特に生体試料（血液，尿，細胞，組織など）を取り扱う場合には，より高度に選択的（理想的には特異的）な反応が望まれる。このように定量技術としてのFIAに，生体機能性物質による分子認識に基づいたセンシング機能を付与したものが，フローインジェクションバイオセンサである。生体機能性物質には酵素，抗体，結合タンパク質，ホルモンレセプターなどの他に，微生物，動植物組織も含まれるが，FIAに汎用される反応としては，酵素反応と抗原抗体反応（免疫反応）がある。特に，酵素は数多くのものが市販されており，多種多様な反応特異性と基質特異性を有しているので，特異的なFIAシステムを設計するのに便利である。さらに，酵素や抗体を電極や不溶性担体に固定化して水に不溶性にすることで，再使用ができる。固定化酵素(抗体)をFIAに利用するには，センサ型とリアクター型のものがある。前者の場合には膜状に，後者の場合には粒状の不溶性担体に固定化するのが一般的であり，速い物質拡散速度と反応速度が必要とされる。

　本章では，生体機能性物質，主として固定化酵素を利用した分子認識FIAについて述べると共に，さらに高機能化，多機能化，高感度化するためのアプローチの例をあげて述べることにする。

2　酵素膜修飾電極を用いるFIA

2.1　化学修飾酵素膜電極

　通常の酵素電極は過酸化水素電極や酸素電極の先端部に酵素固定化膜などを装着したもので，バッチ方式で測定されている。例えば，過酸化水素電極にグルコース酸化酵素固定化膜を装着した電極では，次の酵素反応と電極反応によりグルコースに応答するが，応答時間は酵素膜への物

---

*　Toshio Yao　大阪府立大学　大学院工学研究科　物質・化学系専攻　応用化学分野　教授

バイオ電気化学の実際——バイオセンサ・バイオ電池の実用展開——

質拡散速度に支配され，応答電流値は酵素膜の酵素比活性に支配される結果，定常状態応答が得られる。

$$\beta\text{-D-グルコース} + O_2 \xrightarrow{\text{グルコース酸化酵素}} \text{グルコノラクトン} + H_2O_2 \tag{1}$$

$$H_2O_2 \rightarrow O_2 + 2H^+ + 2e^- \tag{2}$$

一方，酵素電極をFIAに用いる場合には，同じ酵素活性を有する電極でも，応答時間の長い電極では遅い物質拡散速度により，低感度でテーリングを伴うシグナルになり，測定電流値の再現性も悪い。しかし，迅速な応答を与える酵素電極では，テーリングのない鋭いFIAシグナルが得られ，感度と再現性に優れている。このようにFIA用の酵素電極の酵素膜には，基質に対する高い親和性と薄い膜厚にもかかわらず高い酵素比活性を有することが望まれる。

そこで，FIA用酵素電極として化学修飾酵素膜電極[1,2]が提案された。これは白金電極を1N硫酸中で電解酸化し，酸化皮膜をシリル化剤でアミノシリル化した後，酵素とウシ血清アルブミン（あるいはゼラチン）の架橋皮膜をグルタルアルデヒドで形成すると，膜の一部が電極に結合した酵素の薄膜を電極上に作製できる。この場合，酵素分子は高密度に多分子層で分散，固定化されているので，非活性が高く，センサ感度が高いうえ応答時間は10秒以下であり，FIA用の酵素電極として優れた特性を持っている。

しかし，式(1)と式(2)の反応に基づいたグルコース電極では，H_2O_2の検出電圧として0.5〜0.7V（vs. Ag/AgCl）を必要とするので，試料中に共存するアスコルビン酸，システイン，尿酸などの被酸化性物質による妨害がある。そこで，1,2-ジアミノベンゼンをモノマーとして，白金電極で電解酸化して得られたポリ（1,2-ジアミノベンゼン）膜上に，上述の酵素－アルブミン（あるいはゼラチン）架橋皮膜を形成させた。この電極では，グルコースに対する感度は過酸化水素に対する感度と同様40〜50％に減少したが，アスコルビン酸などの被酸化性物質に対する応答は無視できる程度にまで減少した。図1にこの電極の予想される断面を示す。中性での電解酸化によって得られたポリ（1,2-ジアミノベンゼン）膜は非導電性の薄膜（約10nm）として白金電極表面に形成される。酵素膜層での反応で生成した過酸化水素はこの膜を透過できるが，より分子量の大きなアスコルビン酸などは分子ふるい機能によってこの膜に排除される。また，酵素膜は電解重合膜に化学的に結合しているので密着性も良い。この電解重合膜と酵素膜とをハイブリッド化した酵素電極は，迅速で，高選択的，高感度なFIA応答を与えたので，単一成分の特異的な計測法に利用できる。

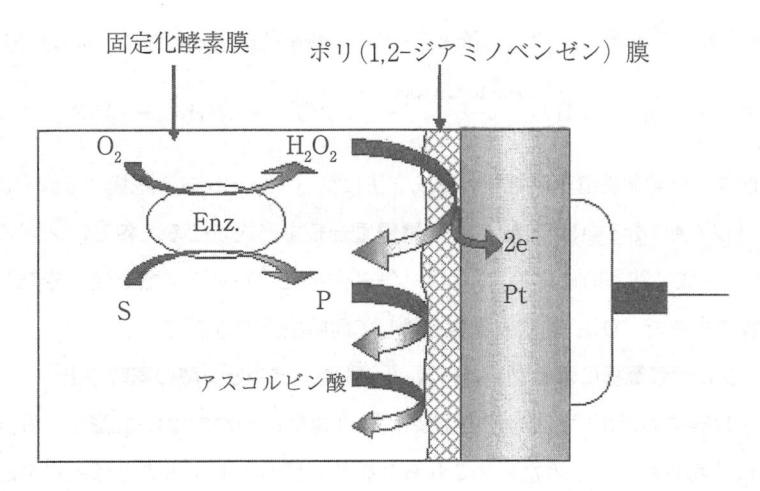

第7章 フローインジェクションバイオセンサ

図1 固定化酵素と分子ふるいポリ（1,2-ジアミノベンゼン）膜をハイブリッド化した酵素電極の膜断面
Enz：酵素，S：基質，P：生成物，Pt：白金ディスク

2.2 電極の形状

　酵素電極は特定成分だけを認識して検出できるので，図2に示した複数個の酵素センシング部を並べたフロー電極により，注入した試料ゾーン中の2成分あるいは3成分を同時に，それぞれを選択的に検出できる。この場合，流れ方向に対して直列配置よりも図に示した並列配置をとり，各センシング部を1mm程度離して配置することで，各センシング部の交差反応性を無視できる。そこで，デュアルあるいはトリプル酵素電極を用いたFIA計測について，次に例をあげる。

2.2.1　デュアル酵素電極によるD, L-アミノ酸の光学分割検出[3]

　D, L-アミノ酸の光学分割は一般的に光学活性固定相を用いたHPLCで行われているが，酵素分子の活性部位は特定のアミノ酸構造を有しているので，不斉場となる場合がある。このような立体特異性を有した酵素の例として，L-アミノ酸酸化酵素（L-AAO）とD-アミノ酸酸化酵素

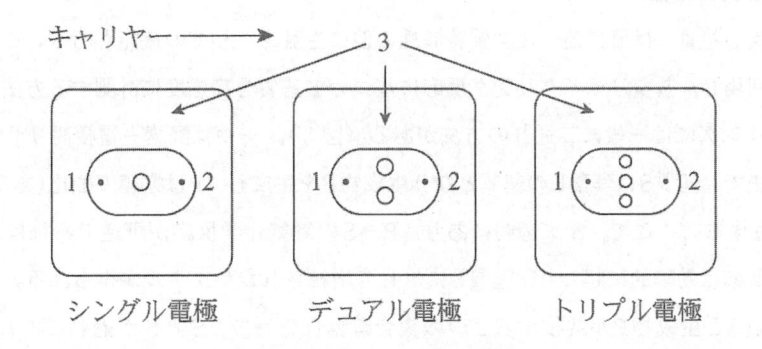

図2　FIA用酵素電極の種類
(1)：キャリヤー入口，(2)：キャリヤー出口，(3)：スペーサー（厚さ0.1mm）

(D-AAO)があり，それぞれL-アミノ酸とD-アミノ酸を認識すると共に，次の反応を触媒する。

$$\text{アミノ酸} + O_2 + H_2O \xrightarrow{\text{L-AAOあるいはD-AAO}} \text{2-オキソ酸} + NH_3 + H_2O_2 \tag{3}$$

そこで，前述の化学修飾酵素膜電極の作成方法に従って，デュアル電極のそれぞれのセンシング部に酵素（L-AAOあるいはD-AAO）／電解重合膜を形成させる。各センシング部はL-アミノ酸とD-アミノ酸に特異的に応答し，試料ゾーン中のL, D-アミノ酸を光学分離して同時検出できる。同様の方法で，D, L-乳酸も光学分離して同時検出できる[4]。

2.2.2 トリプル酵素電極によるグルコース，L-乳酸，ピルビン酸の同時検出[5]

グルコースは脳や筋肉中で，種々の解糖系により嫌気的条件ではL-乳酸を，好気的条件ではピルビン酸に代謝される。そのため，これら3成分を同時計測することは生理学的に意味がある。著者らは電解重合膜修飾トリプル電極の各センシング部にグルコース酸化酵素，乳酸酸化酵素，ピルビン酸酸化酵素からなる架橋皮膜を形成させ，式(1)と式(4)，式(5)の酵素反応により，3成分を同時計測できるトリプル酵素電極を作製した。これをラット脳細胞外液中のこれら3成分を同時検出できる in vivo 計測（後述の3.3参照）に利用した。

$$\text{L-乳酸} + O_2 \xrightarrow{\text{乳酸酸化酵素}} \text{ピルビン酸} + H_2O_2 \tag{4}$$

$$\text{ピルビン酸} + O_2 + \text{リン酸} + H_2O \xrightarrow{\text{ピルビン酸酸化酵素}} \text{アセチルリン酸} + CO_2 + H_2O_2 \tag{5}$$

これらのことが可能なのは，各センシング部が独立してセンサとして機能し，相互干渉なしに単一のサンプルゾーン中の各成分を特異的に検出できることが前提となるので，酵素分子の分子認識レセプターとしての優れた特質を示している。

2.3 増幅型酵素電極

酵素の重要な特質には既に述べた基質特異性の他に生触媒としての機能がある。この2つの機能をうまく利用し，基質リサイクリング反応に基づいて基質を高感度に計測する方法がある。基質リサイクリングには一般に二通りの方法がある（図3）。一つは酵素－電極間リサイクリングに基づく方法で，基質Sは酵素Eの基質となり生成物Pを生成し，Pは電極で酸化（あるいは還元）されSを再生する。ここで，S_1が過剰にあり，P→Sの電気化学反応が可逆であれば，このリサイクリング反応は効率的に起こり，基質Sに対して増幅されたシグナルが得られる。もう一方の方法は，基質Sと生成物Pが共役する2つの複合酵素反応系で，S_1とS_2が過剰にあれば，基質Sは両酵素間でシャトルされ，多量の生成物P_1（あるいはP_2）を生成するので，このどちらかを電極で検出することで，基質Sに対して増幅されたシグナルが得られる。

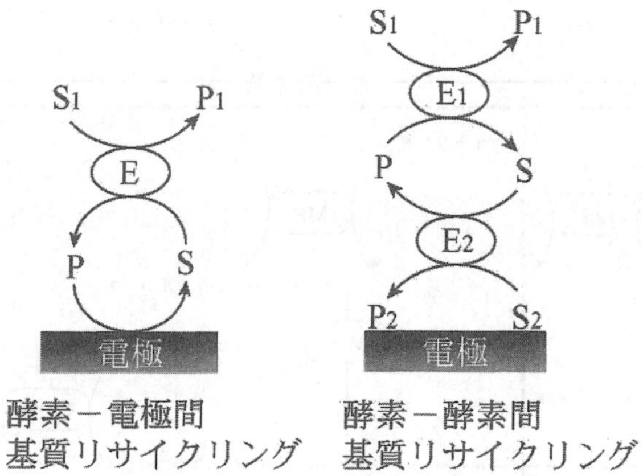

第7章 フローインジェクションバイオセンサ

図3 酵素電極の増幅反応モデル
E, E_1, E_2：酵素，S：基質，P：生成物，S_1, S_2：反応基質，P_1, P_2：S_1, S_2からの生成物

2.3.1 酵素-電極間基質リサイクリング

このタイプの例として，神経伝達物質ドーパミンの高感度センサがある（図4）。グラッシーカーボン電極にグルコース脱水素酵素（GDH）を膜状に固定し，フローセルに装着する。ドーパミンは0.5Vでキノン体に酸化され，生成したキノン体はGDHの基質となりドーパミンを再生する。グルコースがキャリヤー溶液中に過剰にあれば，このリサイクリング反応は効率的に起こり，$10^{-8} \sim 10^{-7}$ Mのドーパミンを増幅して検出できる。

2.3.2 酵素-酵素間基質リサイクリング

このタイプの例として，オルトリン酸の高感度計測[6]について述べる。2.2で述べたデュアル電極の一方の白金ディスク部にマルトースホスホリラーゼ（MP）とムタロターゼ（Mut）と

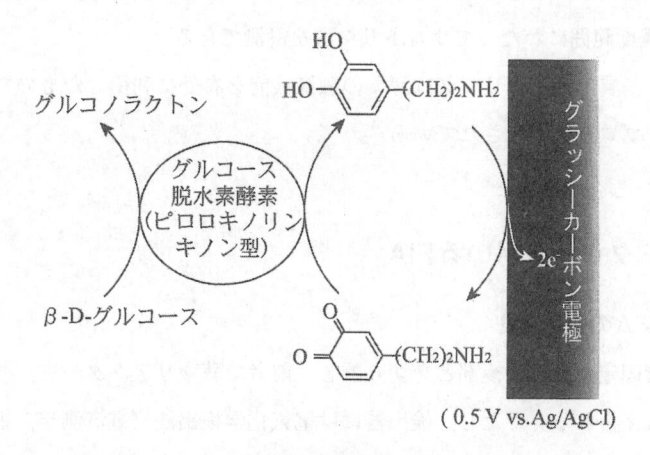

図4 ドーパミンに対する高感度センサの反応モデル

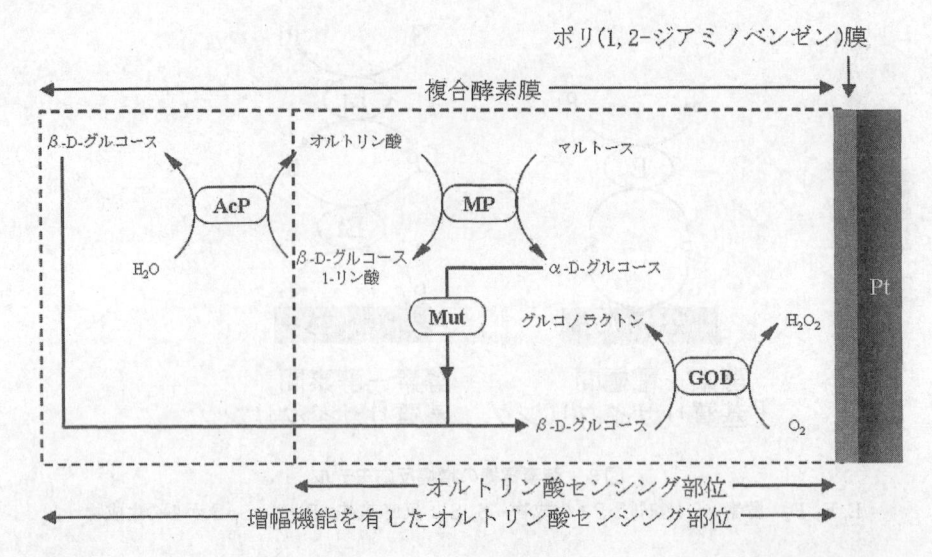

図5　2つのセンシング部位を持ったデュアル酵素電極のオルトリン酸に対する応答原理
AcP：酸性ホスファターゼ，MP：マルトースホスホリラーゼ，Mut：ムタロターゼ，GOD：グルコース酸化酵素

グルコース酸化酵素（GOD）を同時固定化した化学修飾酵素膜電極を作製する（図5）。この酵素膜では，キャリヤー溶液中にマルトースが過剰にあれば，3つの連続する酵素反応により，オルトリン酸は最終的にH_2O_2に変換されるので，これを検出することでオルトリン酸を計測できる。さらに，もう一方の白金ディスク部に上記の3酵素系に酸性ホスファターゼ（AcP）をさらに加えて同様に固定化酵素膜を作製すると，AcPとMP間でオルトリン酸はリサイクリングされ，多量のα-及びβ-D-グルコースを生成すると共に，連続的な酵素反応により多量のH_2O_2を生成するので，オルトリン酸に対して20数倍増幅されたシグナルが得られる。結果として，注入されたオルトリン酸試料溶液に対して2つのFIAシグナルが得られ，両ピーク電流から$2\times10^{-7}\sim2\times10^{-3}$ Mの広い濃度範囲にわたってオルトリン酸を計測できる。

以上のように，基質リサイクリングは酵素の触媒機能を有効に利用したもので，高感度計測を目指した種々のアプローチがなされている。

3　酵素リアクターを用いるFIA

3.1　FIAシステムの基本構成

酵素電極の酵素固定化膜と電極部とを切り離し，前者に酵素リアクターを，後者にフロー電極を用いたものと考えられる。ただし，検出器には電気化学検出法（電流測定，電位測定，導電率測定など）のみならず光学的検出法（紫外-可視，蛍光，発光など）や熱計測，さらにHPLCで

第7章 フローインジェクションバイオセンサ

用いられている検出器のほとんどが利用できるので,汎用性が高い。また,酵素リアクター内での物質変換を定量的に行わせることも容易である。

酵素リアクターには,ほとんどの場合,主反応として酸化酵素(oxidases)や脱水素酵素(dehydrogenases)が用いられ,それぞれ基質濃度に対応した量のH_2O_2やNADHを生成する。従って,これらを検出することで特定の基質を定量できる。ここではアンペロメトリー検出器を用いたこれらの選択的な検出法について述べる。

$$基質 + O_2 \xrightarrow{酸化酵素} 生成物 + H_2O_2 \tag{6}$$

$$基質 + NAD^+ \xrightarrow{脱水素酵素} 生成物 + NADH \tag{7}$$

H_2O_2の検出には白金電極が用いられるが,アスコルビン酸などの被酸化性物質により妨害を受ける。そこで,アニオン電荷とテフロン類似構造を持つNafionポリマーを白金電極にスピンコーティングし,さらにポリ(1,2-ジアミノベンゼン)膜を電解法でハイブリッド化した電極(図6)では,アスコルビン酸に対する電流はH_2O_2の0.3%以下にまで減少し,選択的なH_2O_2電極として機能する。

一方,NADHの直接検出は検出加電圧が高い(0.8 V *vs.* Ag/AgCl)ので,さらに選択性に乏しい。そこで,メディエーターを吸着させたグラファイト電極や導電性Osポリマーを吸着した電極により,それぞれ0 V,+0.4 V *vs.* Ag/AgClで検出できる方法がある。一方,ジアホラーゼ[4]

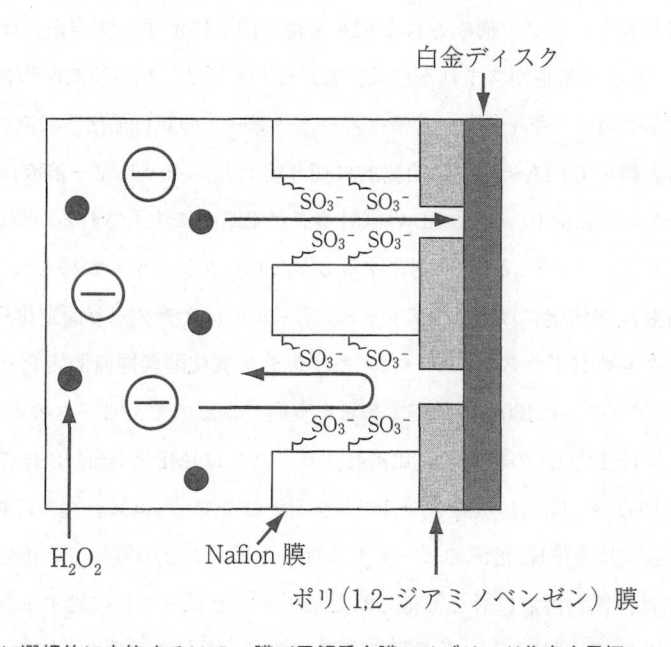

図6 H_2O_2に選択的に応答するNafion膜／電解重合膜ハイブリッド化白金電極

やNADH酸化酵素により，式(8)のように，NADHの物質情報をH_2O_2の情報に変換し，上記のH_2O_2電極で選択的に検出する方法などがある。

$$NADH + O_2 + H^+ \rightarrow NAD^+ + H_2O_2 \tag{8}$$

酸化酵素や脱水素酵素はそれぞれ300種程度知られており，市販されている酵素も多い。そこで，これらの酵素を固定化したリアクターと上記の選択的なH_2O_2電極やNADH電極とを組み合わせることで，多種多様なFIAシステムを構築できる。

3.2 同時定量センサシステム

ここでは，16方切り替えバルブを用いた2成分同時定量FIAを魚肉の鮮度測定[7]に応用した例を述べる。魚の死と同時に，魚肉中のアデノシン-5'-三リン酸（ATP）は次の代謝経路に従って分解する。

$$ATP \rightarrow ADP \rightarrow AMP \rightarrow イノシン酸(IMP) \rightarrow イノシン(HxR) \rightarrow ヒポキサンチン(Hx) \rightarrow 尿酸 \tag{9}$$

ここで，ATPからIMPまでの分解速度は非常に速く，ATPとADPとAMPは死後24時間以内に消失する。そこで，魚の鮮度を示す指標として，$K_1(\%) = ([HxR]+[Hx]) \times 100/([IMP]+[HxR]+[Hx])$と$K_2(\%) = [Hx] \times 100/([HxR]+[Hx])$が提案されている。著者らは鯛を用いて鮮度（死後の経過時間）と鮮度指数K_1，K_2との相関を調べた。

16方切り替えバルブで構成されたFIA流路を図7に示す。測定系には2つの酵素リアクター（R_1，R_2）とH_2O_2電極が含まれる。試料吸引モードでは，試料溶液がサンプルループSL_1とSL_2に満たされると共に，キャリヤー溶液は④→③→②→①の順に検出器に流れ，一定のベース電流が得られる。続いてFIAモードに自動的に切り替わり，キャリヤー溶液は④→⑤→⑧→⑨→⑫→⑬→⑯→①の順に流れ，SL_1とSL_2の試料溶液が流路内に注入される。遅延コイルDCを入れることで，時間差によりSL_1とSL_2に対応する2つのピークシグナルが得られる。

鮮度指数K_1の測定には，R_1リアクターに5'-ヌクレオチダーゼ固定化リアクターを，R_2リアクターにヌクレオシドホスホリラーゼ／キサンチン酸化酵素同時固定化リアクターを用いた（図8）。各リアクターは100%の効率で基質を変換できるので，ピークの高さに加成性が成り立ち，ピーク1はHxRとHxの総濃度に比例し，ピーク2はIMPとHxRとHxの総濃度に比例する。従って，$K_1(\%) = (i_1/i_2) \times (s_2/s_1) \times 100$となる。ここで$i_1/i_2$はピーク2に対するピーク1の電流比であり，$s_2/s_1$は標準Hx溶液のピーク1に対するピーク2の電極での感度比を示す。つまり，鮮度指数K_1は，試料溶液に対して得られたピーク1とピーク2に対する総体的な大きさの比と検出感度の比とから求められ，検量線を必要とせず，また試料量にも依存しない。

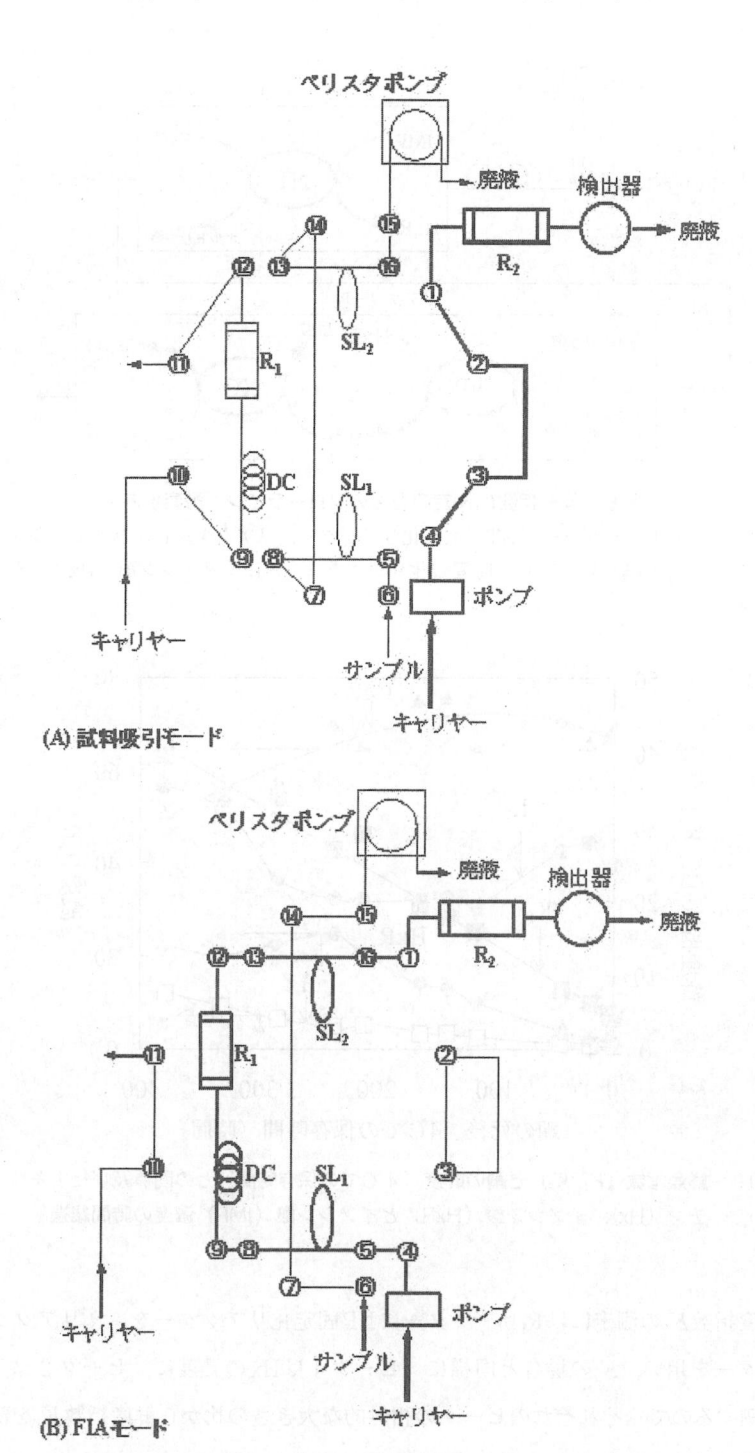

第7章　フローインジェクションバイオセンサ

(A) 試料吸引モード

(B) FIAモード

図7　16方切り替えバルブで構成された魚肉の鮮魚測定のためのFIA流路
R_1, R_2：酵素リアクター，DC：遅延コイル，SL_1, SL_2：サンプルループ（約60μl），検出器：ポリ（1,2-ジアミノベンゼン）膜修飾白金電極

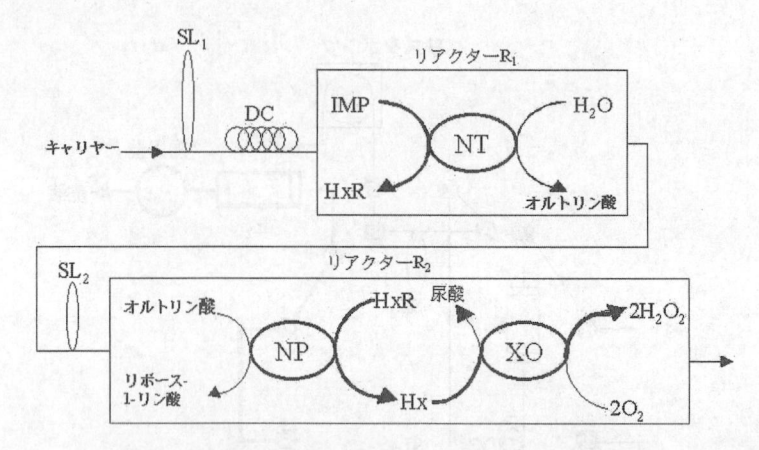

図8 鮮魚指数K_1測定のためのフローラインと酵素反応

リアクターR_1：5'-ヌクレオチダーゼ（NT）固定化リアクター，リアクターR_2：ヌクレオシドホスホリラーゼ（NP）／キサンチン酸化酵素（XO）同時固定化リアクター，IMP：イノシン酸，HxR：イノシン，Hx：ヒポキサンチン

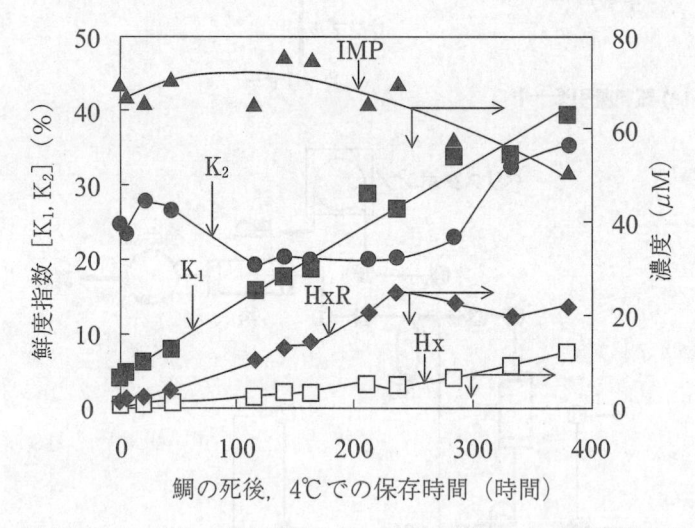

図9 鮮魚指数（K_1, K_2）と鯛の鮮度（4℃での保存時間）との関係及びヒポキサンチン（Hx），イノシン酸（HxR）とイノシン酸（IMP）濃度の時間経過

同様に鮮度指数K_2の測定にはR_1リアクターにNP固定化リアクターを，R_2リアクターにXO固定化リアクターを用い，K_1の場合と同様に，ピーク1はHxの濃度に，ピーク2はHxRとHxの総濃度に比例するので，それぞれのピークの相対的な大きさの比から鮮度指数K_2を決定できる。

そこで，鯛の魚肉の小片をホモジナイズし，遠心分離して濾過した溶液をK_1, K_2の鮮度センサシステムに注入した。鯛の死後4℃で保存した時間と鮮度指数K_1とK_2及びHx, HxR, IMPの濃度との関係を図9に示す。150時間経過後に，魚肉のうまみ成分であるIMPは減少すると共に，

第7章 フローインジェクションバイオセンサ

HxRが増加して，さらに遅れてHxが増加し，分解が式(9)に従って進むことが伺える。鮮度指数K_Iは保存時間0から380時間まで良好な相関があり，鮮度の優れた指標となることが分かった。このように，鮮度という"あいまいさ"をFIAで数値化して測定することも可能になった。

3.3 in vivo センサシステム

神経伝達物質には種々のものが知られているが，L-グルタミン酸は脳内での興奮性の神経伝達物質として注目されている。

著者らは脳細胞外L-グルタミン酸をオンラインで in vivo 計測[8, 9]するために，直径0.22mmのマイクロ透析プローブをラット脳細胞外の所定の箇所に手術により固定し，オンライン透析された潅流液を一定時間間隔でFIA流路に注入するフローインジェクションバイオセンサ in vivo システムを開発した。この方法ではL-グルタミン酸を高感度に検出するために，図10に示したL-グルタミン酸の増幅型酵素リアクターを用い，KCl刺激により脳細胞からL-グルタミン酸が放出される過程を in vivo モニターした。

ここで示した in vivo FIAシステムは，自動分析技術としてのFIAを脳科学を解明するための技術として利用したもので，脳だけでなく皮下，血管，末梢神経などの in vivo 計測に発展できる技術であり，今後の応用が期待できる。

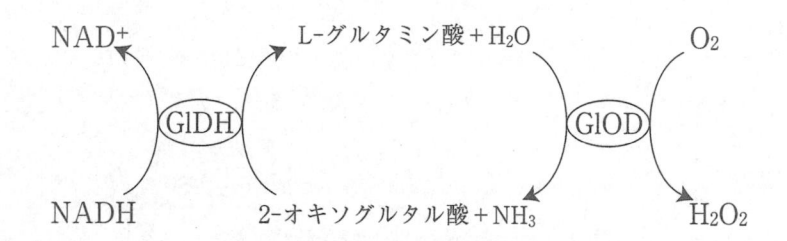

図10 L-グルタミン酸の増幅反応モデル
GlOD：グルタミン酸酸化酵素，GlDH：グルタミン酸脱水素酵素

4 おわりに

簡易迅速な高精度のオンライン分析法として発展してきたFIAに，より高次の選択性，特異性を付与したフローインジェクションバイオセンサは，FIA流路の多様性と生体機能性分子による分子認識と検出とを兼ね備えた方法として，近年，バイオ計測のみならず環境計測などへの応用も目覚ましい。ここでは，このような計測システムを，方法論を中心にして述べ，いくつかの応用例を紹介したが，全てを網羅することができない程多様である。そこで，紙面の都合上，著者らの研究の一部を中心に記述した。

文　献

1) T. Yao, *Anal. Chim. Acta,* **148**, 27（1983）
2) T. Yao, *Anal. Chim. Acta,* **153**, 175（1983）
3) T. Yao, K. Takashima, Y. Nanjyo, *Anal. Sci.,* **18**, 1039（2002）
4) Y. Nanjyo, T. Yano, R. Hayashi, T. Yao, *Anal. Sci.,* **22,** 1135（2006）
5) T. Yao, T. Yano, H. Nishino, *Anal. Chim. Acta,* **510**, 53（2004）
6) Y. Nanjyo, K. Takashima, T. Yano, *J. Flow Injection Anal.,***19**, 129（2002）
7) Y. Nanjyo, T. Yao, *Anal. Chim. Acta,* **462**, 283（2002）
8) T. Yao, Y. Nanjyo, H. Nishino, *Anal. Sci.,* **17**, 703（2001）
9) T. Yao, Y. Nanjyo, T. Tanaka, H. Nishino, *Electroanalysis,* **13**, 1361（2001）

第8章　クーロメトリックバイオセンサ

内山俊一[*1], 長谷部　靖[*2]

1　はじめに

　クーロメトリーは電気化学的に活性な化学種を全部電解して電気量を測定し，ファラデーの法則から物質量を求める方法である。クーロメトリーは一定電位を印加して行う定電位クーロメトリーと一定電流で滴定試薬を電解発生させる定電流クーロメトリー（電量滴定法）の二種類に大別される[1]。本稿ではセンサ化が容易な定電位クーロメトリーを測定原理とするバイオセンサについて述べることにする。クーロメトリーは測定成分を100％電解するので検量線を必要としない絶対量測定が可能であるという大きな利点があり，古くから電気分析法の一つとして重要視されてきた。しかし，電解液に電極を入れて電解する方式のため，撹拌しても溶液中の測定成分を全て電解するのに長時間を要するという難点があった。

　そこで，電解時間を大幅に短縮する方法として多孔性のカーボンフェルト電極を用いるバッチ式クーロメトリックセルが1988年に考案され[2]，簡便な測定法として各種の電気化学的活性な物質の定量に応用され[3]，ビタミンC計として市販化されるに至った[4]。カーボンフェルトは多孔性のため電極表面積が大きく，電極内部を容易に溶液が浸透あるいは通過できるので分析だけでなく有機電解や電池においても非常に有用な電極である。また各電位における電子数の正確な決定を拡散係数や電極面積などの情報を必要とせずに電気量の測定だけで行えるので電極反応機構の解析法としても有用である[5]。

　酵素などの生体触媒を用いる電気化学式バイオセンサにおいて，酵素反応で消費あるいは生成する物質の濃度と電気信号の変化量との間の比例関係を定量の基礎として用いるアンペロメトリーやポテンショメトリーでは酵素活性が変化すると感度が変わるので，測定毎に検量線を取り直して感度をチェックする必要がある。これに対し，クーロメトリーでは酵素活性が変化しても酵素反応で生成する物質量が同じであれば最終的な電気量が一定であるので，その必要がないという大きな利点があり，生体触媒反応を用いるクーロメトリー（バイオクーロメトリー）は既に食品分析分野で実用化されている[6,7]。ただし，酵素反応の種類によっては必ずしも100％生成物に

　[*1]　Shunichi Uchiyama　埼玉工業大学　大学院工学研究科　教授
　[*2]　Yasushi Hasebe　埼玉工業大学　大学院工学研究科　助教授

平衡が片寄っているとは限らないので，その場合は補正係数が必要となる。

2　バッチインジェクション式セルの構造と測定方式

　バッチ式のセルに試料溶液を注入して測定する方法を最近バッチインジェクション法と呼んでいるが，この方法は微少試料溶液を添加する方式のクーロメトリックセルではもっと以前から使われていた[8]。カーボンフェルト電極を用いたクーロメトリーの測定方式はセルの作用電極と対極の間に外部電源を用いて電圧を印加する電解式と活物質の化学的な酸化還元力を利用する自己駆動式（電池式）の2つに分類される。測定は図1に示すようにセルにポテンショスタットとクーロメーターを連結して行うが，自己駆動法の場合はクーロメーターのみ連結すればよい[9]。

　バッチ式クーロメトリーのセルの構造は図1に示すように極めて単純である。電極として用いる多孔性カーボンフェルト（たとえば日本カーボン㈱製の工業用カーボンフェルトなど）を2枚用意し，それぞれ緩衝液と対極液を浸みこませ，イオン交換膜（セレミオンやナフィオンなど）で分離した構造となっている。この方法ではアンペロメトリーやポテンショメトリーのように溶液を撹拌する必要が無く，溶液が静止しているのでバックグランド電流が小さく安定し，正確な電気量測定が行える。これまで主として使用されているセルは三電極法ではないので測定回数が増えるにつれて対極液中の活物質の濃度が変化して作用電極の電位の変動が生じるという欠点があるが，正確な作用電極の電位は必要に応じて参照電極を用いて確認すればよい。その後，参照電極を用いた三電極式のセルも考案されている[10,11]。

　この方法において，低酸化電位におけるバックグランド電流は小さいが，高酸化電位ではグラファイト表面が電解酸化されて電極活性が低下する傾向があり，一般に対極活物質にフェリシア

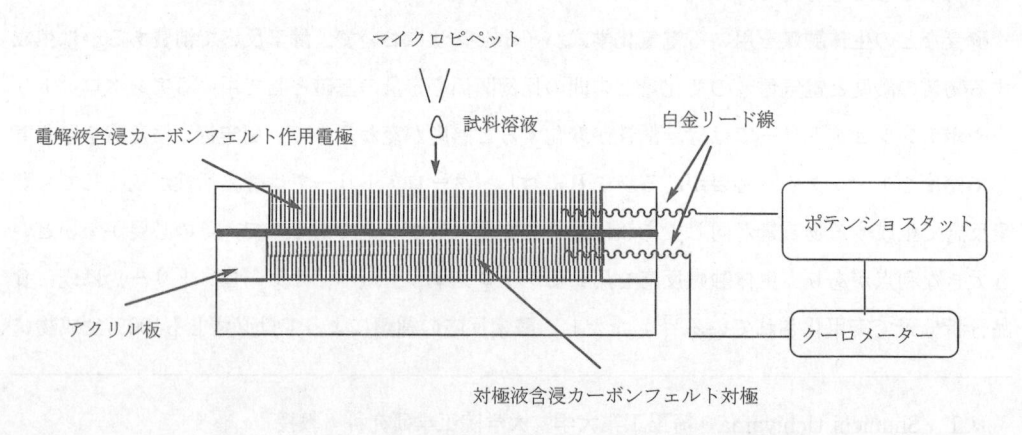

図1　バッチインジェクション式クーロメトリックセルの断面図

第8章 クーロメトリックバイオセンサ

ンイオンを用いた場合は＋0.7V程度が印加電圧の上限となる場合が多い．一方，還元電位領域では水素発生電流より溶存酸素還元電流がバックグランド電流として主な妨害電流であるので，純水中にバブリングさせて高湿度にした窒素ガスをセル表面に流してやれば非常に低いバックグランド電流で測定が可能である．クーロメトリーの電極材料としては迅速電解が可能なカーボンフェルトやカーボンクロスなどの多孔性カーボン材料が適している．一方，白金などの金属ファイバーが集積した多孔質貴金属電極はファイバー密度が小さく空隙率が大きいので完全電解に時間がかかり，現在のところクーロメトリー用電極には用いられていない．なお，クーロメトリーに用いられるカーボンフェルト電極表面のキャラクタリゼーションも報告されている[12,13]．

3　多孔性炭素表面への生体分子の固定化法

多孔性炭素を利用するクーロメトリックバイオセンサを実現するためには，多孔性電極表面に酵素，抗体などに代表される生物材料を効果的に固定化する方法の確立が重要である．多孔性炭素材料への酵素固定化に関する報告例を表1にまとめて示す．これらの方法は，吸着法，化学修飾法，電解重合膜包括法に大別できるが，いずれも一長一短があり，目的に応じて適当な方法を選択する必要がある．導電性カーボン電極はカーボンの中で導電性を有するグラファイト構造が主であるが，表面には電解酸化や化学的酸化により水酸基，カルボキシル基，カルボニルなどの

表1　多孔性炭素電極への酵素の固定化例

電　極	酵　素	方　法	文　献
多孔性炭素	AChE	直接吸着法	14
多孔性炭素	GOD, HRP	ポリイオン複合体吸着法	15
多孔性炭素	GOD, LOD	ポリイオン複合体吸着法	16
多孔性炭素	PAOD	ポリイオン複合体吸着法	17
CF	HRP	色素同時吸着法	18
RVC	GOD	カルボジイミド脱水縮合法	19
RVC	LDH	カルボジイミド脱水縮合法	20
RVC	チロシナーゼ	カルボジイミド脱水縮合法	21
多孔性炭素	GOD	PMS法	22
多孔性炭素	ASOD	PMS法	23
多孔性炭素	ウリカーゼ	PMS法	24
CF	GOD, LOD	電解重合法（フェニレンジアミン）	25
CF	ウリカーゼ	電解重合法（アニリン）	26
CF	ASOD	電解重合法（アニリン）	27

CF：カーボンフェルト，RVC：網状ガラス質炭素，AChE：アセチルコリンエステラーゼ，GOD：グルコースオキシダーゼ，LOD：乳酸オキシダーゼ，PAOD：ピルビン酸オキシダーゼ，HRP：西洋ワサビペルオキシダーゼ，LDH：乳酸デヒドロゲナーゼ，ASOD：アスコルビン酸オキシダーゼ，PMS：ポリマレイミドスチレン

酸素原子を含む官能基を導入することができるので，これらの官能基に化学物質を共有結合で固定化することができる。また酵素などのタンパク質分子の中にはペルオキシダーゼのように長期間安定に吸着固定化できるものもある。

3.1 吸着法

一般にグラファイト系炭素電極表面に酵素は容易に吸着する。しかし，吸着の駆動力となる疎水性相互作用，静電的相互作用，電荷移動相互作用，ファンデルワールス相互作用などが電極－酵素間で過剰に働くと，酵素の立体構造が変化し不可逆的な失活が起こる。そこで，酵素の表面失活を防ぎ，高い活性を保持した状態で長期間安定に固定する技術の確立が望まれている。

酵素の分子サイズ（数～数十nm）と同程度の細孔を持つナノポーラスなカーボン材料に酵素を吸着固定化すると，細孔内壁と酵素との3次元的な相互作用（ケージ効果）により，ポリペプチド鎖の不可逆的なunholdingが抑制され，酵素が細孔内で安定化されることが報告されている[14]。

高分子電解質と酵素との複合体形成による酵素の安定化もよく知られており，ジエチルアミノエチルデキストランなど正の電荷を持つポリアミン類といくつかの酵素との複合体が，マイクロポーラスなカーボン材料に吸着固定化されている。グルコースオキシダーゼ[15,16]，ペルオキシダーゼ[15]，乳酸オキシダーゼ[16]，ピルビン酸オキシダーゼ[17]などがこの方法により固定化され，フロー型バイオ検出器として利用されている。これらのセンサでは，数ヶ月という長期にわたり活性が保持されることが報告されている。

著者らは，メチレンブルーやアクリジンオレンジなどの正の電荷を持つ多環有機色素とペルオキシダーゼを，これらの混合水溶液からカーボンフェルトに同時吸着させると，酵素が長期間安定に固定できることを明らかにした[18]。有機色素と酵素との静電的あるいは立体的な相互作用により，吸着失活につながる酵素の構造変化が抑制されるためであると推定している。

3.2 化学修飾法

タンパク質表面の反応性残基との共有結合を介して，多孔性炭素材料に酵素を固定化する化学修飾法もいくつか報告されている。多孔性ガラスや多孔性ポリマービーズなどに比べ，炭素表面は一般に化学修飾に利用できる官能基の密度が低いため，効果的な化学修飾を行うためには，カルボキシル基などの反応性官能基をあらかじめ表面に導入する必要がある。

例えば，電気化学的なアノード処理や硝酸酸化処理によりグラファイトエッジ端にカルボキシル基を導入し，水溶性カルボジイミドをカップリング剤とする脱水縮合法により，タンパク質と電極の間にアミド結合を形成させる方法がある[19~21]。この方法により，網状ガラス質炭素（RVC）にグルコースオキシダーゼ[19]，アルコールデヒドロゲナーゼ[20]，チロシナーゼ[21]が固定

化され，フロー型バイオ検出器として利用されている。

　最近，マレイミド基をペンダントとして持つポリスチレン（ポリマレイミドスチレン，PMS）が酵素固定化担体として極めて有用であることが見出され，グルコースオキシダーゼ[22]，アスコルビン酸オキシダーゼ[23]，ウリカーゼ[24]を用いたバイオセンサに応用されている。さらに，カルバミン酸アンモニウムを電解酸化するとアミノ基がグラファイト表面に結合し，芳香族のアミンが表面に生成することがわかり，このアミンにメディエーターとして機能する分子として期待される1,2-ベンゾキノンを共有結合で固定化することも可能であることがわかった[28]。このグラファイト表面へのアミノ基の導入機構は一電子酸化されて生成するカルバミン酸ラジカルが炭素原子に結合した後脱炭酸し，アミノ基を生じるものと考えられている。

3.3　電解重合膜包括法

　多孔性炭素電極の導電性を生かし，電解重合により電極表面に形成させた高分子膜に酵素を包括または吸着固定する方法も報告されている。ポリアニリン，ポリピロール，ポリフェニレンジアミンを担体としてカーボンフェルト表面にグルコースオキシダーゼや乳酸オキシダーゼ[25]，ウリカーゼ[26]，アスコルビン酸オキシダーゼ[27]が固定化され，酵素リアクターとして利用されている。

4　酵素を用いるバッチ式バイオクーロメトリー

　電気化学的に活性な基質は直接電解クーロメトリーで測定可能であるが，電気化学的に不活性な基質は酵素やメディエーターなどを使った前処理反応によって電気化学的に活性な化学種に変換する必要がある。また溶存酸素を過酸化水素に変換する酵素反応やアスコルビン酸のように電気化学的に活性な基質が酵素反応によって不活性なデヒドロアスコルビン酸になるなど様々なケースがある。さらに酵素反応の中にはNADH（ニコチンアミドアデニンジヌクレオチド）のような電気化学的に活性な補酵素が不活性な酸化型（NAD$^+$）に変わる場合もある。従って，酵素反応の種類によって測定する化学種が異なるので適切な測定手順が必要とされる。筆者らは実試料中の多くの成分をバイオクーロメトリーによって分析してきた。これまでに発表された主なバイオクーロメトリーによる測定例をまとめて表2に示す。グルコース測定についてはグルコースオキシダーゼでは100%反応が進行しないのでムタロターゼを組み合わせて用いると絶対量分析が可能であると報告されている[11]。なお，酵素を用いないクーロメトリーで実用化されたものに過マンガン酸イオンを測定する方式のCOD（化学的酸素要求量）メーターや野菜などの洗浄水の塩素濃度計（ジアチェッカー）などがある。

表2 多孔性カーボンフェルト電極を用いるバイオクーロメトリーの測定例

分析成分	酵 素	測定試料例	文 献
グルコース	GOD, POD	標準液	29, 10
グルコース	GDH	ソース, 乳酸菌飲料	30, 31
グルコース	GDH, ムタロターゼ	標準液	11
フルクトース	FDH	果実, 食酢, 飲料水	30
スクロース	インベルターゼ	果実, 飲料水	30
L-グルタミン酸	GLDH	醤油, 漬物, 納豆たれ	7
エタノール	ADH	日本酒, ビール, ワイン	32
尿酸	ウリカーゼ	尿	33
アスコルビン酸	ASOD	ビタミン剤	34
アスコルビン酸	なし	お茶, 炭酸飲料, 野菜	7
総ビタミンC	ASOD	標準液	35
コレステロール	COD, COE	標準液	36
過酸化水素	POD	標準液	29

GDH：グルコースデヒドロゲナーゼ, POD：ペルオキシダーゼ, FDH：フルクトースデヒドロゲナーゼ, GLDH：グルタミン酸デヒドロゲナーゼ, ADH：アルコールデヒドロゲナーゼ, COD：コレステロールオキシダーゼ, COE：コレステロールエステラーゼ

5 多孔性炭素電極を用いるフロー型バイオクーロメトリー

　多孔性電極は大きな空隙率を持ち，溶液のフローに対して抵抗が低いため，電極内部を試料が通過するフロースルー型の電気化学検出器として有用である。多孔性電極をフロー型電気化学検出器として利用するメリットとして，①サンプル体積に対する電極表面積の比が大きくなり高い電解効率が期待できる。②キャリア流速を変えることにより反応層（検出部位）で試料の滞留時間をコントロールして反応効率を制御できる。③適切なリアクターとの組み合せにより分析対象を拡大でき，オンライン計測への応用も可能である，などが挙げられる。

　多孔性電極材料としては，網状ガラス質炭素，カーボンフェルト，マイクロポーラスカーボンなどの炭素系材料がコスト面から有望であり広範に利用されている[37]。フロー型バイオクーロメトリーを実現する方法として，①試料液に酵素を加え溶液中で十分反応させた後，生成した電極活物質を検出する方法，②検出部位の上流に固定化酵素リアクターを設置し，リアクターの反応生成物を検出する方法，③検出器に酵素を固定化し検出器内で酵素反応と検出反応を同時に行う方法の3種類が挙げられる。しかし，これまで酵素反応槽と電解槽を直列に連結したセルで尿中尿酸のクーロメトリーを行った例があるだけであり[38]，酵素を固定化したカーボンフェルト電極を用いて酵素反応と電極反応を同じ場所で行わせてフロークーロメトリーを行った報告は見当たらない。

　最近，筆者らはカーボンフェルト電極を電解反応層とするコンパクトな1室型フロー検出器（図2）を開発し，フェノチアジン系色素を吸着させたカーボンフェルト電極を用いてNADHの

第8章 クーロメトリックバイオセンサ

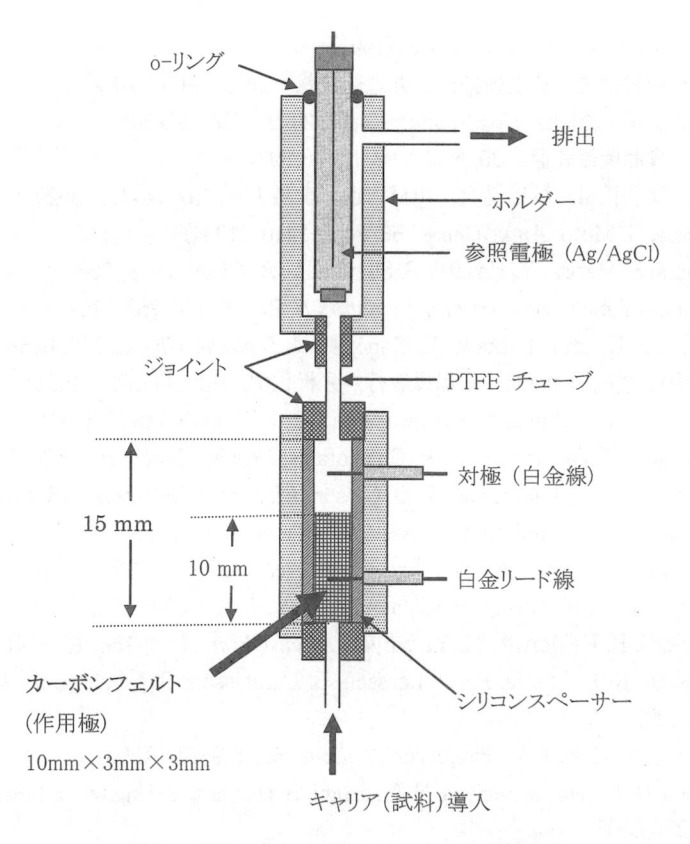

図2 フロー式クーロメトリックセルの断面図

フロー型クーロメトリーに応用した[39]。さらにペルオキシダーゼとチオニンを同時吸着させたカーボンフェルト電極を用いて，過酸化水素のフロー型バイオクーロメトリーが可能であることを見出した[18]。現段階では100%の電解効率を達成するための条件に制約があるものの，セル形状や固定化法などの改良により，迅速かつ広い濃度領域での絶対定量が可能となることが期待される。

文　献

1) 内山俊一編,"高精度基準分析法―クーロメトリーの基礎と応用―",学会出版センター (1998)
2) S. Uchiyama, M. Ono, S. Suzuki, O. Hamamoto, *Anal. Chem.*, **60**, 1835-1836 (1988)

3) 内山俊一, ぶんせき, No. 5, 378-382 (1991)
4) 高畠正温, 中村幸夫, 猪俣俊郎, 三井造船技報, **145**, 61-65 (1992)
5) S. Uchiyama, N. Sekioka, *Electroanalysis*, **17**, 2052-2056 (2005)
6) 内山俊一, 食品機械装置, **30**, No.12, 93-101 (1993)
7) 内山俊一, 深谷正裕, 秋田澄男, 川村吉也, 食品工業, **37**, No.18, 18-29 (1994)
8) S. Uchiyama, G. Muto, *Anal. Chem.*, **56**, 2408-2410 (1984)
9) S. Uchiyama, S. Maeda, Y. Hasebe, S. Suzuki, *Anal. Chim. Acta*, **285**, 89-94 (1994)
10) F. Mizutani, S.Yabuki, *Sensors and Actuators B*, **24-25**, 750-752 (1995)
11) S. Tujimura, S. Kojima, T. Ikeda, K. Kano, *Anal. Bioanal. Chem.*, **386**, 645-651 (2006)
12) 浜本修, 中村幸夫, 内山俊一, 保母敏行, 分析化学, **40**, 617-622 (1991)
13) K. Kato, K. Kano, T. Ikeda, *J. Electrochem. Soc.*, **147**, 1449-1453 (2000)
14) S. Sotiropoulou, V. Vamvakaki, N. A. Chaniotakis, *Biosens. Bioelectron.*, **20**, 1674-1679 (2005)
15) V. G. Gavalas, N. A. Chaniotakis, T. D. Gibson, *Biosens. Bioelectron.*, **13**, 1205-1211 (1998)
16) V. G. Gavalas, N. A. Chaniotakis, *Anal. Chim. Acta*, **404**, 67-73 (2000)
17) V. G. Gavalas, N. A. Chaniotakis, *Anal. Chim. Acta*, **427**, 271-277 (2001)
18) Y. Hasebe, R. Imai, M. Hirono, S. Uchiyama, *Anal. Sci.*, **23**, 71-74 (2007)
19) H. J. Wieck, G. H. Heider, A. M. Yacynych, *Anal. Chim. Acta*, **158**, 137-141 (1984)
20) M. Khayyami, N. P. Garcia, P.-O. Larsson, B. Danielsson, G. Johansson, *Electroanalysis*, **9**, 523-526 (1997)
21) N. Peña, A. J. Reviejo, J. M. Pingarrón, *Talanta*, **55**, 179-187 (2001)
22) S. Uchiyama, R. Tomita, N. Sekioka, N. Imaizumi, H. Hamana, T. Hagiwara, *Bioelectrochemistry*, **68**, 119-125 (2006)
23) R. Tomita, K. Kokubun, T. Hagiwara, S. Uchiyama, *Anal. Lett.*, **40**, 449-458 (2007)
24) X. Y. Wang, T. Hagiwara, S. Uchiyama, *Anal. Chim. Acta*, in press.
25) U. Rüdel, O. Geschke, K. Cammann, *Electroanalysis*, **8**, 1135-1139 (1996)
26) S. Uchiyama, H. Sakamoto, *Talanta*, **44**, 1435-1438 (1997)
27) S. Uchiyama, Y. Hasebe, M. Tanaka, *Electroanalysis*, **9**, 176-178 (1997)
28) S. Uchiyama, H. Watanabe, H. Yamazaki, A. Kanazawa, H. Hamana, Y. Okabe, *J. Electrochem. Soc.*, in press.
29) 内山俊一, 加藤賢, 浜本修, 鈴木周一, 分析化学, **38**, 622-626 (1989)
30) 梶野和代, 古川宏, 恵美須屋広昭, 深谷正裕, 秋田澄男, 川村吉也, 内山俊一, 日本食品科学工学会誌, **42**, 169-175 (1995)
31) M. Fukaya, H. Ebisuya, K. Furukawa, S. Akita, Y. Kawamura, S. Uchiyama, *Anal. Chim. Acta*, **306**, 231-236 (1995)
32) 梶野和代, 古川宏, 恵美須屋広昭, 深谷正裕, 秋田澄男, 川村吉也, 内山俊一, 日本食品科学工学会誌, **42**, 162-168 (1995)
33) S. Uchiyama, T. Obokata, S. Suzuki, O. Hamamoto, *Anal. Chim. Acta*, **225**, 425-429 (1989)
34) 内山俊一, 山口孝生, 浜本修, 鈴木周一, 分析化学, **38**, 286-288 (1989)
35) S. Uchiyama, Y. Kobayashi, S. Suzuki, O. Hamamoto, *Anal. Chem.*, **63**, 2259-2262 (1991)
36) S. Uchiyama, S. Kato, S. Suzuki, O. Hamamoto, *Electroanalysis*, **3**, 59-62 (1991)

37) 内山俊一, *J. Flow Injection Anal.*, **15**, 190-196 (1998)
38) S. Uchiyama, F. Umesato, S. Suzuki, T. Sato, *Anal. Chim. Acta*, **230**, 195-198 (1990)
39) 長谷部靖, 白井貴行, 長島知弘, 顧婷婷, 内山俊一, 分析化学, **54**, 1197-1204 (2005)

第9章　超微小電極とバイオセンサ

水谷文雄[*1]，丹羽　修[*2]，栗田僚二[*3]

1　超微小電極とは？

超微小電極—何に対して「超微小」な電極を指すのであろうか？　電気化学の基礎分野では，電極の特性長さ（金属線やカーボンファイバーの断面を利用するディスク電極ではディスクの半径，帯状電極では帯の幅）が，拡散層の厚さ δ と同等か，それより小さい電極を超微小電極と呼ぶ。

それでは，超微小電極は特性長さが δ よりはるかに大きい通常サイズの電極（マクロ電極）と，どのように異なった挙動を示すのであろうか？　言い換えれば，拡散層の厚さ電極サイズとの大小関係によって電気化学挙動はどう変化するのであろうか？　電気化学反応は電極／溶液界面で起こる反応であるから，電気化学反応が起こるためには溶液中に存在する活性物質が電極表面まで移動する必要がある。溶液が高濃度の電解質を含み（＝泳動が起こりにくい状態），電極及び溶液が静止している状態（＝対流を強制的に引き起こしていない状態）では，物質は主に拡散によって移動する。電極反応により，ある物質が電極表面で消費されると，電極近傍での物質濃度は溶液バルクでの値より小さくなり，濃度／距離で表される濃度勾配に比例した速度で物質が移動する。これが拡散であり，バルク濃度に比べて濃度の低くなっている範囲（電極表面からの距離）が拡散層の厚さである。

拡散層の厚さに比べてはるかに特性長さが大きいマクロ電極を用いた場合，拡散層は電極という「巨大な壁」に平行して形成され，従って，物質は電極に垂直に拡散（線形拡散，一次元拡散とも呼ばれる）する。一方，拡散していく物質からは「点」あるいは「線」として見なせる微小電極に対しては，図1に示されるように放射状に各方向から拡散が起こる（球状拡散あるいは円筒状拡散，三次元拡散とも呼ばれる）。このためマクロ電極との幾何的な面積比から計算される値より大きな電流（条件によっては定常電流）が与えられる。電流測定に際してノイズとなる充電電流は幾何学的な面積に比例するから，超微小電極を用いると S/N 比の高い測定ができる。

[*1]　Fumio Mizutani　兵庫県立大学　大学院物質理学研究科　教授
[*2]　Osamu Niwa　（独）産業技術総合研究所　生物機能工学研究部門　副研究部門長
[*3]　Ryoji Kurita　（独）産業技術総合研究所　生物機能工学研究部門　研究員

第9章　超微小電極とバイオセンサ

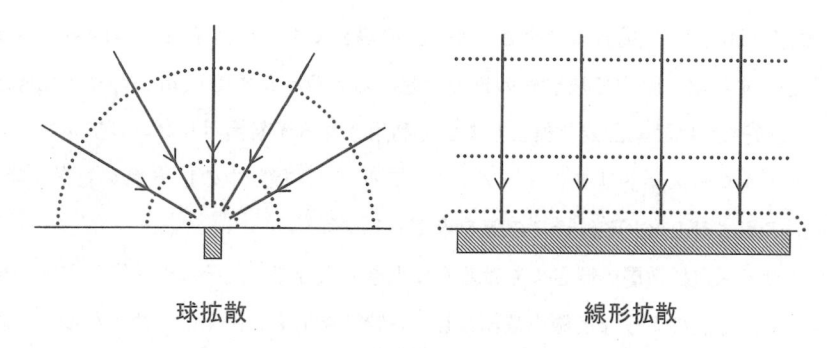

球拡散　　　　　　　　線形拡散

図1　微小電極と放射状拡散

　それでは，拡散層の厚さδはどのくらいのオーダーなのであろうか？　マクロ電極でのポテンシャルステップクロノアンペロメトリーにおけるコットレル式（もとより線形拡散に基づく式）では，$\delta = (\pi Dt)^{1/2}$（Dは拡散定数，tは電解時間）で与えられる。式から明らかなようにδは時間の経過と共に大きくなり，$D = 10^{-5} \mathrm{cm^2 s^{-1}}$，$t = 1\mathrm{ms}$とすれば$\delta \cong 2\mathrm{\mu m}$となる。従って，特性長さが，1～数$\mathrm{\mu m}$の電極であれば，$D = 10^{-5} \mathrm{cm^2 s^{-1}}$の電気化学活性物質を，事実上，電解し始めた直後から超微小電極としての特徴を示すことになると予測される。詳細は超微小電極に関する成書[1]を参照して頂きたいが，このことをもう少し詳しく検討してみよう。電極が超微小円盤状であるとき，拡散律速の電流（定常電流）は，

$$I = 4nFC^*Da$$

で与えられる。ここで，nは反応電子数，Fはファラデー定数，C^*は物質（電気化学活性物質のバルク濃度），aは電極の半径である。線形拡散に基づくコットレル電流は

$$I = nFC^*Da^2/\delta$$

で表されるが，$a = 5\mathrm{\mu m}$，$D = 10^{-5} \mathrm{cm^2 s^{-1}}$とすると，$t = 0.5\mathrm{ms}$で両者は一致する。すなわち，この電極系では，電解開始直後から定常電流が与えられるが，その定常電流密度は，マクロ電極で「通常の測定時間領域」で測定される電流よりはるかに大きい。例えば，通常サイズの電極でコットレル電流の密度を1秒後に測定した場合と比べてみると，$a = 5\mathrm{\mu m}$の超微小電極で観測される定常電流の密度は，その45（$=(1\mathrm{s}/0.5\mathrm{ms})^{1/2}$）倍大きいことが分かる。さらに，定常電流は時間に依存する電流より，容易かつ高精度で記録することが出来る。

　バイオセンサに超微小電極を利用した場合にも，基本的には，球状あるいは円筒状拡散の進行に伴う特徴は，活かされると考えて良い。バイオセンサでは電極表面に選択透過性膜などを設ける場合が多い（3節参照）。この場合には膜中の物質の拡散により電流が支配されることが多い。

膜中の拡散定数は溶液中の場合より小さいが，この場合でも，電極を1μm程度あるいはそれ以下にまで小さくすれば，膜中で放射状の拡散が起こる（$D = 5 \times 10^{-7} cm^2 s^{-1}$，$t = 1 ms$とすれば$\delta \cong 0.4 \mu m$。水谷ら[2]は酵素固定化膜として広く利用される光架橋ポリビニルアルコール膜[3]およびアセチルセルロース／トリアミン／グルタルアルデヒド膜[4]中のL-乳酸の拡散定数として，$2.5 \times 10^{-7} cm^2 s^{-1}$および$9 \times 10^{-7} cm^2 s^{-1}$の値を得ている）。

電極全体のサイズが拡散層の厚さよりはるかに大きい場合でも，それが超微小電極の集合体からなる場合には，上記のような超微小電極としての特性を示す。例えば，微小な金属，炭素等の粒子を絶縁材料中に分散させたコンポジットで，金属，炭素等の含有率が低い場合には，超微小電極の集合体としての性質を示し，通常の電極に比べて高いS/N比での電流計測が可能となる。もとより，リソグラフィー技術を用いて，電極のサイズ，形状，電極間距離，電極数等，電極の平面上の配置を制御した薄膜アレー電極の作製も可能である。

このような微小なターゲットに向けて放射状の拡散が起こるという現象は，もとより，電極／電気化学活性物質の系だけに止まるものではない。免疫測定では，固定化抗体と抗原，抗原と二次抗体との固液界面での反応を利用するケースが多い。また，DNAセンサにおいても，固定化された一本鎖のプローブDNAと，試料中の相補的な一本鎖DNAとの反応を利用する場合がほとんどである。試料中の抗原，抗体，あるいはDNAの拡散→固定化サイトへの衝突の頻度が高くなれば，反応に要する時間も短くなる。例えば，固定化抗体の微小なスポットが基板上に形成されている場合，その微小スポットに向かって抗原が放射状の拡散をすることにより，抗原抗体反応も，スポット径が大きい場合より速やかに進行し，免疫測定の時間を短縮できるようになる。このように基板表面での反応を利用するタイプのバイオセンサにおいても，反応サイトの微小化により応答速度の向上等が期待される。

2　超微小電極を用いたバイオセンサの特徴・利用

1節に記載したように超微小電極は大きさ（半径，帯の幅など）がμmサイズの電極で，これを用いたバイオセンサは感度，応答時間の点で優れた特性を示す可能性があることが分かった。このような「小ささ」を活かすことにより，多彩な用途が拓けてくる。センサが小さいことから局所的な情報を得るにも好都合であり，また，少量の試料でも測定が可能となることは，容易に理解できよう。

a）測定対象物質が局在している場合，その近傍にセンサを接近させて分析することができる。細胞のサイズはμmオーダーであり，μmあるいはそれ以下のサイズの超微小電極により単一細胞の情報の獲得（例えば細胞の呼吸活性や細胞から放出されるNOなどの測定）も可能とな

る。ここで超微小センサを走査しながら電流，電位等を測定し，その結果を位置の関数として表示すれば，電気化学情報を空間的な像にすることができる（走査型電気化学顕微鏡，本書第13章参照）。

b）生体内にセンサを挿入した場合（*in vivo*測定），生体に与えるダメージが少なくて済む。人工腎臓のような埋め込み型のセンサにおいても体内への挿入は容易である。またone time useのセンサにおいても，センサが小型化すれば，ほとんど痛みを感じないで挿入・測定が可能となる。

c）生体からサンプルを採取して生体外で測定する場合（*in vitro*測定）でも，サンプル量が少なくても済み（センサが小さい分，電解セルも小さくでき，サンプル量が少なくて済む），同様に生体に与えるダメージを低減できる。特に新生児を対象とする場合など，試料とする体液の量は2μL以下であることが望ましいとされている。このような微量の試料での測定には，当然，微小なセンサが適している。

　電極が微小である場合，これらを複数配列させた集積型電極も寸法が過大になることはなく使用しやすい。集積型電極のセンサへの応用も興味深い。

d）複数の電極でそれぞれ異なった成分を測定するためのマルチセンサの作製は，容易に考えられるところである。例えば，腎機能の評価をするために尿素，クレアチニン，Na^+，K^+，Cl^-などを同時に計測するセンサは有用である。このようなマルチセンサは，もとより，*in vivo*でも*in vitro*でも利用される。

e）多数のセンサを配置して，対象物質の空間的な分布を測定するシステムの構築も可能となる。走査型電気化学顕微鏡の場合と異なり，電極を走査せずに，同時に各部位での電気化学情報を得ることが出来るので，神経科学における刺激の伝搬の解析等に有用である。

　電極間の距離が小さい場合，近傍の電極間での電気化学活性物質の拡散によるクロストークが起こり得るが，これをポジティブな現象として利用したのが，二個のくし形電極をかみ合わせた配列くし形電極による増幅測定である。

f）測定対象物質Oxが，Ox + ne = Redで表される可逆な電子授受をする場合，配列くし形電極の一方の電極（群）を還元電位に，他方を酸化電位に設定した場合，図2に示すように隣接する電極間で酸化還元サイクルが起こる。すなわち，Oxはカソード上で還元されるが，生成したRedは隣接するアノード上で酸化され，Oxが再生する。再生されたOxは再びカソード上で還元される。これを繰り返すことにより応答電流は増幅される。再生過程でノイズレベルの増大は考える必要がないので，*S/N*比が向上し，高感度測定が可能となる。

　利用される超微小電極の形状としては，a），b）の場合には，針状の電極，すなわち白金の細線，カーボンファイバー等の先端を除いてガラス等で絶縁して作られるものが多く，e），f）の

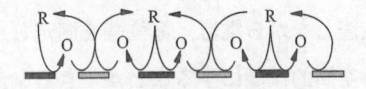

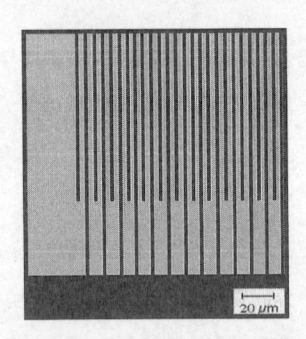

図2　配列くし形電極の構造（下）と酸化還元サイクル（上）

場合には平板状で光リソグラフ技術を用いてガラス等の基板上にパターニングして作られるものが多い。c)，d) については，目的や測定システムの形状によって針状または平板状の電極が利用される。

in vivo でのバイオセンサの利用は，1970年代の埋め込み型グルコースセンサを用いた人工膵臓の研究に始まる。超微小電極を使用したセンサを利用すると，上記のように生体に与える損傷が少なくて済むことから興味深いが，酵素のリークに伴う生体への悪影響に対する懸念や生体適合性の問題など「古くて新しい問題」が解決されておらず，現時点で研究が活発に行われているとは言い難い。一方，神経科学の発展を支える研究手段・ツールとして，動物を用いた神経伝達物質のセンシングの研究等は活発化している。さらに，最近はマイクロ分析システム（μ-TAS）の研究・開発の急激な進展とともに超微小電極を用いたc) ～f) のタイプの利用に係る研究が急速に進みつつある。

以下では，超微小化電極を用いたバイオセンサ技術について，電極修飾技術，針状の電極を用いたバイオセンサ，平板状の電極を用いたバイオセンサ，μ-TASを目指した研究を紹介する。

3　電極修飾技術

生体関連分子の測定に際して，白金，カーボン等の電極をそのまま用いる場合もあるが，電極表面に，高分子膜，酵素膜等で修飾して利用することが多い。非修飾の場合，分子の拡散が修飾膜によって妨害されず，高い感度が得られる。また，電極が使用中に汚染して感度が低下した場合にも，高い電位を印加して電極を活性化することが容易である（高い電位の印加に伴い修飾膜が剥離するという問題を考慮する必要がない）。

第9章 超微小電極とバイオセンサ

　一方，生体試料を測定対象とする場合，以下の理由で電極の修飾を必要とすることが多い。
1) 試料中に共存する物質の電気化学反応により目的物質の測定が妨害される場合が多い（例えばアスコルビン酸共存下での過酸化水素やカテコールアミン類の測定）。
2) 目的物質が直接，電気化学的反応せず，酵素反応等を介して電極反応活性物質に変換しなければならない場合が多い（例えばグルコースの測定）。

　1) の場合には，目的物質を透過させ，妨害物質の透過を抑制する機能を持った選択透過膜で電極表面を被覆することが必要となる。2) の場合には酵素固定化膜（場合によっては酵素／メディエータ固定化膜）を電極上に設けることが必要である。もとより，1)，2) の両者の機能膜を電極上に設けることもある。さらに，生体適合性膜等を設ける必要が生じる場合もある。このような多種の機能膜を電極表面に設ける必要がある場合，複数の機能を併せ持つ膜を利用すると膜作製プロセスを簡略化することが出来る。例えば，電解重合ポリ（o-フェニレンジアミン）[5]，過酸化ポリピロール[6]，ポリイオンコンプレックス[7]等は，アスコルビン酸等の透過を抑制する選択透過膜としての機能と，酵素固定化担体としての機能を併せ持つので，これらの高分子に酵素を固定化するだけで，L-アスコルビン酸等の共存下で酸化酵素基質を選択的に測定できる過酸化水素電極型センサが得られる[8]。

　これらの膜を電極上に設けるための修飾技術として，特に超微小電極専用の方法はない。しかし，簡便でハンドリングしやすい方法として，針状の電極の場合，ディップコーティングが，平板状の電極の場合スピンコーティングが広く用いられている。スピンコーティングは均一な膜を形成するのに適しており，コーティング時の回転数により膜厚を制御することも可能である。

　特定の位置に膜を作製する目的には，必要な電位を印加した電極上のみに膜を形成させる電解重合法が適している。導電性ポリピロール等を利用した研究も多いが，上記のように絶縁性電解重合高分子膜は選択透過膜材料としての機能も示し，興味深い[5,6]。また，白金黒を電着し，その中に酵素を固定化する方法も提案されている[9]。光反応を利用することにより修飾膜のパターニングを行うことも可能である。光架橋性ポリビニルアルコール等の材料が利用されている[3]。末永らはSECMの探針（作用電極）を基板表面に接近させ，走査しながら作用電極で電気化学反応を行わせて基板表面を改質することでパターニングを行っている[10]。例えば，酵素固定化膜を一面に設けておいて，Br^-存在下で探針に+1.7 V.$vs.$Ag/AgClの電位を印加すると溶液中でHOBrが生成し，これが近傍の酵素を失活させる。ネガ型の酵素パターンを描くことができる。この他，Fe^{2+}と過酸化水素との反応により生成するヒドロキシルラジカル（HO·）を利用する方法等も提案されている。また，ポリジメチルシロキサン（PDMS）のマイクロスタンプを用いる方法も利用できる。

　加藤らはガラスを絶縁材料とする微小白金ディスク電極上に，選択透過性の単分子膜を再現性

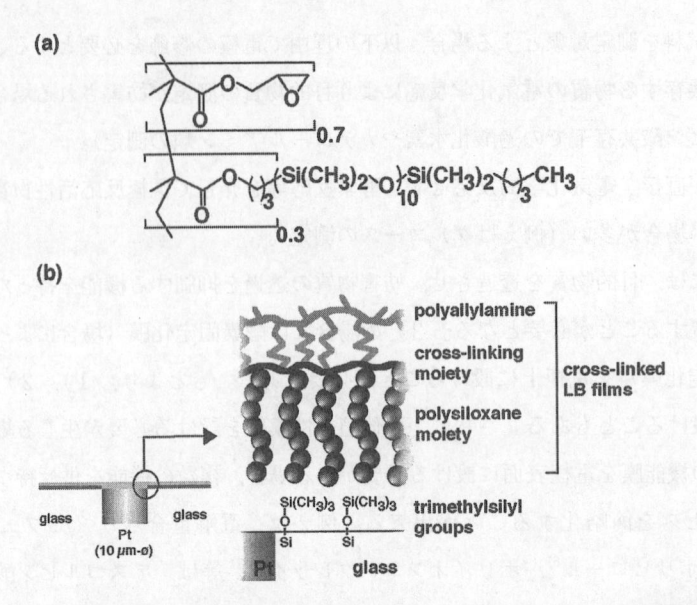

バイオ電気化学の実際——バイオセンサ・バイオ電池の実用展開——

図3 シロキサンポリマーの構造（a）および架橋シロキサンポリマー単分子膜被覆電極の構造
　　　ガラス部分は疎水性処理（トリメチルシラノール基で修飾）している。

良く作製する方法を開発している（図3）[11]。すなわち，両親媒性のシロキサンポリマー（それぞれ，オリゴシロキサンおよびエポキシ基を側鎖に持つビニルモノマーの共重合体）単分子膜を水面上に展開，圧縮し，水相にポリアリルアミンを添加して二次元架橋した後，ガラス表面をトリメチルシラノール基で修飾した微小白金ディスク電極上に，垂直浸せき法で単分子膜を移し取るという方法である。この単分子膜被覆電極を用いると，アスコルビン酸，アセトアミノフェン等の応答をほぼ完全に抑制しつつ，NOあるいは過酸化水素を測定することができる。ガラスの表面処理を行うことにより，より親水性の強いガラスと白金との境界面での単分子膜の構造の乱れを小さくすることができ，その結果，選択性の低下を抑制することができるものと考えられる。このようにして作製した単分子修飾電極は1ヶ月以上使用しても選択性に変化はない。

4　針状の電極を用いたバイオセンサ

2節にも記載したが，針状の超微小電極型のバイオセンサの用途の一つに*in vivo*での利用がある。前述のように*in vivo*で血糖濃度を連続して測定し，必要に応じて適量のインシュリンを自動投与するという人工膵臓システムの開発を目指した研究は1970年代から行われており，生体に与えるダメージを小さくするために針状の超微小電極型センサを利用する試みも多く行われている。通常，グルコース酸化酵素が利用され，過酸化水素を電解酸化して検出する方式と，メデ

第9章 超微小電極とバイオセンサ

ィエータを用いる方式が報告されている.過酸化水素を電解酸化する方式の場合,酵素のみを固定化すれば良いという点で簡便であるが,例えば皮下にセンサを挿入した場合,比較的酸素濃度が低く,このような環境で比較的高濃度のグルコースを測定するためにグルコースの透過を適当に制限する膜を設ける等の工夫を要する.さらに,3節でも簡単に触れたが,L-アスコルビン酸,尿酸,アセトアミノフェン等の電解酸化を防ぐためにこれらの透過を抑制する機能膜も必要となる.メディエータを用いる方式では,酸素濃度の問題は軽減されるが,生体内での利用においては,酵素,メディエータの両者とも,リークを防ぐため固定化する必要がある.このような状態で酵素／メディエータ／電極の電子移動をスムーズに行わせるためには,例えばリークしにくい高分子の側鎖にメディエータ機能分子を結合し,かつ側鎖のフレキシビリティを大きくした高分子メディエータ等の設計,利用する等の工夫を要する.また,Hellerらはペルオキシダーゼ／Os-ポリビニルビピリジン膜を用いて0V vs. Ag/AgCl付近で過酸化水素の還元電流を計る方式のセンサを報告しており[12],このセンサとグルコース酸化酵素とを組み合わせると,L-アスコルビン酸等の影響を受けにくいグルコースセンサが構築可能である.

　脳神経科学等の分野で,ラットや組織スライスを用いた神経伝達物質の測定が報告されている.L-グルタミン酸についてはグルタミン酸酸化酵素を利用すれば,また,アセチルコリンについてはアセチルコリンエステラーゼとコリン酸化酵素とを利用すれば,グルコースセンサと同様の原理のセンサが作製できる.カテコールアミン(ドーパミン,ノルエピネフィリン,エピネフィリン)センサについては,酵素を用いず,電極上で直接酸化することにより検出が行われる.活性化したカーボンファイバー電極で微分パルスボルタンメトリを行うことにより,酸化電位の異なるL-アスコルビン酸と分離してカテコールアミンの酸化ピークを観察できる等の報告もあるが,長時間の使用に当たっては電極の劣化は避けられず,従ってL-アスコルビン酸の透過を抑制する膜を使用するのが一般的である.ナフィオンが膜材料として多く用いられている[13].NOについては,白金などの電極上で0.85 V vs. Ag/AgClで直接酸化する方式と,ポルフィリン等の酸化触媒を用いて若干低い0.65 V vs. Ag/AgCl付近の電位で酸化する方式が報告されている.この場合もナフィオンがNO_2^-等の妨害を抑制する選択透過膜材料として利用されている[14].加藤,水谷らはシロキサン系の高分子が選択透過性膜材料として優れていることを報告している[11,15].

　針状の超微小電極は絶縁および細線からなる電極に強度を持たせるために,ガラスキャピラリーを利用して,手細工的な方法で作製されることが多く,量産性,歩留まりの点で後述の平板状の電極を用いる場合に比べて問題を残す.強度に優れたガラスキャピラリーあるいは細線をベースとして,この上に金属あるいは炭素の薄膜を形成し,ディップコートあるいは電解重合等で絶縁性の高分子膜を設けるなど,量産により適した方法の開発も進められている.

針状の超微小電極を試料に接近させた状態で掃引し，試料の局所的な電気化学特性を定量的に評価するプローブ顕微鏡として，電気化学顕微鏡があるが，電気化学顕微鏡については本書第13章に取り上げられているので，そちらを参照されたい。

5　平板状の電極を用いたバイオセンサ

半導体の製造方法と同様に光レジストを使用し，蒸着，スパッタ，あるいはCVDによる電極薄膜の作製と，リフトオフあるいはエッチングによる微細な電極パターン形成技術とを併せて，平板状の極微小電極あるいはその集合体を作製することが出来る。このようにして作製される電極は以下のような特徴を持つ。

1）再現性良く，安価に量産することが可能である。作用電極のみならず，対極，参照電極も同一基板上に容易に作り込むことができる。

2）バイオセンサに必要な膜も平面上への作製なのでキャスト，スピンコート等，種々の方法が適用できる。特にスピンコート法により均質な膜が得られ，多層化も容易である。

3）流路とセンサを一体化した測定システムの構築も容易である。例えばPDMSで作製したマイクロ流路等を電極基板上に載せ，カバーをその上に載せるだけで，流路一体型の測定システムが構築できる。

4）流れ測定系にセンサを組み込む場合（チャネルフロー，ラジアルフローのいずれのセルにおいても），平面であれば流れを乱さず，再現性が高く，理論的な解析にも適したデータが得られる。

このような特徴から，平板状の超微小電極を利用したバイオセンサに関する研究は数多い。電極（作用電極）のサイズはmm前後ではあるが，南海ら[16]によって開発されたone time useの血糖センサ，伊藤ら[17]により開発された尿糖センサ等の例など，平板状の電極をベースとしたバイオセンサは幾つか実用化されている。特に図4に示すように血糖センサ[16]は，血液試料を毛管引力によりセンサに導く流路とセンサを一体化しており，μ-TASのプロトタイプとも言える構造である。このタイプのセンサの実用性の高さ，μ-TASとのマッチングの良さを実証している。

平板状の電極の中で，特に高感度測定の観点から興味深いのは配列くし形電極と，薄膜アレー電極である。配列くし形電極での酸化還元サイクルに対応して，以下に示される定常電流が得られる[18]。

$$I = mbnFC^*D\{0.637 \ln(2.55w/w_g) - 0.19(w_g/w)^2\}$$

第9章 超微小電極とバイオセンサ

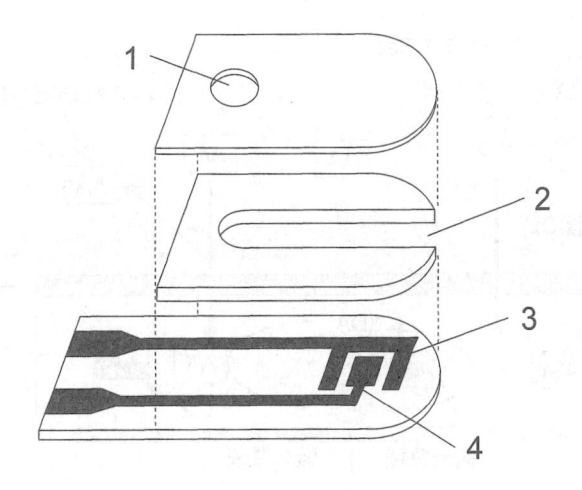

図4 使い捨て血糖センサ

ここで，mはアノード（＝カソード）の帯状電極の数，bは帯状電極の長さ，w_gはアノードとカソードの間隔，wはアノード（＝カソード）の幅とw_gとの和を表す。直感的にも理解できるようにアノード／カソード間のギャップを小さくすると酸化還元反応が効率よく進む。$w_g=5\mu m$，$w=15\mu m$，$m=65$の配列くし形電極でハイドロキノン，フェロセン等の可逆な電子移動をする化学種の酸化電流応答を測定した場合，一組の電極のみをアノードとして使用した場合に比べて10倍前後の電流増加が観測される。丹羽らは，この配列くし形電極を広く，生体成分の測定に利用している。

図5は，カテコールアミンセンサの構造を示す[19]。配列くし形電極上にドーパミンの拡散速度が大きい膜（AQ-29D膜）と，アスコルビン酸の排除能の高い膜（ナフィオン膜）で被覆した構造になっている。試料中のアスコルビン酸はナフィオン膜で排除され，ドーパミンが取り込まれる。内部の配列くし形電極で酸化還元サイクルを起こさせると，ドーパミンに対して増幅された電流応答が与えられる。特にカソード電流を測定した場合，アスコルビン酸の酸化生成物（デヒドロアスコルビン酸）の還元電流は観測されず，ドーパミンのみの検出が可能となる。図6は，免疫センサの原理を示している[20]。サンドイッチ法において二次抗体の標識酵素としてアルカリ性ホスファターゼを利用し，基質p-アミノフェニルリン酸を加水分解させる。加水分解生成物p-アミノフェノールは，配列くし形電極上で酸化還元サイクルを起こし，増幅された電流応答を与える。その結果，抗原（マウスIgG）の測定感度は向上する。このような酸化還元サイクルは酵素反応と電極反応との組み合わせによっても進行させることができる[21]が，配列くし形電極を利用することにより，検出部の酵素が不要なため保存安定性等に配慮する必要が無く，応答時間も（酵素反応／電極反応が定常状態に達するのを待つ必要がないため）短くて済むという利点

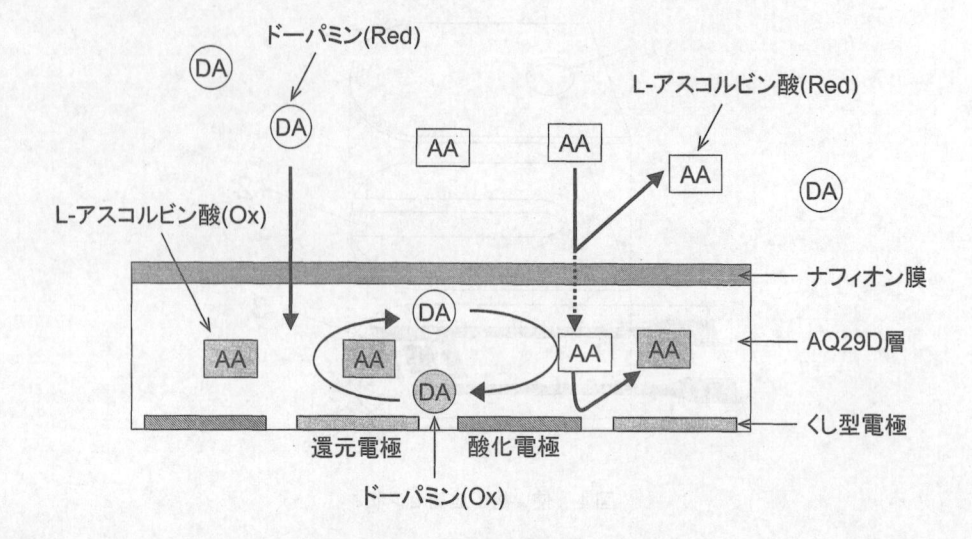

バイオ電気化学の実際——バイオセンサ・バイオ電池の実用展開——

図5　カテコールアミンセンサの構造

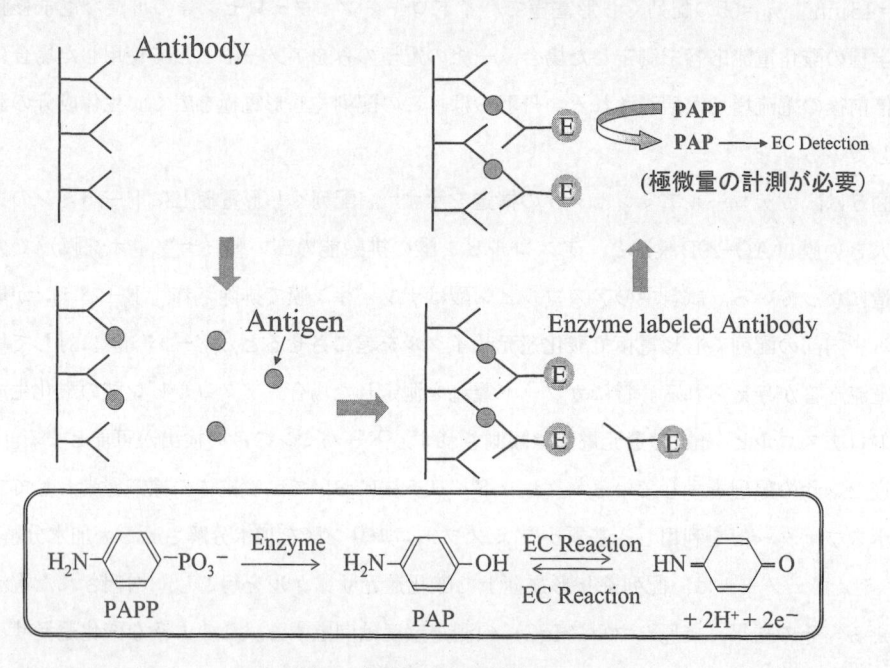

Ox：酸化体　　Red：還元体

図6　免疫センサの原理
標識酵素反応生成物PAPを増幅測定する。

第9章 超微小電極とバイオセンサ

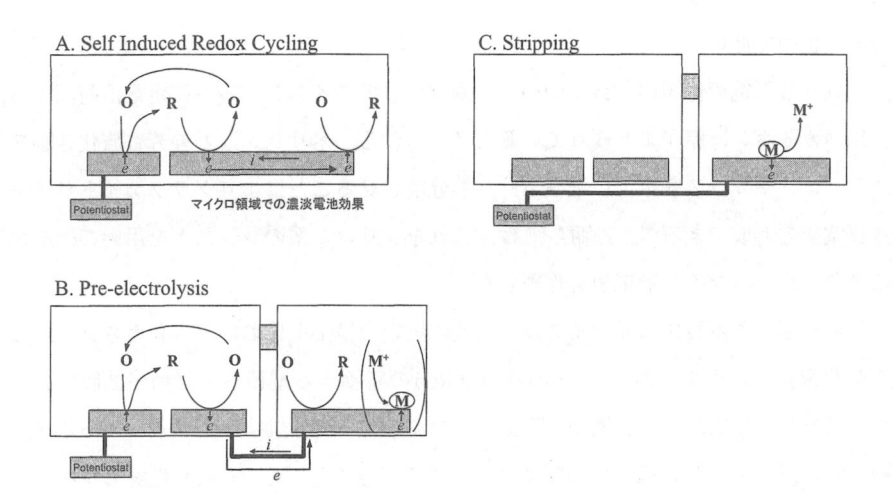

図7 自己誘発レドックスサイクル（A），配列くし形電極とマクロ電極を接続した状態でのマクロ電極上でのOの還元，あるいは金属Mの析出（B），析出した金属のストリッピング測定（C）

がある。

　さらなる信号の増加（＝低濃度成分の測定）は，自己誘発レドックスサイクル効果[22]を利用したストリッピング測定（変換ストリッピング測定）[23]することで達成される。自己誘発レドックスサイクルは図7Aに示すように，可逆な電子移動をする化学種を含む溶液中に微小電極，およびその近傍に大きな面積を持つ電極（マクロ電極）を設置したときに起こる現象で，微小電極上で電気化学反応を起こさせた場合，隣接するマクロ電極が存在しない場合に比べて微小電極上の電流値が増幅する。図7Aに例示するように微小電極上での酸化反応でOxが生成するとする。Oxは放射状拡散して一部はマクロ電極のマイクロ電極側に達する。するとマクロ電極のマイクロ電極近傍で還元反応（Redの再生）が，他のサイトで酸化反応が起こる。マクロ電極の横方向での濃度分布に伴う濃度過電圧を解消するために電極が横方向に流れたと考えて良い。配列くし形電極を用い，一方を酸化電位に設定し，他方を液洛で連結したマクロ電極とリード線でつないだ場合を考えてみよう。この場合にも電位を印加していないくし形電極近傍の濃度勾配を解消するためにマクロ電極上で還元反応が起こる（図7B）。Ox/Redの酸化還元電位より貴な酸化還元電位を示す金属M／金属イオンM^+の酸化還元対を考える。マクロ電極が挿入された電解セル中に金属イオンM^+を添加し，一方のくし形電極でRedを酸化するとマクロ電極上にはMが析出する（図7B）。析出したMをストリッピング法で検出すると，Redの酸化電流が積分，増幅された電流として変換され，結果として，高感度にRedが測定される（図7C）。銀の析出，ストリッピング測定のプロセスにより10pMレベルのルテニウムヘキサミンの定量が報告されている[23]。配列くし形電極による酸化還元サイクル電流を直接測定する場合に比べて検出下限濃度は

数百分の一と極めて低い。

　一方，配列くし形電極作製の材料について，測定の際のノイズレベルや測定電位範囲から，金属薄膜に比べカーボン薄膜がより優れていると考えられる。ペリレンなどの芳香族化合物を昇華させて，シリコンやガラス基板上に堆積させ，熱分解させることによりグラファイトライクなカーボン薄膜電極を形成できる[24]。丹羽ら[25]は，これをシリコン系のレジストを用いて微細加工することにより，カーボンくし形電極を作製した。

　配列くし形電極による酸化還元サイクルは，流れ測定の検出系においても利用される。これまで述べた酸化還元サイクルにおけるOxあるいはRedの隣接する電極への移動が拡散により行われていたのに対し，拡散および上流から下流への対流によって移動するとの差異があるが，同様に電流の増幅が観察される。電流の増幅率は，流速を小さくしてOx/Redの電解セル中の滞在時間を長くすると大きくなる。配列くし形電極はチャネルフローセル（クロスフローセル）で利用されるが，特に上記カーボンくし形電極を利用するとS/N比が高く，カテコールアミン類の測定などで極めて低い検出限界が得られている[26]。

　一方，より低い流速の測定に適したラジアルフローセルにおいて酸化還元サイクルを実現するには同心円状に電極を配置したマルチリング電極[27]が適している。通常のグラッシーカーボン電極に比べて1桁大きい電流密度が得られている。

　微小な円盤状の電極を平面上に多数配置した薄膜アレー電極も，流れ測定の検出器等として利用されている。微小電極の持つファラデー電流／非ファラデー電流の比の大きさと，微小電極を多数配置することによる電流の絶対値の大きさとの特徴を併せ持つ。丹羽ら[28]は炭素電極中に触媒機能を持つ金属微粒子を分散した電極を作製している。白金のナノ微粒子を分散した薄膜電極では，過酸化水素の電気化学的な酸化反応で大きな電流密度が得られ，電流値も極めて安定である。また，ニッケルや銅ナノ微粒子を分散させた電極では，糖類の酸化に対して大きな電流密度が得られている。

　これまで述べた電極のほとんどは，平面基板上への金属，炭素膜を設けた構造のものがほとんどであった。一方，シリコンのエッチング等のマイクロマシン技術を利用すると，より複雑な構造の微小センサを作製することができる。図8に鈴木らが報告した微小クラーク型酸素電極の構造を示す[29]。類似の構成の微小pH電極やそれを応用した二酸化炭素電極も報告されている。

第9章　超微小電極とバイオセンサ

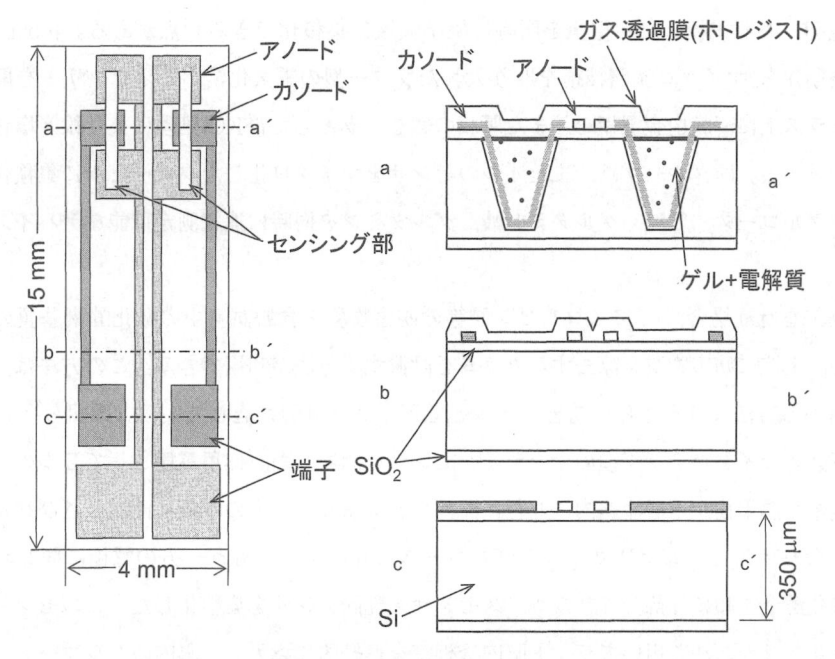

図8　マイクロマシン技術により作製された酸素センサ

6　μ-TASを目指して

　近年,マイクロマシン技術,リソグラフィー技術を利用して,試料の前処理,分離,濃縮,検出等を一つのチップ上で行う分析システム(μ-TAS, Lab on a Chipなどと呼ばれる)の研究が盛んになっている。これらの分析システムで利用される検出器としては,光学検出器(蛍光測定等)が利用される場合が多い。しかし,光学セルからの出力はセル容積の減少に伴い低下する。一方,微小容積の試料を取り扱う分析システムにおいては必然的に検出セルの表面積/体積の比が通常のサイズのセルに比べて大きくなるから,セル(あるいは流路)壁面に検出素子を置き,検出素子/試料溶液界面で起こる現象を検知する方式が本質的に有用である。超微小電極を用いる電気化学測定法は,これに良く合致した方法であり,電気化学検出器を組み込んだ液体クロマトグラフィーチップ,電気泳動チップなど数多くの報告がある[30]。今後,同様に検出素子界面現象を測定する測定法,すなわち表面プラズモン共鳴吸収,微小なカンチレバーを用いる重量測定等の方法と競合していくと考えられる。一方,電極を始めとする検出素子形成により,流路の蓋部分との貼り合わせが困難となる等の問題も起こり得る。例えば電極形成時の基板との平坦化のプロセスやPDMS等の密着性に優れた材料を流路に利用するなどの工夫が必要である。

　一方,マイクロ流路内に電極を組み込む場合,リソグラフィー技術により,アレー状電極を含

バイオ電気化学の実際——バイオセンサ・バイオ電池の実用展開——

む作用電極,参照電極,対向電極を同時に微小領域に集積化できる利点がある。Jobstら[31]は,90年代後期から,マイクロ流路技術を取り入れたフロー型の電気化学バイオセンサーを開発している。ガラス上に薄膜白金電極を,また厚膜の銀をメッキした後KCl処理により銀/塩化銀参照電極を形成する。同グループは,また4つのセンサをマイクロ化したフローセルに集積化することによりグルコース,乳酸,グルタミン酸,グルタミンを同時に連続測定可能なデバイスを開発した[32]。

流れ測定を行う場合,L-アスコルビン酸等の妨害物質を含む試料中の酸化酵素基質の測定に当たって,上流に妨害物質を除去するカラムを設置する方法が利用できる。この方法は,選択透過膜を用いる方法よりもさらに妨害レベルを低下させる目的に適している。栗田ら[33]は,図9に示す構造のマイクロチップ型のオンラインセンサを開発した。作用電極として2つのグラファイト状炭素薄膜電極が薄層流路内に並行に配列されており,一方の電極に西洋わさびペルオキシターゼを含むオスミウムポリマー[12]とグルコース酸化酵素を,もう一方の電極に同じポリマーと乳酸酸化酵素を順に修飾してグルコースセンサと乳酸センサを集積化した。このセンサは,マイクロダイアリシス法を用いてラット脳内透析液を連続的に導入し,脳内のグルコース,乳酸の濃度変化を連続的に測定することを目的として開発したが,脳脊髄液には,主要な妨害分子としてL-アスコルビン酸が存在する。チップの上流側の流路内底面にL-アスコルビン酸酸化酵素をコートしてリアクタに用いるとL-アスコルビン酸をほぼ完全に除去することができ,図10に示すように,神経活動を活発にさせる薬物刺激(50μMベラトリジン)により,グルコース濃度が

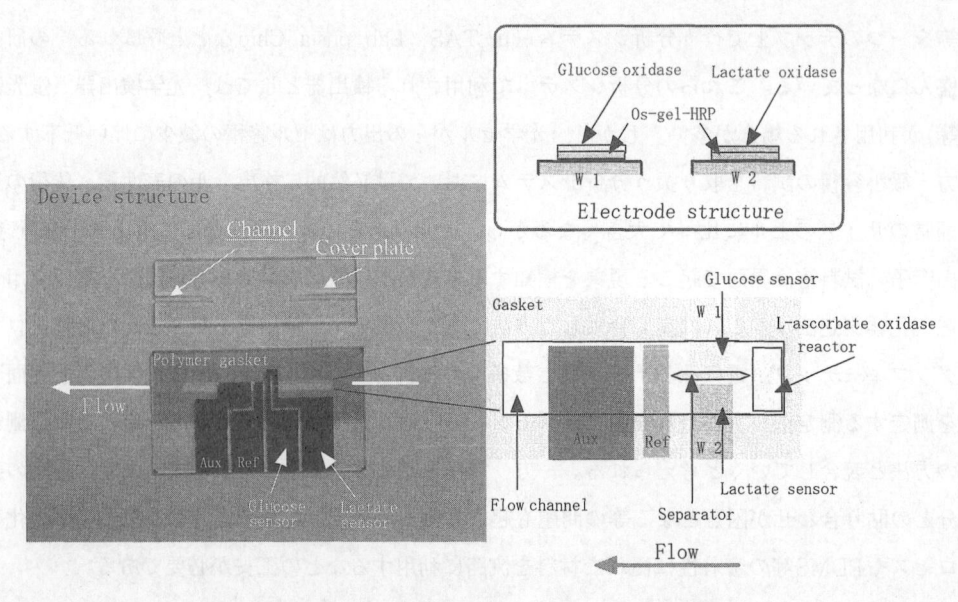

図9 マイクロチップ型オンライングルコース,乳酸センサ

第9章　超微小電極とバイオセンサ

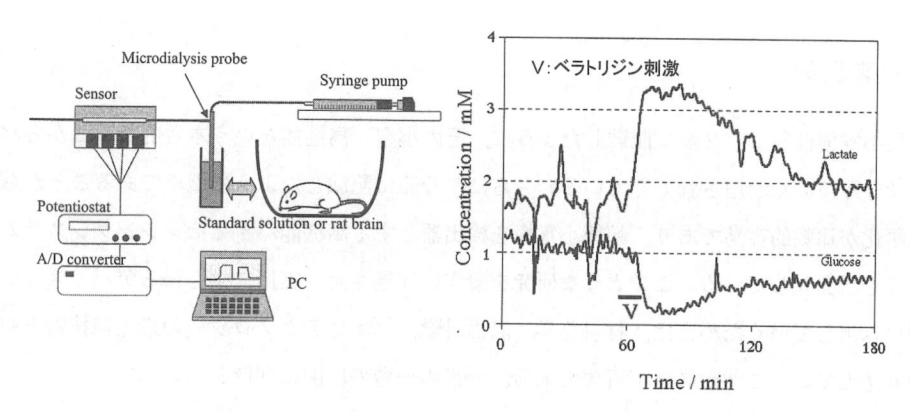

図10　脳内グルコース／乳酸の連続測定系の概略（左）および測定結果
マイクロダイアリシス装置とL-アスコルビン酸の妨害除去機能
を持つ図9記載のマイクロチップ型センサとを利用している。

減少し，乳酸濃度が急激に増加する様子をリアルタイムに計測できることを報告している。同様なプレリアクタを集積したマイクロ流路型のバイオセンサとして，林ら[34]により脳内グルタミン酸や血中のドーパミンの連続計測を目的としてチップの開発が行われている。グルタミン酸やドーパミンは，前述のグルコースや乳酸に比べ，その濃度が極めて小さいため，L-アスコルビン酸をより完全に除去する必要がある。林らは，妨害物質を除去するためのプレリアクタとして，矩形の柱を交互に配置したマイクロピラーのアレー（40μm×20μm，高さ20μm）を有する流路を形成し，表面にL-アスコルビン酸酸化酵素が固定化することにより，かくはんと酵素への接触が効率よく起こることを報告している。また，ドーパミンは，電気化学的に可逆に近いので，検出用電極として，微小なくし形電極を形成し，一度酸化したカテコールアミン分子を電気化学的に還元する反応を電極上で繰り返させる（レドックスサイクル）ことにより目的分子の電流増幅を行い，マイクロリアクタとくし形電極の効果により，ドーパミンに対する応答電流と同濃度のL-アスコルビン酸に対する応答との比は約15,000倍と，極めて高い選択性を実現している。

　上記のように，超微小電極自身がマイクロマシン技術，リソグラフィー技術を利用して比較的簡単に作製されるという点や，マイクロリアクタなどの他の機能を同時に集積化できるという作製技術面でのマッチングの良さは大きな魅力の一つである。さらに，電気化学計測のための電源等が比較的安価に作製し得るとの特徴も相まって，今後，電気化学計測型の分析チップがオンサイトでの分析（医療計測，環境計測）等に広く利用されるものと期待される。

7 まとめ

超微小電極は，1，2節に記載したように，その小型，高性能という本質的な特徴からバイオセンサ分野に広く活用されてきている。さらに，5節に記載したように微小であることから機能の集積化が比較的容易であり，超微小電極を検出器とする高機能バイオセンシングシステム構築の研究も活発化している。このような研究を着実に進展させ，実用に供し得るデバイス，システムを生み出していくためには，材料化学，表面科学，バイオテクノロジーの最先端技術を積極的に取り込んでいくことが必要不可欠である。今後の一層の展開に期待したい。

文　献

1) 青木幸一，森田雅夫，堀内勉，丹羽修，"微小電極を用いる電気化学測定法"，電子情報通信学会 (1998)
2) F. Mizutani, T. Yamanaka, Y. Tanabe, K. Tsuda, *Anal. Chim. Acta*, **177**, 153 (1985)
3) K. Ichimura, *J. Polym. Sci., Polym. Chem. Ed.*, **22**, 2817 (1984)
4) M. Koyama, Y. Sato, M. Aizawa, S. Suzuki, *Anal. Chim. Acta*, **116**, 307 (1980)
5) C. Malitesta, F. Palmisano, I. Torsi, P. G. Zambonin, *Anal. Chem.*, **62**, 2735 (1990)
6) F. Palmisano, A. Guerrieri, M. Quinto, P. G. Zambonin, *Anal. Chem.*, **67**, 1005 (1995)
7) F. Mizutani, S. Yabuki, Y. Hirata, *Anal. Chim. Acta*, **314**, 233 (1995)
8) 水谷文雄，分析化学，**48**, 809 (1999)
9) Y. Ikariyama, S. Yamauchi, T. Yukihashi, H. Ushioda, *Anal. Lett.*, **20**, 1407 (1987); *Anal. Lett.*, **20**, 1791 (1987)
10) 珠玖仁，大矢博昭，末永智一，表面技術，**51**, 46 (2000); H. Shiku, T. Takeda, H. Yamada, T. Matsue, I. Uchida, *Anal. Chem.*, **67**, 312 (1995); H. Shiku, I. Uchida, T. Matsue, *Langmuir*, **13**, 7239 (1997)
11) D. Kato, M. Kunitake, M. Nishizawa, T. Matsue, F. Mizutani, *Electrochim. Acta*, **51**, 938 (2005)
12) M. S. Vreeke, R. Maiden and A. Heller, *Anal. Chem.*, **64**, 3084 (1992); L. Yang, E. Janle, T. Huang, J. Gitzen, P. T. Kissinger, M.Vreeke, A. Heller, *Anal. Chem.*, **67**, 1326 (1995)
13) P. Capella, B. Ghasemzadeh, K. Mitchell, R. N. Adams, *Electroanalysis*, **2**, 175 (1990)
14) T. Malinski, Z. Taha, *Nature*, **358**, 676 (1992)
15) F. Mizutani, Y. Hirata, S. Yabuki, S. Iijima, *Chem. Lett.*, 802 (2002); F. Mizutani, "Methods in Enzymology", **359**, p. 105, Academic Press (2002)
16) 南海史朗，化学工業，**44**, 805 (1993)
17) 池田義雄，伊藤成史，大橋昭王，佐藤等，計測技術，**32**, 1 (2004); 伊藤成史，化学センサ，

22, 58 (2006)
18) K. Aoki, M. Morita, O. Niwa, H. Tabei, *J. Electroanal. Chem.*, **256**, 269 (1988)
19) O. Niwa, M. Morita, H. Tabei, *Electroanalysis*, **3**, 163 (1991); *Electroanalysis*, **6**, 237 (1994)
20) O. Niwa, Y. Xu, H. B. Halsall, W. R. Heineman, *Anal. Chem.*, **65**, 1559 (1993)
21) F. Mizutani, S. Yabuki, M. Asai, *Biosensors Bioelectron.*, **6**, 305 (1991)
22) T. Horiuchi, O. Niwa, M. Morita, H. Tabei, *J. Electrochem. Soc.*, **139**, 3206 (1992)
23) T. Horiuchi, O. Niwa, H. Tabei, *Anal. Chem.*, **66**, 1224 (1994)
24) A. Rojo, A. Rosenstratten, D. Anjo, *Anal. Chem.*, **58**, 2988 (1986)
25) O. Niwa, H. Tabei, *Anal. Chem.*, **66**, 285-89 (1994)
26) H. Tabei, M. Takahashi, S. Hoshino, O. Niwa, T. Horiuchi, *Anal. Chem.*, **66**, 3500-3502 (1994); O. Niwa, H. Tabei, B. P. Solomon, F. Xie, P. T. Kissinger, *J. Chromatogr. B*, **670**, 21 (1995)
27) O. Niwa, M. Morita, *Anal. Chem.*, **68**, 355 (1996)
28) O. Niwa, *Bull. Chem. Soc. Jpn.*, **78**, 555 (2005)
29) H. Suzuki, E. Tamiya, I. Karube, *Anal. Chem.*, **67**, 1326 (1988)
30) 例えば, A. T. Woolley, K. Q. Lao, A. N. Clazer, R. A. Mathies, *Anal. Chem.*, **70**, 684 (1998); R. S. Martin, A. J. Gawron, S. M. Lunte, C. S. Henry, *Anal. Chem.*, **72**, 3196 (2000)
31) G. Jobst, I. Moser, P. Svasek, M. Varahram, Z. Trajanoski, P. Wach, P. Kotanko, F. Skrabal and G. Urban, *Sensors Actuators B*, **43**, 121 (1997)
32) I. Moser, G. Jobst and G. A. Urban, *Biosensors Bioelectron.*, **17**, 297 (2002)
33) R. Kurita, K. Hayashi, X. Fan, K. Yamamoto, T. Kato and O. Niwa, *Sensors Actuators B*, **87**, 296 (2002)
34) K. Hayashi, R. Kurita, T. Horiuchi and O. Niwa, *Biosensors Bioelectron.*, **18**, 1249 (2003); K. Hayashi, Y. Iwasaki, R. Kurita, K. Sunagawa, O. Niwa and A. Tate, *J. Electroanal. Chem.*, **579**, 215 (2005)

第10章　血糖自己測定システム

中南貴裕*

1　背景　糖尿病と血糖自己測定

　糖尿病は，高血圧症，高脂血症と並ぶ代表的な生活習慣病の一つであり，その患者数は年々増加の一途をたどっている。国際糖尿病連合（IDF：International Diabetes Federation）の調査発表によると，2003年における全世界の糖尿病患者数（20〜79歳）は約1億9,400万人，有病率は5.1%であるが，これらは2025年にそれぞれ3億3,300万人，6.3%に達すると推定されている[1]。特に有病率が高くその増加が懸念されている地域は北米地区（7.9→9.7%），ヨーロッパ地区（7.8→9.1%），南東アジア地区（5.6→7.5%）である。これらの地域における医療費の負担拡大は深刻な社会問題である。

　糖尿病の恐ろしさは糖尿病という病態そのものではなく，むしろ恒常的に高い血糖値（血液中のグルコース濃度）によって誘発・促進される網膜症，神経障害，壊疽，腎不全などの合併症にある。これらの合併症の発症は，患者自らが食事制限や運動，あるいはインシュリンの投与などを通して恒常的な高血糖状態にならないよう自らの血糖値を管理することによって，予防（二次予防）できる場合がある。特に，インシュリン療法を行う場合には，インシュリンの投与量をその時点での血糖値に応じて正確に制御しなければならないが，血糖値は食事等の生活条件により変動するため，血糖値を測定してその時点での値を正確に知る必要がある。病院へと血糖測定の都度，足を運ぶことは事実上困難であるが，家庭などで患者自身が自ら血糖値を測定すること（血糖自己測定，Self-Monitoring of Blood Glucose：SMBG）が実現できれば，患者はもちろん，患者の疾病を管理する医師にとっても非常に好都合である。

　1974年に米国のMiles社（Ames事業部）により簡易血糖測定システム（試験紙：Dextrosticks，専用測定計：Dexter）が初めて実現・市販され，上記のようなSMBGに用いるための血糖測定システムへの社会的要望は強くなったものと考えられる。以降，糖尿病患者数の増大を背景に，SMBGシステムの開発が医薬品・医療機器メーカなどを中心に活発に行われ，システムの市販品数も徐々に増大した。2006年現在では20種を超えるSMBGシステムが，Bayer，Roche，Johnson & Johnson，Abbott，アークレイ，サノフィ・アベンティス，三和化学研究所，

＊　Takahiro Nakaminami　松下電器産業㈱　くらし環境開発センター　主任技師

第10章　血糖自己測定システム

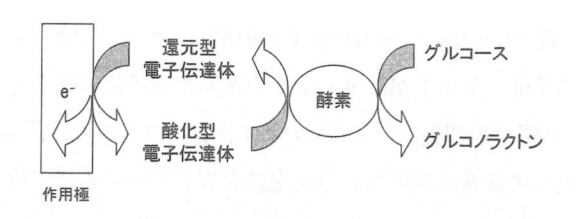

図1　電気化学式血糖センサにおける反応スキーム

テルモなどの企業から市販品として発売・販売されている。SMBGシステムの2005年の世界市場規模は約68億米ドル，2010年までの年平均市場成長率（予測）は＋9％と，巨大な成長市場である。

SMBGシステムは，家庭などで患者自身が自ら血糖値を測定できるよう，①測定迅速性，②簡易操作性，③高信頼性，④経済性，⑤衛生的・メンテナンスフリー，⑥小型軽量，⑦微量血液量などの特長を有していなければならない。市販されているシステムは，その測定原理に基づき電気化学方式と光学比色方式の二つに大きく分類されるが，電気化学方式のものの方が上記特長を実現しやすく，初めに製品化が実現された光学比色式に代わり，現在の主流の方式となっている。多くの電気化学式SMBGシステムは，酵素，電子伝達体，および電極を含むセンサ部と，電気回路および表示素子を含む測定器部とによって構成されている（例えば，図10）。センサに血液を滴下・導入し，測定器によって電極に電位（電圧）を印加することにより，図1に示すような血糖（グルコース）の電気化学酸化反応が開始される。このようなバイオエレクトロカタリシス[2,3]反応を用いる理由・利点等については，本書内の他の章に詳しく記述されているので，そちらを参照されたい。本章では，著者の所属する松下電器産業㈱，およびそのグループ会社であるパナソニック四国エレクトロニクス㈱らによる3種の電気化学式SMBGシステムの開発について述べる。ここではA型，B型およびC型と称するが，これらシステムの開発は，それぞれ順に1991（1996，1999に改良），2003，および2006年に市販開始された製品へと応用展開されている。製品は複数の商標名で世界的に市販されている。

2　血糖センサ（A型）の開発

2.1　酵素および電子伝達体

血糖のセンシング反応は，前述の図1に示したように，酵素，電子伝達体，および電極を用いることによって実現される。A型の製品の開発においては，酵素として，グルコースに対して優れた基質特異性を有するグルコースオキシダーゼ（GOx）を用いた[4]。この場合，全反応の中で，

173

酵素と電子伝達体との間の反応が，一般的に最も遅い反応ステップである。迅速・高感度な血糖測定を目指すには，本反応ステップが素早く多くの還元型電子伝達体を生成することが好ましい。この点において，数多くの報告がなされているように，フェロセン誘導体やオスミウム錯体はGOx（還元型）に対して非常に高い反応速度定数を有しているので，好適な電子伝達体であると考えられる[5]。

しかしながら，実際の血糖測定製品に適用する電子伝達体においては，上記のような反応自身に関しての特性以外にも非常に重要な性質要件が種々存在する。まず，酵素・電子伝達体・電極が一体化されたような使い勝手の良い簡便なセンサデバイスを考慮する場合，電子伝達体は乾燥状態でセンサ内に配置されることが好ましいため，測定に供される血液によってすぐに溶解する性質（迅速溶解性）を有することが好ましい。次に，製品を製造・出荷してからユーザーが使用するまでにある程度の期間が発生するため，電子伝達体は長期的な化学安定性を有する必要がある。さらには，製品原価の低減のために，電子伝達体の価格は低廉でなければならない。これら種々の性質要件の多くを満たす物質として，フェリシアン化物イオン（カリウム塩）が，SMBGのセンサに用いる電子伝達体として好適であることが明らかとなった。

一方で，フェリシアン化物イオンとGOxとの間の反応は決して素早いとはいえない。上記反応を評価解析したところ，反応速度定数は1.3×10^3（$dm^3\ mol^{-1}\ s^{-1}$）と求められ，この値は天然の電子受容体である酸素と比べて3桁，フェロセン等の電子伝達体と比べても2桁程小さい値であった[5,6]。この問題を解決するため，製品ではセンサ内に予め配置するフェリシアン化物イオンの濃度を高くすることにより，反応速度定数の小ささを補償し，見かけの反応速度を増大させている。A型におけるフェリシアン化物イオンの初期濃度は$0.5\ mol\ dm^{-3}$と非常に高濃度である。以上のようにして，簡便性・安定性を備えた迅速・高感度な血糖測定を実現している。

2.2 電極作製

血糖測定においては，感染性・汚染性の高い血液を使用するので，衛生的・メンテナンスフリーのSMBG用システムを実現するためには，電極を含むセンサ部が使い捨て型であることが望ましい。すなわち，血液の付着した使用済みのセンサは即座に廃棄されて，繰り返し使用せず測定ごとに新品のセンサが供される方が衛生的であり，また，特別なセンサメンテナンスを必要としない。そのような使い捨ての観点から，使い捨てコストがなるべくかからないよう，センサ用電極の作製には，樹脂製の基板上に電極としての導電体を膜状に形成する方法を採用した。図2に電極（およびセンサのその他の部分を含む）の分解斜視図を示す。ポリエチレンテレフタレート（PET）製の基板上に，スクリーン印刷法によって，銀インクおよびカーボンインクを用いてそれぞれ，リード部分および電極部分を図のようにパターン状に作製した。さらに，規定面積

第10章 血糖自己測定システム

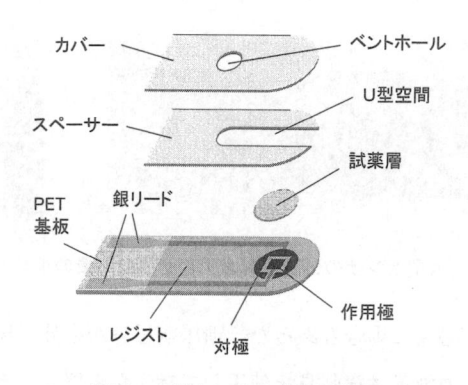

図2　A型センサの分解斜視図

の作用極および対極と，測定器端子と接続するリード部分のみが露出するよう，レジストインクでコートした。このような方法により，電極は安価にかつ精度良く作製することができた。作用極面積（1 mm^2）の作製精度は量産レベルにおいても非常に高いものであった。カーボンの表面抵抗は比較的大きく，フェロ／フェリシアン化物イオンの酸化／還元には数百mVの見かけの過電圧を要するが，表面の安定性は非常に高く，室温の大気中にて作製後少なくとも1年はその特性に変化は見られなかった。

2.3　電極被覆および試薬担持

一般的な電極を用いて血液に含まれる物質の測定をしようとする場合，例えば赤血球などが電極表面に吸着し，溶液界面が絶縁化され実効の電極面積が低下してしまうことがある。結果，図1に示したような反応を行う血糖センサにおいては電流が低下してしまい負の誤差が生じてしまう。この問題を解決するため，センサAにおいては，親水性高分子であるカルボキシメチルセルロース（CMC）層によって電極表面が被覆されている[7]。CMC層を設けることにより，赤血球の血中含有率の変化がセンサの電流応答値に及ぼす影響を低く抑えることが可能であった。これについては，後に詳述する。

CMCの水溶液に，センシングに必要な試薬であるGOxおよびフェリシアン化カリウムを添加し，この溶液を上記の基板電極上に滴下，大気中で静置・乾燥することにより，試薬層を形成する。乾燥状態の試薬層は電極に固着されて基板と一体化されたような形態で担持された。層の表面は非常にスムースな形態を示し，また，層の内部で酵素および電子伝達体の分散は均一であった。

2.4　毛細管型血液キャビティ

従来の血糖値測定システムでは，数十μLと比較的多量の血液を必要としていた。そのため，

バイオ電気化学の実際——バイオセンサ・バイオ電池の実用展開——

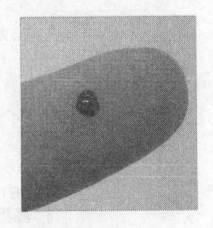

図3　A型センサの外観写真および必要血液量のイメージ

　血管注射などによる採血が必要な場合もあった。糖尿病患者が自分で採血を行い，血糖値を自己測定するためには，必要な血液量は穿刺具を使用して指先から採取できる程度の量であり，さらには，採血における痛みを軽減するために，より微量であることが好ましい。センサAにおいては，電極上に血液が満たされる約2μLの容量の空間部（キャビティ）を設計開発し，必要な血液量を大幅に減らすことに成功した[8]。このキャビティは，図2に示すように電極基板，試薬層，U型空間を有するスペーサ，およびカバーを順に貼付することにより作製される。センサ外観写真および必要血液量のイメージを図3に示す。センサの長手寸法は23.5mmである。キャビティは，センサ末端側にて0.263×1.8mmの微小断面で開口しており，長さ4.2mmを介した他端にはベントホールを配してある。このような構造とすることにより，センサ末端側の開口部を指先上などの血液滴に接触させると，毛細管現象によって自動的に，正確な一定量の血液がキャビティに引き込まれる。キャビティ内壁に界面活性剤であるレシチンを塗布することにより，粘度の高い血液の円滑かつ均一な引き込みが実現された。以上のように毛細管型血液キャビティを備えることにより，従来の課題であった煩わしい血液点着（滴下・塗付）操作，およびその操作の変動による血液量や測定時間のばらつきを解消し，簡易操作性，測定精度を大幅に向上させることができた。

2.5　センサの電流応答特性

　以上のようにして作製されたセンサのキャビティに血液が導入されると，試薬層が溶解する。試薬層にはGOxと酸化型の電子伝達体であるフェリシアン化物イオンが含まれるため，血液に含まれる血糖が図1に示すようなスキームにて酸化され，それに伴い還元体の電子伝達体（フェロシアン化物イオン）が生成する。センサAでは，電極を含む電気回路は血液導入後25秒間オープンとなっている。この間，酵素反応の進行に伴い生成した還元型の電子伝達体は電極では反応せず，試料血液中に蓄積される。その後，作用極—対極間に0.5Vの一定電圧を5秒間印加することにより，還元型電子伝達体の作用極での電気化学酸化が進行する。このとき流れる電流の，電圧印加5秒後の値をグルコース濃度に対してプロットすると図4が得られる。血糖値600mg/dL付近まで，濃度増加に伴い線形的に電流応答が増大した。SMBGを必要とする糖尿病患者の血糖

第10章　血糖自己測定システム

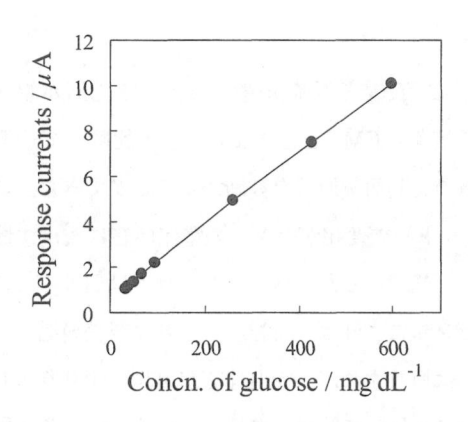

図4　A型センサにおいて得られる応答電流のグルコース濃度依存性

値は，50〜450mg/dL程度であり，本センサはSMBG用センサとして十分な測定可能領域を有していることがわかる。また，応答の同時再現精度は非常に高く，変動係数は1.6〜3.1％であった。A型センサを用いて定量された種々の血液の血糖値は，卓上自動分析装置（アークレイ・GA-1140）による定量結果と相関係数0.997（n＝62）をもって良く一致した[9]。

　上述のように，25秒間酵素反応のみを進行させ，その後5秒間の電気化学酸化を行っているため，本センサにおいて得られる電流は，酵素反応速度を直接反映するものではなく，むしろ酵素反応量を強く反映するものである。すなわち，電流は還元型電子伝達体の生成速度ではなく，生成量を捉えている。グルコース濃度の変化に伴う電流変化は，グルコースの濃度の違いにより生じる，一定時間後の還元型電子伝達体の生成量の違いを示すものである。また，特筆すべきことに，センサAにおいては還元型電子伝達体の酸化を行う作用極の電位を制御するための参照極が存在しない。作用極への電位印加は，作用極─対極間に電圧を印加することにより達成される。この0.5Vの電圧印加の間，Ag/AgCl（sat.KCl）を用いて測定溶液に対する各電極の電位をモニターすると，両電極間の電位差はほぼ0.5Vと一定であるが，各電極の電位は時間に対して変動していることがわかった。また，用いる血液中のグルコース濃度の増大に伴い電位はネガティブシフトした。このように電位が変動しても実際上は図4のように酸化電流の測定が可能であった。簡易な2電極で見かけ上十分なセンサ特性が得られる点は，Ag/AgClなどの参照極を使用しないことによる材料・製造コストの抑制，電極不安定性の回避などにつながっている。

　酵素・電子伝達体を含むセンサ全体の長期安定性については，室温・乾燥大気中で少なくとも約2年（750日）間，酵素の活性低下等は見られず，初期の応答特性がほぼ維持される。製品を製造・出荷してからユーザーが使用するまでに発生する期間を十分にカバーする性能を有している[10]。

2.6 妨害物質の影響

上述したように，電極上には酵素と電子伝達体を含むCMC層が設けられている。電極付近の血液はゲル状となり応答電流値はCMCを含まないときと比較して若干低下するが，電極表面への赤血球の吸着による電極の実効面積低下を抑制することができた。これにより，赤血球の体積含有率（Hct；ヘマトクリット）の変化がセンサの電流応答に及ぼす影響を，図5に示すように比較的小さく抑えることが可能であった。ヘマトクリットは個人ごとに異なり，一般に35～45％の範囲で分布するが，本センサによれば5％程度の小さな誤差範囲内で各個人に対応する血糖測定を実施できる。このことは換言すれば，赤血球を前処理により除去して血漿を分離するといった操作無しで，全血をそのまま用いて簡便に血糖測定が可能であるということである。

血液中には，前記の赤血球以外にアスコルビン酸や尿酸などの電流妨害物質が存在している。種々の濃度のアスコルビン酸が含まれている血液の血糖値を本センサにて測定した。測定結果を，アスコルビン酸濃度に対してプロットしたものを図6に示す。実際のグルコース濃度が約80

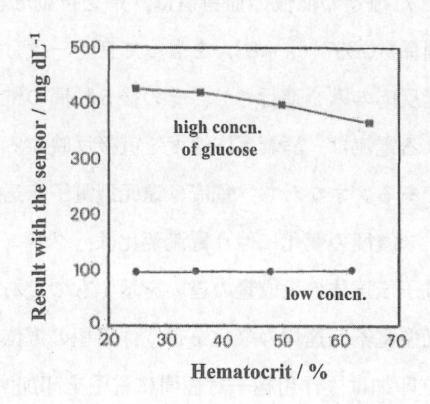

図5　A型センサにおける血糖値定量結果のヘマトクリット依存性

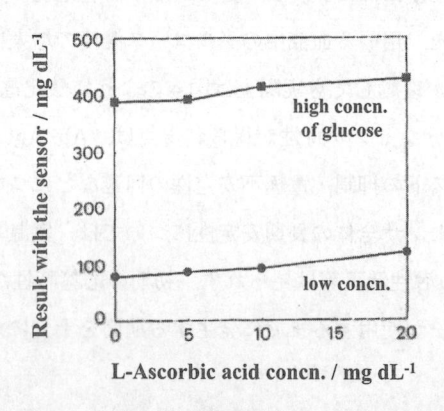

図6　A型センサにおける血糖値定量結果のアスコルビン酸濃度依存性

第10章 血糖自己測定システム

および約390mg/dLのどちらの場合も,高濃度のアスコルビン酸においては有意な正の測定誤差が生じた。これは,電極でアスコルビン酸が電気化学酸化されることに加え,アスコルビン酸がフェリシアン化物イオンと反応し,これにより生成したフェロシアン化物イオンが電気化学酸化されるためである。すなわち,グルコース由来の電流にアスコルビン酸由来の酸化電流が重畳するため,正誤差が生じる。ビタミンCのタブレットなどを摂取しない限り,血液中のアスコルビン酸濃度は通常5mg/dL以下である。しかしながらこの濃度においても,例えば図中の80mg/dLのような低い血糖値域を測定する場合には,10%程度の測定誤差を生じるのが実際である。

3 血糖センサ(B型)の開発

3.1 酵素,電子伝達体,および試薬担持

A型血糖センサに続き,B型の血糖センサを開発した。B型においては,必要血液量の低減,測定時間の短縮,および酸素濃度依存性の解消などを重点に,A型の性能を向上させることを目的に開発を推進した。

B型製品において,酵素はGOxの代わりにピロロキノリンキノン(PQQ)を内在の補酵素とするグルコースデヒドロゲナーゼ(GDH)(以下PQQ-GDH)を新たに適用した。後に詳述するが,これにより,A型の課題であった血中酸素による血糖応答電流誤差を解消することが可能であった。このように性能を大きく左右するキーマテリアルである酵素を,目的に合わせて素早く製品に採用することができたのは,大学や酵素メーカによる活発な新規酵素に対する研究開発の貢献が非常に大きい[11]。電子伝達体にはA型と同様フェリシアン化物イオンを使用した。

PQQ-GDHおよびフェリシアン化カリウムを,数種の化合物の水溶液に添加し,この溶液を後述する基板電極上に滴下,大気中で静置・乾燥することにより,試薬層を形成する。乾燥状態の試薬層は電極に固着されて基板と一体化されたような形態で担持された。層の表面は非常にスムースな形態を示し,また,層の内部で酵素および電子伝達体の分散は均一であった。

3.2 電極およびキャビティ

図7および8にそれぞれ,B型血糖センサの分解斜視図,および外観写真を示す。センサの長手寸法は29.5mmである。基本的なセンサ構成は従来のA型と同様であり,センサは電極基板,試薬層,スペーサおよびカバーから成るが,B型においては電極の新たな作製方法として,レーザトリミング技術を開発・応用した。本技術は絶縁基板上に電極材料となる導電性物質を薄膜状に全面に形成し,その後,得られた導電膜をレーザにて線状に除去(トリミング)することにより作用極と対極各々を分画して,リードを含む電極系を形成するものである。絶縁基板上への導

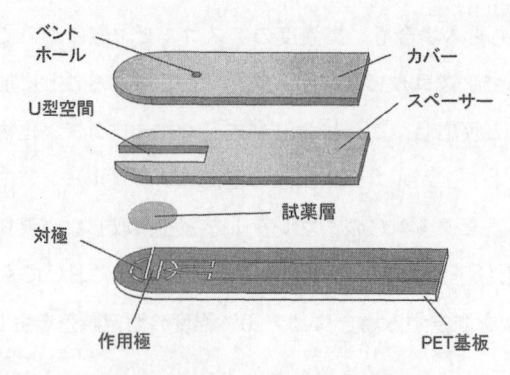

バイオ電気化学の実際——バイオセンサ・バイオ電池の実用展開——

図7　B型センサの分解斜視図

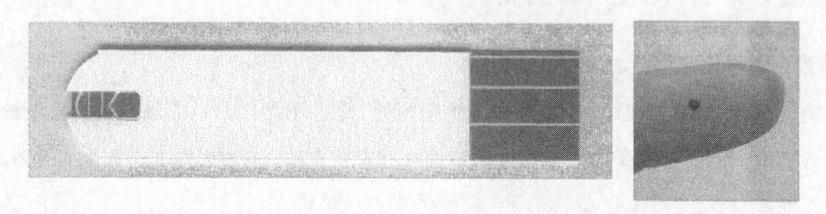

図8　B型センサの外観写真および必要血液量のイメージ

　電性物質の形成には，ウェットプロセスよりも作製再現性の良いドライプロセスを用いることを検討した。結果，金属をスパッタリング蒸着する方法が最も適していることがわかった。金属材料としては，スパッタリング効率，導電性および電気化学特性などの点からパラジウムが最も優れていることが明らかとなった。電極として貴金属を用いることは電気化学研究の分野では一般的である。しかしながら使い捨て型のセンサに用いる材料としては，貴金属は従来のカーボンと比較しても材料単価が高く，実際には必ずしも適しているとはいえない。この問題を解決するため，B型センサではパラジウム導電膜をナノメートルオーダーで非常に薄く形成している。これにより，材料コストを上げることなく，電気／電気化学特性の優れた電極系を構築することに成功した[12,13]。

　このスパッタリング／レーザトリミングを用いた電極作製方法の利点は，ウェットプロセスを利用した従来のスクリーン印刷に比べ微細かつ高い寸法精度で電極系を加工・形成できることにある。センサの応答電流に大きく影響する作用極の面積を高精度に規定することができるため，従来センサよりもさらにセンサ個々の応答電流ばらつきを少なくして精度を高めることが可能であった（変動係数1.4～2.0％）。また，このように電極系を微細に加工できることに伴い，血液が導入されるキャビティをより小さいサイズで形成することが可能となった。図8に示すように，B型センサにおいては，血糖値を測定するのに必要な血液量を従来の2μLから0.6μLまで微量化

することに成功し，ユーザーの採血時の痛みや負担のさらなる軽減を達成することができた。

3.3 センサの電流応答特性

B型センサでは，血液導入直後より6秒間，作用極—対極間に0.5Vの電圧を印加し，6秒間の回路オープンの後，作用極—対極間に0.2Vの電圧を3秒間印加する。A型よりも測定時間は大きく短縮され，血液導入より15秒で迅速に測定が完了する。0.2V印加3秒後における，作用極での還元型電子伝達体の酸化電流は，グルコース濃度増加に伴いほぼ線形的に増大し（A型と同様，図示せず），本センサはSMBG用センサとして十分な測定可能領域を有している。B型センサを用いて定量された種々の血液の血糖値は，卓上自動分析装置（アークレイ・GA-1150）による定量結果と相関係数0.974（n＝100）をもって良く一致した。

B型センサによって定量された血糖値の血中酸素濃度（酸素分圧）依存性を，A型センサのそれと比較して図9に示す。用いた血液のグルコース濃度は80mg/dLである。図9(a)に示すように，A型センサにおいては酸素分圧の上昇に伴い定量値が低下した。酸素はA型センサで用いている酵素，GOxに対する天然の電子受容体であるため，グルコースを酸化した酵素からの電子受容反応が，酸素と酸化型電子伝達体で競合する。したがって，酸素濃度が高いほど還元型電子伝達体の生成量が減少するので，結果としてセンサの電流応答値（定量値）が低下する。一方，B型センサにおいては，図9(b)に示すように，酸素分圧の差異によって定量値が変化しない。これは，新たに採用した酵素PQQ-GDHに対して酸素が電子受容体として機能しないためである。SMBGにおいて一般に用いられる指先からの毛細管血液よりも酸素濃度が高い，酸素吸引をしている呼吸管理患者の血液や，救急措置時などに採取される動脈血を用いた場合でも，B型セ

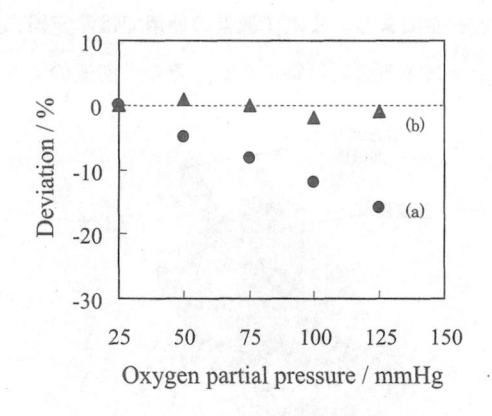

図9　血糖値定量結果の酸素濃度依存性
(a) A型センサ，(b) B型センサ。グルコース濃度：80mg dL^{-1}
縦軸は25mmHgでの値からの解離。

ンサは信頼性の高い安定した定量値を示す[14]。

4 血糖測定器の開発

　自己測定型の血糖測定システムにおいては，ユーザー操作が簡便であることが好ましい。上述のセンサにおいては指先の微量血液を毛細管現象により自動的にかつ正確に吸引するキャビティ構造などを実現させた。血糖測定システムにおいては，センサの他に，電圧印加・電流検知・定量結果表示などをするための専用の測定器が必要である。操作が簡便なシステムを構築するには，測定器にも簡便操作を実現するような構造，仕組，および機能を持たせることが重要である。図10に測定器の外観イメージの一例を示す。図の測定器はカード型のハンディサイズであり，例えば56×98×15mmの大きさである。測定器は主に小型の電圧印加・電流測定回路，タイマー，液晶ディスプレイなどから成る。測定器は測定用のボタンを有しておらず，一側面に配されているセンサ挿入口にセンサが挿入されることにより測定器は自動的に測定待機状態になるように工夫されている。またこれと同時に，センサの作用極—対極間への電圧印加が回路により開始される。この状態でセンサのキャビティに血液が導入されると瞬時に大きな電流が流れるが，これをトリガーに測定器内のタイマーが作動し，測定時間の計時が始められる。A型用の測定器の場合，電圧は解除され，タイマーのカウントにより25秒間開回路状態となる。再び電圧が印加され，印加開始5秒後の電流が測定される。得られる電流は測定器に内蔵の検量線により，血中グルコース濃度に変換され，ディスプレイに血糖値として表示される。測定後のセンサを測定器より引抜くと，自動的に測定器の電源が切られる。以上のように，ユーザーはセンサの測定器への挿入，センサ端への血液滴の接触，使用済みのセンサの抜取のみの簡単な操作で，即座に自らのその時の血糖値を知ることができる。また，通常の使用では測定器に血液が付着することが無いため，測定器をメンテナンスする必要は特になく，その上前述のようにセンサは使い捨てであ

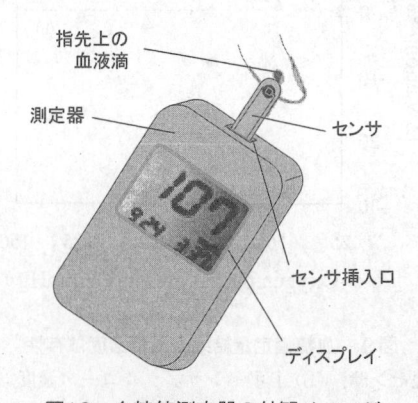

図10　血糖値測定器の外観イメージ

第10章　血糖自己測定システム

るため本システムは非常に衛生的である。

　A型システムを含め多くの他社製品システムは，校正チップやコードキーを測定器に装着する必要があった。これは，センサ特性が製造ロットごとにばらつく場合があり，これに対応するため，センサパック（数十個入り）を新しく購入するごとに，測定器内の検量線をロットごとに変更するためのものである。しかしながら，B型センサにおいては，校正チップ等を必要としないノンコーディング機能を，上記のような簡便操作を実現する機能に加え搭載している。すなわち，B型センサの特性は製造ロットごとに校正を必要とするほどばらつくことがない。これは，高水準な量産技術と徹底した製品・材料の品質管理によって達成されており，この点は製品の高信頼性にも貢献するものである。

5　血糖自己測定システムの最先端および将来展望

　2006年，B型センサ用測定器に対し互換性を有する，新たな型式の当社製造のセンサ（ここではC型とする）が発売された。C型センサは，B型センサと同様のセンサプラットフォーム（電極，キャビティ）上に，酵素としてフラビンアデニンジヌクレオチド（FAD）を補酵素に有するグルコースデヒドロゲナーゼ（FAD-GDH）を搭載している。B型センサにおけるPQQ-GDHと同様，キーマテリアルである酵素を素早く置換・採用することができたのは，大学や酵素メーカによる活発な新規酵素の研究開発の貢献が非常に大きい。FAD-GDHに関する詳細は本書内の他の章に詳しく述べられている。本酵素はPQQ-GDHと同様にGDHであり，FADを補酵素に持ちながら酸素を電子受容体としないため，C型センサは血中の溶存酸素濃度による誤差を生じないという機能を保っている[15]。向上した機能はグルコースに対する選択性であり，C型センサはB型で誤差要因であったマルトースに対して誤差を生じない。これにより，マルトースを含む点滴等を受けている患者にも対応する，酸素濃度依存のないセンサが世界で初めて製品化された。

　このように，測定の正確性に関する性能向上をA型からC型にかけて実現してきた。しかしながら，現状では測定値に影響を及ぼすいくつかの血中因子が残存しており，それらはキシロース（血中濃度8 mg/dL以上），アスコルビン酸，尿酸，アセトアミノフェン（7 mg/dL以上），ビリルビン（20mg/dL以上），赤血球（高血糖値域）などである。補正電極や補正アルゴリズム，あるいはメディエータの改良などを通して上記因子への対応を進めた他社製造品がいくつか市販されている。このようにセンサの正確性に関する開発が今後も各社で活発に推進されるものと予想される。

　一方，他の開発ポイントとしては，必要血液量の低減，および測定時間の短縮などを挙げることができる。現在市販されているSMBGシステムの中での最高スペックはそれぞれ0.3μL，5秒

である．これらは実用上十分に小さな値と考えられ，スペックとしてはほぼ飽和状態にあると思われる．したがって，これらを超越するためではなく，むしろ追従するための開発が，最高スペックを実現していない各社により行われると考えられる．

さらには，操作簡便性の向上も重要なポイントである．現在，数社より，複数のセンサを装填したカートリッジを予め測定器に装着して使用するタイプの血糖値測定システムが市販されている．測定器に配されたボタン等を操作することにより，血糖測定が可能な位置に測定器内のカートリッジからセンサが供給される仕組になっている．測定ごとにセンサを測定器に挿抜する手間が省ける点で，操作は簡便である．こういった操作簡便性の向上を目指した開発が今後も活発に進められるものと予想される．

文　　献

1) International Diabetes Federation; *Diabetes Atlas*, 2nd Ed. (2003)
2) 池田篤治ら，高分子機能電極，千田貢ら（編），学会出版センター，pp.131-58 (1983)
3) K. Kano *et al.*, *Anal. Sci.*, **16**, 1013-21 (2000)
4) T. Ikeda *et al.*, *Agric. Biol. Chem.*, **48**, 1969-76 (1984)
5) A. E. G. Cass *et al.*, *Anal. Chem.*, **56**, 667-71 (1984)
6) S. Ikeda *et al.*, *Denki Kagaku*, **63**, 1145-7 (1995)
7) S. Nankai *et al.*, *Proc. MRS. Intl. Meeting, Adv. Mater.*, **14**, 177 (1988)
8) M. Kawaguri *et al.*, *Denki Kagaku*, **58**, 1119-24 (1990)
9) 吉岡俊彦，最新酵素利用技術と応用展開，相沢益男ら（編），シーエムシー出版，pp.316 (2001)
10) 吉岡俊彦ら，電子情報通信学会誌，**80**, 830 (1997)
11) 日本公開特許広報，特開2004-313172
12) 日本公開特許広報，特開2001-208715
13) 日本公開特許広報，特開2001-305095
14) 日本特許広報，特許第3494398号
15) S. Tsujimura *et al.*, *Biosci. Biotechnol. Biochem.*, **70**, 654-9 (2006)

第11章　バイオセンサの産業利用

林　隆造[*1], 橋爪義雄[*2]

1　はじめに

　酵素などの生体触媒を利用したバイオセンサの中で産業上の利用台数がもっとも多いものは，固定化酵素電極法と微生物電極法を利用した装置であろう。これは，分析の原理が明確である，複雑な解析を要しない，ランニングコストが低い，などが理由であると考えられる。本章ではフロー方式固定化酵素電極法と廃水のBOD（生物化学的酸素要求量）センサの現状について紹介する。

2　固定化酵素電極法バイオセンサ

　バイオセンサの測定対象化合物の多くは液体クロマトグラフなどの他の分析装置でも定量可能であるが，
　(a)　装置の構成が比較的簡単で，メンテナンスが楽である。
　(b)　分析コストが低い。
　(c)　迅速分析ができる。
等の実用上の利点がいくつかある。
　実際には，少数検体の成分分析にはHPLC，多検体の日常管理にはバイオセンサというような棲み分けが成立している。
　多種の酵素の中では酸化還元酵素，特にオキシダーゼが最もよく利用されている。測定対象によっては加水分解酵素，転移酵素，脱離酵素，異性化酵素，合成酵素が併用される。最終的に化合物の濃度に比例した出力を得るために過酸化水素電極か酸素電極が一般に用いられる。
　従来から臨床検査用血糖計を品質管理などに転用する例も多いが，産業用途での要求性能と臨床検査用途では少し異なる点がある。たとえば臨床検査では測定対象が血液などに限定され，共存妨害物はある程度予想できる。一方産業用途では，試料粘度，pH，溶存酸素量など変動する

[*1]　Ryuzo Hayashi　王子計測機器㈱　大阪事業所　取締役
[*2]　Yoshio Hashizume　王子計測機器㈱　大阪事業所　マネージャー

バイオ電気化学の実際——バイオセンサ・バイオ電池の実用展開——

因子が非常に多い。試料の性質に加え利用される環境も多岐に及ぶため，装置構成は異なったものとなる。

3 オフラインバイオセンサの概要

現在販売されている主な装置では，イオン濃度測定のためにイオン電極を併用する例はあるが，基本は酸素もしくは過酸化水素電極を用いる。試料搬送方法として，サンプリングした試料を測定セル内に注入するバッチ方式の装置と，緩衝液を連続して流し，その流れに試料を注入するフロー方式の装置が販売されている。ここでは王子計測機器製のBF-5型（図1）を例として説明する。

本装置はフロー方式を採用している。本方式で使用する配管は内径0.5mmである。液体クロマトグラフと異なり，バイオセンサでは試料のろ過などの前処理が省略されることが多く，あまり細いと閉塞などのトラブルが起きる。

送液に用いるポンプは，無脈動のものよりむしろ緩衝液と試料の混合を促すため適度の脈動を発生するものの方が適している。配管の大部分と固定化酵素を含むフローセルは恒温化機構の中に収納されている。一般に温度が1℃変動すると，バイオセンサの出力は5〜10%変動するため，厳密な温度管理が重要になる。最後にフローセル出口から廃液ボトルまでの間に比較的長い

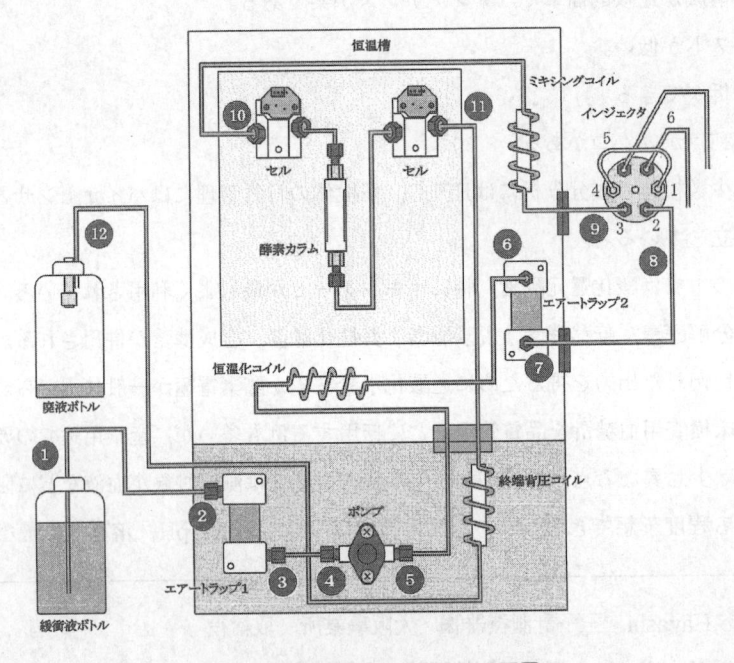

図1　BF-5型バイオセンサの配置

第11章 バイオセンサの産業利用

配管が用いられている。これはフローセル出口に背圧をかけて，気泡が発生するのを防ぐもので必須である。本装置では2つの電極を直列に接続して，1回の試料注入で2つの電極出力を記録解析できる。これは単純な酸化還元酵素を利用した電極以外に，酵素変換反応を併用したセンサで演算処理などを行う上で有利な構成である。

4 過酸化水素電極の例

過酸化水素電極を用いたグルコース電極の一例を図2に示す。この過酸化水素電極は，ガラス基板上にスパッタリングで形成された2本の白金と1本の銀極からなる。銀極は緩衝液中に塩素イオンを含ませると，表面に塩化銀層が形成され参照電極として働く。電流は2本の白金線間に流れる3電極形式をとっている。これらの金属極の表面に数μm程度の選択透過膜が形成され，低分子量の過酸化水素を優先的に透過させることにより試料中に含まれる還元性化合物の影響を極力排除するように設計されている。また酵素によって，固定化リアクタ形式の電極を採用すると安定性が増す場合がある（図3）。

図2 過酸化水素電極方式グルコースセンサの例　　図3 固定化カラムリアクタを用いた電極の例

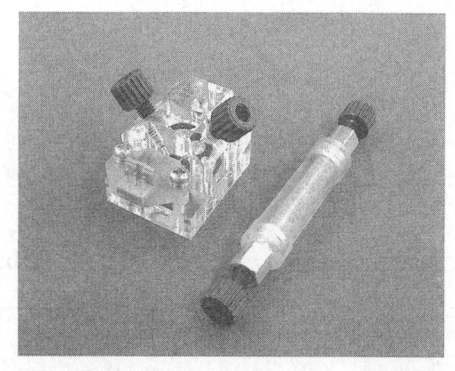

5 酵素電極の測定原理

グルコースとスクロースの例で説明する。一般的にグルコース測定にはグルコースオキシダーゼが用いられる。本酵素はβ-D-グルコースと酸素からグルコノラクトンと過酸化水素を生成する反応（図4）を触媒する。なお，反応式中，酵素の下のカッコ内はEC番号である。至適pHは中性から弱酸性で固定化の形式により差が認められる。30〜40℃程度の温度で利用可能である。スクロース，マルトースなどにわずかであるが反応する。またα-D-グルコースには応答しないため，後述のスクロースの例でグルコースオキシダーゼを用いる場合は，変旋光を促進する

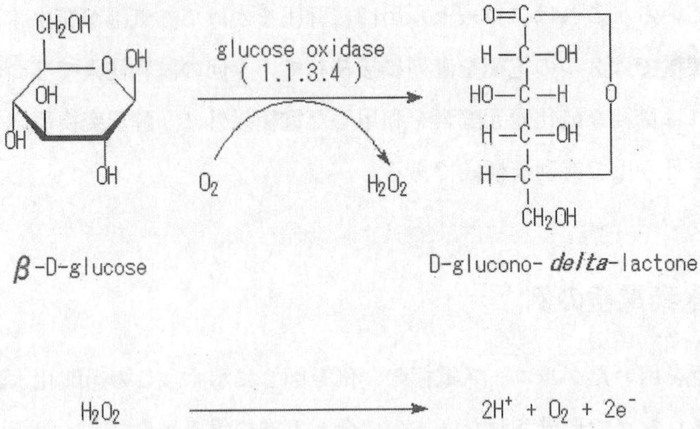

図4 グルコースの酸化反応と過酸化水素の検出

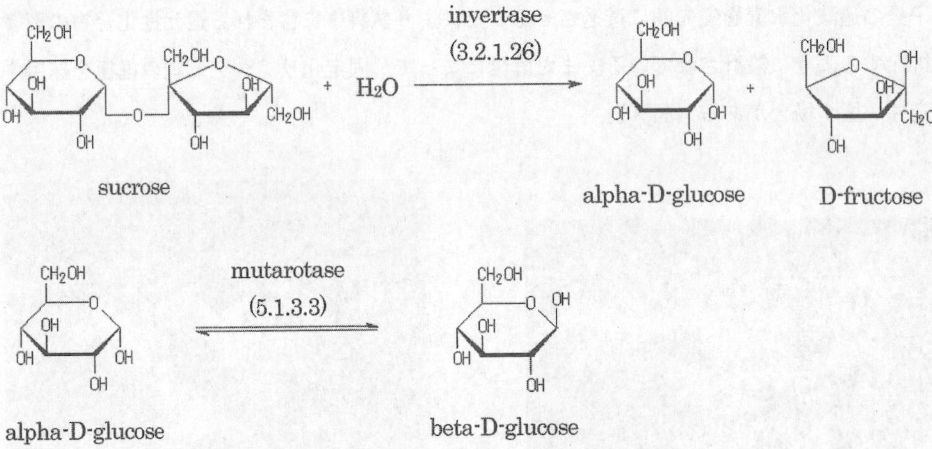

図5 スクロース電極内における分解反応

酵素（ムタロターゼ）を併用する。一般の溶液状の食品中や加熱滅菌を行った微生物用の培地などでは変旋光が完了しており問題が起きることは少ない。

　スクロース電極ではインベルターゼ，ムタロターゼおよびグルコースオキシダーゼが同時に固定化されている。インベルターゼによる加水分解により生じたα-体は速やかにムタロターゼでβ-体に変換されグルコースオキシダーゼにより酸化反応が進行する。同時固定化により後続反応が進行して感度が向上する（図5）。グルコースとスクロースを同時に測定することにより，最初から試料中に存在するグルコースを補正して正確な測定が可能である。また，発酵管理の目的で糖蜜の分析を行うにあたり，加水分解後，全還元糖をソモギ法などで定量していた場合など，対応するデータを得るためにはグルコース，果糖，スクロースの3成分を計る必要がある。

電極を交換して測定するのも一つの方法であるが，上記の酵素反応は溶液内で実施し，酵素反応前後の試料をグルコースと果糖の同時測定により定量することで迅速に分析が可能となる。

6 バイオセンサの精度管理

装置は取扱説明書にしたがって安定化運転を行い，その後に使用するべきである。また固体の電極を利用するバイオセンサでは，感度の変動（ドリフト現象）が避けられない。そこで一定の試料を分析した時に必ず標準液により校正を行うことが必要となる。装置により自動的に校正を実施するものもある。定期的に標準液による繰り返し精度の確認を実施することが望ましい。これは他の分析装置と同様である。

7 バイオセンサのメンテナンス

バイオセンサを利用する上で最も重要と思われることは，注入機構，配管，フローセルなどの微生物汚染を防止することである。酵素などの生体触媒を利用するために，強力な殺菌力を有する塩素，アルカリ，酸などは利用できない。例えば固定化酵素の多くは水道水程度の残留塩素に長時間さらされると活性が低下する。そのため，定期的に配管を交換する，フローセルを取扱説明書にしたがってメンテナンスすることが精度良く分析を実施するうえで重要な項目である。次に，計量用のシリンジ，送液ポンプなどのシールやチューブを定期的に交換することにより，測定精度を保ち，分析時間を短時間に維持することが可能である。

酵素反応を利用する上で温度管理は重要であり，温調回路の点検が必要である。また，バイオセンサは数マイクロアンペア以下の電流を検知して定量を行う高精度分析装置に属するため，電気回路の点検，アースの確実な結線などを点検することが望ましい。

日常的に使用者自ら行う項目と，メーカーに依頼するべきことは取扱説明書に記載されているので確認していただきたい。

8 測定対象

現在比較的よく用いられている市販のセンサの使用酵素を表1にまとめた。全ての電極を利用する例は少ないとしても，電極を交換して速やかに装置が安定することが重要である。

表1 酵素電極法バイオセンサによる主な測定対象化合物

化合物名	使用酵素例（[ ]内は酵素キット中の酵素で，それ以外は固定化酵素）
グルコース	glucose oxidase
ショ糖	invertase + mutarotase + glucose oxidase
アルコール	alcohol oxidase
リジン	L-lysine oxidase
L-グルタミン酸	L-glutamate oxidase
L-グルタミン	glutaminase + L-glutamate oxidase
乳糖	beta-D-galactosidase + glucose oxidase
果糖	D-fructose dehydrogenase
L-乳酸	L-lactate oxidase
D-乳酸	D-lactate dehydrogenase + NADH oxidase
ピルビン酸	L-lactate dehydrogenase + L-lactate oxidase
マルトース	maltose phosphorylase + glucose oxidase
グリセロール	glycerol kinase + glycerol-3-phosphate oxidase
グルタチオン	glutathione sulfhydryl oxidase
マルトオリゴ糖	glucoamylase + glucose oxidase
チラミン	monoamine oxidase
ヒスタミン	monoamine oxidase
コリン	choline oxidase
イノシン	purine-nucleoside phosphorylase + xanthine oxidase
キサンチン	xanthin oxidase
アスコルビン酸	L-ascorbate oxidase
アンモニア	L-glutamate dehydrogenase + L-glutamate oxidase
イノシン酸	[alkaline phosphatase] + purine-nucleoside phosphorylase + xanthine oxidase
尿素	[urease + L-glutamate dehydrogenase] + L-glutamate oxidase
ソルビトール	[sorbitol dehydrogenase + L-lactate dehydrogenase] + L-lactate oxidase
マンニトール	[mannitol dehydrogenase + L-lactate dehydrogenase] + L-lactate oxidase
澱粉	[alpha-amylase + glucoamylase] + glucose oxidase

9 オンラインバイオセンサ

オフラインのセンサと同様に発酵槽と直結することにより特定成分を分析するバイオセンサもよく用いられている。図6はBF-510型の例であるが，試料中の低分子画分を透析モジュールで緩衝液側に拡散させ，電極に導いて検知する手法を取っている。菌体が直接電極と接触しないため汚染を防止することが可能で，オフラインで使用した場合と同様の耐久性を実現できる。

10 動物細胞用マルチチャンネルバイオセンサ

動物細胞の培養管理には，グルコース，グルタミンなどの化合物を培養指標にする場合が多い。また生成するL-乳酸やアンモニウムイオンの濃度が必要になるなど，一定成分の同時分析を実施する必要がある。同時一斉分析はバイオセンサに適した分析方法ではないが，動物細胞培

第11章 バイオセンサの産業利用

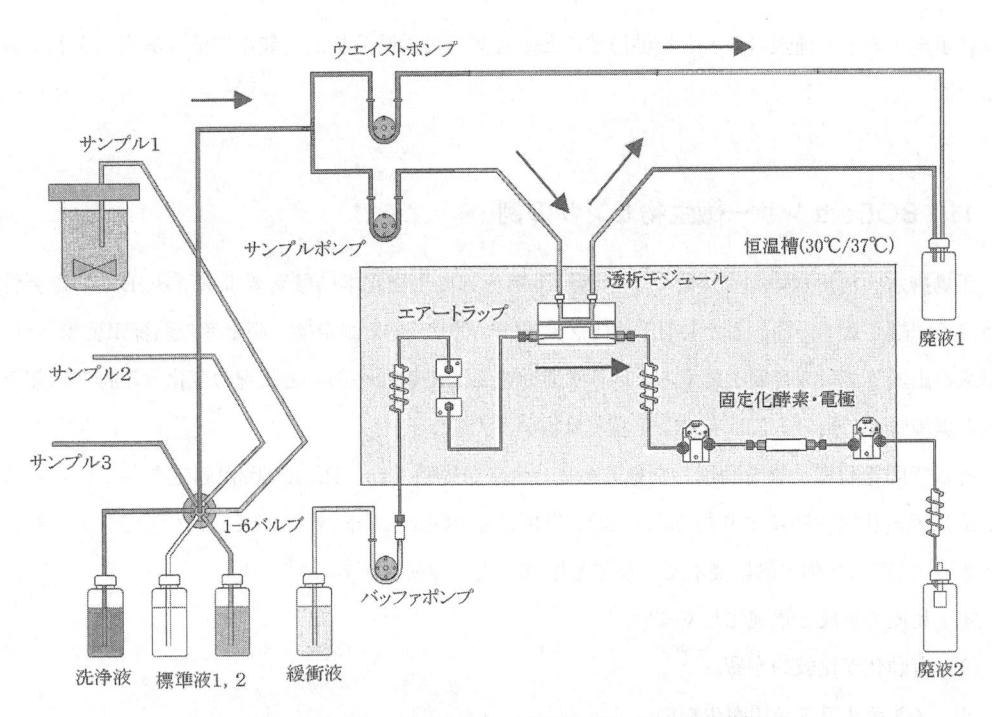

図6 オンラインバイオセンサの構成例（BF-510型）

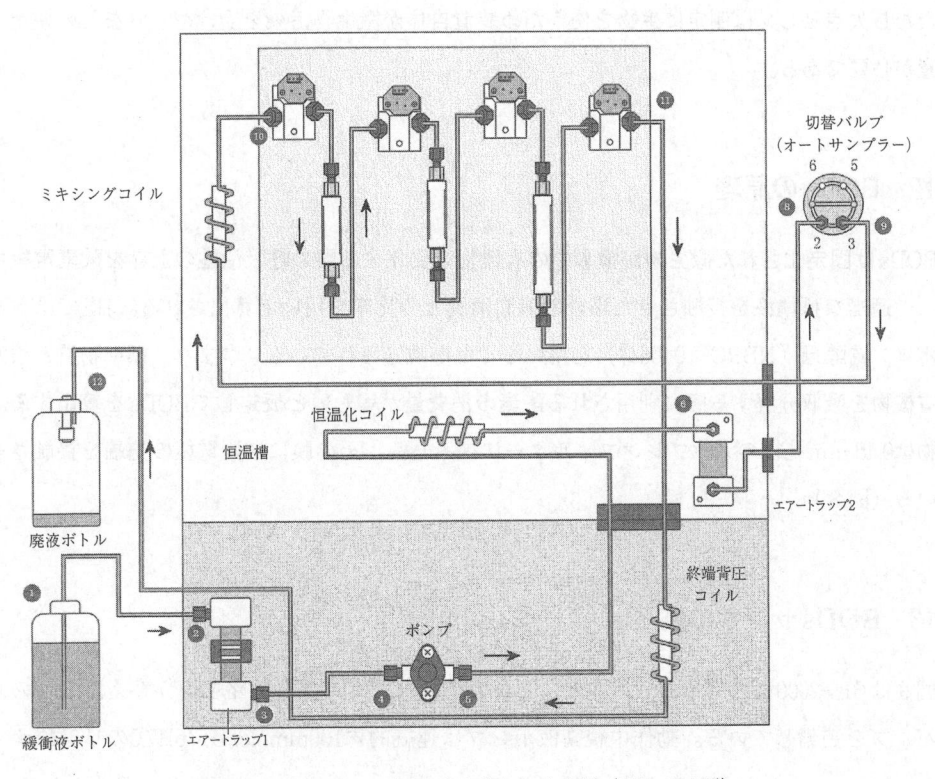

図7 マルチチャンネルバイオセンサの例（BF-6M型）

養に限定すると4種類（キットを併用すると6種類）の同時分析が可能な機種も実用化されている（図7）。

11　BODsセンサ―微生物センサの例―

工場排水，河川水等の有機物による汚濁指標として生物化学的酸素要求量（BOD）の重要性は良く認識されている。しかしJIS K0102に規定されたBOD測定は，測定者の熟練が要求され，結果が出るまでに5日間を要するという欠点がある。そのため刻々と状況の変化する操業に組み入れ環境管理に用いるには有効な手段とは言いがたい。

そこで固定化微生物を利用したBODsセンサ法が提唱され，JIS K3602が制定されている。ここでは固定化微生物により得られたBOD指標値をBODsと表記する。BODsはTOC（全有機体炭素），COD（化学的酸素要求量）などと比較して次の利点がある。

(1)　装置の構成を単純化しやすい。
(2)　自動化が比較的容易。
(3)　メンテナンス負担が少ない。
(4)　分析廃水に有害な物質が含まれない。

ただし欠点としては測定に生物を使うため装置自体が微生物汚染を受けやすいなどの使用上の注意が必要である。

12　BODsの原理

BODsは固定化された微生物が検水中の有機物を資化する際の呼吸活性の上昇を酸素電極で検出し，適当な標準液を接触させた場合の酸素消費との比率を用いて算出される。JISではトリコスポロン属酵母（NBRC-10466株）を用いることが規定されている。つまり，標準物質と検水中の有機物を吸収分解する際に利用される酸素の消費量が等しいと仮定してBODsを算出する。微生物は0.45μm孔径のメンブレンフィルターに挟み込み，その膜に酸素電極の先端を接触させて用いる（図8）。

13　BODsセンサの例

図9はBF-2000型の例である。内部に2つのチューブポンプと流路を切り替える3つのピンチバルブを装備している。動作中緩衝液ポンプは連続的に100mmole/L，pH7.0のリン酸ナトリ

第11章 バイオセンサの産業利用

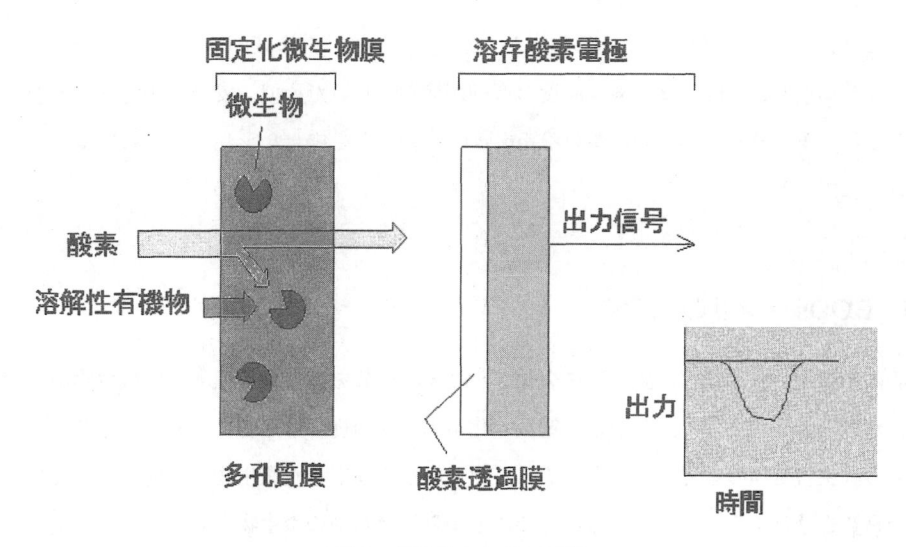

図8 微生物センサの原理

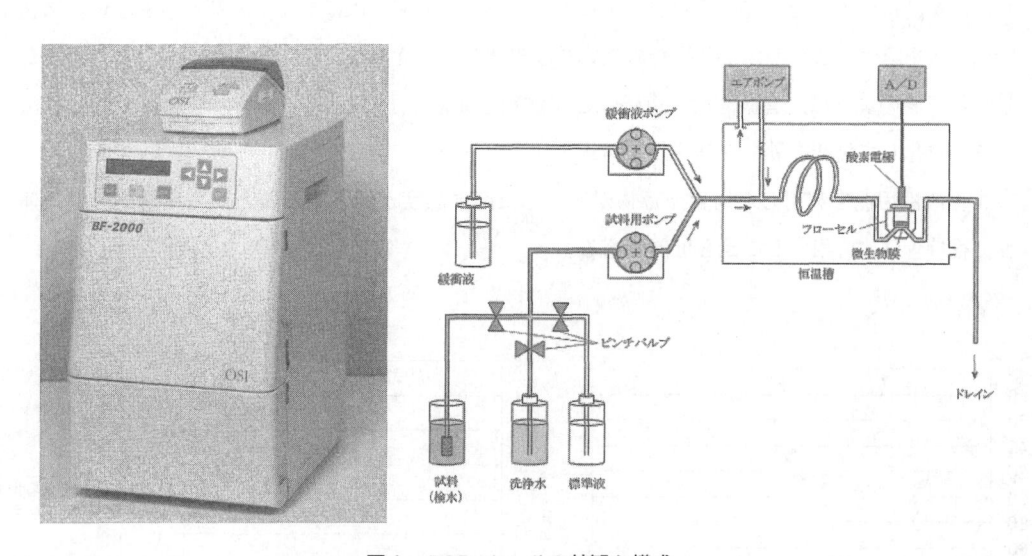

図9 BODsセンサの外観と構成

ウム緩衝液を送液する。試料用ポンプは測定開始時に高速回転し，検水配管中に残留する前の試料を捨てる。以後一定回転数で送液を行い，ピンチバルブの開閉で検水，標準液，洗浄液を切り替える。検水もしくは標準液は緩衝液と合流し，恒温槽内に導入される。恒温槽はペルチェ素子で温調されており，25℃から40℃までの温度設定が可能である。恒温化された空気の一部はエアポンプに吸い込まれ，液と空気を合流させてフローセルに導く。微生物膜はフローセル内に装着され，ちょうど緩衝液で希釈された検水が空気で吹き飛ばされ，水滴として微生物膜に吹き付け

られることになる。空気を導入する理由は，検水，標準液，洗浄液の溶存酸素濃度が異なると，液中の有機物濃度とは関係なく酸素濃度の変動が検知されるため，安定な測定を行うために必須の項目になる。またすべての配管は2 mmφの抗菌加工を施したシリコンもしくはテフロン管で構成されている。

14 BODsセンサの測定例

一般に，醸造，食品廃水は微生物に資化されやすい成分を含むため標準的な微生物膜を利用して分析が可能な場合が多い。しかし，電気，化学工場等の場合は適切な応答が得られないことを経験する。生物処理の考え方を適用すると，その廃水に適応した微生物が増殖することにより有機汚濁物質を分解することができるわけであるから，廃水中の微生物もしくは活性汚泥を固定化するとうまく分析できることも少なくない。有機溶剤を含む廃水の測定例を図10に半導体工場廃水の例を図11に示した。有機溶剤が含まれるとNBRC-10466株はほとんど応答を示さない。図10では廃水を曝気することにより得た微生物を固定化して，従来法と高い相関性が得られた。また半導体工場のように，有機溶剤，塩類などが混在し非常に小さなBOD値を示す場合でも活性汚泥を固定化して経時変動を追跡可能である。

また活性汚泥を利用した場合，毒物が流入した際に感度が低下することから生物処理槽の運転，維持管理に応用することも可能である。

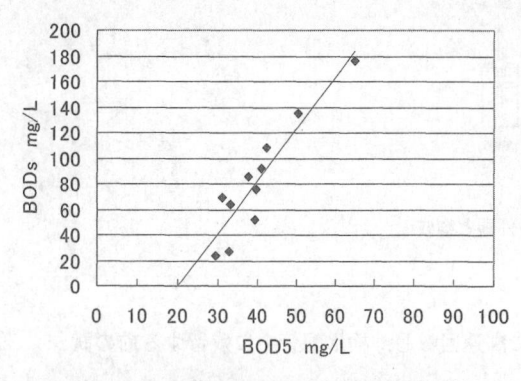

図10 有機溶剤を含む廃水の測定例 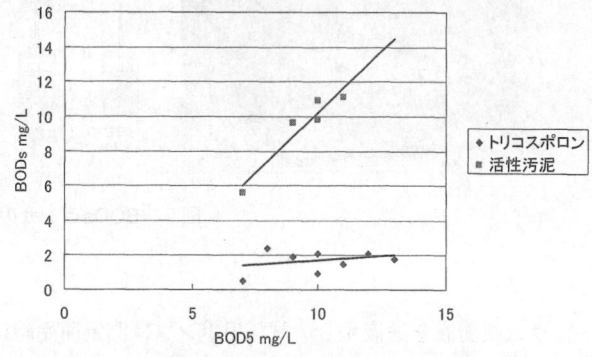　　図11 半導体工場廃水の測定例

第11章　バイオセンサの産業利用

15　まとめ

　バイオセンサの利点は微生物，酵素などの特異性を利用した測定であることであり，逆に言えば複数成分の一斉分析を行うことは非常に苦手である。また自己管理血糖計のようにポケットに入れて製造現場に持って行ける小型装置に対する要望も多いが，今のところ開発段階である。

　一斉分析について現時点では2～6成分程度まで可能となった。今後，可能な限り多成分の一斉分析の方向が進むと思われる。一方で単独成分ではあるがより広範囲の化合物（たとえばタンパク質，抗原，抗体，遺伝子などの高分子を定量することも含め）を高速処理できる装置の開発も進み，いわば2方向に分化して高機能化していくものと考えられる。

第12章　電気化学的な遺伝子検出法
―― DNA センサから DNA チップへ ――

石森義雄[*1], 橋本幸二[*2]

1　何故電気化学検出なのか？

どのようにして遺伝子は測られているのだろうか？　現在の遺伝子検出の主流は，細胞増殖に関連する遺伝子増幅酵素（Polymerase）を用いる Polymerase Chain Reaction（PCR）法と呼ばれる手法である。本手法は，検出したい遺伝子を数時間で100万倍以上に増やすことができるので，遺伝子の配列を詳しく解析する場合には打ってつけの手法である。また原理的には，検出したい遺伝子が1本あれば，増幅は可能である。しかしPCR法は，検出感度が高い分，環境中の妨害因子の影響も受け易く，操作も煩雑で熟練を要し，更に増幅酵素が高いので分析コストがかさむという問題点がある。

このような問題点を解決する一つのアプローチとして，我々はセンサ方式による電気化学的な簡易遺伝子検出法の開発を行ってきた。すなわち，高感度でありながら簡単で速く，しかも正確な遺伝子の検出（定量）が安く行える手法の開発を目指してきたのである。何故センサ方式なのか？　センサ方式であれば，遺伝子の反応と検出を同じデバイス上で行えるので，測定操作が簡単になるし，測定時間も短くなるだろうと考えたからである。また，何故電気化学的なのか？　これは，電気化学的手法の場合，出力信号処理による高感度検出が期待され，しかも検出装置が小型で安価にできるからである。

2　電気化学的DNAセンサの検出原理

ある決まった塩基配列を持つ遺伝子を検出する方法として，DNAプローブ法と呼ばれる手法がある。これは，検出しようとする遺伝子の塩基配列に対して相補的な配列を持つ短い遺伝子（DNAプローブ）を用いて，予め蛍光物質などで目印を付けておくことで，目的とする遺伝子と反応した時に，その有無が分かる手法である。この場合，測ろうとする試料遺伝子は，フィルタなどに予め固定化しておく必要がある。電気化学的DNAセンサのアイデアも，基本的にはこの

[*1]　Yoshio Ishimori　㈱東芝　研究開発センター　先端機能材料ラボラトリー　研究主幹
[*2]　Koji Hashimoto　㈱東芝　研究開発センター　事業開発室　グループ長

第12章 電気化学的な遺伝子検出法

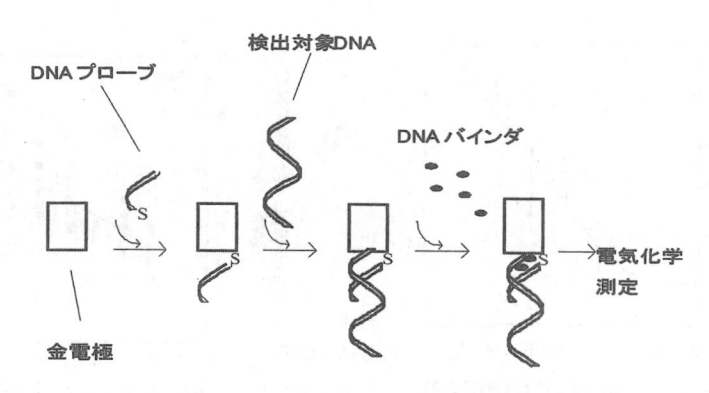

図1 電気化学的DNAセンサの原理

DNAプローブ法の応用である。電極上でDNAプローブ法を行って電気化学的に検出できないか，と考えたのである。電気化学的DNAセンサの原理を模式的に図1に示す。

まず，検出対象遺伝子と特異的に反応するDNAプローブを電極上に固定化する。次に，この電極を試料遺伝子が入っている液に漬けると，電極上で遺伝子同士が反応して遺伝子ハイブリッドが形成される。言わば，DNAプローブで電極上に検出対象遺伝子を釣り上げるのである。この段階で電気信号が取り出せれば良いのだが，残念ながら殆ど電気信号は得られないことが予備実験の結果明らかになった。そこで我々は，DNAバインダと呼ばれる遺伝子と結合できる物質に着目した。この物質は核酸挿入剤とも呼ばれ，古くから遺伝子や細胞の核を染める物質として使われてきたものである。市販品だけでも数十種類があるが，染色用として使われているので，色素（類似）化合物が多く，電気化学的に活性な物質は知られていなかった。そこで，市販されているDNAバインダのサイクリックボルタンメトリを行ってみたところ，いくつかの物質が電気化学的に活性であることが分かった[2]。

第3のステップとして，電極上で形成された遺伝子ハイブリッドに，上述の電気化学的に活性なDNAバインダを作用させ，その物質から得られる電気化学信号を指標にして検出対象遺伝子を測れば，定量検出ができるだろうというのが『電気化学的DNAセンサ』の原理である。

3　センサの作製と原理確認実験（B型肝炎ウイルス（HBV）検出を例にして）

HBV遺伝子と特異的に反応できるDNAプローブを選択し，5'末端にイオウ原子を導入した。使用したDNAプローブは［5'-CGTCCCGTCGGCGCTGAATC-3'］の塩基配列を持つ20merである。こうしたDNAプローブは，外注業者で簡単に合成してもらえる。イオウ原子を末端に導入したのは，金とイオウとの親和力を利用して金電極表面にDNAプローブを化学的に結合させるためである。電気化学的DNAセンサの作製法は，いたって簡単である[1]。まず，研磨した棒

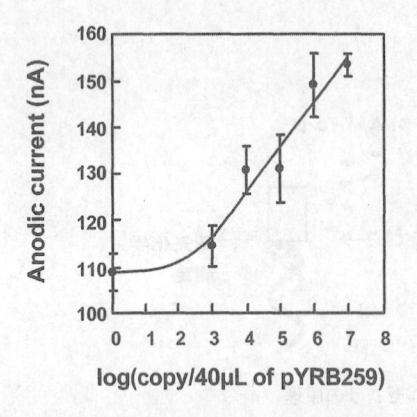

図2　電気化学的DNAセンサによるpYRB259プラスミド測定の検量線

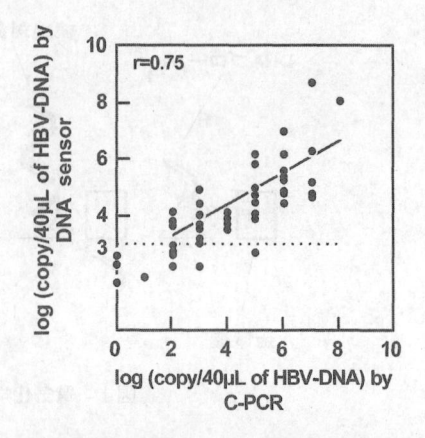

図3　HBV-DNA測定における電気化学的DNAセンサとC-PCR法との相関関係(52患者血清)

状の金電極（$\phi=0.3\,\mathrm{mm}$, $7\times10^{-4}\,\mathrm{cm}^2$）を上記DNAプローブ溶液（250ng/mL）中に室温で1時間浸漬し，次に緩衝液などで十分に洗浄して未反応のDNAプローブを除去する。これだけでHBV遺伝子を測定するための電気化学的DNAセンサが作製できる。実際の肝炎患者血清からのHBV遺伝子の検出に先立ち，HBV遺伝子を組み込んだプラスミド（pYRB259）を用いて原理確認実験を行った。本プラスミドは，自治医科大学より入手した。所定量のプラスミドを含む40μLの試料液（遺伝子反応用の専用緩衝液を使用）を作製し，ここへ上記センサを1本ずつ浸漬する。43℃で1時間放置し，電極上で遺伝子ハイブリッドを形成させる。反応後，電極をイオン交換水で洗浄して，0.1mol/LのDNAバインダ（ヘキスト33258を使用）溶液中に再び浸漬する。室温暗所で5分間放置した後，リン酸緩衝液（pH7.0）で十分洗浄し，リニアスイープボルタンメトリを行ってDNAバインダ由来の電気信号（ヘキスト33258の場合は酸化電流値）を測定する。測定結果を図2に示す。図の横軸は，40μL中に含まれるプラスミドの数を表わし，縦軸はヘキスト33258由来の酸化電流値を示している。この結果から，電極が手作りのため測定値のバラツキは大きいものの，10^3から10^7コピー/40μLの範囲でHBV遺伝子を測定できることが明らかになった。電気化学的DNAセンサによる電気化学的な遺伝子検出が可能であることが原理的に示されたのである。

4　患者血清中のHBV遺伝子の測定[3]

東京・大井町の東芝病院から入手した患者血清（52試料）からそれぞれ遺伝子を抽出し，半定量法である競合PCR（C-PCR）法と電気化学的DNAセンサでの結果を比較した。電気化学的DNAセンサの検量線としては，図2を使用した。結果を図3に示す。10^3から10^8/40μLの範囲

で，回帰直線；$y=0.57x+2.16$，相関係数；$r=0.75$という相関関係であった。C-PCR法は，遺伝子濃度を桁で示す程度の定量性しかないので，この程度の相関でもかなり高いものと推定された。なお図中の点線は，電気化学的DNAセンサの検出限界濃度を示している。

5 他の電気化学的DNAセンサについて

上述のDNAセンサの他にも注目すべきDNAセンサについて，以下に2つの技術を紹介する。

5.1 SMMD法[4~7]

SMMD（Simultaneous Multiple Mutation Detection）法とは，TUMジーン社（凸版印刷が2005年12月に買収）が開発した電気化学的DNAセンサを用いて，多種類の変異を同じプロトコールで検出できる手法のことである。ここでは，SMMD法を用いてSNP解析を実施する例を紹介する。SMMD法で用いられるDNAセンサでは，上記東芝製のDNAセンサと同様に挿入剤を使用する。しかし，二本鎖DNAに対する特異性を向上させるために，DNAバインダではなく「縫込み型挿入剤」と呼ばれる独自の化合物を使用している[4]。SMMD法で検出するためには，まず自己ループを含む一本鎖DNA試料を作製しなければならない。これは，自己ループ構造を取る特殊なプライマーを用い，鋳型試料による非対象PCR反応を実行することにより得られる。この自己ループを含む試料の電気化学的検出に関する原理を，模式的に図4（反応過程）及び図5（電気化学応答）に示す。

まず，金電極上に固定化されたDNAプローブとループ構造を持つ試料DNAが反応する。次にリガーゼによりライゲーション反応を起こさせると，SNPがない場合にはDNAプローブと試料DNAは結合されて一本のDNAになり，熱変性後も元の温度条件に戻すと二本鎖を形成できる。これに対しSNPがあると，DNAプローブの末端の塩基が相補でないために結合反応は起こらない。そこで熱変性させると試料DNAはDNAプローブから離脱してしまい，金電極上にはDNAプローブしか残らなくなる。このような状態の金電極に縫込み型の挿入剤を作用させると，SNPがある場合にはDNAに結合する挿入剤が殆どないために非常に低い電流値しか観測されない。一方SNPがない場合には，金電極上で二本鎖DNAが形成されるために多くの挿入剤分子が結合するため，高い電流値となる。これらの結果から，元の試料にSNPがあるかないかを容易に判定できるのである。検出時間は1時間以内である。なおSMMD法では，SNP解析以外にも塩基のデリーションや挿入，繰り返し回数の検定など多種類の変異を電気化学的に検出することが可能である。SMMD法はTUMジーン社の特許技術である（第3581711号）。

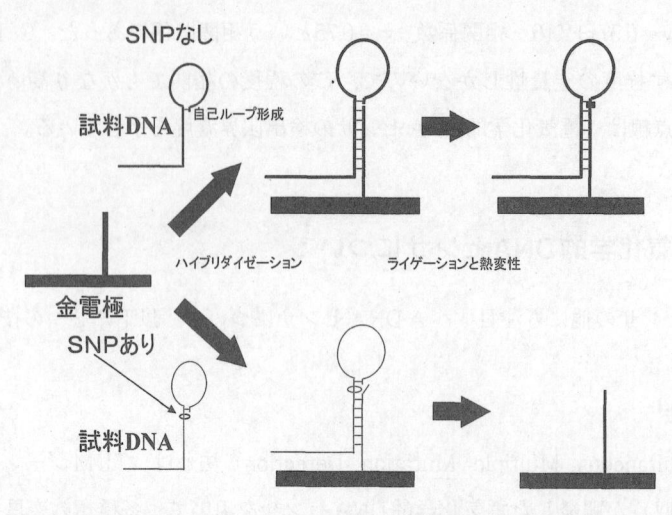

図4　SMMD法によるSNPの検出の原理図（反応過程）

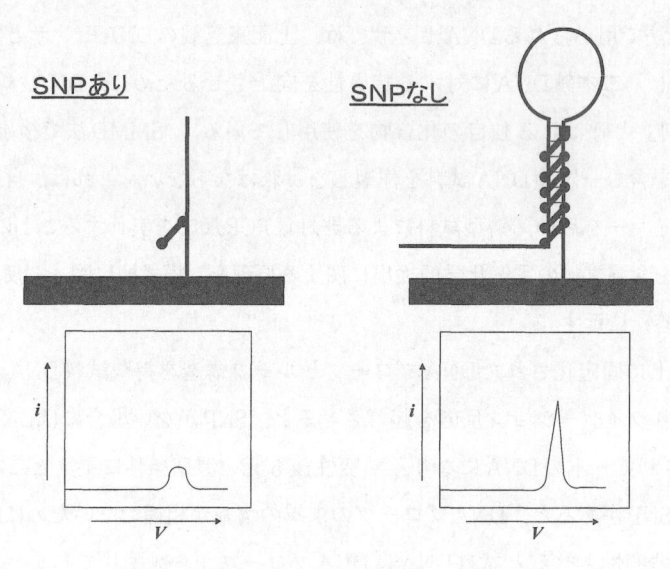

図5　SMMD法の検出原理（電気化学応答）

5.2　ヘアピン型プローブを用いた電気化学的遺伝子検出法[8,9]

　京都大学の齋藤烈名誉教授（現，日本大学教授）が開発した，ヘアピン型プローブを利用する電気化学的遺伝子検出法の実用化検討が三井化学の手で行われている。検出原理を図6に示す。齋藤らは，ルミフラビンと呼ばれる酸化還元ユニットを修飾し，DNAプローブ5'端に付加した。そして3'端に導入したチオール（SH）基を介して金電極上に固定化した。このDNAプローブは図6に示す通り，ヘアピン構造を持っており，試料DNAとハイブリダイゼーションする前には

第12章　電気化学的な遺伝子検出法

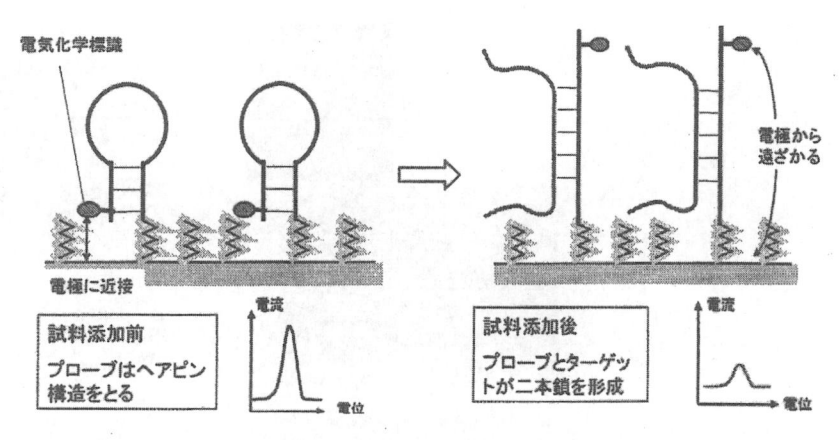

図6　ヘアピン型プローブを用いる電気化学的遺伝子検出法の模式図

金電極近傍に酸化還元ユニットが存在している。従って，反応前には大きな電流信号が得られる。次に目的DNAと反応し，金電極上でハイブリッドが形成されると，酸化還元ユニットが電極から離れてしまうため，電流信号も小さくなってしまうのである。この原理に基づき，SNPの電気化学検出が容易に可能となる。現在三井化学では，この検出法をコメの品種鑑定などに応用しようとしている。

以上のように，電気化学的DNAセンサの実用化研究は日本を中心に現在進められている。いずれも特許に裏付けられた独自技術であり，POCテストへの適用を考えると有望な手法であると思われる。

6　電流検出型DNAチップ

我々は，DNAプローブ固定化電極と電気化学的に活性な挿入剤を用いる，電流検出型DNAチップを開発した。電流検出型DNAチップは，数cm角の基板上に複数の電極をパターニングしたもので，それぞれの電極上には異なる配列のプローブを固定化することができる。そのため，1チップで複数のDNAを同時に検出することが可能である。今回作製したものは，フォトリソグラフィーの技術を使ってガラス基板上に金の作用電極，参照電極，対極を形成したもので，作用電極上にDNAプローブを固定化して実験に用いた（図7）[10]。

従来のDNAチップを使った遺伝子検査は，高価で大型のハイブリダイゼーション装置とDNAの検出／解析装置が必要で，取り扱いにも高い専門性が要求された。そこで我々は，一般病院にも導入できる様に，ハイブリダイゼーション反応からデータ解析までを自動で行えるシステムも開発した。チップは専用のカセットに組み込まれ，ハイブリダイゼーション反応以降を自動化し

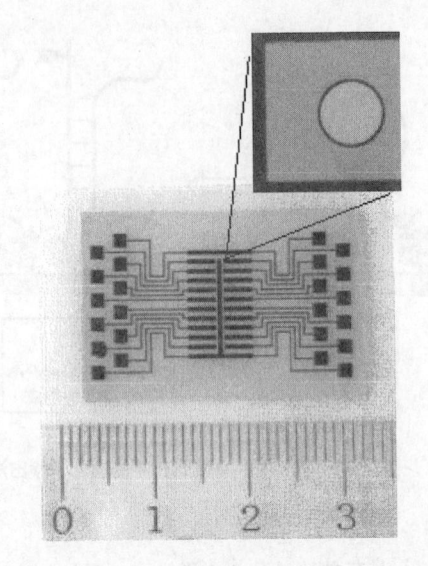

バイオ電気化学の実際──バイオセンサ・バイオ電池の実用展開──

図7　試作した電流検出型DNAチップの一例

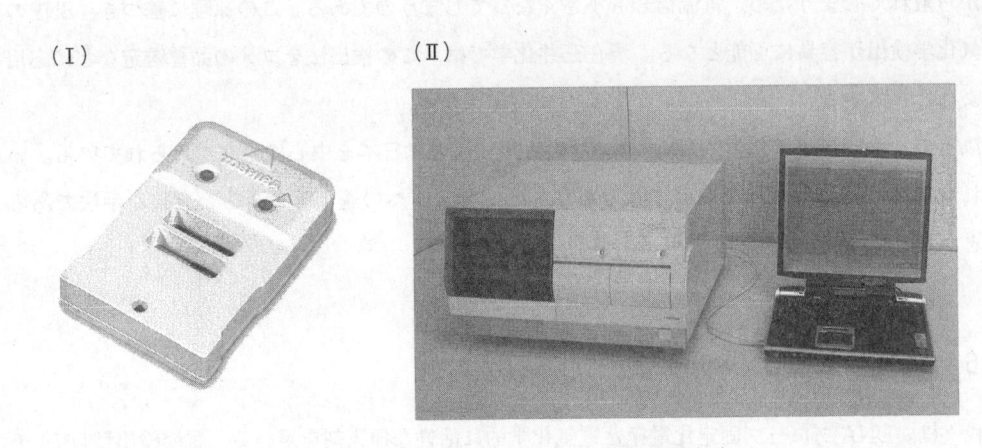

（Ⅰ）　　　　　　　（Ⅱ）

図8　DNAチップカセット（Ⅰ）と検査装置（Ⅱ）

た専用の検査装置で解析を行う。試作したシステムは，2カセットを並列処理する仕様になっており，温度制御，送液，電流検出などの機構と，専用のソフトウェアから構成されている（図8）。このシステムを使うと，カセットにPCR産物などの核酸増幅サンプルを注入し，あとは装置にセットするだけで自動的に検査結果が出力される。電流検出方式の簡便性，短時間検出，といった長所を生かすことで，検査項目によっては10分程度での測定が可能になり，DNA抽出，PCR増幅などの前処理を含めても，数時間で検査が完了する[11]。

第12章　電気化学的な遺伝子検出法

7　電流検出型DNAチップを用いた検出例

7.1　薬物代謝酵素遺伝子解析用チップ
7.1.1　N-アセチルトランスフェラーゼ2（NAT2）

　NAT2は薬物の代謝に関与する酵素で，結核菌治療薬のイソニアジドや，リウマチ治療薬のスルファサラジンなどの薬物をアセチル化することが知られている。NAT2の酵素活性には個人差があり，遺伝的多型が存在することは古くから知られていた。最近の研究で，NAT2の変異遺伝子をホモ接合体で持つSlow acetylatorはイソニアジドの過剰投与により肝障害などの副作用を発症し，一方，野生型を持つRapid acetylatorは少量の投与では効果が現れないなどの関係が明らかになりつつある。そのため，NAT2の遺伝子多型を調べる事により，個人の体質にあった投与方法を選択することが可能となる。日本人では*NAT2*5,*6,*7*の3つの遺伝子変異型を判定できれば，NAT2の酵素活性がほぼ予測可能と言われている。そこで，これら変異型を判定するために3箇所（481C/T，590G/A，857G/A）の一塩基多型（SNPs）を解析するDNAチップを開発した。3箇所のSNPsは2塩基置換タイプであることから，DNAチップ上にはSNP当たりそれぞれの多型に対応する2種類，計6種類のプローブを固定化した。今回使用したチップでは，データの信頼性を確保するために1種類のプローブに付き4電極以上を割り当てた。既に約100例以上の実検体を使った試験を終了しており，PCR-RFLP（Polymerase Chain Reaction-Restriction Fragment Length Polymorphism）の結果と100％一致することを確認している（図9）[12]。

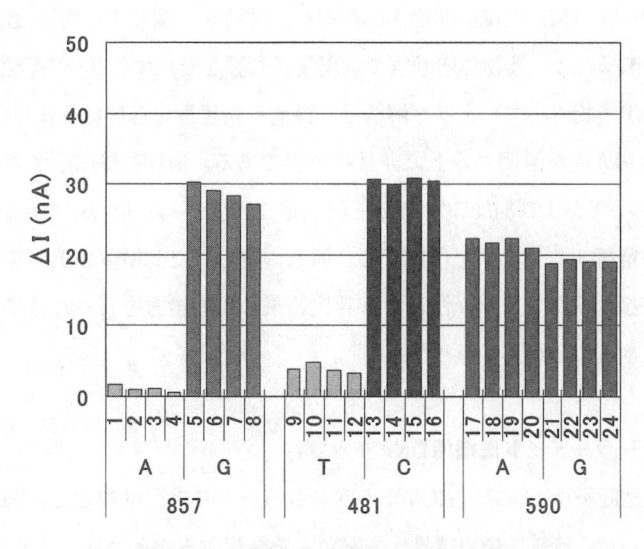

図9　NAT2遺伝子多型検出結果の一例
判定結果：857G/G，481C/C，590G/A

7.1.2 CYP2C19

CYP2C19はピロリ菌除菌などに用いられているプロトンポンプ阻害剤であるオメプラゾールや，抗てんかん薬として知られているジアゼパムなどの薬剤を代謝する酵素として知られている。最近の研究から，CYP2C19にも遺伝子多型が存在することが分かってきた。CYP2C19の遺伝子型はこれまでに*1〜*16が報告されているが，日本人におけるCYP2C19低活性群はCYP2C19*2, *3を検出することでほぼ100％特定できるとされている。そこで，この2つのアレルを検出するために，636G/A，681G/Aの2箇所の一塩基多型（SNPs）を解析対象とするDNAチップを開発した。2箇所のSNPsは2塩基置換タイプであることから，DNAチップ上にはSNP当たりそれぞれの多型に対応する2種類，計4種類のプローブを固定化した。約30例の臨床検体を用いてCYP2C19チップの評価を行った結果，全検体において従来法と一致する判定結果を得た。

7.1.3 CYP2C9

CYP2C9は抗血栓剤として知られているワーファリンなどの薬剤を代謝する酵素として知られており，CYP2C9活性低下を引き起こす遺伝子型としてはCYP2C9*2, *3が報告されている。日本人ではCYP2C9*3を判定することでCYP2C9活性の個人差をほぼ100％説明できるとされている。そこで，CYP2C9*3の判定に必要な1075A/C多型を解析対象としたDNAチップを開発した。検体から抽出したゲノムをDNAチップで検出した結果，従来法と判定結果が一致し，精度良く多型判定が行えることが示された。

7.1.4 Multi-drug-resistance1（MDR1）

薬物トランスポーターMDR1は，薬物体内動態や生体防御に関与する内因性因子として知られている。MDR1遺伝子には，薬物体内動態や発現量に影響を及ぼすSNPsが多数報告されており，MDR1遺伝子のSNP解析やハプロタイプ解析は，機能や発現量ならびにそれらの変化による薬物動態や薬理作用の個人差を説明する上で非常に重要である。MDR1遺伝子型の中でも-129T/C，1236C/T，2677G/A/Tおよび3435C/T遺伝子型は存在頻度が高く世界中で注目を集めていることから，これらを解析するチップを作製した。同意の得られた60検体以上のDNAサンプルを用いて，チップと直接シーケンシング法による判定結果の比較検討を行った結果，100％の精度で遺伝子型を検出できることが明らかとなった[13]。

7.2 C型肝炎テーラーメイド医療用DNAチップ

日本におけるC型肝炎ウイルス（HCV）の感染者（キャリア）は推定で約200万人と言われている。数年以上にわたる持続感染の結果，肝臓がんを発症することから，ウイルス感染の検知は非常に重要である。現在HCVの排除に最も効果的な治療薬はインターフェロン（IFN）であるが，

第12章　電気化学的な遺伝子検出法

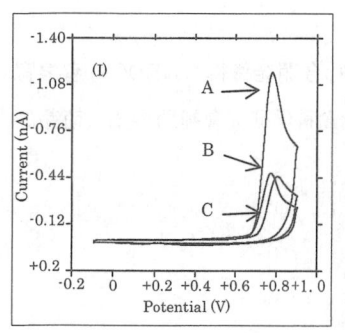

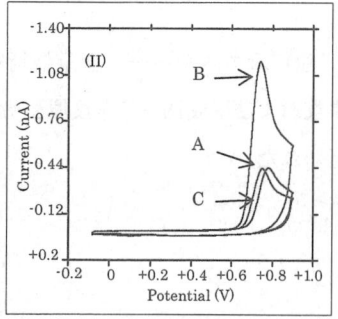

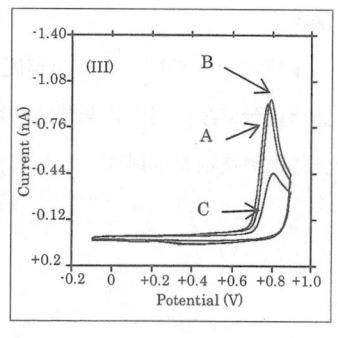

図10　電流検出型DNAチップを使ったMxA遺伝子多型の検出
（I）：major homoターゲット，（II）：minor homoターゲット，（III）：heteroターゲット
A：major homo用プローブからの信号，B：minor homo用プローブからの信号，
C：コントロール

日本人の場合5割以下の患者に対してしか効果がなく，また重篤な副作用も現れる。最近の研究で，IFNの薬剤効果判定に有用なSNPsがMxA，MBLという2種類の遺伝子に見いだされた。SNPs箇所の塩基を調べれば，投与前にIFNが効くかどうか予測できるわけである。そこで，この2遺伝子の多型検出用DNAチップを開発し，同意の得られた150以上のDNAサンプルを用いて，本チップと直接シーケンシング法およびPCR-RFLP法による判定結果を比較した結果，100％の精度で遺伝子型を検出できることが明らかとなった（図10）[14,15]。

7.3　ヒトパピローマウイルス（HPV）検査用チップ

HPVには100以上もの種類が知られており，そのうちの13種類が子宮頸癌との関連性が高いと報告されている。そこで，これら悪性13種類のHPVを検出するためのDNAチップを開発した。医療機関と共同で行った試験では，対象法として用いたPCRシーケンス法との間で高い一致率が得られた[16]。

8　まとめ

電気化学的な遺伝子検出法の原理から，それを使った応用例について簡単に記した。ヒトゲノム解析研究の進展に伴い，今後ますますテーラーメイド医療の実現に向けた取り組みが精力的に進められていくと思われる。DNAチップはその実現のためのキーデバイスとして，今後も発展し続けていく必要がある。我々も，更なる低コスト化，全自動化，小型化を図り，電気化学的な手法に基づくDNAチップが，様々なDNA検査分野で使われる日が来ることを期待したい。

謝辞

本研究の一部は，平成14年度（独）新エネルギー・産業技術総合開発機構（NEDO）産学官連携型産業技術実用化開発補助事業および平成16～17年度厚生労働科学研究費補助事業（萌芽的先端医療技術推進研究）として行われた．

文　献

1) K. Hashimoto, K. Ito and Y. Ishimori, *Anal. Chem.*, **66**, 3830（1994）
2) K. Hashimoto, K. Ito and Y. Ishimori, *Anal. Chim. Acta*, **286**, 219（1994）
3) K. Hashimoto and Y. Ishimori, Proceedings of the 16th International Symposium on Preparing for Clinical Care Analyses in the 21st Century, 215（1996）
4) T. Ihara, Y. Maruo, S.Takenaka and M. Takagi, *Nucleic Acids Res.*, **24**, 4273（1996）
5) S. Takenaka, *Bull. Chem. Soc. Jpn.*, **74**, 217（2001）
6) S. Takenaka, From Synthesis to Nucleic Acid Complexes, M. Demeunynck, *et al.*, Eds.（Wiley-VCH），p.224（2003）
7) S. Takenaka, *Polymer Journal*, **36**, 503（2004）
8) A. Okamoto, K. Kanatani and I. Saito, *Nucleic Acids Res. Suppl.*, **2**, 171（2002）
9) 齋藤烈，岡本晃充 「ナノテクSNP解析」，（化学フロンティア　13, ナノバイオエンジニアリング），杉本直己編，化学同人，p.62（2004）
10) K. Hashimoto, Y. Ishimori, *Lab on a Chip*, **1**, 61（2001）
11) K. Hashimoto *et al.*, *Pharmacogenomics and Proteomics*, AACC Press, p.357（2006）
12) 窪田竜二ほか，臨床検査，**48**, 171（2004）
13) T. Nakamura *et al.*, *Drug. Metab. Pharmacokinet.*, **20**, 219（2005）
14) M. Takahashi *et al.*, *Clin. Chem.*, **50**, 658（2004）
15) M. Takahashi *et al.*, *Analyst*, **130**, 687（2005）
16) T. Satoh *et al.*, Proceedings of the 11th Biennial Meeting International Gynecologic Cancer Society, p.163（2006）

第13章　生体物質の局所分析と電気化学イメージング

高橋康史[*1], 安川智之[*2], 珠玖　仁[*3], 末永智一[*4]

1　はじめに

　ナノメートルレベルで試料表面の構造を解析可能な技術として走査型プローブ顕微鏡（SPM）がある。SPMは，探針（プローブ）を用いて試料表面をなぞるように走査し，試料の表面形状・特性を観測可能なシステムの総称である。SPMの起源は，1981年に開発された走査型トンネル顕微鏡（STM）にある[1]。STMでは，トンネル電流をイメージングに利用しているため測定試料は導電体に限られていたが，原子間力顕微鏡（AFM）の出現はこの問題を解決した。AFMでは，プローブと試料との間に働く原子分子間力をフィードバック制御し形状を測定している。溶液中におけるAFM測定が可能であることから，近年，細胞計測に応用され始め，アクチン−ミオシンの動的挙動モニタリング等に適用されている[2]。しかし，プローブ動作が溶液粘性の影響を受けるため液中モニタリングには高い操作技術を要する。また，生細胞の測定においてはプローブの接触による細胞へのダメージの低減が課題である。さらに，液中AFMは，生体分子修飾プローブを用いた，分子間相互作用の物理的検出へと展開されている[3]。

　細胞は，その生命活動を維持するために必要要素を外部から取り込み，代謝し，不要物を排出している。細胞レベルで，この活性，機能を評価するために走査型電気化学顕微鏡（SECM）が適用されている。1986年に初めて報告されたSECMは，マイクロ電極をプローブとして用いており，SPMの優れた空間分解能と電気化学の定量性を兼ね備えた局所領域における化学物質の分布を測定可能なシステムである[4,5]。SECMでは局所表面から拡散する電気化学反応種をマイクロ電極で捕捉しているため，その空間解像度は表面構造解析を目的としたSTMやAFMと比較して劣るが，リアルタイムで経時的な測定が可能であることから生体膜[6〜8]，微生物[9〜11]，細胞[12〜30]，酵素[31〜58]，初期胚[59,60]，DNA[61〜65]など生体試料を対象とした計測に大きな威力を発揮

[*1]　Yasufumi Takahashi　東北大学大学院　環境科学研究科　環境科学専攻　博士課程後期1年
[*2]　Tomoyuki Yasukawa　東北大学大学院　環境科学研究科　環境科学専攻　助手
[*3]　Hitoshi Shiku　東北大学大学院　環境科学研究科　環境科学専攻　助教授
[*4]　Tomokazu Matsue　東北大学大学院　環境科学研究科　環境科学専攻　教授

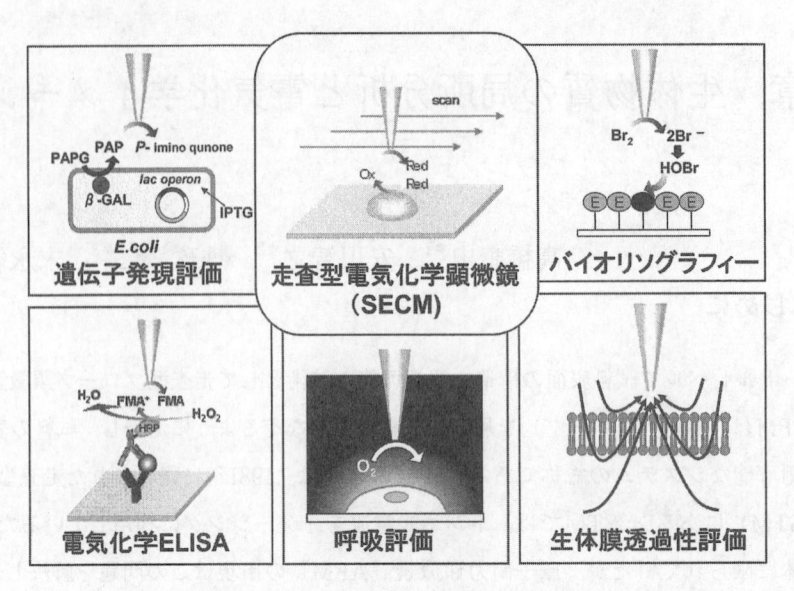

図1 SECMの原理と生体試料への応用

している。また，酵素をマーカーとした酵素免疫測定法（ELISA）の検出システムや[41,66]，局所領域で化学反応を誘起させ生体試料表面の改質を行う電気化学リソグラフィーなどに応用されている（図1）[40,50,67~69]。

細胞表面に点在するイオンチャネルの機能評価や膜タンパク質の表現型（フェノタイプ）の同定および解析は病理学的観点から注目されている。ピペット微小電極を利用したパッチクランプは，イオンチャネルの機能を評価することが可能な画期的なシステムである。しかし，プローブ先端を膜に固定して計測を行うため，チャネル分布等の空間的情報を得ることができない。1989年にHansmaらにより報告された走査型イオンコンダクタンス顕微鏡（SICM）では，パッチクランプに用いられる微小電極をプローブとして用い，イオン電流をモニタリングしながら電極を走査させ形状測定を行っている[70]。SICMはAFMとは異なり"力"ではなく"イオン電流"をフィードバックシグナルとして利用しており，非接触で細胞膜表面を数十ナノメートルの解像度でイメージング可能である[71]。さらに，細胞表面において観測されるイオン電流からイオンチャネルの機能評価およびマッピングが可能になる[72,73]。本項では，生体イメージングにおいて有効な解析ツールであるSECMおよびSICMについて，その原理と最近の動向について述べる。

2 走査型電気化学顕微鏡（SECM）[74～77]

2.1 SECMにおけるイメージングモード

SECMは，溶液中において探針であるマイクロ電極を用いて，局所領域に形成された電気化学反応種の濃度分布をファラデー電流として定量的に捉え，2次元または3次元的に画像化可能なシステムである。マイクロ電極を用いると充電電流の影響を抑制でき，空間・時間分解能に優れた電流測定が可能となる。バルク溶液中においてディスク型マイクロ電極を電気化学反応種が十分に酸化還元される電位に保持すると，電気化学反応種の電極反応速度が十分に速い場合，拡散律速となり定常電流が得られる。その際，定常電流値（i_{Tip}^{∞}）は

$$i_{Tip}^{\infty} = 4nFDaC \tag{1}$$

n：[-] 反応電子数　　F：9.65×10^4 [C/mol] ファラデー定数　　D：[cm^2/s] 拡散係数
a：[cm] 電極半径　　C：[mol/cm^3] 電気化学反応種濃度

で表される。

SECMには，フィードバック（FB）モードおよびジェネレーション／コレクション（G/C）モードがある。FBモードにおいて，マイクロ電極を試料基板に近接させ，電極-基板間距離（d）を電極直径以下（$d<2a$）に設置すると，観測される電流（i_{Tip}）が急激に変化する。例えば，電気化学反応種を含む溶液中において，マイクロ電極を金属基板に接近させる場合を考える。マイクロ電極表面で還元／酸化された電気化学反応種が拡散により電極表面に到達すると，金属基板表面において再酸化／還元される。これが拡散によりマイクロ電極で捕捉されると，電極-金属表面間における電気化学反応種のレドックスサイクリングが形成され観測電流が増加する（図

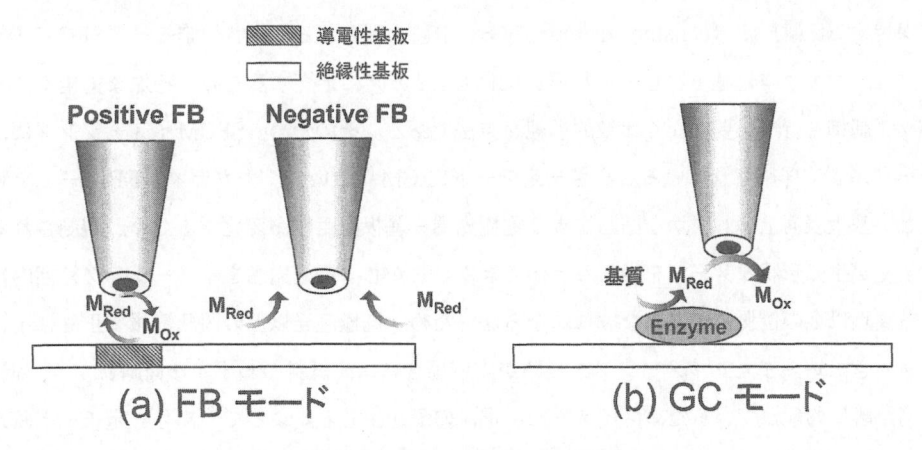

図2　FBモードとGCモードの原理

2a)。これが，ポジティブFBモードである。一方，マイクロ電極を絶縁性基板に近接させた場合，バルク溶液中から電極表面への電気化学反応種の供給が阻害されるため電流は減少する（図2a）。これが，ネガティブFBモードである。基板上の導電性部位から絶縁性部位へとマイクロ電極を走査させた場合，その境界部分でポジティブFBモードからネガティブFBモードへ切り替わり，電流応答が変化する。この電流変化が観測される走査幅（Δx）がFBモードにおけるイメージの解像度を決定する。Δxは，マイクロ電極の半径（a）とマイクロ電極－基板間距離（d）の関数

$$\frac{\Delta x}{a} = 4.6 + 0.111\left(\frac{d}{a}\right)^2 \tag{2}$$

a：[cm] 電極半径，d：[cm] 電極－基板間距離

で表される[78]。電極の微細化および電極－基板間距離を近接させることによりFBモードの解像度の向上が期待できる。

G/CモードSECMでは，基板表面等により生成される電気化学反応種をマイクロ電極により捕捉する。よって，試料基板表面における生成領域のサイズや生成速度を定量的に解析可能である（図2b）。また，バルク溶液中に存在しない物質を計測する場合には，バックグラウンド電流を低減できるため高感度分析が可能となる。典型的なG/CモードSECMの応用は，基板上に固定化されたグルコースオキシダーゼ等の酵素活性評価や細胞活性評価である。これらは，バイオ分析システムの機能性界面を構築するための評価手法として極めて有効である。

2.2 SECMイメージングにおけるマイクロ電極の走査モード

SECMイメージングにおける走査法は，マイクロ電極先端のZ位置を試料表面上方において絶対的に保持する高さ一定（constant height）モードと，Z位置を試料表面－電極先端間距離を一定に保持する距離一定（constant distance）モードに大別される。高さ一定モードSECMイメージングは，マイクロ電極を物理的に精密に配置しXY方向に走査するため，特殊な電極やフィードバック制御を行う必要がなく比較的単純な方法である。そのため，SECMイメージングにはこのモードがよく採用されている。高さ一定モードSECMにおいて，ネガティブFBモードを利用すると，基板表面上のわずかな凹凸により電極先端－基板間距離が変化するため，観測される電流に変化が生じ形状イメージを得ることができる。しかし，電極先端をイメージング範囲内における最高点以上の位置に設置しなければならないため，電極直径以上の凹凸情報を正確にイメージングできない。また，イメージング範囲が広い場合には，試料のわずかな傾斜により，電極－試料間距離に勾配ができるため，イメージに電流勾配が生じる。よって，高さ一定モードSECMイメージングが得意とする走査範囲は100〜500 μm程度である。

第13章 生体物質の局所分析と電気化学イメージング

表1 SECMの走査方式

走査モード		
Constant Height mode	電極を高さ一定で走査させる	
Constant Distance mode	電極−試料間距離を一定に保つ	
フィードバックモード	フィードバックシグナル	参考文献
Constant Current モード	ファラデー電流（電気化学シグナル）	14, 79
ACインピーダンスモード	インピーダンス（電気化学シグナル）	14, 15, 31, 80～82
AFM方式	原子間力（力学的相互作用）	32, 83～86
シアフォース制御方式	シアフォース（力学的相互作用）	16～20, 33, 34, 87～89

　一方，距離一定モードでは，マイクロ電極が基板に近接した際に働く相互作用をフィードバックシグナルとして利用し，電極−基板間距離を一定に保ちながらマイクロ電極を走査している。よって，マイクロ電極のZ位置を制御しているピエゾ素子の伸縮情報を記録することにより試料の形状情報を取得可能となる。さらに，マイクロ電極により電流情報を取得することにより表面の物理的形状および電気化学的活性を同時に検出できる。距離一定モードを用いると，電極先端−試料表面間距離を数十ナノメートル程度まで近接させることが可能であり，さらに，電気化学反応種の拡散距離を常時一定に保持できるため，極めて解像度およびコントラストが高いイメージングが可能となる。FBシグナルには電気化学シグナルと力学的シグナルが報告されている（表1）。ネガティブFBモードを応用すると電流一定モードの距離制御システムを構築できる。電極に流れる電流量をフィードバックシグナルとして利用し，電流が一定に保持されるように電極のZ位置を制御する。この手法を用いると，溶液中において非接触で高解像度な微小表面の形状測定が可能である[14, 79]。また，一般的に使用されるマイクロ電極を用いた距離制御が可能である。しかし，この測定モードでは，電極反応に関与する電気化学反応種の濃度が一定であることが条件となる。もう一つの電気化学シグナルを用いた距離制御方法として，交流インピーダンスモードが報告されている[14, 15, 31, 80～82]。この方法では，電極を基板に近接させた際に生じる電気化学インピーダンスの変化をフィードバックシグナルとしている。よって，基本的に電流一定モードと同じ利点と欠点を有している。電気化学シグナルを形状測定に利用するため，電気化学反応種の定量を同時に行うことは困難である。

　力学的相互作用を利用した距離制御では，AFMのカンチレバーを搭載した光てこ方式と[32, 83～86]，シアフォース（せん断応力）制御方式がある[16～20, 33, 34, 87～89]。シアフォース制御方式では，光学システムと音叉型水晶振動子を用いた検出法がある。これらは力学的相互作用を距離制御に利用するため，形状測定を行いながら電気化学反応種の定量を行うことが可能である。我々は，比較的容易にシステムの構築が可能なシアフォース制御方式を採用し音叉型水晶振動子にマイクロ電極を搭載した。新規SECMプローブおよびシステムの開発を行うとともに，単一細胞計測へと展開している。

2.3 電極の微細化

SECMのプローブであるマイクロ電極の性能は，測定の精度を決定するため重要な要素の1つである。電極の微細化では，高分解能イメージングおよびサブミクロン以下の局所計測の達成に直結する。近年では，nanodeと呼ばれる数ナノメートルオーダーの微小電極が作製されている。表2に，報告されている微小電極についてまとめた[90]。電極形状は，用途に応じてディスク型，リング型，コーン型，凹型等が開発されている。さらに，1つのプローブに2つの独立して作動する電極を設置したデュアル電極も報告されている[23]。電極材料としては，白金，金およびカーボンが一般的である。これらの細線を絶縁性材料であるガラスやエポキシ樹脂等に封入し，先端を切り出して電極表面を露出させる。SECMに用いられる電極の微細化では，金属のエッチングや先端の研磨など経験を必要とする要素も多いが，最も重要となるのは絶縁処理である。ここでは，ガラスキャピラリーに金属微細線を封入するマイクロディスク電極の作製方法を紹介する（図3）[103]。

表2 微小電極作製法

金属種	形状	絶縁物質	電極半径	参考文献
Pt-Ir	hemisphere	glass	1.6 nm	91
Pt-Ir	conical	apiezonwax	a few nm	92
Pt	hemisphere	electrophhoretic paint (PAAH)	1.3 nm	93
Pt	conical	electrophhoretic paint (PAAH)	0.23 nm	94
Pt	pore	glass	39 nm	95
Pt	disk	polyimide	1.8 nm	96
Pt	disk	glass	2 nm	97
Pt	disk	glass	9 nm	98
Pt	disk	glass	30 nm	99
C fiber	hemisphere	electrophhoretic paint (Clearclad HSR)	0.3 nm	100
Au	hemisphere	Nail varnish	50 nm	101
Ag	hemisphere	electrophhoretic paint (Clearclad HSR)	50 nm	102

PAAH : poly(acrylic acid)

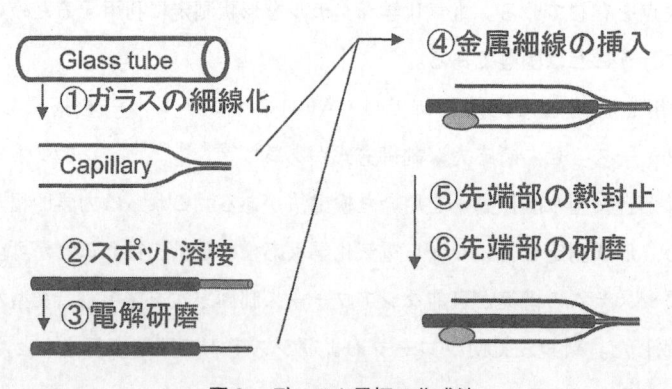

図3 ディスク電極の作成法

第13章 生体物質の局所分析と電気化学イメージング

①キャピラリー作製機を用いて，低融点ガラス管を細線化する。
②PtまたはAu細線を切り出し，銅リード線に溶接する。
③キャピラリーに細線を挿入し，リード線を接着剤や熱収縮チューブ等で固定する。
④キャピラリーガラス管内を減圧しながらキャピラリー先端を加熱し，ガラスを融解させて細線に融着させる。
⑤先端部を研磨機で削り，金属部を露出させる。

一般的に，直径1～300 μm程度の細線が使用されている。市販されていない特別なサイズの電極直径を求める場合には，細線先端を電解エッチングにより加工する。キャピラリーの形状および細線の挿入位置を選定することによりガラス絶縁部分の全体径をある程度コントロールすることができる。ネガティブFBモードSECMイメージングでは，電極露出部と比較してある程度全体径が大きく，電極－基板間での電気化学反応種の遮蔽性が高い電極が必要とされる。一方，G/CモードSECMイメージング等，ネガティブFB効果を極力低減させる必要がある場合には，絶縁ガラスを薄くすると良い。また，距離一定モードにより形状測定を行う場合には，イメージの解像度がプローブ先端径に依存するため，電極先端の先鋭化が必要となる。これまで，絶縁材料としてガラス，アピエゾンワックス，低粘性エポキシ樹脂，ポリイミド，マニキュア，電析塗料，および電精密部品の絶縁・防湿に使用されるパリレンCなどが利用されている。実験系における溶媒に対する耐久性および使用する電極材料との密着性などを十分に考慮し，絶縁材料を選択する必要がある。

近年，AFMとSECMを融合させた新規システムが開発されている。形状イメージと電気化学イメージを同時に取得するために，通常のAFMのカンチレバーへのマイクロ電極の組み込みが行われている。金属薄膜およびパリレンC等の絶縁性薄膜で被覆したカンチレバーの先端周囲を集束イオンビーム加工装置を用いて削りだし，フレーム型のマイクロ電極を作製している[32]。また，白金と融点がほぼ等しい石英ガラスを利用し，レーザープラーにより白金が挿入された石英ガラスを延伸することでナノメートルレベルの電極作製が行われている[98,99]。丸山らは，光ファイバーの周囲に金を蒸着させ電極を作製している。絶縁にはPoly（acrylic acid）を用い，ポリマーの収縮によりコーン型電極を先端部から露出させ半径0.23 nmのウルトラナノ電極を作製している[94]。Smyrlらは，光ファイバー型の電極を用いて半導体電極表面の光電気化学的挙動を捉えている[104,105]。

2.4 SECM測定システム[76,106]

ここでは，SECMシステムに関して解説していく。SECMは，電気化学計測系とプローブであるマイクロ電極の駆動系から構成されている。また，PC上で機器の制御およびシグナル取得を

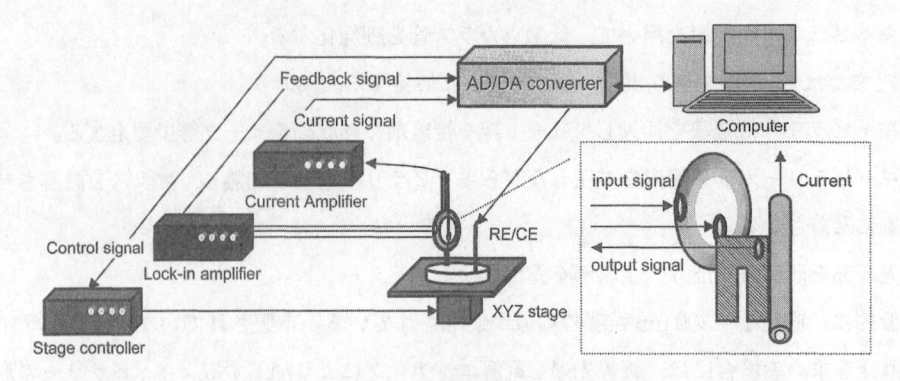

バイオ電気化学の実際──バイオセンサ・バイオ電池の実用展開──

図4　シアフォース距離制御SECMの装置図

行うため機器制御用ボード，デジタル・アナログ変換を行うAD/DAボード等をPCに搭載する必要がある。電気化学測定にはポテンシオタットあるいはカレントアンプリファイアーを選定する。マイクロ電極により感知された微小電流は電圧シグナルに変換されADボードを介してPCに送られる。電極への電圧印加にはDAボードを利用する。マイクロ電極駆動には，ステッピングモータあるいはピエゾ駆動XYZステージを用いる。これらの機器の制御プログラムは，Visual BasicやLabView等のソフトウェアを用いて作成可能である。

　上述したように，マイクロ電極－試料表面間距離をフィードバック制御する様々な原理・方式のシステムが報告されているが，我々は音叉型水晶振動子（tuning fork）を搭載したシアフォース距離制御方式を採用している。図4に，音叉型水晶振動子搭載シアフォース距離制御の装置構成を示す。関数発生器から交流電圧を印加しピエゾブザーを振動させることにより，マイクロ電極を固定した音叉型水晶振動子を共振させる。マイクロ電極の振幅は，電圧信号としてロックインアンプで増幅後，AD変換を経てPCへ送られる。マイクロ電極－試料表面間距離が100 nm以下の領域ではシアフォースが作用しマイクロ電極の振幅が減少するため，距離制御のフィードバックシグナルとして利用可能となる。精度の高い形状イメージングを行うには，プローブの細尖化や制御プログラムなどを含めた総合的なシステムの開発が不可欠である。また，フィードバック制御を高精度・高速化するため，演算に不向きなアナログ信号をデジタル形式で処理するDigital Signal Processing（DSP）やソフトウェアを介在せず，入力信号に対して直接演算処理を行うField Programmable Gate Array（FPGA）を利用することが望ましい。

2.5　SECMによる酵素イメージング[35]

　SECMは，局所領域に固定化された酵素活性評価のための極めて有効なツールである。固体基板表面に固定化された様々な酵素の活性がSECMにより測定されている（表3）。例えば，ニコチンアミドアデニンジヌクレオチド（NADH）の酸化酵素であるジアフォラーゼの酵素活性が

第13章 生体物質の局所分析と電気化学イメージング

表3 SECMによる酵素イメージ

FBモード			
サンプル	基質	メディエータ	文献
グルコースオキシダーゼ	L-glucose	FcCOOH	36
		$(CH_3)_2NCH_2Fc$	36
		$K_4[Fe(CN)_6]$	36
		HQ	36
		$[Os\,fpy(bpy)_2Cl]Cl$	38
NADH-シトクロムC レダクターゼ	NADH	TMPD	39
ジアフォラーゼ	NADH	FcMeOH	40
西洋ワサビペルオキシダーゼ	H_2O_2	$(FcMe)^+$	41
硝酸還元酵素	NO_3^-	MV^{2+}	42

GCモード		
サンプル	分析物	文献
グルコースオキシダーゼ	H_2O_2	43
破骨細胞中のNADPH-依存性オキシダーゼ	O_2^-	45
NAD^+-依存性アルコールデヒドロゲナーゼ	H^+	46
ウレアーゼ	H^+, NH_4^+	47, 48
アルカリフォスファターゼ	PAPP	49

FcCOOH : ferrocene monocarboxylic acid
TMPD : N, N, N', N'-tetramethyl-p-phenylenediamine
HQ : hydroquinone
fpy : formylpyridine, bpy : bipyridine
FcMeOH : Ferrocene methanol
MV^{+2} : methylviologen
PAPP : p-aminophenyl phosphate

ポジティブFBモードSECMを用いてイメージングされている[40,50~52]。適切な電子伝達還元型メディエータおよびNADHの存在下においてマイクロ電極でメディエータを酸化すると，ジアフォラーゼによりNADHが酸化されるとともに酸化型メディエータが還元される。ジアフォラーゼにより生成された還元型メディエータは再度電極により酸化されるため，電極−酵素間においてメディエータのレドックスサイクリングが生じ電流応答は増幅される。よって，基板上にジアフォラーゼのマイクロパターンを作製するとジアフォラーゼの固定化領域に対応した酸化電流イメージを得ることができる。また，ポジティブFBモードSECMを用いて，同一基板上にパターンされた西洋わさびペルオキシダーゼ（HRP）およびグルコースオキシダーゼの評価も行われている[53]。

β-ガラクトシダーゼ（Gal）やアルカリフォスファターゼの活性は，G/CモードSECMを用いて評価できる。Galの基質であるp-aminophenyl-β-D-galactopyranoside（PAPG）は，基板表面に固定化されたGalにより加水分解されp-aminophenol（PAP）が生成される。マイクロ電極を用いて生成されたPAPを捕捉することによりGalの活性を評価することができる。しかし，G/Cモードにはメディエータのレドックスサイクリングによる電流増幅が系内に存在しない

ため高感度化が困難であった。Wittstokらは，2種類の酵素が固定化されたマイクロビーズを混合して固定化し，ポジティブFBモードとG/Cモードを融合させた高感度測定システムを報告している[54,55]。酵素としてGalおよびpyrroloquinoline quinoe（PQQ）依存型glucose dehydrogenase（GDH）を用いている。このシステムにおける酵素反応および電極反応を以下に示した。

$$PAPG + H_2O \xrightarrow{Gal} PAP + galactopyranoside \tag{3}$$

$$PAP \rightarrow PQI + 2H^+ + 2e^- \qquad \text{（電極反応）} \tag{4}$$

$$D-glucose + PQI \xrightarrow{holo-GDH} D-gluconolactone + PAP + 2H^+ \tag{5}$$

グルコースを含む溶液中に2酵素の固定化された基板を浸漬させPAPGを添加する。PAPGは固定化されたGalにより加水分解されPAPが生成される。マイクロ電極によるPAPの酸化により生成されたp-quinoneimine（PQI）は，PQQ依存型GDHにより還元されPAPが再生成する。このGalによるG/CモードとPQQ依存型GDHによるポジティブFBモードを融合させたシステムを用いるとGalによるG/CモードSECMを用いて得られた電流応答と比較して1.8倍の応答増幅が観測されている。

さらに，SECMを用いて局所領域におけるプロトン濃度を調節することによる，ATP合成酵素の活性制御が報告されている[56]。ミトコンドリアの膜中に埋め込まれたATP合成酵素は膜内外のプロトン濃度勾配による電気化学ポテンシャルの差をドライビングフォースとしATPを膜内に生成させる。よって，酵素近傍のプロトン濃度を電気化学反応により局所的にコントロールすることにより酵素の活性を制御できる。リポソーム内に埋め込まれたATP合成酵素近傍のプロトン濃度を溶液中に介在させた亜硝酸塩の酸化反応により局所的に増加させると，リポソーム外のプロトン濃度がリポソーム内と比較して増加するためATP合成酵素は回転しながらATPを合成する。ATP合成酵素の回転は，酵素のγサブユニットおよびbサブユニットを蛍光標識することによる蛍光共鳴エネルギー移動（FRET）を用いて評価されている。

近年，他の検出システムを組み込んだ新規ハイブリッド型SECMが固定化酵素のイメージングに利用されている。AFMとSECMを組み合わせたシステム（AFM-SECM）は，表面形状と電気化学的な特性を同時に取得可能なシステムとして導入された[32]。基板表面上にパターンされたグルコースオキシダーゼの活性がタッピングモードAFM-SECMを用いてイメージングされている。この際，G/CモードSECMにより局所領域における酵素反応により生成する過酸化水素を検出している。我々は，シアフォース距離制御を用いてマイクロビーズに固定化された酵素の活性評価を行った[16]。アミノ化マイクロビーズにグルタルアルデヒドを用いてHRPを固定化し，メディエータにはフェロセンメタノールを用いた。シアフォース距離制御によりマイクロ電極を

HRP固定化ビーズに近接させ，SECMによる酵素の活性評価とマイクロビーズの形状測定を同時に行った。

2.6 SECMによる生細胞の代謝イメージング[12,13]

単一細胞で進行する化学反応プロセスを分析する技術は，細胞工学，遺伝子工学およびバイオチップデバイスの分野において極めて重要である。SECMは，細胞活性および生物化学において重要な分子の動的挙動を調査するために用いられてきた（表4）。SECMは単一細胞の光合成および呼吸の定量的解析とイメージングに用いられている[22,23]。光照射下において単一植物細胞から生成される酸素をマイクロ電極で還元し，電極を走査すると光合成活性をイメージとして捕らえることが可能になる。一方，暗黒下においては呼吸により酸素が消費されるため細胞近傍において酸素還元電流の小さなイメージが得られる。単一細胞近傍の局所酸素濃度プロファイルを評価することにより，単一細胞の光合成による酸素生成速度および呼吸による酸素消費速度を定量的に調査できる。酸素還元電流を指標にSECMを用いたがん細胞の呼吸活性イメージングが行われている[24]。細胞近傍の酸素濃度の経時変化を計測し，シアン化物イオンの細胞膜透過性や細胞の活性阻害について検討されている。薬剤に曝された単一細胞の活性を調査することにより，薬剤の作動メカニズムに関する情報を得ることができる。また，基板上に細胞をアレイ化した細胞チップが研究されており，その検出ツールとしてSECMが利用されている[25]。制がん剤の投与に対するアレイ化細胞の酸素消費量変化をSECMにより検出している。これらは，薬剤のハイ

表4 SECMによる生細胞イメージ

現象	検出物	備考	文献
呼吸	酸素	酵素反応（シトクロムC）	15, 16, 22～27
	FcMeOH	酵素反応（シトクロムC）	12
	$Fe(CN)_6^{3-}/Fe(CN)_6^{4-}$	酵素反応（シトクロムC，グラム陰性菌のみ）	9, 10
	キノン系メディエータ	酵素反応（プロテインキナーゼα）	29
	TMPD	酵素反応（プロテインキナーゼα）	29
解毒代謝	メナジオン	グルタチオン抱合	28
生体内メッセンジャー	NO	修飾電極（Ni-ポルフィン電解重合膜，ナフィオン）	19
代謝	グルコース	修飾電極（グルコースオキシダーゼ）	—
エキソサイトーシス	カテコールアミン	直接酸化	14, 17
ネガティブFB	$Ru(NH_3)_6^{3+}$	動物細胞（非膜透過）	21
	$Fe(CN)_6^{3-}/Fe(CN)_6^{4-}$	動物細胞（非膜透過）	21
遺伝子発現レポーター	PAPP	酵素反応（アルカリフォスファターゼ）	30
	PAPG	酵素反応（β-ガラクトシダーゼ）	9, 10

FcMeOH：Ferrocene methanol
TMPD：N, N, N', N'-tetramethyl-p-phenylenediamine
PAPP：p-aminophenyl phosphate
PAPG：p-aminophenyl-β-D-galactopyranoside

スループットスクリーニングシステムの構築へと展開されている。さらに，基板表面上にパターニングされた哺乳動物細胞の呼吸活性のイメージングが行われている[27]。細胞は疎水性基板上にマイクロコンタクトプリンティング法を用いて作製された細胞外マトリックスであるフィブロネクチンのパターンをテンプレートとしてアイランド状およびバンド状にパターニングされている。パターニングされたHeLa細胞のSECMイメージからバンド状細胞の呼吸活性がアイランド状の細胞と比較して高いことがわかった。バンド状のHeLa細胞はある程度自由に進展しているがアイランド状の細胞は半球状に制限されて基板に接着している。細胞の呼吸活性の差は細胞の接着形状に依存しているため，細胞活性を指標としたバイオチップを構築する場合に十分に考慮しなければならない。さらに，SECMを用いる細胞活性評価には，非侵襲性に大きな利点がある。蛍光プローブ法等と比較して細胞に与える影響は極めて少ないため測定後の細胞を利用可能である。よって，SECMによる細胞活性評価法は胚の品質評価システムへと応用されており，発生効率の向上を目指して高効率，迅速な高品質胚の選定が行われている[59,60]。これらは，畜産業界における育種改良の促進およびヒトの不妊治療への応用が期待されている。

　SECMは，神経細胞を用いて神経伝達機能の研究へと展開されている[14,16〜18,21,26]。神経細胞は細胞体から複数の軸索を進展させ他の細胞と神経ネットワークを構築している。これまで，NGFを用いて分化させた副腎髄質由来褐色細胞（PC12）の形状イメージングがネガティブFBモードSECMにより行われた[21]。しかし，軸索の高さは細胞体と比較して低いため，高さ一定モードSECMによるPC12細胞全体のイメージを1フレームで行うことは極めて困難であった。そこで，距離一定モードSECMを用いてPC12の形状測定が行われている。Wipfらは，電流一定モードSECMおよびインピーダンス一定モードSECMによりPC12の高解像度イメージングを達成している[14]。我々は，細胞形状と細胞活性の電気化学計測を同時に行うために，シアフォースフィードバック制御による距離一定モードSECMを用いたPC12のイメージングを行っている（図5）[16]。シアフォースフィードバックシステムを用いることによりPC12の細胞体および軸索のイメージングが可能であった。この細胞の細胞体および軸索の高さは，それぞれ3.2 μmおよび8.8 μmであった。図5bは，同時に得られた酸素の還元電流に基づく呼吸活性イメージである。細胞体および軸索近傍において酸素還元電流の減少が観測され，細胞が呼吸により酸素を消費していることが示された。単一細胞の酸素消費速度を定量的に解析したところ，1.7×10^{-14} mol/sと算出された。

　個々の神経細胞からエキソサイトーシスにより放出された電気化学的に活性なカテコールアミン類であるドーパミン，アドレナリンおよびノルアドレナリン等の神経伝達物質は，細胞表面近傍に設置されたマイクロ電極を用いてアンペロメトリーおよび高速挿引サイクリックボルタンメトリー（FSCV）によりリアルタイムで計測されてきた[14,17]。小胞から放出される神経伝達物質

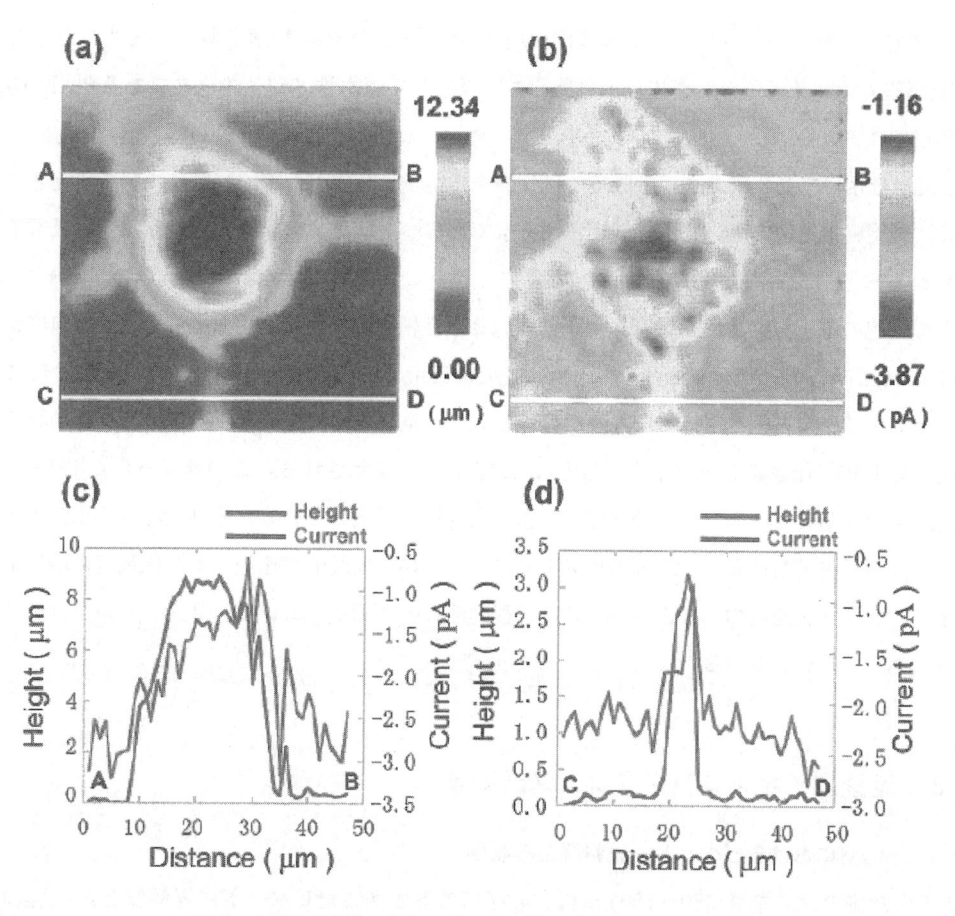

第13章　生体物質の局所分析と電気化学イメージング

図5　SECM距離一定モードによる単一生細胞イメージング
(a) 形状　(b) 酸素電流値　(c) 細胞体上（A-B）のクロスセクション
(d) 軸索上（C-D）のクロスセクション

の量は極めて少なく，細胞外に放出された後，拡散あるいは再取り込みされる。よって，この計測には高感度で高い時間分解能を有する計測が必要である。アンペロメトリーはミリ秒レベルの高い時間分解能があるが，検出されている物質の同定に制限がある。一方，FSCVは検出された分子の同定が可能であるが，時間分解能においてアンペロメトリーに劣る。近年では，距離一定モードSECMを利用して電極を細胞の極近傍に設置し高感度化を達成している。しかし，電気化学的に直接検出が可能な神経伝達物質の種類には制限があり，グルタミン酸やアセチルコリン等の検出には酵素修飾マイクロ電極を用いる必要がある。

　細胞内あるいは細胞間の化学反応に関与する分子の中で，電気化学的に検出が可能な分子には限りがある。そこで，細胞のイメージングには外部溶液中に介在させたメディエータ分子が用いられている。例えば，細胞膜透過性の低い親水性メディエータは，ネガティブFBモードSECM

および電流一定モードSECMによる細胞の形状イメージングに利用されている[21]。上述したPC12細胞の形状イメージングには，細胞毒性を考慮して親水性メディエータである$Ru(NH_3)_6^{3+}$が利用されている。

SECMを用いて光合成および呼吸電子伝達鎖から電子受容体への電子移動について研究されている。細胞膜透過性の高い疎水性メディエータであるベンゾキノンは，光合成および呼吸電子伝達鎖から電子を受容しヒドロキノンへと変換されることがわかった。Mirkinらのグループは，個々の細胞の電子移動活性を調査し，正常細胞と悪性細胞の判別に応用している[29]。細胞培養溶液中にN,N,N',N'-tetramethyl-1,4-p-phenylenediamine（TMPD）を添加し，細胞近傍に近接させたマイクロ電極を用いて$TMPD^{2+}$に酸化した。電極表面で生成された$TMPD^{2+}$は細胞膜を透過し呼吸電子伝達鎖から電子を受容して$TMPD^+$へと還元される。この還元された$TMPD^+$を電極で検出することにより個々の細胞の電子移動活性を評価している。悪性細胞は，正常細胞と比較して電子移動活性が高く，疎水性メディエータの再生成反応が速いため酸化電流の増加量が大きい。また，細胞内のシトクロムCの電子移動活性の評価がフェロセンメタノールをメディエータに用いて行われている[12]。

3 走査型イオンコンダクタンス顕微鏡

3.1 SICMにおけるピペット－試料間距離制御

SICM計測では，先端に50〜150 nmほどの開口の形成されたピペットに電解質とAg/AgCl線を挿入し，外部溶液中と電極との間に電圧を印加することにより生じるイオン電流を測定する。図6に，SICMの原理と探針であるピペット先端部の走査型電子顕微鏡の写真を示す。ピペット

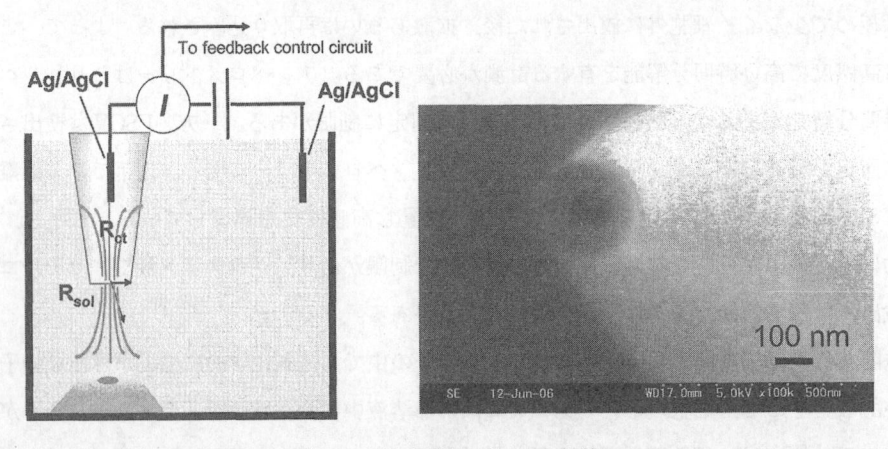

図6　SICM原理とピペット先端

第13章 生体物質の局所分析と電気化学イメージング

を試料に近接させると，物理的に開口部においてイオン流が阻害されイオン電流は減少する。イオン電流の減少は，ピペット－試料間距離に依存するため，このイオン電流をフィードバック制御することにより距離制御が可能となり形状測定ができる。しかし，電極表面で電解質の電気分解，ピペット先端部への分子吸着による開口径の減少および温度による電流のベースラインの変化（DCドリフト）により長時間の測定が困難とされてきた。これらの問題を解決するため，Korchevらは，ピペットを上下に周期的に振動させ（振幅：ピペット内径の20%以下，周波数：100～10000 Hz），その際に測定されるイオン電流をロックインアンプによりフィルタリングするModulation mode（MOD mode）を用いた[73,107]。MOD modeでは，ピペットを振動させた際に生じる電流の変化をフィードバックシグナルとして利用するため，DCドリフトの影響を受けない。この改良により，イオン強度が測定開始時の4倍に達した状態であってもフィードバック制御が働き，生細胞を24時間以上連続して測定可能となった。また，Dietzelらは，ピペット電極に，500～1000 µsのパルス電流（2 nA）を印加し，その際に観測される電圧変化をフィードバックシグナルし，ピペット－試料間距離制御を行っている[110]。

また，SICMでは，ピペット先端部で形成されるイオンの流れを利用することで，試薬の局所的なインジェクションが可能となる。このため，生体分子のパターニング[72,111~113]，局所薬剤投与[72]に応用され，また，蛍光物質を放出することで近接場光学顕微鏡としての利用もなされた[72,114]。

3.2 SICMによる生細胞表面の評価

生細胞表面の観察において，イオンチャネルや膜タンパク質の分布およびダイナミクスの解析技術が求められている。現在，膜タンパク質を蛍光標識し，共焦点顕微鏡によるイメージングが多用されている。しかし，共焦点顕微鏡の焦点を細胞膜に合わせることが困難である。そこでSICMによる距離制御システムを利用し，簡便な焦点合わせが達成されている。このシステムを用いると，細胞内部における自家蛍光の影響を低減でき細胞表面における蛍光強度の定量測定が可能となるため，ウイルス様粒子と細胞表面の相互作用の評価に応用されている[115]。共焦点顕微鏡を利用した，蛍光標識タンパク質の観察は極めて高感度であり分布解析が可能であるが，蛍光物質のフォトブリーチングやレーザーによる細胞へのダメージが問題とされており，さらにタンパク質間の相互作用の測定に向かない。また，対物レンズと測定対象細胞間の焦点距離は極めて短く，測定試料の形状は極めて限定される。例えば，培養シャーレ上に培養した細胞をそのまま観察することはできない。一方，SICMを用いると培養シャーレ上の細胞を対象として蛍光標識を必要とせずに，細胞膜タンパク質のイメージングが可能となる。これまで，運動性の高い心筋細胞および腎臓上皮細胞を用いたSICMイメージングが盛んに行われている[72,73,107~109,114,116]。

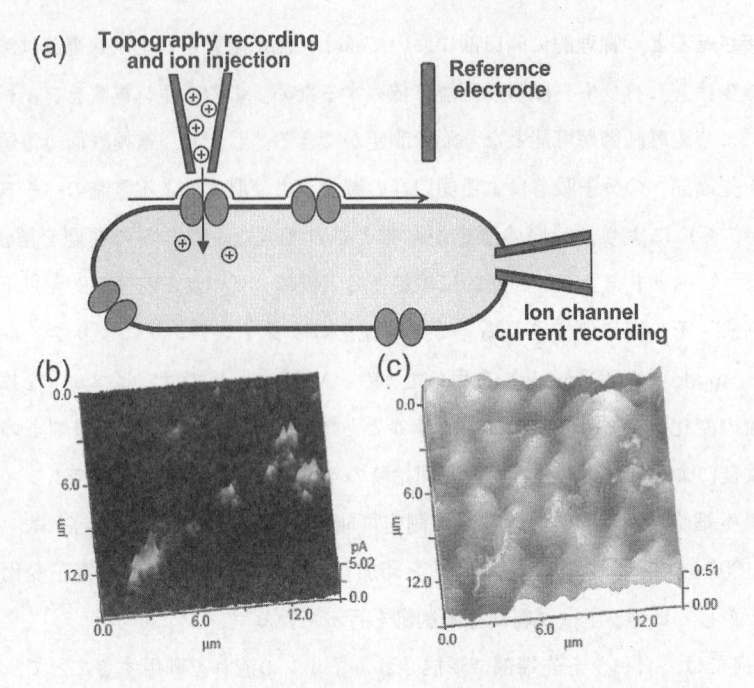

図7　SICM-パッチクランプ
(a) 原理　(b) イオン電流イメージ　(c) 形状とイオン電流イメージ

心筋細胞のイオンチャネルのマッピングのために，2本のピペット電極を用いたSICMおよびホールセルパッチクランプの融合システムが開発された[72,73]。図7(a)に，SICM-パッチクランプ融合システムの概略図を示す。1本のピペットを用いて細胞膜上においてギガシールを形成させ，ホールセルパッチが可能な状態にする。もう一本のピペット電極を用いてK^+をインジェクションし，細胞表面上を走査させた。ピペット電極から細胞膜表面上の局所領域に放出されたK^+は，膜表面上に存在するATP感受性K^+チャネルを通過して細胞内に取り込まれる。この際のパッチ電流の変化とピペット電極の位置からK^+チャネルのマッピングが可能となる。図7(b)に，パッチ電流イメージを示す。K^+チャネルが細胞表面に点在していることがわかる。図7(c)に，パッチ電流と形状を重ねたイメージを示す。K^+チャネルは筋細胞膜の溝部分に10個ほどの集まりクラスターを形成していることがわかった。また，クラスター間距離は2〜6 μmであった。この手法により選択的にチャネルの評価を行うことが可能となった（ATP感受性K^+チャネルは低酸素症や虚血症などの代謝ストレスに重要な役割を果たす）。腎臓上皮細胞膜のNa^+チャネル作用の解析も同様の融合システムを用いて行われている[109]。さらに，SICMの距離制御機構をパッチクランプのギガシール形成に適用し，操作の簡便化が達成された。

先端径12.5 nmと極微細なピペットを利用して，SICM計測の高解像度化が行われている[71]。このピペットは，融点の高い石英ガラス管により作成されており，イノシシ精子の細胞膜タンパク

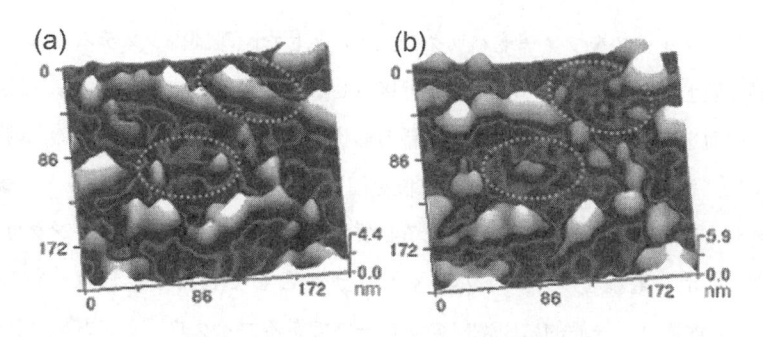

第13章 生体物質の局所分析と電気化学イメージング

図8 SICMによる膜タンパク質の移動評価
(a) 膜タンパク質のSICMイメージ (b) (a)の10分後

質の発現および移動性の評価に適用された。精子細胞は受精の初期段階で起こる先体反応により、機能の異なる複数のドメインに分かれることが知られている。SICMにより先体反応前後の精子細胞を観察したところ、先体反応後に特有の膜タンパク質の発現を確認できた。図8(a)に、先体反応により発現した膜タンパク質のSICM形状イメージを示す。細胞膜表面上は、先体反応前と比較して、明確な凹凸が出現し、膜タンパク質の発現が確認された。図8(b)にその10分後のSICM形状イメージを示す。図8(a)および図8(b)を比較すると、右上の点線で示した領域のタンパク質は消失し、中央部分のタンパク質は結合した。その他のタンパク質はほぼ同じ位置にとどまっており、細胞骨格に結合した移動度の低いタンパク質であると考えられる。このようにSICMでは膜表面タンパク質の移動度を評価することが可能である。今後、細胞表面に発現するタンパク質の表現型（フェノタイプ）の違いを生きた状態での評価が期待される。

4 おわりに

ここに、局所形状および局所領域において進行する生体反応のイメージングツールとして適用可能なSECMおよびSICMについて概説してきた。SECMは化学的な情報の可視化、局所における反応の誘起等、他のプローブ顕微鏡と相補的で興味深い多彩な応用が可能なシステムである。これまで、単一細胞を対象に細胞の形状計測、酸素濃度分布による呼吸活性の評価および薬物、毒物の代謝機構の解明等が行われてきた。しかし、その解像度が1ミクロン程度と他のプローブ顕微鏡に比べてはるかに低いこと、電気化学測定の精度は高いが多項目の測定には困難が伴うことが指摘されてきた。そこで、現在では、解像度、選択性、感度、多項目測定機能を飛躍的に向上させた融合型SECMシステムの研究開発に中心がおかれ、単一細胞における活性・機能の変化を同時に経時的に追跡可能にすることが目的となっている。

SECMの高解像度化を目指して、マイクロ電極－試料表面間距離制御システムが精力的に開発

されている。シアフォースをフィードバックシグナルとした距離制御システムでは，マイクロ電極先端を試料表面上の数十ナノメートルまで近接させることが可能である。電極－試料表面間の距離を保持し表面を走査することにより，試料の形状情報および電気化学情報の同時取得が可能である。さらに，細胞を測定対象とし電極位置を固定して電気化学計測を行うと，細胞の膨張，収縮等の活動および細胞から放出・吸収される物質の変化を経時的にモニタリング可能である。

　SICMでは，イオン電流をフィードバックシグナルとして利用した形状が行われている。SICMのピペット電極は，一般的にSECMのプローブであるマイクロ・ナノ電極と比較して微細な加工が可能である。よって，SECMと比較して高解像度の形状イメージングを達成している。また，SICMとパッチクランプ技術を融合させたシステムが開発されており，高解像度で細胞表面に発現している膜タンパク質のマッピングが行われている。

　現在，我々は，マイクロ・ナノ電極をプローブとした電気化学顕微鏡システムに，機能性分子による電極表面修飾，近接場光計測およびイオン電流計測を付加した多機能型システムの開発を遂行しており，新システムを用いた単一細胞レベルでの多項目同時定量解析へと展開している。特に，細胞の形状，機能・活性，細胞膜表面の受容体の発現量と表現型（フェノタイプ）およびイオンチャネルを介して流入出する各種イオンを単一細胞レベルで同時に検出できるシステムを目指しており，疾病の早期発見と治療に適用できる細胞診断システムの創成を期待している。

文　　献

1) G. Binning et al., *Phys. Rev. Lett.*, **49**, 57 (1982)
2) T. Ando et al., *Proc. Natl. Acad. Sci. U.S.A.*, **23**, 12468 (2001)
3) G. Lee et al., *Langmuir*, **10**, 354 (1994)
4) R. C. Engstrom et al., *Anal. Chem.*, **58**, 844 (1986)
5) A. J. Bard et al., "Scanning Electrochemical microscopy", Marcel Dekker, Inc., New York (2001)
6) S. Amemiya et al., *J. Electroanalytical Chem.*, **483**, 7 (2000)
7) J. P. Wilburn et al., *Analyst*, **131**, 311 (2006)
8) H. Yamada et al., *Biochim. Biophys. Res. Comm.*, **180**, 1330 (1991)
9) T. Matsue et al., *Electrochemistry*, **74**, No.2, 107 (2006)
10) K. Nagamine et al., *Anal. Chem.*, **77**, 4278 (2005)
11) N. Matsui et al., *Biosens. Bioelectron.*, **21**, 1202 (2005)
12) A. J. Bard et al., *Biosens. Bioelectron.*, **22**, 461 (2006)

13) S. Amemiya *et al.*, *Anal. Bioanal. Chem.*, **386**, 458 (2006)
14) R. T. Kurulugama *et al.*, *Anal. Chem.*, **77**, 1111 (2005)
15) D. M. Osbourn *et al.*, *Anal. Chem.*, **77**, 6999 (2005)
16) Y. Takahashi *et al.*, *Langmuir*, **22**, 10229 (2006)
17) A. Hengstenberg *et al.*, *Angew. Chem. Int. Ed.*, **40**, 905 (2004)
18) L. P. Bauermann *et al.*, *Phys. Chem. Chem. Phys.*, **6**, 4003 (2004)
19) S. Isik *et al.*, *Angew. Chem. Int. Ed.*, **45**, 7451 (2006)
20) Y. Lee *et al.*, *Anal. Chem.*, **74**, 3634-3643 (2002)
21) J. M. Liebetrau *et al.*, *Anal. Chem.*, **75**, 563 (2003)
22) T. Yasukawa *et al.*, *Chem. Lett.*, **8**, 767 (1998)
23) T. Yasukawa *et al.*, *Anal. Chem.*, **71**, 4637 (1999)
24) T. Kaya *et al.*, *Biosens. Bioelectron.*, **18**, 1379 (2003)
25) YS. Torisawa *et al.*, *Anal. Chem.*, **75**, 2154 (2003)
26) Y. Takii *et al.*, *Electrochim. Acta*, **48**, 3381 (2003)
27) M. Nishizawa *et al.*, *Langmuir*, **18**, 3645 (2002)
28) J. Mauzeroll *et al.*, *Proc. Natl. Acad. Sci. U.S.A.*, **101**, 17582 (2004)
29) W. Feng *et al.*, *Anal. Chem.*, **75**, 4148 (2003)
30) YS. Torisawa *et al.*, *Anal. Chem.*, **78**, 7625 (2006)
31) B. R. Horrocks *et al.*, *Anal. Chem.*, **65**, 3605 (1993)
32) A. Kueng *et al.*, *Angew. Chem. Int. Ed.*, **44**, 3419 (2005)
33) D. Oyamatsu *et al.*, *Bioelectrochemistry*, **60**, 115 (2003)
34) H. Yamada *et al.*, *Anal. Chem.*, **77**, 1785 (2005)
35) H. Shiku *et al.*, "Encyclopedia of Electrochemistry: Bioelectrochemistry", p.257, Wiley-VCH (2002)
36) D. T. Pierce *et al.*, *Anal. Chem.*, **64**, 1795 (1992)
37) G. Wittstock, Fresenius J, *Anal. Chem.*, **370**, 303 (2001)
38) C. Kranz *et al.*, *Electrochim. Acta.*, **42**, 3105 (1997)
39) D. T. Pierce *et al.*, *Anal. Chem.*, **65**, 3598 (1993)
40) H. Shiku *et al.*, *Anal. Chem.*, **67**, 312 (1995)
41) H. Shiku *et al.*, *Anal. Chem.*, **68**, 1276 (1996)
42) G. Wittstock *et al.*, *Electroanalysis*, **13**, 669 (2001)
43) G. Wittstock *et al.*, *Anal. Chem.*, **69**, 5059 (1997)
44) H. Shiku *et al.*, *J. Electroanal. Chem.*, **438**, 187 (1997)
45) C. E. M. Berger *et al.*, *J. Endocrinol.*, **158**, 311 (1998)
46) N. Y. Antonenko *et al.*, *Arch. Biochem. Biophys.*, **333**, 225 (1996)
47) B. R. Horrock *et al.*, *J. Chem. Soc.*, **94**, 1115 (1998)
48) B. R. Horrock *et al.*, *Anal. Chem.*, **65**, 1213 (1993)
49) G. Wittstock *et al.*, *Anal. Chem.*, **67**, 3578 (1995)
50) H. Shiku *et al.*, *Langmuir*, **13**, 7239 (1997)
51) I. Turyan *et al.*, *Anal. Chem.*, **72**, 3431 (2000)

52) T. Yasukawa et al., *Chem. Lett.*, **5**, 458 (2000)
53) T. Wilhelm et al., *Angew. Chem. Int. Ed.*, **42**, 2248 (2003)
54) C. Zhao et al., *Angew. Che. Int. Ed.*, **43**, 4170 (2004)
55) C. Zhao et al., *Anal. Chem.*, **76**, 3145 (2004)
56) F. M. Boldt et al., *Anal. Chem.*, **76**, 3473 (2004)
57) T. Wilherm et al., *Langmuir*, **18**, 9485 (2002)
58) M. Suzuki et al., *Langmuir*, **20**, 11005 (2004)
59) H. Shiku et al., *Anal. Chem.*, **73**, 3751 (2001)
60) T. Saito et al., *Analyst*, **131**, 1006 (2006)
61) K. Yamashita et al., *Analyst*, **126**, 1210 (2001)
62) B. Liu et al., *J. Phys. Chem. B*, **109**, 5193 (2005)
63) F. Turcu et al., *Angew. Che. Int. Ed.*, **43**, 3482 (2004)
64) E. Fortin et al., *Analyst*, **131**, 186 (2006)
65) J. Wang et al., *Langmuir*, **18**, 6653 (2002)
66) S. Kasai et al., *Anal. Chim. Acta*, **566**, 55 (2006)
67) H. Kaji et al., *J. Am. Chem. Soc.*, **126**, 15026 (2004)
68) 梶弘和ほか, *Electrochemistry*, **74**, No.11, 905 (2006)
69) 西澤松彦ほか, 表面技術, **25**, No.5, 290 (2004)
70) P. K. Hansma et al., *Science*, **243**, 641 (1989)
71) A. I. Shevchuik et al., *Angew. Che. Int. Ed.*, **45**, 2212 (2006)
72) L. M. Ying et al., *Phys. Chem. Chem. Phys.*, **7**, 2859 (2005)
73) Y. E. Korchev et al., *Nat. Cell Bio.*, **2**, 616 (2000)
74) 珠玖仁ほか, 表面技術, **51**, No.1, 46 (2000)
75) 珠玖仁ほか, *Electrochemistry*, **69**, No.10, 806 (2001)
76) 平野悠ほか, *Electrochemistry*, **72**, No.2, 137 (2004)
77) 青木幸一ほか, 微小電極を用いる電気化学測定法, 電子情報通信学会 (1998)
78) G. Wittstock et al., *Anal. Chim. Acta*, **298**, 285 (1994)
79) R. Guckenberger et al., *Science*, **266**, 1538 (1994) Constant-current
80) A. Mario et al., *Anal. Chem.*, **73**, 4873 (2001)
81) M. Etienne et al., *Electrochem. Commun.*, **6**, 288 (2004)
82) C. Gabrielli et al., *Phys. Chem. B*, **108**, 11620 (2004)
83) Y. Hirata et al., *Bioelectrochemistry*, **63**, 217 (2004)
84) D. P. Burt et al., *Nano. Lett.*, **5**, 609 (2005)
85) P. S. Dobson et al., *Phys. Chem. Chem. Phys.*, **8**, 3909 (2006)
86) R. J. Fasching et al., *Sens. Actuators, B*, **108**, 964 (2005)
87) M. Etienne et al., *Anal. Chem.*, **78**, 7317 (2006)
88) M. Büchler et al., *Electrochem. Solid-State Lett.*, **3**, 35 (2000)
89) M. F. Garay et al., *Phys. Chem. Chem. Phys.*, **6**, 4028 (2004)
90) D. Arrigan, *Analyst*, **129**, 1157 (2004)
91) R. M. Penner et al., *Science*, **250**, 1118 (1990)

92) M. V. Mirkin *et al.*, *J. Electroanal. Chem.*, **328**, 47 (1992)
93) J. L. Coners *et al.*, *Anal. Chem.*, **72**, 4441 (2000)
94) K. Maruyama *et al.*, *Anal. Chem.*, **78**, 1904 (2006)
95) B. Zhang *et al.*, *Anal. Chem.*, **76**, 6229 (2004)
96) P. Sun *et al.*, *Anal. Chem.*, **73**, 5346 (2001)
97) J. J. Watkins *et al.*, *Anal. Chem.*, **75**, 3962 (2003)
98) B. Ballesteros *et al.*, *Electroanalysis*, **14**, 22 (2002)
99) J. Ufheil *et al.*, *Phys. Chem. Chem. Phys.*, **7**, 3185 (2005)
100) A. Kucernak *et al.*, *J. Phys. Chem. B*, **106**, 9396 (2002)
101) D. H. Woo *et al.*, *Anal. Chem.*, **75**, 6732 (2003)
102) N. J. Gray *et al.*, *Analyst*, **125**, 889 (2000)
103) 彼谷高敏, 東北大学博士学位論文 (2004)
104) P. James *et al.*, *J. Electrochem. Soc.*, **143**, 3853 (1996)
105) G. Shi *et al.*, *J. Electrochem. Soc.*, **145**, 2011 (1998)
106) 青柳重夫ほか, *Electrochemistry*, **74**, No.9, 787 (2006)
107) A. I. Shevchuk *et al.*, *Biophys. J.*, **81**, 1759 (2001)
108) J. Gorelik *et al.*, *Proc. Natl. Acad. Sci. U.S.A.*, **100**, 5819 (2003)
109) J. Gorelik *et al.*, *Proc. Natl. Acad. Sci. U.S.A.*, **102**, 15000 (2005)
110) S. A. Mann *et al.*, *J. Neurosci. Meth.*, **116**, 113 (2002)
111) A. Bruckbauer *et al.*, *J. Am. Chem. Soc.*, **126**, 6508 (2004)
112) K. T. Rodolfa *et al.*, *Angew. Che. Int. Ed.*, **44**, 6854 (2005)
113) K. T. Rodolfa *et al.*, *Nano Lett.*, **6**, 252 (2006)
114) A. M. Rothery *et al.*, *J. Microsc.*, **209**, 94 (2003)
115) J. Gorelik *et al.*, *Proc. Natl. Acad. Sci. U.S.A.*, **99**, 16018 (2002)
116) J. Gorelik *et al.*, *Biophys. J.*, **83**, 3296 (2002)

【実用編―バイオ電池】

第14章　バイオ電池の原理と実際

池田篤治*

1　しくみと特徴

バイオ電池の基本事項については第1章で述べた。その結果をふまえてしくみと特徴を見ておこう。

起電力：表1にバイオ電池燃料として興味ある有機物の酸化還元電位と重量容量密度（燃料1グラム当たりに含まれる電気量）を示す。糖やアルコールの酸化還元電位は水素の場合と同程度であり、Zn、Liのような金属活物質の酸化還元電位に比べるとかなり低い値であるが、酸素カソード反応との組み合わせで電圧は1.2～1.3 Vになる。糖やアルコールの重量容量密度は水素よりかなり小さいが、容積当たりの密度は大きい。なお、重量容量密度に電池電圧を乗ずれば重量エネルギー密度（燃料1グラムから取り出すことができるエネルギー量）になる。糖やアルコールの場合、表のようなCO_2までの24電子（グルコース）、16電子（エタノール）酸化を実現するには一連の多段階酵素触媒反応が必要であり、現段階ではグルコースはグルコン酸までの2電子酸化、エタノールは酢酸までの4電子酸化にとどまっている。また、これら有機物の電極反応は第4章で述べたバイオエレクトロカタリシス反応が基本になっており、実際の電池電圧は次のような理由で表から計算される値より小さい。図1に示すようにアノード極、カソード極とも電極

表1

酸化還元半反応	$E^{\circ\prime}$ V $vs.$ SHE	重量容量密度 Ah g^{-1}
$O_2(g) + 4H^+ + 4e^- \rightarrow 2H_2O$	+0.82	
$CO_2(g) + 8H^+ + 8e^- \rightarrow$ メタン $+ 2H_2O$	−0.25	13.4
$NAD^+ + H^+ + 2e^- \rightarrow NADH$	−0.32	
$CO_2(g) + 6H^+ + 6e^- \rightarrow$ メタノール $+ H_2O$	−0.40	5.0
$2H^+ + 2e^- \rightarrow H_2(g)$	−0.41	26.8
$6CO_2(g) + 24H^+ + 24e^- \rightarrow$ グルコース $+ 6H_2O$	−0.43	3.6
$2CO_2(g) + 12H^+ + 12e^- \rightarrow$ エタノール $+ 3H_2O$	−0.32	7.0
$Zn^{2+} + 2e^- \rightarrow Zn$	−0.76	0.82
$Li^+ + e^- \rightarrow Li$	−3.03	3.86

* Tokuji Ikeda　福井県立大学　生物資源学部　生物資源学科　教授

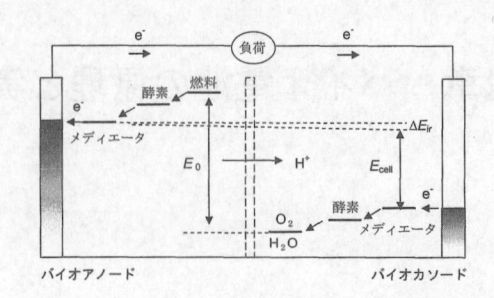

バイオ電気化学の実際——バイオセンサ・バイオ電池の実用展開——

図1　バイオエレクトロカタリシス反応に基づく電池の起電力

と直接反応するのはそれぞれの酵素反応に関与するメディエータであるので，実際はアノード側メディエータとカソード側メディエータの酸化還元電位の差が電池電圧E_{cell}となる。メディエータの酸化還元電位はアノード反応では燃料よりも正電位側，カソード反応では酸素の酸化還元電位よりも負電位側にあるので，E_{cell}は表1から計算される燃料と酸素との酸化還元電位の差よりも小さい。従って，メディエータは，その酸化還元電位がそれぞれ燃料，酸素のそれにできるだけ近いものが望ましい。燃料（酸素）とメディエータの反応を触媒する酵素自身の酸化還元電位もできるだけ燃料（酸素）のそれに近いものが望まれる。ただし，燃料（酸素）とメディエータの酸化還元電位の差が小さくなるほど，バイオエレクトロカタリシス反応の速度が遅くなる（従って得られる電流密度が小さくなる）ことも考慮しなければならない。メディエータの選択には，電極への固定化の容易性，安定性も重要な事項であり，燃料側メディエータは酸素との反応性にも配慮が必要である。バイオ電池作動状態においてはバイオエレクトロカタリシス反応の速度や内部抵抗による電位降下ΔE_{ir}（図1）によってさらに電池電圧は低下する。電流と電圧の関係は次節の水素-酸素バイオ電池の項で詳しく述べる。

　特徴：バイオ電池の特徴を通常の燃料電池（高分子電解質型 PEFC，直接メタノール型 DMFC）と対比して図2に示す。燃料は糖やアルコールを含めたバイオマス一般が対象となる。家庭ごみや産業廃液にはさまざまの有機物が含まれるが，微生物や酵素によって表1に挙げた低分子化合物にまで分解することができる。この分解過程を電池反応の前段階に組み込めばバイオマスが燃料となる。水素を対象とする通常の燃料電池が前段階に改質器を組み込んでメタンやメタノールを燃料とする場合に対応しているが，バイオ電池においては，この前段階分解も酵素触媒によって行われる。酵素は遺伝子組み換え操作によって微生物から大量生産が可能であり，第5章で述べたように酵素工学による機能改良の可能性もある。また，原料の枯渇を心配する必要もない。現在はかなり高価であるが，需要が増えれば大量生産による飛躍的な価格低下も見込める。現時点における課題は酵素触媒活性のさらなる向上と連続使用に耐えうる安定性の確保である。

　酵素触媒は選択性が非常に高いことが特色であり，糖やアルコールなど燃料の種類に応じた酵

第14章　バイオ電池の原理と実際

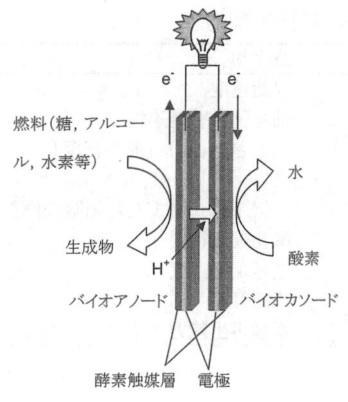

図2　バイオ電池の特徴

	バイオ電池	PEFC・DMFC
燃料	バイオマス全般	水素，メタノール
触媒	酵素・微生物	白金
電池構造	アノード カソード	アノード カソード イオン交換膜 ケース 改質器　etc
サイズ	μm〜	cm〜
作動温度	室温〜体温	80〜120℃

素が必要である。また，先に述べたようにCO_2までの酸化には一連の多段階反応に関与する全ての酵素が必要である。一方，選択性が高いゆえに均一溶液内でも燃料側電極，酸素側電極でそれぞれの反応が独自に進行する。従って隔膜が不要となり，出力の大きさをいとわなければ電極のサイズをマイクロメートルからナノスケールにまで小さくすることができる。酵素触媒は本来生体で機能するものであるから常温中性条件下で最大特性を発揮する。安全性の面からは好ましいことであるが，電池としては0℃以下から常温を超えて70℃程度までの幅広い温度範囲で安定して作動する技術的工夫が必要であろう。

第3章2節，第4章3節，第6章4節で微生物がそのままバイオエレクトロカタリシス触媒になることを示した。微生物は多種類の酵素を有しているから燃料選択の幅が広がる。燃料は微生物のエネルギー源でもあるから，反応の過程で一部は微生物の増殖（すなわち触媒再生）に使用され，結果として触媒機能の長期安定性につながる。一方で，電極との電子移動には燃料やメディエータの細胞外膜透過過程が含まれ（第3章図3），電流密度を規制する因子として考慮の対象となる。解糖系のような細胞内代謝経路を利用する場合は，細胞内膜透過を含む代謝速度自身が電流密度を規制する因子となるので，この点に関する基礎検討が必要である。現在のところ，微生物触媒の電池出力は酵素触媒電池に比べてかなり小さい。表2に微生物触媒を用いる場合の制限因子を酵素触媒の場合と対応させて示した。電極への固定を考える場合，微生物の大きさが電極表面の触媒密度に影響する。酵素がnmの大きさであるのに対して微生物はμmの大きさを持つ。なお，一個の細胞当たりどれくらいの数の酵素が含まれるかは興味ある点であるが，第6章5節で述べたように大腸菌細胞膜のグルコース脱水素酵素の場合，一個の細胞に平均2200分子のグルコース脱水素酵素が含まれるという実験結果が得られている。

バイオ電池の用途：上述のような特色を考慮すれば図3に示すようにナノスケールの電源から

バイオ電気化学の実際──バイオセンサ・バイオ電池の実用展開──

表2　酵素触媒と微生物触媒の制限因子

	酵素	微生物
電流密度	酵素反応速度 大きさ（nm）［触媒密度］	代謝速度 細胞膜・壁透過性 大きさ（μm）［触媒密度］
出力電圧	メディエータまたは酵素の酸化還元電位 電極反応速度	メディエータまたは細胞表面シトクロムの酸化還元電位 電極反応速度
変換効率	多段階酵素反応	代謝経路
耐久性	酵素安定性	増殖再生能力

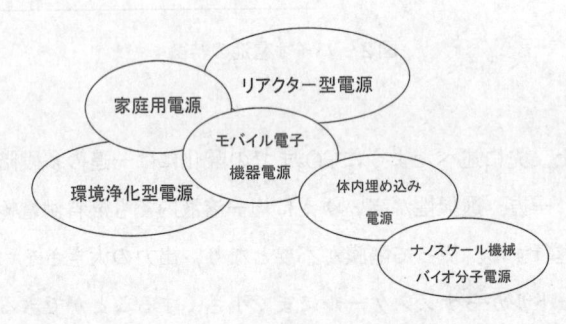

図3　バイオ電池の期待される用途

野外バイオマスを対象とする環境浄化型エネルギー変換装置まで幅広い用途が考えられる。現在体内埋め込み電源を中心に，モバイル電気機器電源も視野に入れた研究開発が進められている。ナノスケール分子機械の電源としてのバイオ分子電源も先端研究として注目されている。家庭ゴミ処理や環境浄化を兼ねた電源としては，微生物触媒電池が適していると思われるが，現時点では電池特性に関わる基礎研究を地道に進める必要があろう。微生物燃料電池でバイオマスエネルギーを電気エネルギーに変換する場合，小さな出力を連続して蓄電器に供給するための変換器としての利用を考えるのも，実用への展開として有望と思われる。また，リアクター型電源としての利用も考えられ，後述のようにグルコースやエタノールを燃料にして純度の高い水素を電気分解で得ることができる。

　バイオ電池について現時点での到達点と今後の課題をまとめると次のようである。現在得られている電流密度は数十 $mA\ cm^{-2}$，出力は数 $mW\ cm^{-2}$である。さらなる出力の向上には，タンパク質工学による酵素分子の機能向上とともに炭素電極材料の構造（メソポーラス，ナノマトリックス構造など）に依拠した酵素固定比表面積の増大などの工夫が必要となろう。このような工夫はまた酵素の安定性向上にもつながると期待され，耐熱性酵素の探索とともに電池の長期安定作動の実現にとっても重要な課題である。酵素とともにメディエータの選択と固定化も重要であ

り，電池機能に適した分子設計を目指す研究が望まれる。電流密度向上にはさらに，CO_2までの多電子変換系の構築が必要であり，TCA回路，ペントースリン酸回路酵素系の利用に関する研究の進展が必要である。多電子変換には微生物代謝系の利用も考えられるが，実用の可能性を見極めるには先に述べたように電流密度を規制する代謝速度についての基礎研究が重要である。ごく最近，酵素の直接電極電子移動に関する研究が新しい展開を見せている。水素酸化や酸素還元のバイオエレクトロカタリシスにおいて予期したよりも高い電流密度が得られる例がいくつか見いだされ，電極材料の選択によって，メディエータなしのバイオ電池を展望できる段階に近づきつつある。微生物触媒においても外部から意識的にメディエータを加えない微生物電池の研究が注目されるようになってきた。これらの諸問題に関する最新の話題が以下の章で具体的に取り上げられている。最近のバイオ電池研究の進歩には見るべきものがあり，実効電流密度が飛躍的に増大してきている。酸素や燃料の補給速度や電池の内部抵抗ΔE_{ir}（図1）が研究対象となる段階に近づきつつあるように思える。

2　プロトタイプ水素-酸素バイオ電池[1～6]

硫酸還元菌 *Desulfobivrio vulgaris*（Hildenborough）はペリプラスムにヒドロゲナーゼを持っており（図4）次の反応

$$H_2 \rightarrow 2H^+ + 2e^- \tag{1}$$

を触媒する。電子受容体としてはメチルビオローゲン（MV^{2+}）などのビオローゲン類がよく用いられる。なお，ヒドロゲナーゼは(1)式の逆反応も触媒する（ビオローゲンラジカル類を電子供与体とすれば，次節で述べるように中性領域でも水素発生反応が起こる）。一方，ビリルビンオキシダーゼBOD（*Myrothecium verrucaria*由来）はビリルビンのビリベルジン（図5）への酸化反応を触媒し，酸素を電子受容体として次のように

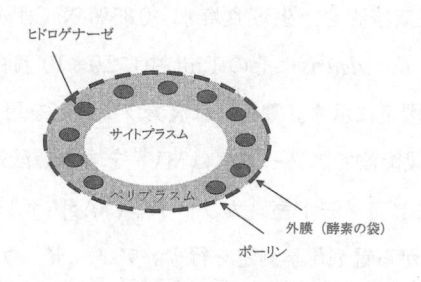

図4　硫酸還元菌 *Desulfobivrio vulgaris*

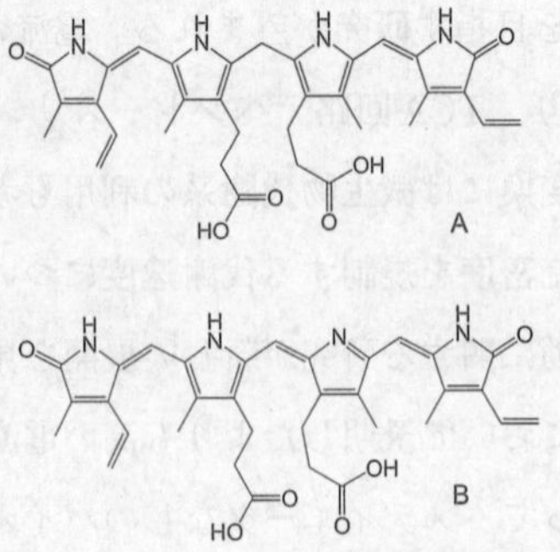

図5　A：ビリルビンとB：ビリベルジン

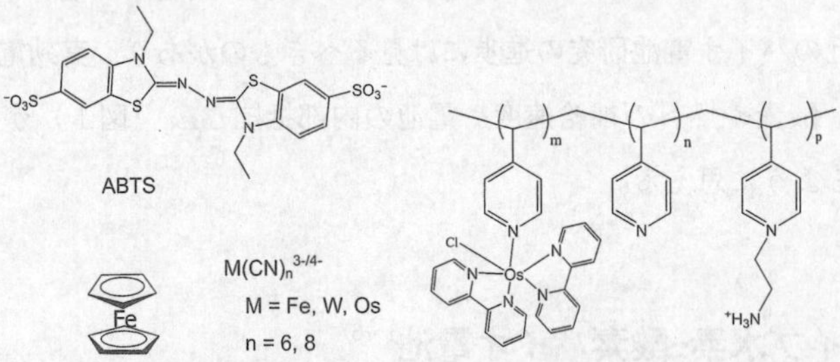

図6　BODの電子供与体となる化合物

$$O_2 + 4H^+ + 4e^- \rightarrow 2H_2O \tag{2}$$

水にまで還元する。第3章1節，第4章1節で述べたようにBOD反応はビリルビンの代わりにFe(CN)$_6^{4-}$のような金属錯体を電子供与体とすることができ，2,2'アジドビス（3-エチルベンゾチアゾリン-6-スルホネート）（以下ABTSと略記）のような有機物も電子供与体となる（図6）。

2.1　水素-酸素バイオ電池の基本特性とその評価法[2]

　上記の触媒系を用いると水素燃料バイオ電池ができる。これはアノードだけでなくカソードにも生体触媒を用いたバイオ燃料電池の初めての例であり，その作成と特性評価法を詳しく述べる。使用する D. vulgaris は嫌気培養し，生理食塩水（0.85% NaCl）に懸濁。液の濁度（ODを610 nmで測定）が1のとき，D. vulgaris はその1 mL中に 2.9×10^9 個存在することを細菌計数計で確認。バイオ電池の構成を図7に示す。電極には炭素フェルトを用い，アノード室，カソード室はどちらもpH7.0のリン酸緩衝液でアノード室はMV^{2+}を含む硫酸還元菌懸濁液，カソード室はABTSとBODを含んでいる。アノード室，カソード室にAg|AgCl電極を入れ，それぞれ水素ガス，酸素ガス通気を行いながら電気化学測定を行う。アノード，カソード端子を抵抗R（2786型抵抗箱，横川北辰電気㈱）の両端につなぎ電圧E_{cell}を電圧計（SC7403デジタルマルチメータ，

第14章　バイオ電池の原理と実際

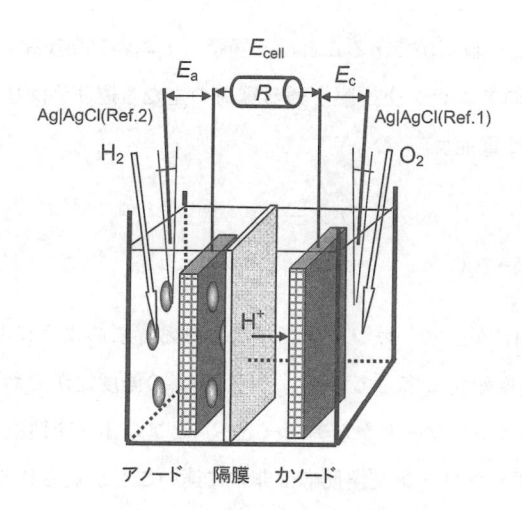

図7　水素-酸素バイオ電池の模式図

電極材料：炭素フェルトシート（$1.5 \times 1.5 \times 0.1$ cm^3；東レB0050，Toray Co.），アノード室：*D. vulgaris*懸濁液＋MV^{2+}（pH 7.0，50 mMリン酸緩衝液＋KCl），カソード室：BOD溶液＋ABTS（pH 7.0，50 mMリン酸緩衝液＋KCl），隔膜：アニオン交換膜（12.5 cm^2，厚さ180 μm; ACIPLEX®-A501, Asahi Chemical Co.）

岩崎通信㈱）で測定すると，数秒で安定した表示を示し，一時間にわたる繰り返し測定においても再現性ある結果を与える。E_{cell}測定と同時に，アノード極とAg|AgCl電極（Ref 2），カソード極とAg|AgCl電極（Ref 1）との電位差E_aとE_cを電圧計で測定する。抵抗Rを100 KΩから90 Ωへと順次下げて行きながら繰り返し一連の測定を行う。抵抗を流れる電流Iはオームの法則に従ってRとE_{cell}の測定値から求める。通常の燃料電池の特性表示法にならって，縦軸に電圧，横軸に電流を取って，結果をプロットすると図8Aのようになる（第1章の図3はこの図に相当）。E_{cell}（図の●）について見ると開回路（電流ゼロへ外挿したときの電圧）時の値は1.17 Vであり，反応 $H_2 + 1/2\ O_2 \rightarrow H_2O$の標準起電力1.23 V（第1章表1，本章表1）に近い。電流が0.9 mA流れるときにもこの電池は1.0 Vの起電力を持っている。従来の固体高分子型燃料電池が50 ℃ 1気圧で示す開回路電圧1.0 Vを凌駕するほどである。しかし，電流が1 mA（電極の投影面積当たりの電流は0.2 mA cm^{-2}）近くになると電圧が急激にゼロに落ちてしまう。これは，固体高分子型燃料電池の電流密度（0.2 A cm^{-2}以上）と比べると極端に小さい。このような電池特性を決めている因子について順次見ていこう。

図8で○はE_cとE_aの差（$E_c - E_a$）である。同じ電流値の位置で○を●と比べると，電流が大きい領域で○の方が幾分大きくなる傾向が見られるが，その差はわずかなものである。図7からわかるように，E_{cell}と$E_c - E_a$との差はアノード極とカソード極との間の隔膜の部分の電圧降下分（図1のΔE_{ir}）に相当する。この分だけE_{cell}（●）は$E_c - E_a$（○）より小さな値になる。図8A

に見るようにこの差がごくわずかであることは，隔膜（アニオン交換膜）の抵抗が大変小さいことを意味している。このアニオン交換膜を通る電荷の主たる運び手はリン酸イオン（HPO_4^{2-}と$H_2PO_4^-$）である。バイオ電池反応

$H_2 \rightarrow 2H^+ + 2e^-$ （アノード）

$1/2 O_2 + 2H^+ + 2e^- \rightarrow H_2O$ （カソード）

において，アノードでH^+が生じ，カソードで消費される。このようにして起こるアノード極，カソード極でのH^+の濃度変化に応じてHPO_4^{2-}と$H_2PO_4^-$の濃度比が変わり，$H_2PO_4^-$がアノードからカソードへ（HPO_4^{2-}がカソードからアノードへ）とアニオン交換膜を移動する。ところで，HPO_4^{2-}と$H_2PO_4^-$との間のプロトン交換反応は非常に速いことが知られており，実際の電荷移動過程はこのHPO_4^{2-}と$H_2PO_4^-$との間のプロトン交換反応が関与すると考えられる。このようにして，pH7.0という非常に薄いH^+濃度下でも迅速な電荷移動が起こって，内部抵抗（ΔE_{ir}）が小さく，アノード室，カソード室のpHが一定に保持される。ただし，以上の議論はアニオン交換膜の理想的な挙動を前提にしていることに留意が必要である。実際のイオン移動機構はもっと複雑である可能性もあり，また，メディエータ化合物の隔膜透過や水素，酸素ガス透過なども考慮する必要がある。今の場合は，考慮しなければならない程には，このような因子は電池の特性に影響していないと結論できる。図8BはE_cとE_aを別々にプロットしたもので，この図から1mA付近での電圧の降下がアノード側に起因することが読み取れる。この点についてさらに詳しく調べるには，アノード反応とカソード反応それぞれのボルタンメトリーが有用である。

図9に示すように，アノード電極を電気化学測定装置の作用電極端子に，カソード電極を対極

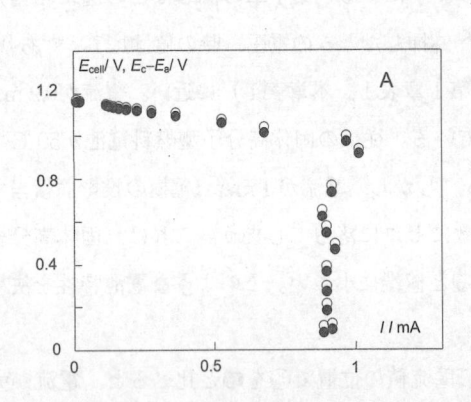

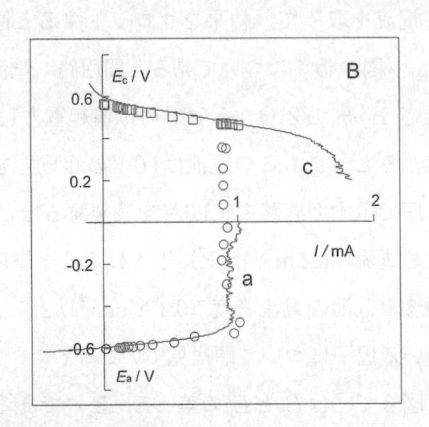

図8 水素-酸素バイオ電池の電圧と電流の関係
A：（●：E_{cell}, ○：E_c-E_a），電池アノード室：*D. vulgaris*（OD＝10）＋1.5 mM MV^{2+}，
カソード室：0.1 μM BOD ＋ 0.4 mM ABTS。
B：E_c（□），E_a（○）。実線（aとc）は定常状態のボルタンモグラム（本文参照）。

第14章　バイオ電池の原理と実際

端子につなぎ，ref 2を参照電極としてボルタンメトリーを行うと，図8Baのボルタンモグラムが得られる。カソード電極を作用電極端子につないで，アノード電極を対極，ref 1を参照電極とする場合は，図8Bcのボルタンモグラムが得られる（ボルタンモグラムはこの電流-電位軸に合わせて表示）。ボルタンモグラムの限界電流を比べると，カソード極の測定（c）ではE_c測定の結果（□）を超えてずっと大きな値を示すのに対し，アノード極の測定（a）ではE_a測定の結果（○）に一致した限界電流になっている。この結果から，電池の電流の最大値はアノード極のバイオエレクトロカタリシス反応の速度によって規定されていることがはっきりとわかる。なお，図8Baの測定にref 1（同様に，図8Bcの測定にref 2）を用いると，隔膜抵抗による電位降下の影響を含んだボルタンモグラムが得られる。

図8Bのaとcに対応するサイクリックボルタンモグラムをグラシーカーボン電極を用いる通常の方法で測定した結果を図10に示す。この図からBOD触媒によるABTSをメディエータとする酸素のバイオエレクトロカタリシス還元（図c），および，*D. vulgaris*触媒によるメチルビオローゲンをメディエータとする水素のバイオエレクトロカタリシス反応（図a）が大変効率よく進行することがわかる（バイオエレクトロカタリシスについては第4章で詳しく説明した）。図

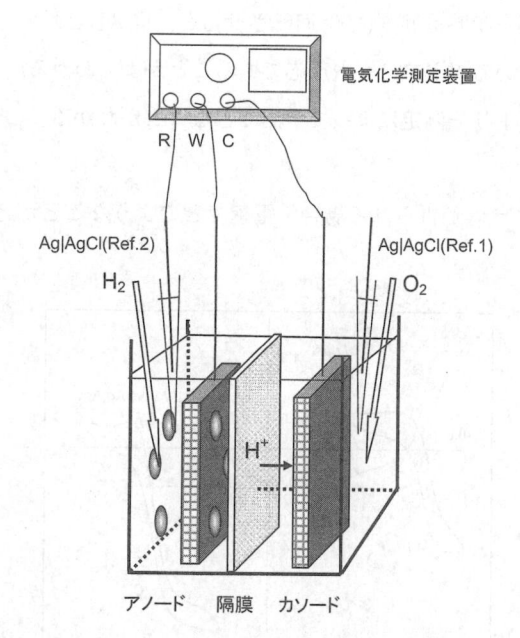

図9　バイオ電池のアノード極を作用電極とするボルタンモグラム（図8Ba）の測定
参照電極はアノード室に入れ，カソード極を対極として使用。アノード室の参照電極の代わりにカソード室の参照電極につないで測定すれば，ボルタンモグラムは隔膜抵抗の影響を含んだ形になる。同様の測定をカソード極を作用電極として行えば，カソード反応を反映したボルタンモグラム（図8Bc）が得られる。

cのボルタンモグラムの$E_{1/2}$は0.48 Vであり，$Fe(CN)_6^{4-}$をメディエータとする場合（第4章図3）より0.2 V以上正の電位で酸素還元が始まる。このようにO_2/H_2Oの標準酸化還元電位（0.62 V vs. Ag|AgCl(sat.)）に近い電位で大きなバイオエレクトロカタリシス電流が得られ，ABTSが大変よいメディエータであることがわかる。バイオエレクトロカタリシス反応においてABTSは酸化型カチオンラジカルとの間で酸化還元を繰り返す。この状態では酸化型還元型ともに安定であるが，カチオンラジカルがさらにもう一電子酸化されると不安定になり徐々に分解が起こる。カチオンラジカルは不均化反応によってごくわずかではあるが不安定型に移行するので，長時間のバイオエレクトロカタリシス反応において徐々にABTSが分解していく。この系をバイオ電池カソード反応に用いる場合には解決しなければならない問題点である（この分解はpH 4.0のような酸性領域では抑えられる）[5]。一方，図aを見ると，ボルタンモグラムが電流ゼロ線を挟んで両側に現れている（図8Baは図10aの正方向電流部分に相当する）。このことは，電極の電位に依存して，水素消費，生成両方向のバイオエレクトロカタリシス反応が起こることを意味する。今の場合水素消費反応が目的であるが，この反応に対応する正方向の限界電流は大変小さい。図a'は横軸に対称に図aを反転させたものでバイオ電池の特性を予想するのに便利である。図10の横点線矢印の幅が電池電圧（E_c-E_a）に相当し，縦点線矢印が電池の最大電流（急激に電圧がゼロになる）に相当する。この図を半時計回りに90°回転させると，図8Bと対応させて見ることができ，電流の最大値を規程しているのがアノード反応であることがよくわかる。この結果から，バイオ電池の特性はボルタンメトリー測定によって予測できることがわかる。

図10aのボルタンモグラムが得られる場合，電極でどのようなことが起こっているのだろう。

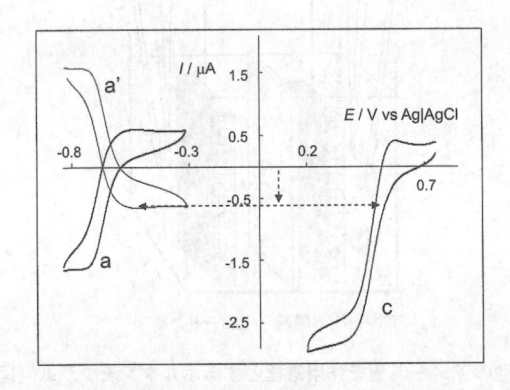

図10　リン酸緩衝液 pH 7.0 中のサイクリックボルタンモグラム
c：0.25 mM ABTS + 0.1 μM BOD，O_2飽和，a：0.5 mM MV^{2+} + D. vulgaris（OD = 10），H_2飽和。a'はaを横軸（電位軸）に対称に反転させて書き直したもの。グラシーカーボン電極使用，電位掃引速度 c：10 mV s^{-1}，a：2 mV s^{-1}。

第14章　バイオ電池の原理と実際

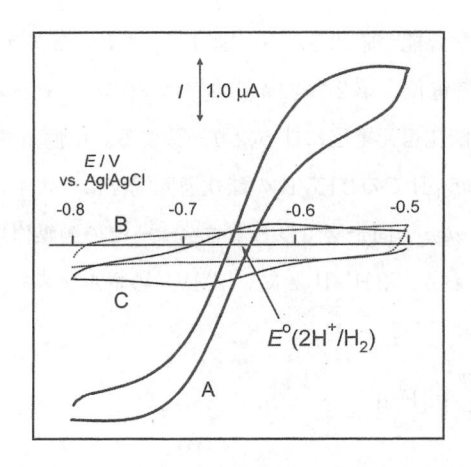

図11 *D. vulgaris*固定グラシーカーボン電極で記録した水素生成・消費反応
A：0.1 mM MV^{2+}を含む水素飽和リン酸緩衝溶液（pH 7.6）とB：水素飽和溶液（pH 7.6）のサイクリックボルタモグラム。C：はAと同じ条件下，裸のグラシーカーボン電極で記録したサイクリックボルタモグラム。電位掃引速度：5 mV s^{-1}。

要点は以下の通りである[3]（話がやや込み入っているので，この部分は飛ばしてもよい）。*D. vulgaris*固定電極を用いてサイクリックボルタモグラムを記録（第6章4節参照）すると，電流ゼロ線を横切るシグモイド型のバイオエレクトロカタリシス電流−電位曲線が得られる。その一例を図11に示す。図10aと違って，この図では正方向の限界電流と負方向の限界電流がほぼ等しい大きさである。二つの限界電流の比は溶液のpHに依存して変化し，pH 6.5では負方向のみの電流になり，pH 8.5では正方向のみの電流になる。すなわち，pH 6.5では水素生成反応のみが，pH 8.5では水素消費反応のみが起こる。この結果を*D. vulgaris*のバイオエレクトロカタリシス反応

$$1/2 H_2 \rightleftharpoons H^+ + e^- \quad (D.\ vulgaris反応) \tag{3a}$$

$$MV^{2+} + e^- \rightleftharpoons MV^{\bullet +} \quad (D.\ vulgaris反応) \tag{3b}$$

$$MV^{\bullet +} \rightleftharpoons MV^{2+} + e^- \quad (電極反応) \tag{3c}$$

について見ると，塩基性溶液中では3a，3b，3cの反応は右方向に進み，酸性溶液では左方向に進む。中性溶液では電極の電位に依存して両方向の反応が起こる。このように両方向の反応が起こるのは*D. vulgaris*のヒドロゲナーゼ活性が非常に高いことを示している。第4章3節で述べた方法で触媒反応の速度定数を求めると，右方向（水素消費方向）の反応の速度定数が $k_{cat}/K_{MV} = 2.2 \times 10^{10}$ M^{-1} s^{-1}，左方向（水素生成方向）の速度定数が $k_{cat}/K_{MV} = 7.5 \times 10^{10}$ M^{-1} s^{-1}と大変

に大きな値になり，高い触媒能が確認される。図11でボルタンモグラムが電流ゼロ線を切る点の電位 $E_{i=0}$，すなわち平衡電位（第2章2節参照）は -0.647 V である。これは，このpH（pH 7.6）における $2H^+/H_2$ の酸化還元電位にぴったり一致する。中性領域でpHを変えて同じ測定を行うと，$E_{i=0}$ はそれぞれのpHでの $2H^+/H_2$ の酸化還元電位に一致する。この結果からつぎのような状況がわかる。D. vulgaris 固定層ではヒドロゲナーゼの触媒作用によって(3a)式と(3b)式の間で平衡が成り立っており，$2H^+/H_2$ と $MV^{2+}/MV^{\cdot+}$ のネルンスト式を次のように等しいとおくことができる。

$$E_{D.vul} = E^\circ_{2H^+/H_2} + \frac{RT}{F}\ln[H^+] \tag{4a}$$

$$E_{D.vul} = E^{\circ\prime}_{MV} + \frac{RT}{F}\ln\frac{c_{MV^{2+}}}{c_{MV^{\cdot+}}} \tag{4b}$$

pH 7.6で $E_{D.vul}$ は -0.647 V（$E_{D.vul} = E^\circ_{2H^+/H_2} + \frac{RT}{F}\ln[H^+] = -197(\mathrm{mV}) - 59.2(\mathrm{mV})\times 7.6$）となり，図11の平衡電位 $E_{i=0}$ に一致する。また，この値は $E^{\circ\prime}_{MV}$ の値 -0.651 V（サイクリックボルタンメトリーからの値）に非常に近い。このとき，D. vulgaris 固定層での $MV^{2+}/MV^{\cdot+}$ の濃度比 $c_{MV^{2+}}/c_{MV^{\cdot+}}$ は(4b)式から0.86となり，$MV^{\cdot+}$ の濃度 $c_{MV^{\cdot+}}$ がバルク液に加えた MV^{2+} の濃度 $c^*_{MV^{2+}}$ の1/1.86とほぼ半分の濃度になっている。第4章でバイオエレクトロカタリシス電流は電極界面でのメディエータの濃度勾配に比例することを述べた。図12Bに D. vulgaris 固定層における $MV^{\cdot+}$ の濃度勾配を示す。平衡電位，すなわち電流ゼロの電位 $E_{i=0}$ では濃度勾配がゼロであるので，電極界面での $MV^{\cdot+}$ の濃度 $c^\circ_{MV^{\cdot+}}$ も $c_{MV^{\cdot+}}$ に等しい。上で述べた $E_{i=0}$ の値が(4a)式から計算される値 -0.647 V に一致するという事実がこのことを検証している。電極の電位を -0.647 V よりも正側に移動させると(3c)の反応がさらに右方向（水素消費方向）に進んで行き $c^\circ_{MV^{\cdot+}}$ がゼロになって限界電流に達する。逆に -0.647 V よりも負側に移動させていくと(3c)の反応が左方向（水素生成方向）に進み，$c^\circ_{MV^{\cdot+}}$ は MV^{2+} のバルク濃度 $c^*_{MV^{2+}}$ に等しくなって，負電流方向の限界電流に達する（濃度勾配が逆になっていることに注意）。D. vulgaris 固定層での $MV^{2+}/MV^{\cdot+}$ の濃度比 $c_{MV^{2+}}/c_{MV^{\cdot+}}$ はpHによって変わる（4a, b）ので $c_{MV^{\cdot+}}$ はpHに大きく依存する。図12Cに示すように，pH 8.5ではバルク濃度 $c^*_{MV^{2+}}$ にほぼ等しいので，濃度勾配が大きくなり，大きな正方向電流（水素消費反応）が得られる。pH 6.5では逆に，$c_{MV^{\cdot+}}$ は大変小さく正方向電流が見られなくなる。このように，D. vulgaris-$MV^{2+}/MV^{\cdot+}$ 系は酸性領域で水素生成反応の触媒系として，塩基性領域で水素消費反応の触媒系として働くことが理解できる。

以上の内容を模式図（図1）のアノード電極反応に当てはめて考えると，酸性溶液では燃料である水素のエネルギーレベルがメディエータである $MV^{2+}/MV^{\cdot+}$ のエネルギーレベルより低下しており，水素を消費するのに逆にエネルギーが必要になる。酸性溶液で水素を燃料として電池を

第14章　バイオ電池の原理と実際

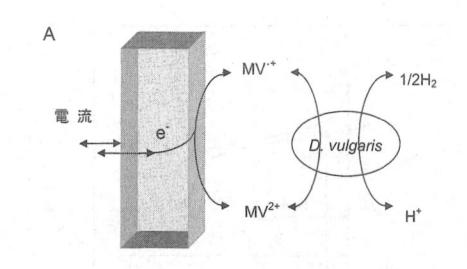

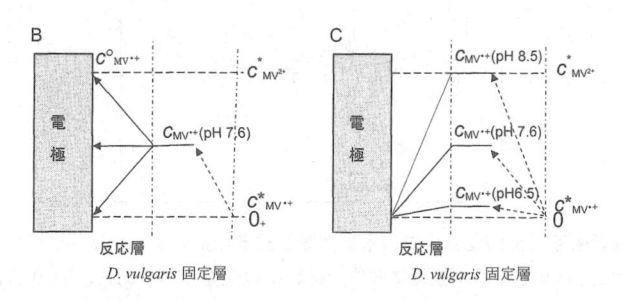

図12　*D. vulgaris* 固定グラシーカーボン電極で起こる両方向バイオエレクトロカタリシス
A：模式図（第4章図1参照）。B：*D. vulgaris* 固定層内でのMV$^{•+}$濃度（$c_{\text{MV}^{•+}}$）は溶液のMV^{2+}濃度（$c^*_{\text{MV}^{2+}}$）の半分になる。C：*D. vulgaris* 固定層内のMV$^{•+}$濃度（$c_{\text{MV}^{•+}}$）は溶液のpHに依存する。一方，電極界面でのMV$^{•+}$濃度は電極の電位で決まる。

働かせるにはより正の$E^{°'}$値を持つメディエータを選ぶ必要がある。なお，さらに立ち入って考察を進めるには，ヒドロゲナーゼ自身の酸化還元電位$E_{\text{enz}}^{°'}$（活性部位の酸化還元電位（第5章2節参照））も考慮する必要がある（詳細は文献3）。

以上の考察から，水素燃料のアノード反応速度を上げるには，MV^{2+}に比べてより正の$E^{°'}$値を持つ化合物をメディエータとする必要があることがわかる。ちなみに，アンスラキノンスルホン酸（AQS）の$E^{°'}$は-0.42 VとpH 7.0での2H$^+$/H$_2$の-0.611 Vより正である。AQSをメディエータとするバイオエレクトロカタリシス反応は図13aに示すように期待通り正方向のみの電流を与え，水素消費方向に反応が進む。ABTS–BODバイオエレクトロカタリシス反応の電流と組み合わせると，図13に実線矢印で示すような電圧-電流特性が予測できる。この状況において，aの限界電流の方が幾分小さく電流規制因子となることがわかる。この結果をふまえて，アノード室のAQS濃度を6倍高濃度にして，AQS-*D. vulgaris*系をアノード反応に用いた場合の水素バイオ電池の特性を図14に示す。図から明らかなように，この場合はカソード反応の方が電流規制因子になっており，ABTS–BOD系の濃度を上げることによって図Bのように電池電流がさらに大きくなる。このように，酵素-メディエータ系の濃度を上げることによって電流密度を上げることができるが，実用を視野に入れると電極への固定化が必要で，表2に挙げたように固

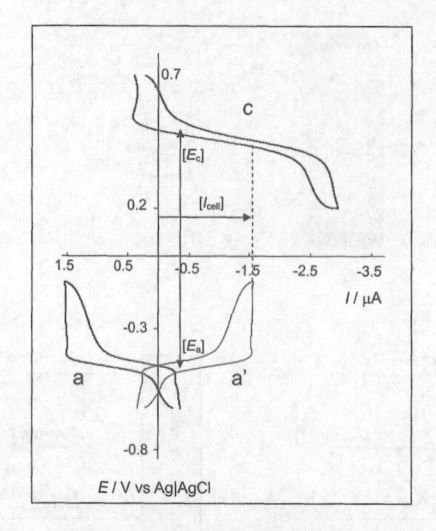

図13 リン酸緩衝液（pH 7.0）中での水素消費と酸素発生のサイクリックボルタンモグラム
図は電池表示に合わせるため，縦軸に電位，横軸に電流をとってある．a：0.25 mM AQS ＋ *D. vulgaris*（OD＝10），H$_2$ 飽和．a'はaを横軸（電位軸）に対称に反転させて書き直したもの．c：0.25 mM ABTS ＋ 0.1 μM BOD，O$_2$飽和，グラシーカーボン電極使用，電位掃引速度 c：10 mV s^{-1}，a：2 mV s^{-1}．

定化できる触媒量には限界がある．

ところで，実際の電池においては投影面積当たりの電流が電池特性の評価に用いられるので，電極の構造を工夫することによって実用上の電流密度を上げることができる．ここで用いている炭素フェルトの構造は図15に示すような繊維状で，一本の繊維は7 μmの太さで，繊維間の平均距離は170 μmである．この炭素フェルトでFe(CN)$_6^{3-}$のサイクリックボルタンモグラムを記録すると図16のようになる．厚いフェルト電極を用いて1 mV s^{-1}とゆっくり電位掃引すると，挿入図のように山形のボルタンモグラム（第2章図12参照）が得られるが，薄いフェルト電極で，速く電位掃引すると通常のサイクリックボルタンモグラム（第2章図3参照）に近づく．基礎編で述べたような電極と違って，フェルト電極は複雑な3次元内部構造を持っているが，物質移動過程（第2章図7参照）は大きく分けて，外部液から電極表面への移動（外部拡散）と電極内部での移動（内部拡散）の二つに分けることができる．外部拡散が優勢な場合は第2章の図3と同様なボルタンモグラムが，内部拡散が優勢な場合は内部液のFe(CN)$_6^{3-}$が全部反応してしまえば電流が流れなくなるので第2章の図12と同様な形状のボルタンモグラムが予想される．厚いフェルト電極では電極の外部表面積と体積との比が小さく，内部拡散の寄与が大きくなる．一方薄いフェルト電極では表面積と体積の比が相対的に大きいので外部拡散の寄与が大きくなって，通常のボルタンモグラムの形状に似てくる．フェルトを構成している繊維の密度が大きいほど体積当たりの実表面積が増え，短時間で内部液の反応が終了する．このような様子を図16から知る

第14章 バイオ電池の原理と実際

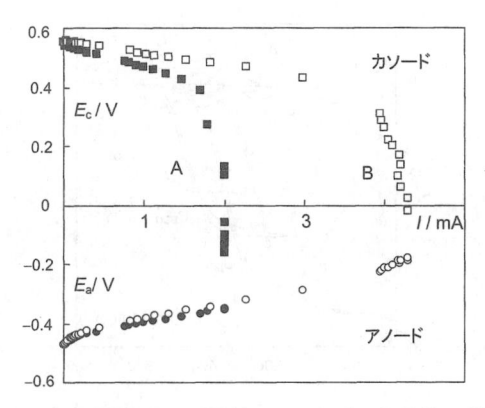

図14 水素-酸素バイオ電池のE_cおよびE_aと電流Iの関係
（A）アノード室（●）：$D. vulgaris$（OD = 10）+ 1.5 mM AQS，カソード室（■）：0.06 μM BOD + 1.0 mM ABTS，（B）アノード室（○）：$D. vulgaris$（OD = 10）+ 1.5 mM AQS，カソード室（□）：0.12 μM BOD + 1.5 mM ABTS。

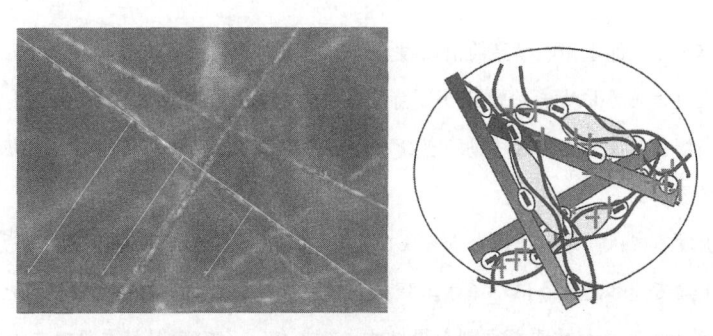

図15 炭素フェルト電極と酵素-メディエータの固定化

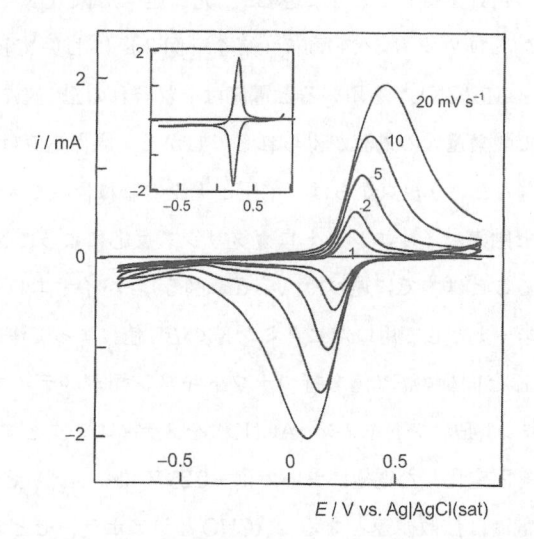

図16 炭素フェルト電極で記録した0.5 mM $Fe(CN)_6^{3-}$のサイクリックボルタンモグラム
炭素フェルト：$3.0 \times 1.5 \times 0.1$ cm^3，電位掃引速度：1～20 mV s^{-1}。挿入図の炭素フェルト：$3.0 \times 1.5 \times 1.0$ cm^3，電位掃引速度：1 mV s^{-1}。

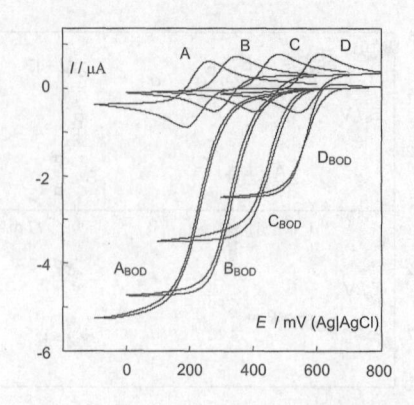

図17 BODバイオエレクトロカタリシスにおける金属錯体のメディエータ効果
A：$[Fe(CN)_6]^{3-/4-}$（$E^{o'} = 0.21$ V），B：$[W(CN)_8]^{3-/4-}$（$E^{o'} = 0.32$ V），C：$[Os(CN)_6]^{3-/4-}$
（$E^{o'} = 0.45$ V），D：$[Mo(CN)_8]^{3-/4-}$（$E^{o'} = 0.58$ V），BOD 0.21 μM，金属錯体 0.25 mM，pH 5.0．

ことができ，バイオ電池電極の構造設計に役立つ．もっと繊維間隔の狭い炭素フェルトを用いれば投影面積当たりはるかに大きい電流が期待できる（詳細は文献6参照）．ただし，厚いフェルトを用いると内部まで反応物質が移動できなくなるので，フェルトの厚さは内部拡散の速度を考慮して決める必要がある．

電池出力を上げるには，電流密度とならんで，出力電圧を少しでも理論電圧に近づける工夫が必要である．1節で述べたようにバイオエレクトロカタリシス系においては電流と電圧のいずれにおいてもメディエータが重要な役割を果たす．従って，その選択が重要であるが，図17のような測定によって選択の指針を得ることができる[7]．先に述べた$Fe(CN)_6^{4-}$をメディエータとするBODのバイオエレクトロカタリシス反応（第4章図3）において$Fe(CN)_6^{4-}$の代わりに$W(CN)_8^{4-}$，$Os(CN)_6^{4-}$，$Mo(CN)_8^{4-}$を用いると電流はそれぞれの$E^{o'}$値に対応して，$Fe(CN)_6^{4-}$の場合よりも正の電位で酸素還元の電流が得られる．しかし，限界電流は$E^{o'}$値が正になるほど減少するので，電池の電力という視点からは，電圧と電流の兼ね合いでメディエータの選択が必要になる．ジアホラーゼ触媒バイオエレクトロカタリシス反応によってNADHの酸化電位が大きく負方向にシフトすることはすでに述べた（第6章図5）．バイオエレクトロカタリシス反応が起こる電位はメディエータとして用いたビタミンK_3の$E^{o'}$値によって決まる．固定化などを視野に入れるとビタミンK_3と同様の$E^{o'}$値を持つナフトキノン類がメディエータとして有望であり，2-アミノ3-カルボキシ1,4-ナフトキノン（ACNQ）をメディエータとする場合を図18に示す．ジアホラーゼとACNQを固定化した電極においては-0.25 V（*vs.* Ag|AgCl(sat.)）付近でNADHの酸化が始まり，限界電流は拡散律速となる（ACNQとジアホラーゼとの反応は非常に早く拡散律速に近い）[8]．従って，グルコース脱水素酵素やアルコール脱水素酵素との共固定によって，

第14章　バイオ電池の原理と実際

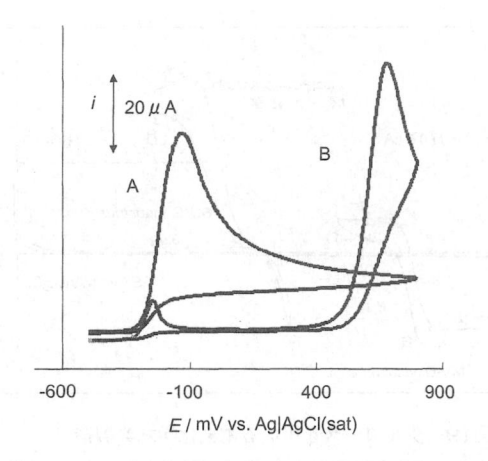

図18　NADHのサイクリックボルタンモグラム
A：ジアホラーゼ/ACNQ固定化電極，B：ACNQ固定化電極，NADH 10 mM，
$v = 20 \, \text{mV s}^{-1}$，pH 8.0。

バイオ電池のアノード極としての利用が期待できる。なお，ビタミンK_3やACNQの$E^{o'}$値よりもさらに負の$E^{o'}$値を持つ化合物をメディエータとした場合は，バイオエレクトロカタリシス反応の速度が遅くなり電流値が急激に減少する[9]。

3　水素の製造

　電気分解で得られる水素は純度が高く，燃料電池の燃料として望ましいが，水の電気分解で水素を製造しようとすると，理論電圧1.23 Vを超えて大きな電圧が必要になる。ところが，バイオエレクトロカタリシス反応を利用すると，少しの電圧で水素の電解生成が可能になる。水素の電極反応は，先に述べたようにMV^{2+}-*D. vulgaris*バイオエレクトロカタリシスによって可逆的に進行し，pH 6.5以下ではもっぱら水素生成反応が起こる[10]。一方，グルコースやエタノールは第6章で述べたように酵素や微生物触媒バイオエレクトロカタリシスによって電解酸化されて，それぞれグルコン酸，酢酸に変換される。この反応は水の電解による酸素発生電位よりはるかに負電位で起こる。図19にこの様子を示す。MV^{2+}-*D. vulgaris* 電極とBQ-*G. industrius*電極の間に電圧を外部から加えていくと，0.9 V付近から電気分解が始まりMV^+-*D. vulgaris*電極で水素が生成する。BQ-*G. industrius*電極ではグルコースが消費されてグルコン酸ができる（今の場合，MV^{2+}-*D. vulgaris*電極では還元反応が起こるからカソード電極として働き，BQ-*G. industrius*電極では酸化反応が起こるからアノード電極として働く（第1章参照））。図19の実線矢印で示すように，水の電気分解による水素生成に比べて1 V以上少ない電圧で水素が生成する。アノードで

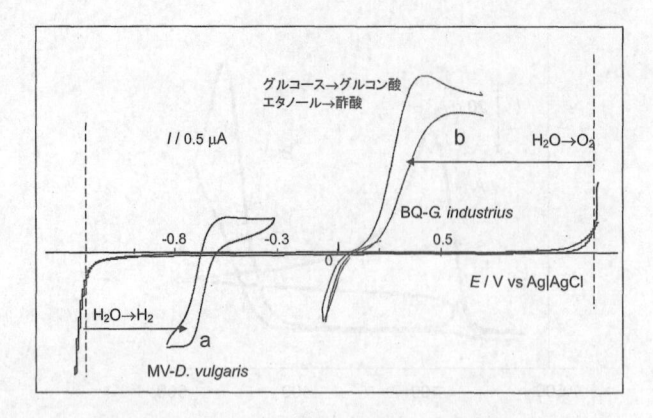

バイオ電気化学の実際——バイオセンサ・バイオ電池の実用展開——

図19　グルコースを用いる電気化学水素製造
a：水素生成反応のバイオエレクトロカタリシス電流（図10より）とb：グルコースのグルコン酸への変換反応のバイオエレクトロカタリシス電流（第6章図10より）。

できるグルコン酸は化成品として利用できる。BQ-*A. aceti*電極をアノード極に用いればエタノールが利用できて酢酸ができる。BQの代わりにビタミンK_3をメディエータとするとさらに負の電位でアノード反応が起こり，より少ない電圧で水素を製造できる。溶液は中性付近という穏和な条件下で反応が進むことも利点である。ただし，現在のところ研究は基礎段階にとどまっている。

4　光合成-呼吸電池

　色素増感太陽電池においては図20 Aに示すように太陽エネルギーによって色素分子の電子励起が起こり，酸化チタンから伝導性基盤へと電子が導かれる。電子欠乏した色素分子へは有機溶媒中のヨウ素イオンから電子が供給され，光アノード電極として機能する。電子は外部回路を通って，白金電極（カソード電極として働く）へ導かれ，アノード反応で生じたヨウ素分子を還元する。一方，バイオ太陽電池においては，図20 Bのように，チラコイド膜光化学系IIにおいて電子励起が起こり，電極へと電子が導かれる。光化学系IIへは水分子から電子が供給され，光アノード電極として機能する。電子は外部回路を通って，炭素電極（カソード電極として働く）へ導かれ，アノード反応で生じた酸素分子を還元して水へ戻す。このカソード反応には，例えば，シトクロムc酸化酵素を触媒として用いる。そうすると，アノードは光合成初発反応に，また，カソードは呼吸鎖末端反応に対応するので，これは光合成-呼吸電池と呼ぶことができる。この電池では酸素/水の酸化還元循環によって光エネルギーから電気が取り出せる。触媒はナノサイズのタンパク質であり，超小型化が可能で，色素増感型太陽電池のようにヨウ素や有機溶媒を使

第14章　バイオ電池の原理と実際

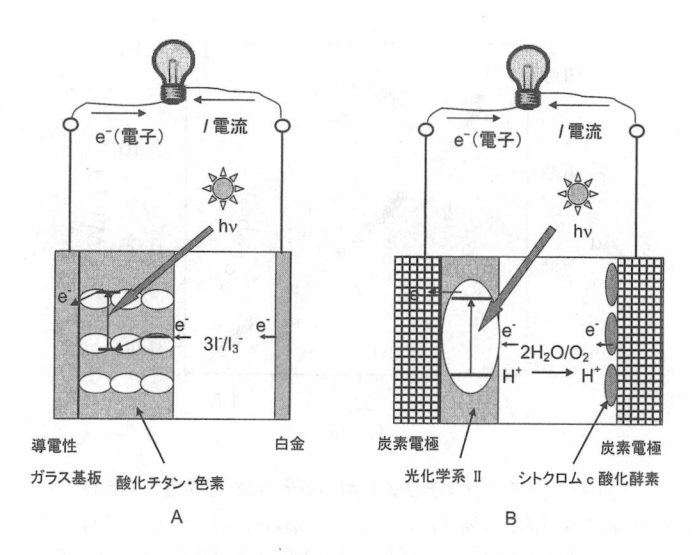

図20　A：色素増感太陽電池とB：光合成-呼吸電池の模式図

わないので環境を汚すことがなく，使い捨ても可能である。光アノード反応を実現する上で，光励起した電子をいかに効率よく電極素材へ導くかが重要である。植物クロロプラストから調整した光化学系IIに富む膜を，キノン化合物を含ませたカーボンペースト電極上に透析膜でトラップし，この電極に光照射を行うと，最大50 μA/cm^2程度のアノード電流が流れる[11]。電流が流れ始める電位は，用いるキノン化合物の酸化還元電位に依存するので，光化学系II反応の励起電子がキノン化合物を介して電極へ移動することがわかる。しかしながら，電極上の光化学系II膜の活性は時間とともに低下し，一日経過するとほとんど光アノード反応が見られなくなる。実用化を目指すには光化学系II膜の安定性向上が大きな課題である。ここではシアノバクテリア（*Synechococcus* sp. PCC7942）をそのまま光触媒として用いた場合の光合成-呼吸電池について述べる。

4.1　シアノバクテリアとビリルビンオキシダーゼ（BOD）を用いる光合成-呼吸電池[12]

H型ガラスセルの両側にそれぞれ1.5×1.5×0.1 cm^3の炭素フェルトを入れてアノード電極，カソード電極とする。電解液の容量はそれぞれ4 mLで，アノード室にジメチルベンゾキノン（DMBQ）を含むシアノバクテリア懸濁液を，カソード室には色素ABTSを含むBOD溶液を入れ，寒天塩橋で両室を隔てる。この簡易型電池のアノード極へセル底部から光照射を行うと，光電流が流れ，そのバイオ太陽電池特性は図21のようである。図Aは光電流Iと電池電圧E_{cell}の関係を示す。開回路時の電池電圧，すなわち起電力E_{emf}（$E_{emf} = E_{eq,c} - E_{eq,a}$；$E_{eq,c}$と$E_{eq,a}$はそれぞれカソードとアノードの平衡電位）はこの条件下で0.6 Vであるが，電流の増加とともに電圧は小さく

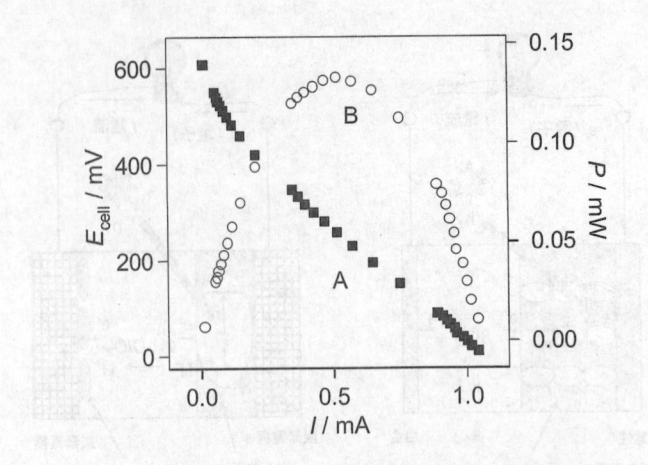

バイオ電気化学の実際──バイオセンサ・バイオ電池の実用展開──

図21 シアノバクテリアを用いる光合成-呼吸電池の特性
A（■）電流(I)-電池電圧(E_{cell})関係，および，B（○）電流(I)-出力(P)関係。アノード室は50 μMクロロフィル（シアノバクテリアとして）と0.5 mM DMBQを含み，カソード室は0.1 μM BODと0.5 mM ABTSを含む。

なり電流が 1 mA 程度で E_{cell} はほぼゼロに落ちる（I_{sc} = 1 mA）。この電池の出力 P（$P = I \times E_{cell}$）は図Bに示すように $I = 0.5$ mA, $E_{cell} = 0.26$ V のときが最大でその値は 0.13 mW（0.29 W m^{-2}）である。照射している光の強度 $L = 15$ W m^{-2} を考慮すると光エネルギー変換効率は 1.9% となる。電池出力特性を表わすフィルファクタ ff（ff = $P_{max} / I_{sc}E_{emf}$）は0.22と理想的な場合の1に比べてずいぶん小さい。詳しい電気化学解析の結果から，光アノード側の電極過程すなわちDMBQの電極電子移動反応速度がff値にかなり影響していることがわかる。ちなみに，より可逆性の高い電極反応を示すDAD（diaminodurene）をDMBQの代わりにメディエータとするとff特性が改善される。しかし，DADはシアノバクテリアとの反応性がDMBQよりも低いため，より小さな電流で頭打ちが起こる。なお，実験に用いた電池構成は簡易型であり，溶液内部での電圧損失がかなり大きい。

　この電池は，我々の主張する光合成-呼吸電池の初めての例として，また，図21に見られるように，電池特性を通常の燃料電池の特性と比較して論じることができる，という点において光合成-呼吸電池研究の方向性を示すものと考えている。ここで得た結果から次のような可能性が展望できる。寒天ゲルに代えて電池本来のイオン交換膜を使用すれば，電池の内部抵抗による出力損は大幅に減少する。また，シアノバクテリアを電極に固定化して触媒密度を上げれば少なくとも一桁程度の電流密度の上昇が期待でき，隔膜も不要になるだろう。光アノード電流の電流密度向上は今後の課題であり，いくつかの制限因子を考慮する必要がある。シアノバクテリア細胞当たりの触媒定数 $k_{cat.B} = 2.2 \times 10^5$ s^{-1} に電極の単位面積当たりに固定できる細胞の数を乗じた量によって出力電流密度の上限が決まるが，シアノバクテリア細胞はそのサイズが数μMと比較的大

第14章　バイオ電池の原理と実際

きいので固定量が限られる。3次元網目構造など比表面積の大きい電極構造への工夫が必要であろう。また，メディエータの細胞膜透過速度についても注意が必要である。

文　　献

1) T. Ikeda, K. Kano, *J. Biosc. Bioeng.*, **92**, 1 (2001)
2) S. Tsujimura, M. Fujita, H. Tatsumi, K. Kano, T. Ikeda, *Phys. Chem. Chem. Phys.*, **3**, 1331 (2001)
3) H. Tatsumi, K. Takagi, M. Fujita, K. Kano, T. Ikeda, *Anal. Chem.*, **71**, 1753 (1999)
4) H. Tatsumi, K. Kano, T. Ikeda, *J. Phys. Chem. B*, **104**, 12079 (2000)
5) S. Tsujimura, H. Tatsumi, J. Ogawa, S. Shimizu, K. Kano, T. Ikeda, *J. Electroanal. Chem.*, **496**, 69 (2001)
6) K. Kato, K. Kano, T. Ikeda, *J. Electrochem. Soc.*, **147**, 1449 (2000)
7) S. Tsujimura, M. Kawahara, T. Nakagawa, K. Kano, T. Ikeda, *Electrochem. Commun.*, **5**, 138 (2003)
8) A. Sato, K. Kano, T. Ikeda, *Chem. Lett.*, **32**, 880 (2003)
9) K. Takagi, K. Kano, T. Ikeda, *J. Electroanal. Chem.*, **445**, 211 (1998)
10) S. Sakaguchi, K. Kano, T. Ikeda, *Electroanalyisi*, **16**, 1166 (2004)
11) K. Amako, H. Yanai, T. Ikeda, T. Shiraishi, M. Takahashi, K. Asada, *J. Electroanal. Chem.*, **362**, 71 (1993)
12) S. Tsujimura, A. Wadano, K. Kano, T. Ikeda, *Enz. Microb. Tech.*, **29**, 225 (2001)

第15章　グルコース-空気燃料電池

谷口　功*

1　はじめに

　バイオマスを環境に優しいエネルギー源として利用するための取り組みが急速に進められている。世界の石油生産量の先行き不安の中でのエネルギー事情を勘案して，例えば，バイオマスから生物工学的にエタノールを製造し，そのバイオエタノールをガソリンに混ぜて使う試みや，バイオマスを利用した生分解性プラスチックの製造はよく知られた例である。最近，未来のエネルギーとして，バイオマスから直接電気エネルギーへの変換への挑戦が始まっている。

　例えば，グルコースはバイオマスエネルギー源としても興味深く，安全で豊富な新たな燃料源としての利用が期待される。酵素反応を利用したバイオ燃料電池は小型で簡単な構造のものが作成できるので，持ち運び型や医療用微小電池として期待できる。特に，グルコース-空気生物燃料電池は1.2V程度の起電力を有する有望な燃料電池系で，また最近，電流がmA/cm^2レベル，出力がmW/cm^2程度のものが作製されるに至って，様々な応用の道が現実味を帯びてきた。

　そもそも糖類の酸化反応は，これまで，食品産業の廃水処理や血液中の糖の分析（センサ）などを目的として幅広く行われてきた。しかし，糖類の酸化反応は一般に比較的ポジティブな電位領域で生じるため，これまで燃料電池の燃料源に用いて，その化学エネルギーを直接電気エネルギーに変換することは困難と考えられてきた[1]。一方，糖類の酸化反応を酸素の還元電位よりもネガティブな電位で進行させることができれば，これらの電極反応を組み合わせて糖-空気燃料電池を構成できる[2]。この種の「バイオ（生物）燃料電池」は，①安全で環境負荷が少なく資源的にも豊富なバイオマスをエネルギー源とした電池と，②酵素などの生体系の優れた触媒機能に注目して，様々なエネルギー源から電気エネルギーを取り出す仕組みの電池との両者を指す言葉として使われている。もちろん，これらの両者の組み合わせもある。

　本章では，最近その特性が飛躍的に改善されつつあり[3]，次世代型クリーンエネルギー変換デバイスとして世界的にも急速に注目されてきたグルコース（糖）-空気生物燃料電池作製例とその将来性について述べる。

＊　Isao Taniguchi　熊本大学　大学院自然科学研究科（工学部　物質生命化学科）
　　　　　　　　　教授／工学部長

第15章　グルコース-空気燃料電池

2　グルコース-空気反応のエネルギーと生物燃料電池の起電力

最も簡単な糖であるグルコースの酸化反応は，自然界の光合成の逆反応で（(1)式で表され総計24電子反応），熱力学的には，$\triangle G = -2,872$ kJ/mol（1 Wh = 3.6 kJから，798 Wh/180 g-グルコース = 4.43 Wh/g-グルコース）である。

$$C_6H_{12}O_6 + 6\,O_2 = 6\,CO_2 + 6\,H_2O \tag{1}$$

よく知られた$\triangle G = -nFE$の関係から，この反応に基づく燃料電池は理論的には最大1.24Vの起電力が得られる。水素エネルギーシステムの基盤である水の理論分解電圧（$H_2O = H_2 + 1/2\,O_2$）が1.23Vであることを考えても，グルコースの酸化反応は自然界が利用している反応の中でも最も大きな起電力を有するものである。生体内では，多くの酵素反応系のカスケード的な反応によって上記の24電子反応が生じている。今，電気化学的グルコースセンサに利用される酵素を触媒とした(2)式で表される最初の2電子反応

$$C_6H_{12}O_6 + 1/2\,O_2 = C_6H_{10}O_6 + H_2O \tag{2}$$

によるグルコノラクトン（加水分解反応によって，グルコン酸になる）生成反応について，計算すると，起電力は1.18V（$\triangle G = -$約230 kJ/mol ==> 63 Wh/180 g-グルコース = 0.35 Wh/g-グルコースで酸素-水素燃料電池とほぼ同じ）となる。従って，グルコースは極めて高い可能性を持ったエネルギー源であることが解る。

生体は，このエネルギー源から物質としての化学エネルギーや熱エネルギーとして利用しているが，生物が生体内で行っている反応と類似の反応系を工夫することで，糖が有するエネルギーを生体とは異なる電気エネルギーの形で取り出すものがバイオ燃料電池である。

3　糖-空気燃料電池構成のための電極反応特性

(1)式や(2)式で表される糖（グルコース）の酸化反応によって放出される化学的なエネルギー（$\triangle G < 0$）を電気的なエネルギー（電位差Eを有する電子の流れとして外部に取り出す）に変換するためには，糖の酸化反応と酸素（空気）の還元反応が，空間的に別の場所（異なる電極上）で生じ，かつ，糖の酸化反応が酸素（空気）の還元反応よりもネガティブな電位で生じる仕組みを構築する必要がある（図1）。この仕組みがあれば，電子は，外部回路を通って電子エネルギーの高い（ネガティブな電位の）糖（グルコース）酸化極から，電子エネルギーの低い（ポジティブな電位の）空気極に流れることになる。もちろん，熱力学的にはこの反応は可能であり，自然

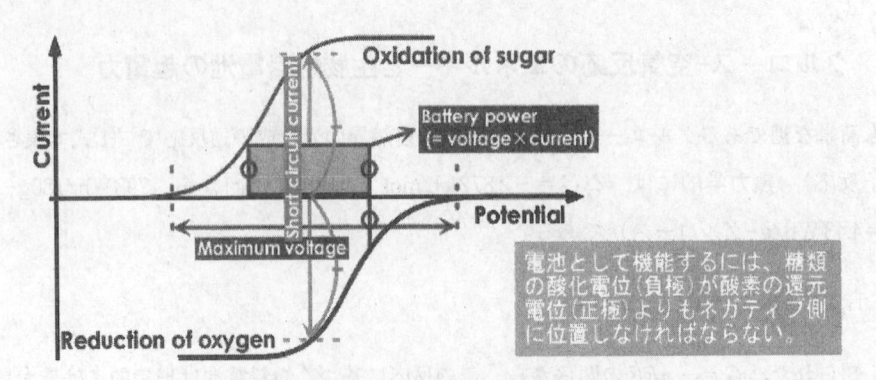

図1 燃料電池の構成のために必要な電極反応の電位の関係

界にはその仕組みが存在するが,一般には酸素が還元されるよりもネガティブな電位側で糖の酸化反応を実現することは容易ではない。従って,この種のバイオ燃料電池開発には反応場としての適切な触媒作用を有する電極系の開発(電極設計)が最も重要な課題となる。

出力特性(電流×起電力=エネルギー出力)の良い燃料電池を得るためには,糖酸化極はできるだけネガティブな電位で,空気極はできるだけポジティブな電位で反応すること(電池の起電力が大きくなる)と,それぞれの電極上での酸化・還元反応の速度(電流)が大きいことが求められる。

ここで,糖の酸化極での反応が空気極での酸素還元電位よりもネガティブな電位で進行するならば,糖酸化用電極上で酸素還元反応が,また逆に酸素還元極で糖酸化反応が生じる(クロス反応)可能性がある。クロス反応が生じれば,電流は互いに打ち消し合って,出力電流とならない。クロス反応を防ぐためには,それぞれの電極上での目的反応だけが生じる反応選択性を有しているか,反応物である糖と酸素が互いに混在しないことが必要である。前者には選択的な触媒機能を持つ電極の開発が,後者は電池の構造や構成に関わる技術的課題があり,その解決には適正なセパレーター材料の選定や電池の構造デザインが要求される。

4 酵素電極を用いたグルコース-空気生物燃料電池

反応の選択性が高くかつ効果的な触媒作用を示す身近な反応として知られているのは酵素反応である。例えば,グルコースの選択的検出に酵素触媒電極反応を用いた酵素センサ電極が開発されている。グルコース酸化酵素やグルコース脱水素酵素を用いた反応が知られている。酵素は,多くの場合,電極上で直接酸化還元できないためメディエータ分子が電極反応の効率化のために利用される。目的の反応が選択的に生じるこの種の酵素電極を組み合わせれば,バイオ燃料電池が作製できる。実際,グルコース酸化と酸素還元のための酵素電極を用いたグルコース-空気燃

第15章　グルコース−空気燃料電池

料電池の代表的なものとして次のような電池が開発されている。

　ミトコンドリア内の呼吸鎖では呼吸で取り込んだ酸素によって糖を酸化し生体のエネルギーを得ている。これを生物燃料電池モデルとして，Katzら[4]はグルコース酸化酵素（GOD）固定化電極によってグルコースを酸化し，シトクロムオキシダーゼ固定化電極によって酸素を水に還元するシステムが提案された。この場合，出力電圧は0.1Vと小さい難点を持っている。

　A. Hellerら[5]は，オスミウム錯体のポリマーをメディエータとしてGODと共に固定化した電極でグルコースを酸化し，同様にメディエータとラッカーゼを固定化した電極で酸素還元するシステムを構築した。ラッカーゼの特性から弱酸性（pH5）で動作する。開回路電圧：約0.8V，閉回路電流：約0.5mA/cm^2，最大出力：0.14mW/cm^2程度と報告されている。後に，同じグルコース酸化電極に酸素還元反応にビリルビン酸化酵素（BOD）を組み合わせて，中性溶液中で動作するシステム（開回路電圧：約0.87V，閉回路電流：約1mA/cm^2，最大出力：0.4mW/cm^2程度[6]）を報告している。その後もBODの精製による酸素還元効率の改良，オスミウム錯体分子の設計改良などによって電池出力の向上が図られている[7]。

　池田らは，BODが中性溶液中で極めて優れた酸素還元酵素であることを初めて見出し[8]，GODに代えてグルコースデヒドロゲナーゼ（GDH）を用いて中性溶液中で動作するグルコース−空気電池を作製した（開回路電圧：約0.44V，閉回路電流：約0.4mA/cm^2，最大出力：0.06mW/cm^2程度）[9]。また，BODの電極反応について詳しい解析結果も報告している[10]。

　筆者らは，GODをテトラチアフルバレン（TTF）と共に固定化した電極を亜鉛−空気電池用に開発された空気極と組み合わせて，中性溶液中で動作する電池を構成した（開回路電圧：約0.8V，閉回路電流：約0.5mA/cm^2，最大出力：0.1mW/cm^2程度）[2,3,11]。さらに，酵素固定化法として，ポリスチレンとポリリジンで作製したポリイオンコンプレックス膜あるいは，生体適合性に優れたリン脂質系の高分子膜を用い，酸素極に同様に作製したBOD固定化電極を組み合わせたグルコース−空気生物燃料電池系（開回路電圧：約0.5V，閉回路電流：約0.6mA/cm^2，最大出力：0.075mW/cm^2）を構築した（図2，3）[2,3,11]。

　このように，グルコース酸化用の酵素固定化電極には，酵素としてGODを用いるものとGDHを用いるものがある。一方，酸素の水への4電子還元反応には，ラッカーゼ，シトクロムオキシダーゼ，BODが用いられているが，反応速度，電位，反応条件などいずれをとっても現時点ではBODが優れた特性を有している。

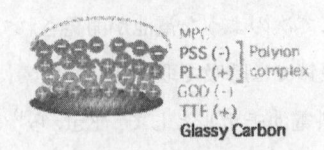

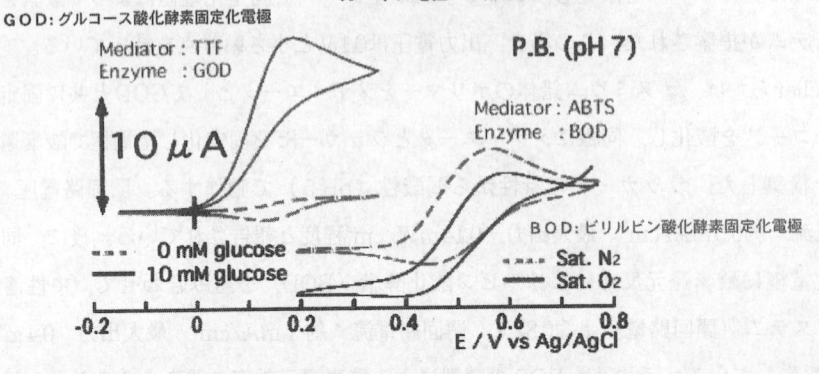

バイオ電気化学の実際──バイオセンサ・バイオ電池の実用展開──

図2　グルコース酸化および酸素還元用酵素電極の電気化学反応特性
（これらの酵素電極を組み合わせた生物燃料電池が構成できる）

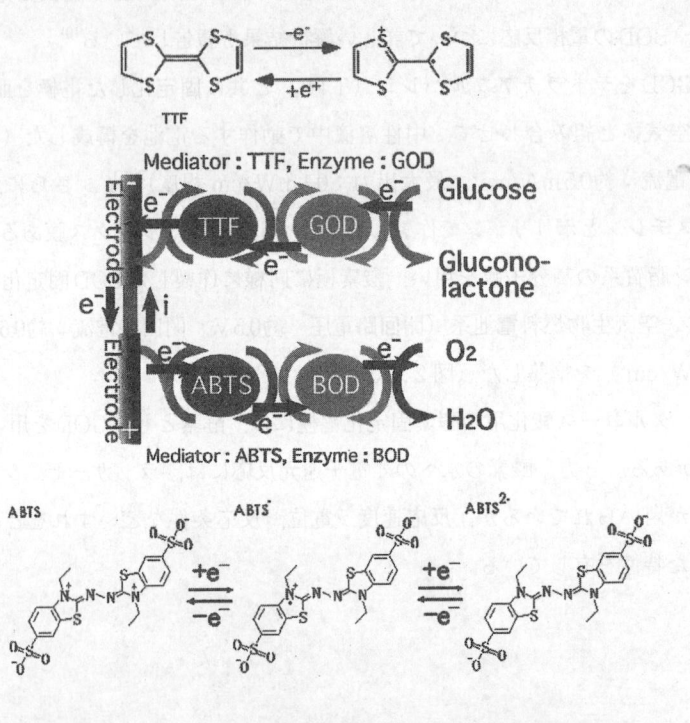

図3　メディエータ／酵素電極系を用いたバイオ燃料電池

第15章　グルコース-空気燃料電池

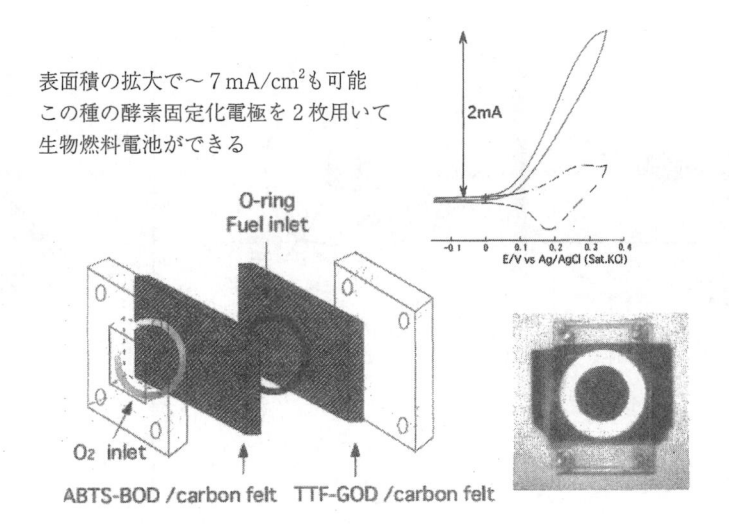

表面積の拡大で~7 mA/cm²も可能
この種の酵素固定化電極を2枚用いて
生物燃料電池ができる

O-ring
Fuel inlet

O₂ inlet
ABTS-BOD /carbon felt　TTF-GOD /carbon felt

図4　酵素固定化カーボンフェルト電極を用いた酵素系生物燃料電池の例

5　酵素系バイオ燃料電池特性の改良

　酵素電極を用いたバイオ燃料電池の難点は一般にその反応速度（電流）が大きくないことである。得られる電流がマイクロアンペアレベルであることが，これまでこの種の生物燃料電池の開発の魅力を低下させてきた。最近，この種の問題への挑戦が始まっている。例えば，電極面積を大きくするために炭素布（カーボンフェルト）を用い，見かけの面積上では電流値をmA/cm^2レベルにすることが可能である（図4）。電流が10倍になれば，同じ起電力でも出力は10倍になり，0.5~1 mW/cm^2レベルの電池の作製が可能である。さらに電極材料などの工夫によって安定で高出力の電池も得られつつある[11]。

6　酵素の電極上での直接電子移動反応を利用した生物燃料電池特性の改良

　これまでに開発されているグルコース酸化用の酵素電極上での反応は，中性溶液中で，せいぜい0 V（$vs.$ Ag/AgCl）付近から生じるものが多く，依然大きな過電圧を示すので，この種のバイオ燃料電池の電圧効率を大きく下げる原因になっている。最近，この点を解決するための興味ある成果が得られつつある。Willnerらは，中性溶液中で半人工GOD固定電極（図5）を用いて−0.4 V（$vs.$ Ag/AgCl）付近からグルコースの酸化触媒反応を報告している[12]。また，カーボンナノチューブ（CNT）のようなナノ材料を用いると，GODによるグルコースの酵素触媒反応が熱力学的な理論酸化電位付近で生じるとの報告もある[13]。著者らも類似の反応を観察しているが

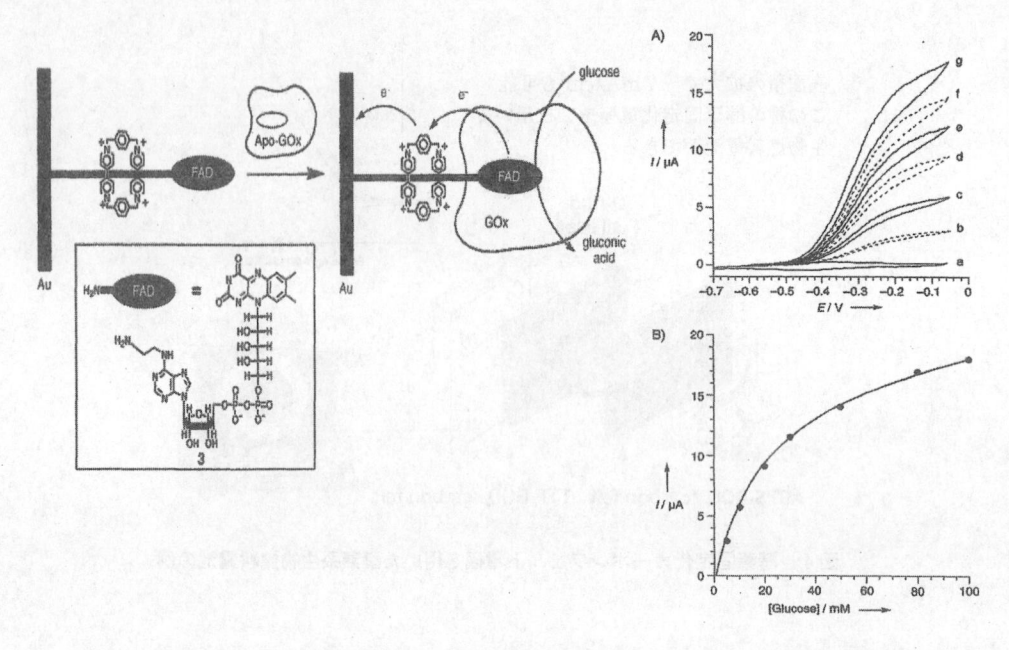

図5 半人工グルコース酸化酵素（GOD）固定化電極を用いた高触媒機能酵素電極の例[12]

必ずしも十分な再現性が得られていない。

　また，現時点では反応速度は小さいものの，電極材料によってはメディエータを用いないで，電極上でのGODの直接電子移動反応を介したグルコースの触媒酸化反応も観測されている。今後，電極反応の再現性やその反応の詳細の解明，さらに大きな面積の電極の作製等，実用化に向けて電流値の改善を含めた取り組みが必要になるが，この種の電極を用いることで，グルコース-空気バイオ燃料電池の出力電圧が大幅に改善され，また電極面積の増大化によって，大きな電流が定常的に得られれば，出力電力の大きなバイオ燃料電池の構成が可能になる。

　一方，BODを用いた酸素還元電極上では，酸素還元反応が小さな過電圧で進行する利点を有するが，メディエータ分子の安定な固定化が難しいという難点がある。この点の解決に繋がる実験結果も報告されている[14]。電極として適切なカーボン材料を用いると，メディエータ分子を用いることなくBOD酵素分子の直接電子移動反応を介した酸素還元反応も議論されており，十分な早さ（電流）での反応が可能になれば，メディエータ分子の固定化が不要になるので，電極系が簡素になり，実用的には極めて好ましい（図6）。

　一般に，複数の酸化還元中心を有する酵素は電極上での直接電子移動が生じる場合がある。すなわち，酵素分子内の電子伝達に適した酸化還元中心（例えば，ヘムやタイプI銅など）を電極側に向け，分子内に存在するメディエータサイトとして機能させ，基質の酵素反応を司る酸化還元サイトを溶液側に向けるような配向をとることで，酵素の電極上での直接電子移動が実現でき

第15章 グルコース-空気燃料電池

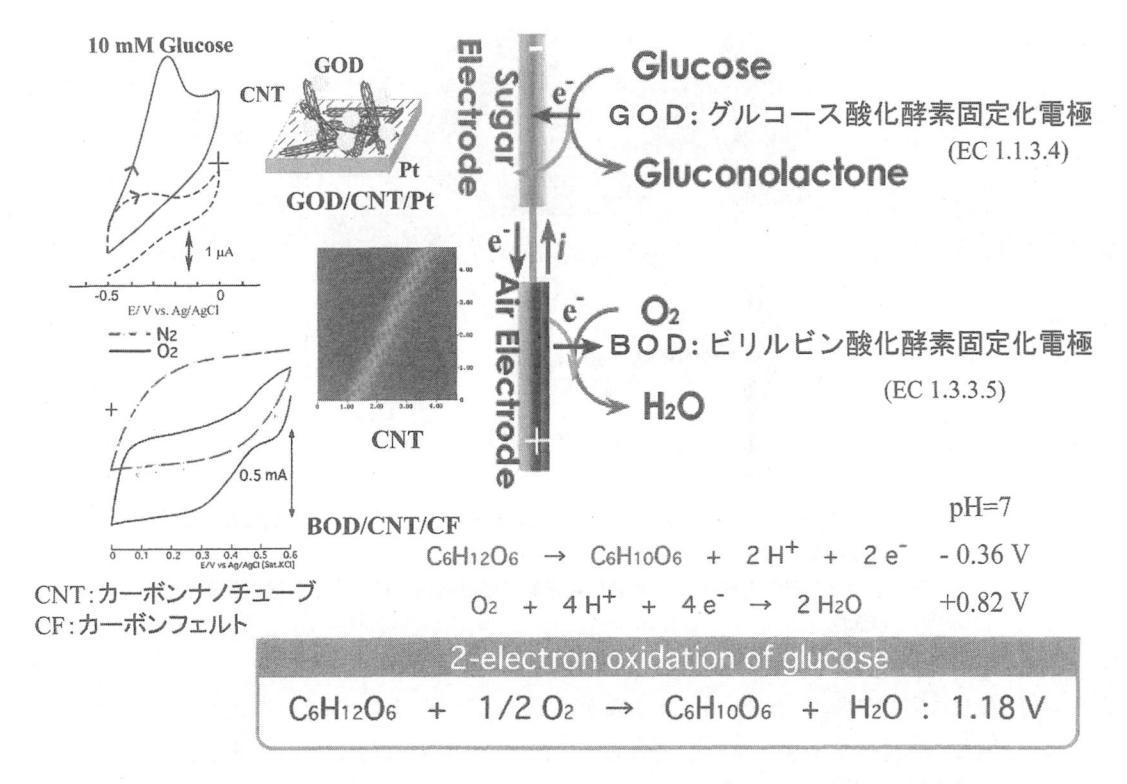

図6 メディエータ無しの酵素電極反応を用いたグルコース-空気バイオ燃料電池の構成例

$C_6H_{12}O_6 \rightarrow C_6H_{10}O_6 + 2H^+ + 2e^-$　　-0.36 V

$O_2 + 4H^+ + 4e^- \rightarrow 2H_2O$　　+0.82 V

2-electron oxidation of glucose
$C_6H_{12}O_6 + 1/2 O_2 \rightarrow C_6H_{10}O_6 + H_2O : 1.18 V$

CNT:カーボンナノチューブ
CF:カーボンフェルト

る場合があると考えられている[15]（図7）。上記のBODは，複数の酸化還元中心を持つ銅タンパク質として，その一つの例と考えられる。最近，加納らは，上記のBOD修飾電極を空気極とし，複数の酸化還元中心を有するフルクトースデヒドロゲナーゼ（FDH）を糖酸化極に用いることで，酵素の直接電子移動型の（メディエータ無しの）糖-空気燃料電池の構成が可能であることを報告している[16]。

このように，電極上での酵素の配向を種々の方法を用いて制御したり，適切なナノ材料等を用いることで酵素を安定に電極に固定し，しかもカーボン材料の様に高い導電性を利用する等の方法で，安定で高出力の電池も得られつつある[11]。近い将来，これまでに種々のグループによって得られている成果を統合することで，ほぼ理論的に可能な起電力の生物燃料電池の構成の見通しができたと言っても過言ではない。

酵素電極の場合，クロス反応の心配が少ないので，逆に糖酸化極と空気還元極が隣接した微細なバイオ燃料電池への展開の可能性もある。生体埋め込み型のバイオ電池も考えられる。必要に応じて，電極上に複数の酵素を組み合わせて固定化した複合酵素電極も可能である。例えば，インベルターゼとGODおよびFDHを組み合わせれば，ショ糖を燃料として酸化する（GODはシ

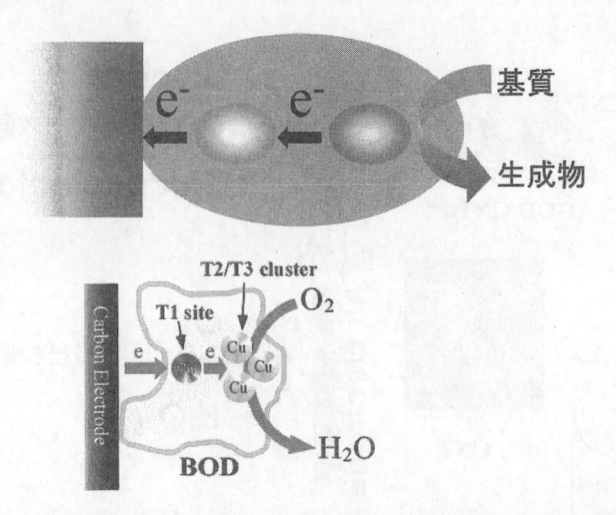

図7 （上）複数の酸化還元サイトを有する酵素が電極上で配向制御されると直接電子移動が可能になる（酸化反応の概念図）
（下）電極上で配向を制御したBODの直接電子移動型酵素反応による酸素還元反応の概念図

ョ糖の酸化反応の触媒とならないが，ショ糖がインベルターゼによってグルコースとフルクトースになれば，それがGODおよびFDHの酵素反応で酸化される）酵素電極が可能になる。

7 グルコース酸化のための金属電極

7.1 金属電極の触媒作用

酵素を用いることなく，例えば，金属の触媒作用を用いた酵素反応類似のグルコースの酸化や酸素の還元反応も，バイオ燃料電池の可能性を拡張する上で極めて興味深い。

例えば，種々の金属電極を用いてアルカリ溶液中でグルコースの酸化反応を行うと，その酸化電位や酸化生成物は概ね次のようになる[2]。金（第6周期，11族）からみて，元素の周期表の周期が減少する（周期表の下から上へ）と酸化の程度は大きくなるが，ポジティブな電位が要求され，族が減少すると（周期表の右から左へ）同じくよりポジティブな電位が要求される。例えば，銅（第4周期，11族）電極上では，効率よくギ酸（12電子酸化生成物でアルカリ溶液中ではギ酸イオン。電流効率100%）が生成するが，反応に要求される電位は+0.6V（vs. Ag/AgCl）のようにかなりポジティブな電位側になる。ニッケル（第4周期，10族）電極や鉄（第4周期，8族）電極を用いた場合も（それぞれ，ギ酸が+0.6Vで電流効率70%，+0.7Vで電流効率50%生成）ほぼ同様である。一方，白金や金電極上では，その触媒効果によってネガティブな電位で酸化反応が生じるが酸化生成物はグリコール酸（白金電極，−0.3Vで6電子酸化）やグルコノラクト

第15章　グルコース−空気燃料電池

ン（金電極，−0.4Vで2電子酸化，加水分解反応でグルコン酸生成）で酸化電子数は小さく酸化の程度は低い。グルコースの種々の段階の酸化生成物を図8に示した。

　今日利用できる最も優れた触媒電極を用いた場合でも，アルカリ溶液中での酸素の還元電位が，0〜−0.2V（$vs.$ Ag/AgCl）付近であることを考えれば（pH14のアルカリ溶液中での理論電位は約+0.2V $vs.$ Ag/AgCl），他の金属電極（銅，鉄，ニッケル，白金など）よりも少しでもグルコースの酸化電位がネガティブ側にある金電極の利用が好ましい。また，白金電極に比べて金電極では酸化反応生成物などによる被毒作用による触媒効果の低下の程度が低い利点もある（金電極もイオウなどによる被毒があるが，炭素系物質による被毒の程度は低い。一方，白金電極では，COの強い吸着による触媒作用の消失がよく知られている）。金電極を用いてアルカリ溶液中で電流と電位の関係（電流-電位曲線：ボルタモグラム）を測定すると，−0.5〜−0.4V（$vs.$ Ag/AgCl）付近で容易にグルコースの2電子酸化反応が進行し（図9），グルコノラクトン（グルコン酸）が生成する。この電位範囲では，グルコノラクトンの酸化反応はほとんど生じることはなく，その酸化反応には，−0.2Vよりポジティブな電位が要求される。

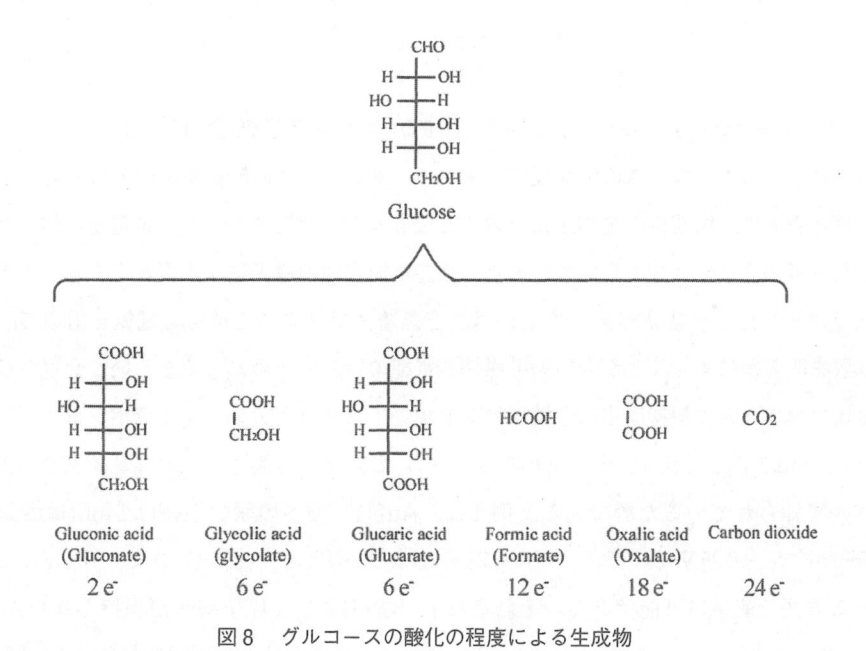

図8　グルコースの酸化の程度による生成物

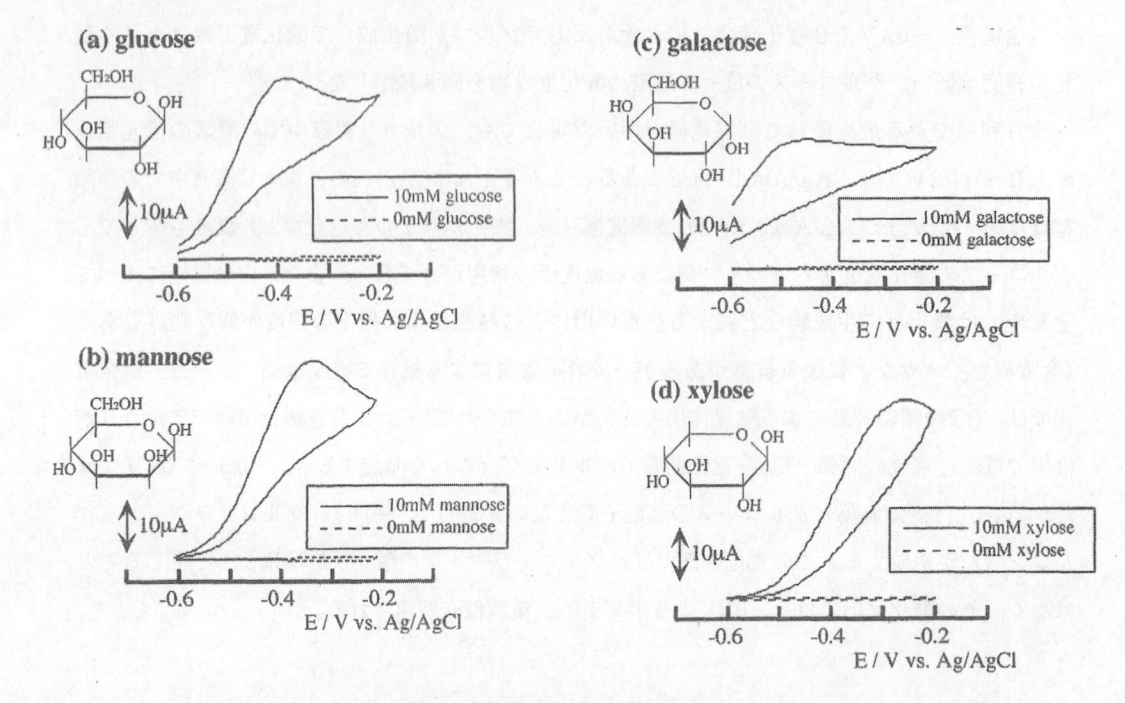

図9 金電極上での糖類の酸化反応のボルタモグラム

7.2 アンダーポテンシャルデポジション (UPD) 法による触媒電極の作製

金属電極上でのグルコースの酸化反応結果から，グルコースの酸化電位が最もネガティブであった金電極表面に，周期表の金周辺に位置する金属元素を担持することで金電極自体よりもさらに優れた触媒機能電極となる可能性がある。機能電極表面の探査には水素炎中フレームアニーリング法で作製した金単結晶電極[17]あるいは真空蒸着法で作成した単結晶電極を用いて，触媒作用の本質を明らかにすることが今後の触媒機能電極の設計のためにも望ましい。金電極表面への異種金属アドアトムの担持は主に硫酸酸性溶液中でアンダーポテンシャルデポジション (UPD: Under Potential Deposition) 法が便利である[17,18]。これは，作製される触媒電極表面の構造が原子レベルで知られているためである。例えば，Au(111)面への銀の担持は1mM硫酸銀を含む0.1M硫酸中で，+0.35V (vs. Pt) から+0.21V および−0.29V (vs. Pt) まで，5mV/sで電位を掃引する方法で簡単に可能である。それぞれ1/3層および1原子層銀が担持されたAu(111)-($\sqrt{3} \times \sqrt{3}$ R-30°)-Ag およびAu(111)-(1×1)-Ag 構造を持つ表面が形成される（図10）。同様に，Au(100)面についても，2/5層および1原子層銀が担持されたAu(100)-(2×5$\sqrt{2}$ R-45°)-Ag およびAu(100)-(1×1)-Ag 構造が形成できる[17,19]（図10）。

第15章　グルコース-空気燃料電池

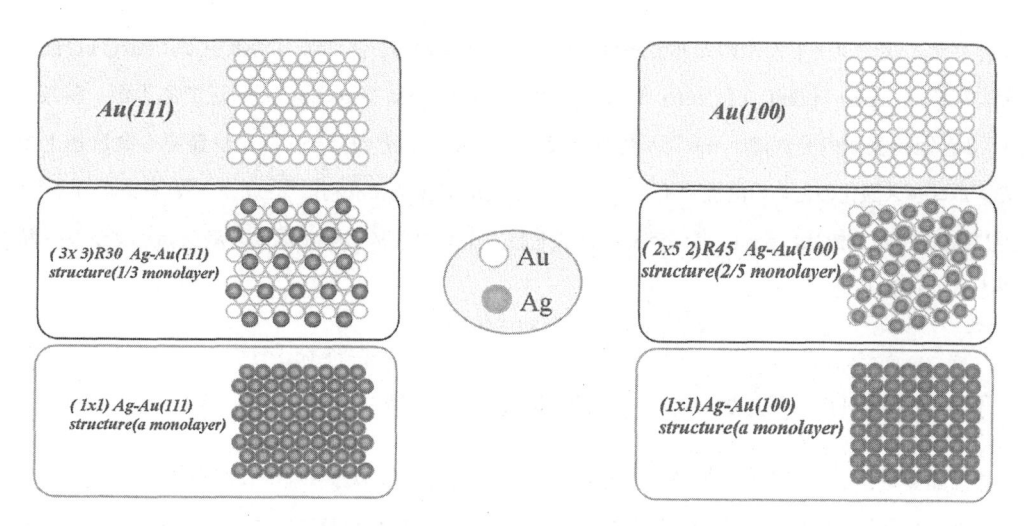

図10　金単結晶電極上への銀のupdによる銀修飾電極表面構造

7.3　異種金属担持金電極上でのグルコース酸化反応特性

　金電極表面に銀アドアトムをUPD法を用いて単原子層以下で担持する方法で作製した電極[17]は金電極よりもさらに優れたグルコース酸化触媒特性を示す[18～20]。例えば，銀を1/3層担持したAu(111)面では金電極に比べさらに0.1～0.15Vネガティブな電位でグルコースの酸化反応が進行する。Au(100)電極に銀を2/5原子層担持した電極はAu(100)電極よりもさらに陰電位側（-0.7V付近）からグルコースの酸化反応が生じることも知られている[19]。

　一方，Au(111)面およびAu(100)面いずれを用いた場合も銀を1原子層担持した金電極は，グルコースの酸化電流値が低下するなど，1/3層担持電極に比べて触媒能は低下する。また，銀を多原子層担持した電極や銀電極自体には触媒能はなくグルコースの酸化反応が抑制された。用いた異種金属（他に，Cu，Ru，Pd，Cd，Pt等）の中では，銀以外の金属では特に有効な触媒能の向上は見られなかった[20]。Pd担持電極などでは，酸化電位がポジティブシフトし負の触媒作用が見られた。また，-0.2Vよりネガティブな電位では2電子酸化反応が生じ，電位がポジティブになれば2電子以上の酸化反応（生成したグルコノラクトンの酸化反応）が進行する。

　UPD法による異種金属アドアトム担持電極作成は，一般に作成容易な酸性溶液中で行われ，上記のグルコースの酸化反応はアルカリ中で行われているので，電極の表面状態は，酸性中で作成したままの状態になっている訳ではないと考えられるが，電極表面に単原子層以下の異種金属を担持する手法として，また再現性ある触媒機能電極表面の設計指針を得るための探査法として上記のUPD法は有効である。

　金電極上でのグルコースの酸化反応は，金電極表面に吸着した水酸化物イオンが重要である[21]ことが知られている。この銀の担持による触媒作用は，銀の担持によって電極表面のゼロ電荷点

がネガティブシフトしたためと考えられている[20]。すなわち，アルカリ溶液中で，Au(111)面のゼロ電荷点（pzc：point of zero charge）は−0.55V（vs. Ag/AgCl）付近であるが，銀原子1/3層担持表面のそれは，−0.75V付近までシフトする。そのため，陰電位側でも金電極上でのグルコース酸化のための活性サイトとしてのAu-OHの生成に有利になったためと考えられる[20]。逆にPd担持電極では，pzcはポジティブシフトし，グルコースの酸化電位のポジティブシフト結果と良く一致した。

8 アルカリ性グルコース-空気燃料電池の作製

単結晶金電極上に銀原子を担持した電極がアルカリ溶液中でのグルコースの酸化反応に有効であるとの結果に基づいて，実際に電池を作製するために，真空蒸着法によって基盤（マイカやガラスなど）表面に作製した比較的大きな面積のAu(111)面（〜16cm^{2}までを作製した）に銀を1/3原子層修飾した電極を用いた場合について検討したところ，グルコースの極めて良好な触媒酸化反応が認められた。そこで，この電極を用い，他方の電極には市販の亜鉛-空気電池用の空気極（酸素還元極）を用いて簡単なグルコース-空気電池を作製した。その結果，電池の特性として（0.01Mグルコース ＋ 0.3M NaOH溶液中），開回路電圧：約0.65V，閉回路電流：約0.75mA/cm^2，最大出力（約0.3Vにおいて）：0.2mW/cm^{2}を得た（図11）。

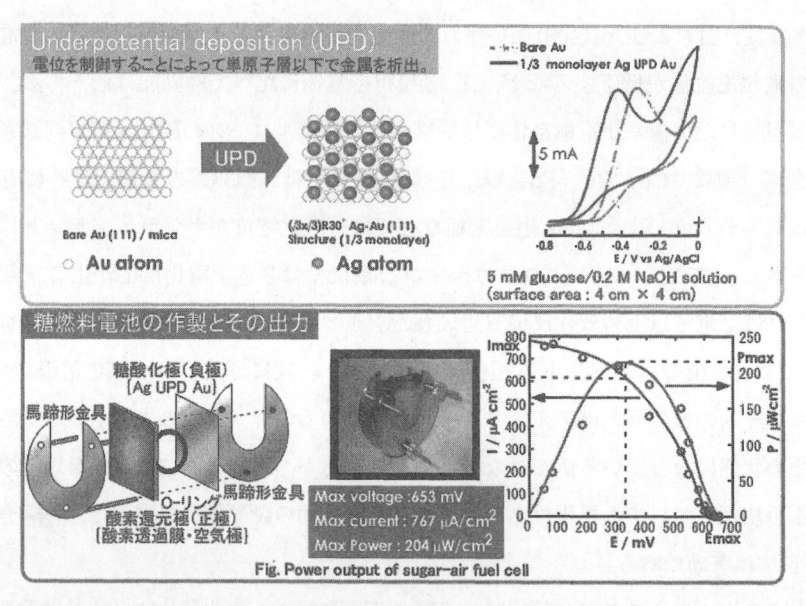

図11 銀担持金（Ag-Au）触媒電極と空気極（亜鉛-空気電池の空気極）を用いたグルコース-空気バイオ燃料電池

第15章　グルコース-空気燃料電池

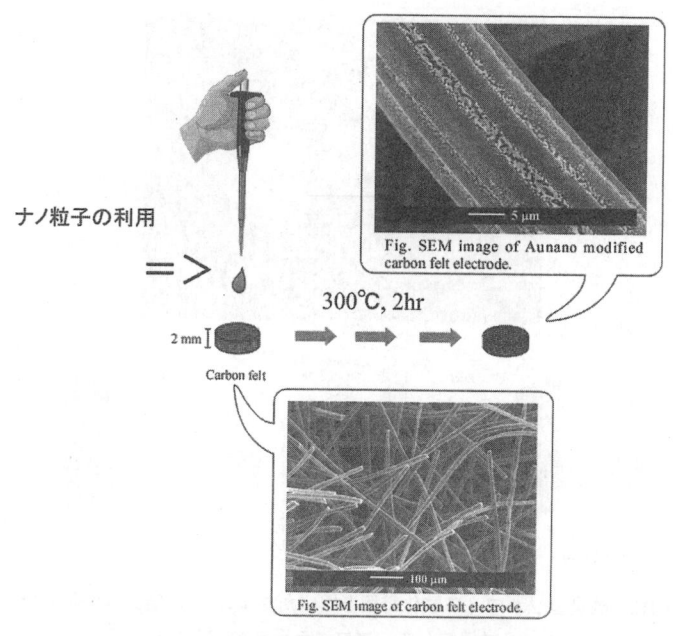

図12　金ナノ粒子を固定化したカーボン繊維電極の作製
（バイオ燃料電池電極の大面積化による電流値増大が実現）

　ここで，銀アドアトムを修飾した金電極は，酸素の還元反応にも触媒作用を示す[22]が，設計した電池においては，外部から取り込んだ空気（酸素）は，組み合わせた空気電極中で全て反応してグルコース溶液中には酸素の混入が無くグルコース酸化極での酸素還元の問題はほとんど生じなかった。

　銀修飾金電極は，グルコースの酸化に有効であると同時に，酸素還元反応も同じ電極上で生じる（クロス反応が起こる）。また一般に，酸素還元用の触媒電極として開発されている多くの金属系の電極上では，グルコースの酸化反応が生じる問題点を抱えている。上記の亜鉛-空気電池用空気電極上でのグルコースの酸化反応は幸いにもほとんど無視できたのは空気極の優れた酸素還元触媒特性のためである。作成した燃料電池を用いた条件下では外部から取り込まれた空気（酸素）はグルコースを含んだ電解溶液中に至るまでに全て還元され，特別なセパレーター無しでもグルコース酸化極でのクロス反応が避けられた。しかし一般には，電池構成において，このクロス反応に対する防御策が必要である。

　さらに，改良型のグルコース酸化電極として，銀修飾金平面電極に代えて，出力電流が安定な金ナノ粒子を固定化した炭素電極[23]も利用できる。また，出力電流値を増加させるために金ナノ粒子を炭素繊維（布）電極中に固定化して実効表面積を増大させた（見かけの表面積は同じ）大面積化電極を用いた場合（図12），グルコースの酸化電流は，+0.4V付近では容易に4～7

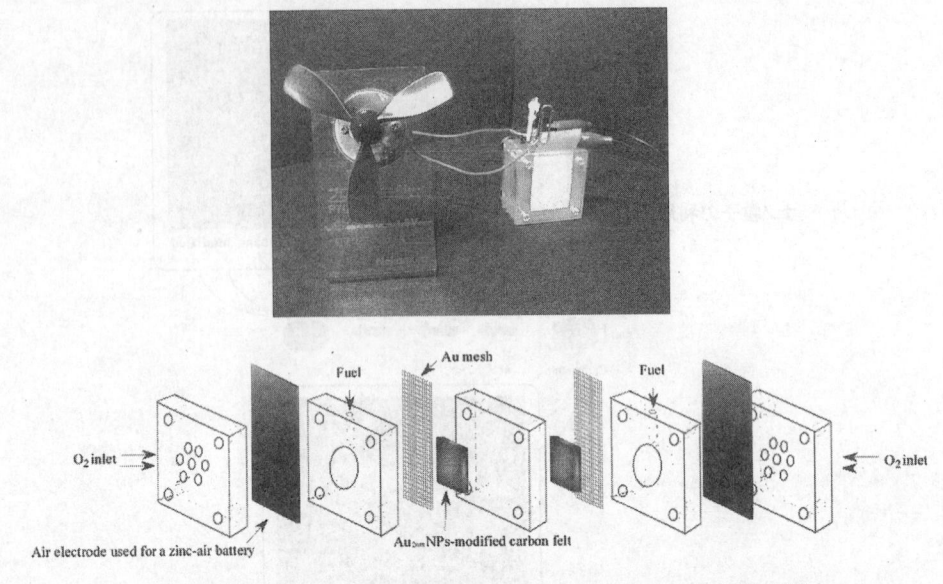

図13 改良型グルコース酸化電極を用いたグルコース-空気生物燃料電池
（2つ連結して，プロペラ玩具が動作する）

mA/cm^{2}に達する。実際，亜鉛-空気電池の空気電極を用いて構成した電池（例えば，0.2Mグルコース＋0.3M NaOH溶液中）の特性は極めて優れたもので，電極の作成法にも依存するが，見かけの電極面積に対して，開回路電圧：約0.7～0.9V，閉回路電流：約14mA/cm^2，最大出力（約0.4Vにおいて）：1.5～2.5mW/cm^{2}が得られている。既に，出力電圧1.5V程度で20～40mA程度の電流を要求するプロペラ玩具などは，セルを2つ連結することで簡単に動作させることも可能である（図13）。電極の作製法やグルコース濃度等の最適化などによって，さらに良好な電池特性も期待できる。また，カーボンナノチューブなどの導電性カーボンナノ材料をはじめとする種々の材料と金ナノ粒子との組み合わせなどによって，大きな出力のグルコース-空気バイオ電池の開発も期待できる。

9 エネルギー事情・環境問題とグルコース-空気電池

今日，我が国の生物系廃棄物は，年間3億トン以上に達するといわれている。また，将来の生分解性プラスチックの代表例であるポリ乳酸の原料としての乳酸の生産量は15年後には現在（2万トン/年）から3000万トン/年になるとの予測もある。乳酸はグルコースからの生産が考えられていることから，今後，グルコース生産量の膨大な増加が見込まれる。また，バイオ技術による家庭の生物廃棄物（生ゴミなど）からのグルコースへの変換技術も急速に進展している。一方，

第15章　グルコース–空気燃料電池

グルコースの酸化生成物としてのグルコノラクトン（グルコン酸）は，医療用製品への転換の道も開けてきている。このような現状の中で，現在のグルコース–空気バイオ燃料電池技術から，エネルギー問題や環境問題と関連づけて，その有効性を展望する[11]。

　(2)式によるグルコースの酸化反応は，$\triangle G = $ 約$-230 \mathrm{kJ/mol}$であることから，エネルギー産出量は，$1 \mathrm{Wh} = 3.6 \mathrm{kJ}$の関係から，$63 \mathrm{Wh}/$グルコース1モル（$=180\mathrm{g}$）（$=0.35 \mathrm{Wh}/$グルコース1g）に対応する。いま，国内の生物系廃棄物3億トンの中に50%程度のグルコースがあるとすれば，1.5億トンのグルコースは，0.53億$\times 10^6 \mathrm{Wh}$（$=5.3 \times 10^{11} \mathrm{kWh}$）の潜在エネルギーを有している。バイオ燃料電池によるグルコースの電気エネルギーへのエネルギー変換効率を全体で12.5%とすれば（出力電圧が約0.6Vとすれば，電圧効率$=(0.6/1.18)=$約0.5，その他，グルコースの反応効率50%，その他のロスによる効率低下からさらに50%として，$0.5 \times 0.5 \times 0.5 = 0.125$），潜在的には660億kWhの電気エネルギーに対応する。1世帯（世帯4人）あたりの年間電気使用料は，$3600 \mathrm{kWh}/$世帯・年とすれば，約180万世帯（約700万人分相当）のエネルギーを賄える潜在能力を有することになる。生物系廃棄物の利用効率についてはもちろん種々考慮する必要があるが，その潜在能力は侮れなく，家庭分散型のバイオ燃料電池設置の意義が理解できるものと考えられる。

　また，いま一つのバイオ燃料電池あたりのグルコースの酸化電流として$5 \mathrm{mA/cm^2}$とすれば，1時間あたり$5 \mathrm{mAh}$（18クーロン）の電気量が流れるので，$0.0168 \mathrm{g/cm^2}$のグルコースが2電子酸化されてグルコノラクトン（グルコン酸）が生成することになる。電極面積を$1 \mathrm{m^2}$とすれば，1時間あたり$168 \mathrm{g/m^2}$のグルコースが酸化される。一方，バイオ燃料電池の出力電力を$2 \mathrm{mW/cm^2}$とすれば，$20 \mathrm{W/m^2}$になる。電極面積$1 \mathrm{m^2}$のものを100基集積した装置を地域（家庭）分散的に設置すれば，1時間あたり17kgのグルコースを酸化処理し，2kWの出力電池となる計算になる。この程度の電池の集積は，今後の技術的な発展の中であながち夢ではなく，分散型のバイオ燃料電池の設置によるエネルギー問題への（同時に環境問題への）寄与に現実的な可能性をみることができる。

10　おわりに：糖（グルコース）–空気電池の未来

　グルコースの酸化電極に金電極系を用いる場合，金電極上では，グルコース以外のアルドース類の単糖（マンノースやガラクトースなど）や二糖類（マルトース，ラクトースなど）についても同様の反応が見られるが，フルクトースやソルボースのようなケトース類については，その酸化反応は見られない。従って，現時点では例えば，ショ糖の酸化には，転化反応を組み合わせてグルコースを生成させる必要がある。

バイオ電気化学の実際――バイオセンサ・バイオ電池の実用展開――

金電極は，もちろん無垢の金電極を用いる必要はなく，基盤物質（マイカやプラスチック，ガラスなど）に金を薄く蒸着した電極で十分である。蒸着法によって作製した比較的大きな面積（10×10cm程度の電極を作製することも容易である）のAu(111)面に銀を修飾した電極上でも糖類について極めて良好な触媒酸化反応が認められている。また，カーボンフェルトなどに埋め込んだ金ナノ粒子のように微量の金を材料としてかつ触媒電極の表面積を増大させた電極を用いると，本文で述べた通り出力は容易に数mA/cm^2，数mW/cm^2レベルになることから，電池の構成によってクロス反応を抑え，電池の積層等を考えることで，実用への現実性も出てくる。

バイオ燃料電池の出力が数mA/cm^2，数mW/cm^2レベルになると，電池の構成でクロス反応を抑え，また，電池ユニットの積層等を考えることで，実用への現実性も出てくる。

グルコース-空気生物燃料電池は，燃料の安全性から今日開発が進んでいる小型携帯型のアルコール燃料電池の次のあるいは代替燃料電池としても位置づけられる。グルコースは，様々なバイオマスから酵素反応などを利用しても得られることから，将来的には，農業廃棄物のような生物系廃棄物や家庭の生ゴミの他にも，廃木材や廃建材，雑草など様々なバイオマス資源の利用が可能で，これらを利用した発電システムは，環境とエネルギーに優しい新技術として新しい産業の創出に繋がる大きな可能性を秘めている。種々の酵素電極を組み合わせて，多様な種類のバイオマスの酸化に対応することも考えられる。今後の技術的な発展の中で分散型のバイオ燃料電池の設置によるエネルギー問題への（同時に環境問題への）寄与が現実性を帯びる可能性は益々大きくなると考えられる。

酵素を用いたバイオ燃料電池といえども，本文で述べた通り，出力レベルが～1mA/cm^2，0.5～1mW/cm^2レベルになりつつあり，その実際的な応用が進むと期待できる。家庭にある各種の清涼飲料水をグルコース源として動作することも確かめられている。生物系廃棄物を利用したエネルギー問題への寄与は少し先としても，現時点で例えば，簡単なオルゴールやLEDを動作させることで，小さな玩具や生活に密着した商品（デバイス）を開発すればその駆動電力としても十分利用できる。

酵素反応は，それぞれの電極上でのクロス反応の心配がないので小型化が可能である。生体適合性にも優れていることから小型の生体埋め込み型の電池への展開も期待される。安全性評価等が必要になるとはいえ，生体埋め込み型を含めて医療用への応用の可能性が出てきた。生体内にはグルコースや酸素が存在することを考えれば，この仕組みを埋め込むことで，生体内で発電可能な電池として機能させることもあながち夢ではない。今後，グルコース-空気電池をはじめとするバイオ燃料電池は，大型から超小型まで目的に応じた幅広いサイズの電池が作製されて，様々な領域での新しい応用への夢（図14）が広がるものと期待される。

第15章　グルコース-空気燃料電池

微小化／積層　←　　　大型化／積層　→　**分散型電源**

酵素電極系　　*金属電極系*

現時点 (3.4 mW/cm^2)

数mW　　数W　　数十W　　数百W　　数kW

マイクロマシン　腕時計　携帯電話　ノートPC　ロボット　自動車
　　　　　ペースメーカー　　　人工臓器　家庭用電源

体内のブドウ糖と酸素を利用した体内埋め込み型電池
生体内で発電

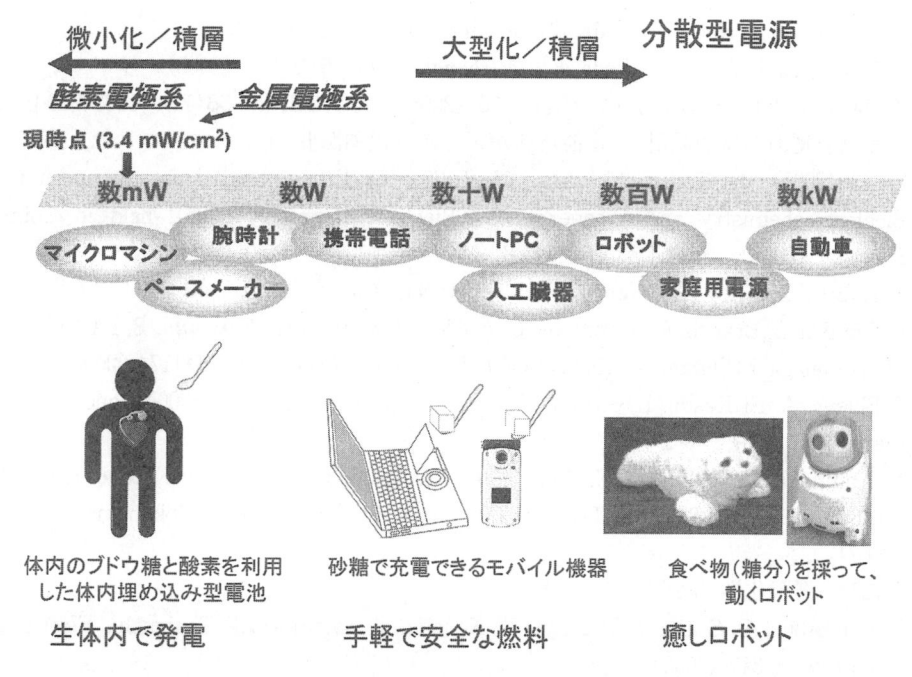

砂糖で充電できるモバイル機器
手軽で安全な燃料

食べ物(糖分)を採って、動くロボット
癒しロボット

図14　バイオ燃料電池の将来の展開
（大型から超小型まで様々なサイズの電池が可能）

文　献

1) L. A. Larew, D. C. Johnson, *J. Electroanal. Chem.*, **262**, 167 (1989)
2) T. Koga, K. Nishiyama, I. Taniguchi, Abs. No. 35, 196th ECS Meeting in Hawaii (1999); I. Taniguchi, T. Koga, N. Naritomi, T. Sotomura, Abs. No. 267, 198th ECS Meeting in Phoenix, AZ (2000); T. Sotomura, T. Koga, I. Taniguchi, Abs. No. 77, 200th ECS Meeting in San Francisco, CA (2001); I. Taniguchi, S. Ben Aoun, G. S. Bang, T. Koga, T. Sotomura, Abs. No. 58, 202th ECS Meeting in Salt Lake, UT (2002); I. Taniguchi, D. Tabata, T. Koga, M. Tominaga, T. Sotomura, *Chemical Sensors*, **20**, Suppl. B, 338 (2004)
3) 谷口功, 現代化学, **421,** 22 (2006)
4) E. Katz, I. Willner, A.B. Kotlyar, *J. Electroanal. Chem.*, **479**, 64 (1999)
5) T. Chen, S. C. Barton, G. Binyamin, Z. Gao, Y. Zhang, H.-H. Kim, A. Heller, *J. Am. Chem. Soc.*, **123**, 8630 (2001)
6) N. Mano, F. Mao, A. Heller, *J. Am. Chem. Soc.*, **124**, 12962 (2002)
7) N. Mano, F. Mao, A. Heller, *J. Am. Chem. Soc.*, **125**, 4951 (2003); *ibid.*, 6588 (2003)
8) S. Tsujimura, H. Tatsumi, J. Ogawa, S. Shimizu, K. Kano, T. Ikeda, *J. Electroanal. Chem.*, **496**, 69 (2001)

9) S. Tsujimura, K. Kano, T. Ikeda, *Electrochemistry*, **70**, 940 (2002)
10) S. Tsujimura, K. Kano, T. Ikeda, *J. Electroanal. Chem.*, **576**, 113 (2005)
11) 谷口功, エコインダストリー, **10**(4), 36 (2005) ; 化学と工業, **58**(11), 1332 (2005) ; バイオ燃料電池の電極設計,「電池革新が拓く次世代電源」, エヌティーエス社, 東京, pp. 27-43 (2005) ; I. Taniguchi, Abs. No. 0-29, XVIIIth International Symposium on Bioelectrochemistry and Bioenergetics (Bioelectrochemistry-2005), held in Coimbra, Portugal (2005) ; 化学工業, **58**(1), 8 (2007)
12) E. Katz, L. Sheeney-Hai-Ichia, I. Willner, *Angew. Chem. Int. Ed.*, **43**, 3293 (2004)
13) D. Ivnitski, B. Branch, P. Atanassov, C. Apblett, *Electrochem. Commun.*, **8**, 1204 (2006)
14) M. Tominaga, M.Ohtani, M. Kishikawa, I. Taniguchi, *Chem. Lett.*, **35**, 1174 (2006)
15) S. Shleev, A. El Kasmi, L. Gorton, *Electrochem. Commun.*, **6**, 934 (2004), and references therein.
16) Y. Kamitaka, S. Tsujimura, K. Kano, *Chem. Lett.*, **36**(2), 218 (2007) ; K.Kano, Abst. of 2nd Int. Symp. on Org. Electron Transfer Chemistry (ISOETC-2007), Yokohama, Japan p.64 (2007)
17) 谷口功, 現代化学, **390**(9), 28 (2003)
18) S. Ben Aoun, G. S. Bang, T. Koga, Y. Nonaka, T. Sotomura, I. Taniguchi, *Electrochem. Commun.*, **5**, 317 (2003)
19) I. Taniguchi, Y. Nonaka, Z. Dursun, S. Ben Aoun, C. Jin, G. S. Bang, T. Koga, T. Sotomura, *Electrochemistry*, **72**, 427 (2004)
20) S. Ben Aoun, Z. Dursun, T. Koga, G. S. Bang, T. Sotomura, I. Taniguchi, *J. Electroanal. Chem.*, **567**, 175 (2004)
21) L. A. Larew, D. C. Johnson, *J. Electroanal. Chem.*, **262**, 167 (1989)
22) S. Ben Aoun, Z. Dursun, T. Sotomura, I. Taniguchi, *Electrochem. Commun.*, **6**, 747 (2004)
23) M. Tominaga, T. Shimazoe, M. Nagashima, I. Taniguchi, *Chem. Lett.*, **34**, 202 (2005) ; M. Tominaga, T. Shimazoe, M. Nagashima, I. Taniguchi, *Electrochem. Commun.*, **7**, 189 (2005)

第16章　MEMSバイオ電池技術

安部　隆[*1]，西澤松彦[*2]

1　はじめに

　電子機器の超小型化・省電力化に呼応して，身の回りに分散する低密度エネルギーを有効利用するユビキタス発電技術の開発が盛んであり，バイオ燃料電池の研究動向にも注目が集まっている。バイオ燃料電池の特徴は，生体触媒（酵素）の利用がもたらす小型化と安全における優位性だろう[1]。酵素が中性の水溶液中で働くため，生体や環境に馴染む安全設計が可能である。また，酵素の反応特異性によってセパレータが不要となり，身近な燃料溶液（ジュースやお酒もしくは体液など）を精製せずに直接利用できる可能性も生まれる。たとえば，Hellerらは，酵素触媒で修飾した2本のカーボンファイバーをぶどうの実に刺しただけの単純な構造によって，一定の電力が得られることを実証している[2]。すなわち，安全・安価そしてシンプル，ゆえに小型化にもっとも有利な燃料電池といえる。この利点を十分に意識した設計と作製が，他の発電システムとの差別化と将来の実用化に向けて必須である。

　バイオ燃料電池を小型のシステムとして構成するのに力を発揮すると期待されているのがMEMS（Micro Electro Mechanical Systems）技術である[3,4]。すでにMEMS技術を用いたDMFC（直接メタノール型燃料電池）が作製されており，ノート型パソコンや携帯電話などの携帯電子デバイスへの実用化が目前に迫っている。一方，バイオ燃料電池にMEMS技術を積極的に取り入れた研究は未だ多くないが，図1に示すように，バイオ燃料電池の構成要素と，MEMS技術による機構や加工との対応は，多岐にわたり重要である。溶液中の反応や流体を扱うマイクロ化学チップの分野で研究開発が進んでいるバルブやポンプ等の機構は，電極形状や構造体形成に必要な加工技術とともに有用になる技術であろう。また，バイオ燃料電池の利用形態を考えると，生体適合性と柔軟性の優れた高分子系のバイオマテリアルの活用が不可欠であり，それらソフトマテリアルに対応した加工技術についても検討しておく必要がある。

　本章では，まず，バイオ燃料電池開発に活用できるMEMS技術の機構と，材料および加工技術の概略を解説する。さらに，研究開発が先行しているマイクロ燃料電池の分野で利用されてい

[*1] Takashi Abe　東北大学大学院　工学研究科　バイオロボティクス専攻　助教授
[*2] Matsuhiko Nishizawa　東北大学大学院　工学研究科　バイオロボティクス専攻　教授

バイオ電気化学の実際——バイオセンサ・バイオ電池の実用展開——

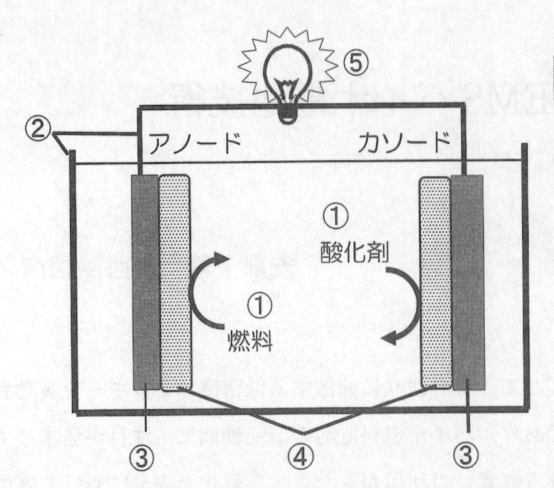

微小機構の活用（2節）
① 燃料や酸化剤の供給、効率的利用
　→ 層流、マイクロポンプ
② 直列電池間の絶縁
　→ マイクロバルブ

MEMS製造技術の活用（3節）
② 実装、配線、積層アレイ化
③ 電極、多孔質電極
④ 酵素、メディエーターのパターニング
⑤ 制御回路(LSI)、センサ、アクチュエータ等との一体化
⑤ アレイ化による高電圧化

図1　MEMSバイオ燃料電池への活用が期待される微小機構，微細加工技術等のMEMS製造技術

る電極やセパレータ部の微小機構を紹介し，最後にMEMS技術を用いたバイオ燃料電池の研究開発例なども取り上げる。

2　MEMS微小機構の活用[3〜5]

バイオ燃料電池システムを小型化するためには，燃料や酸化剤を制御する微小機構の集積が必要である。そのような微小機構の代表例は，マイクロバルブやマイクロポンプであり，これまでに表1に示すような原理のものが提案されている。元来このような微小流体を扱う制御機構は

表1　マイクロポンプ，バルブ等の微小機構の代表例

マイクロバルブ			マイクロポンプ		
種類	駆動方式	原理	種類	駆動方式	原理
ダイヤフラム型	電磁力	ダイヤフラムによる穴の封止を利用	電気浸透流型	高電界と表面電位	電気浸透流を利用
	ピエゾ		ダイヤフラム型	電磁力	チェックバルブまたはディフューザーを利用した拍動流の発生を利用
	ニューマチック			ピエゾ	
チェックバルブ型	拍動による圧力差	弁の開閉を利用		ニューマチック	
層流型	水圧差	水圧による流路の切替えを利用	シリンジ型	ニューマチック	電解，蒸発，外圧を利用
気液分離型	表面張力と圧力差	濡れの違いを利用	バブル駆動型	ニューマチック	電解，蒸発，外圧を利用
高分子ゲル型	熱	ゲルの膨潤を利用	重力利用型	水圧差	高低差を利用
	化学刺激（pHなど）		進行波利用型	ピエゾ	圧電体表面の進行波を利用

第16章 MEMSバイオ電池技術

μ-TAS (micro-Total Analysis Systems)[5] 等に利用されてきたものであるが,バイオ燃料電池系も同じく微小流体を扱うため,その開発に有効であると考えられる。

たとえば,バイオ燃料電池の出力を応用に十分な電圧に昇圧するためには,燃料を含む流体を流すための流路に複数の電池を作り直列につなげる必要がある。これを実現するためには,それぞれの電池間を電気的に絶縁するためのマイクロバルブが必要になる。これまでにMEMS技術で製作されたバルブで,電気的絶縁ができそうなものとして,まず,チェックバルブやダイヤフラムにより孔を開閉するような機械的な機構を用いたものが候補としてあげられる。この機械的な機構によるバルブには,製造工程が複雑なことやゴミなどの影響を受けやすいといった問題がある。また,電気的な絶縁を目的とした利用例はほとんどないために実用性は不明である。そこで,機械的な機構によらない方法からも候補を探してみると,気液分離型のバルブがその有力な候補として考えられる。このバルブでは,流路の一部が疎水処理されており,その流路径よりさらに微小な流路を側面に形成し,そこから空気を導入することで気液分離を実現している。これは疎水処理された流路を水溶液が流れるために必要な圧力が,疎水部の流路径に依存することに基づいている。すなわち,異なる流路径を疎水部にて形成すれば,水圧の制御だけでも,流体の移動できる流路と気体が存在する流路を分離することができる。

次に,活用が期待される微小機構にポンプがあげられる。バルブ同様に,理想的には自然に流れるような仕組みが望ましく,電池を補助するためのものなので消費電力が低いポンプを採用する必要がある。たとえば,自然に流れる仕組みとして,燃料タンクの砂糖水が高低差で自然に流れるような仕組みや,心拍動などの振動を利用することが考えられる。以上に述べた燃料や酸化剤の供給への活用だけでなく,薬剤を放出するなどの機構にもマイクロポンプは利用できる。このような機構に使用する場合には,高分子ゲルを利用したポンプなどが低消費電力駆動できる点で有効であろう。

その他に活用できそうな機構として,層流が考えられる。円筒管における流れは式(1)のレイノルズ数Reにより定義される。

$$Re = Vd/\rho \tag{1}$$

ここで,Vは流速で,dは流路径,ρは流体の動粘度(たとえば水は$10^{-6} m^2/s$)である。レイノルズ数が2000以下では,流れは安定した層流となる。前述の微小機構が扱う流速Vは,数μL/minから数百μL/minの範囲であり,流路径は数μmから数百μm程度である。以上の値から算出されるReの値は20以下であり,安定な層流であることが分かる。このようなサイズからなるY字形状の流路に2種類の流体を流すと,流体は混ざらずに層流となって接するようになる。たとえば,1cm以上の距離にわたって分離したまま流すことが可能である。この性質は,片方の

電極での反応種が他方の電極に影響を与えるような場合に有効である。さらには，必要な量の燃料だけを供給可能な点においても都合がよい。

ここで述べた以外にも，MEMS技術で製作されたマイクロバルブやポンプなどの微小機構の開発例は膨大であり，MEMSバイオ燃料電池の実現に大いに参考になると考えられる。しかし，できるだけ電力を消費しないことや，ソフトマテリアルでこれらの構造を形成するために新たに製造工程を考案しなければならない場合もあるなど，バイオ燃料電池特有の事情に対応させる必要もあり，そのまま転用できる場合は少ないのが課題である。次節以降では，この課題とその解決法について詳細にみていくことにする。

3 MEMS製造技術の活用[3,4]

3.1 MEMS製造技術とは？

MEMS製造技術は，需要に合わせて半導体製造技術を多様な材料の微細加工へと拡張してきた。初期のMEMS製造技術の対象は，半導体製造技術で扱われるシリコンや酸化シリコンなどの無機材料が中心であったが，90年代後半から最近にかけてはμ-TASの研究者人口の増大に対応して，シリコン系高分子などのソフトマテリアルも扱われるようになっている。最近は，DNAやタンパク質など生理物質のパターニング技術が注目を集めるようになった。

図2に，従来のMEMSの製造工程の概略を示した。ホトリソグラフィ法に基づく半導体マイクロマシニング（図2左）と，その方法で製作した微小構造を鋳型として利用するマイクロ成形法（図2右）は，MEMS製造の代表的な製造技術である。いずれの方法も，大量一括生産を行

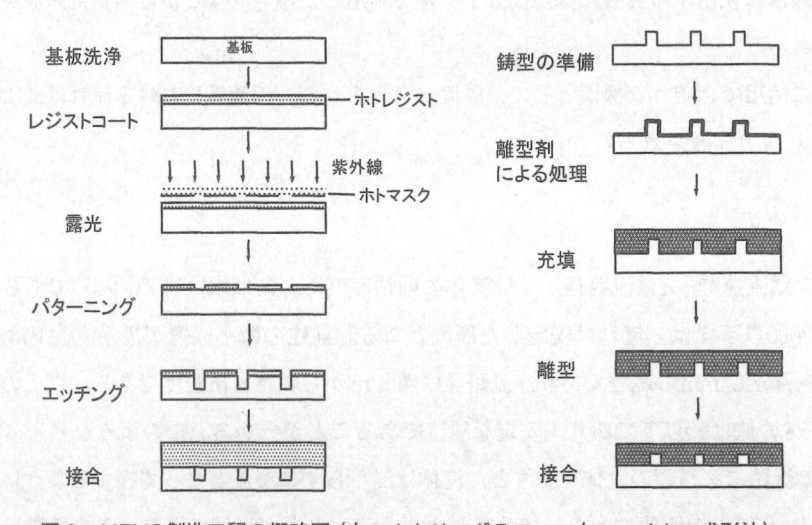

図2 MEMS製造工程の概略図（左 ホトリソグラフィ，右 マイクロ成形法）

第16章　MEMSバイオ電池技術

うことができる半導体製造技術と同じ強みを有する。これは，流路や微小機構を集積化させたデバイス製造においても強力な武器である。さらに，この量産性とともに重要なのが，MEMSの語源となっている電気や機械構成要素などの多機能な部品を集積化させる点である。これらのMEMS製造技術は，バイオ燃料電池の小型化とその延長上にある未来のバイオマイクロ燃料電池システムの実現に合致している。すなわち，電池部に加えて，血糖値を測るセンサ部，その情報を送る信号処理部やインシュリンなどの薬剤を投与するポンプ部，などのデバイスが一体化したシステムを実現する最適の技術である。

このようにMEMS製造技術は有望な技術であるが，バイオマイクロ燃料電池へ活用する場合には，これまで扱われてこなかった新材料へのMEMS製造技術の適用性を検討する必要がある。その適用性を検討する前に，まず，バイオマイクロ燃料電池への利用が期待される材料を次節で紹介する。

3.2　バイオマイクロ燃料電池用材料

バイオ燃料電池では，駆動条件が常温・常圧であり，さらにpHが中性付近のマイルドな水溶液を用いているので，セル本体や流路の材料として高分子材料を利用することができる。表2に，構造材および表面処理への使用が期待される主な高分子材料の一覧を示す。高分子材料は，マイクロ成形法（図2右）により廉価でかつ大量に部品を作ることができ，使い捨て利用ができる。加えて，将来の体内埋め込み型電池への利用を実現する上で柔軟であることや後述のMPC

表2　バイオ燃料電池の構造体及び表面処理に利用が期待される高分子材料

用途	材料	微細加工の方法	備考
構造体	ポリジメチルシロキサン (PDMS)	成型	接着，空気透過性，柔軟性良好
	SU-8	ホトリソグラフィ	加工性良好
	ポリカーボネート (PC)	成型，ドライエッチング	耐薬品性良好
	メタクリル樹脂 (PMMA)	成型，光造型，ドライエッチング	成型性，接着性良好
	環状オレフィン共重合体 (COC)	成型，ドライエッチング	成型性，接着性，耐薬品性良好
	ポリ乳酸・グリコール酸 (PLGA)	成型	細胞親和性，生分解性良好
表面処理剤	ポリエチレンオキシド (PEO)	マイクロコンタクトプリンティング (μCP)	抗血栓性，特異吸着の防止
	2-メタクリロイルオキシエチルホスホリルコリン (MPC)ポリマー	μCP	抗血栓性，特異吸着の防止に特に優れている

バイオ電気化学の実際——バイオセンサ・バイオ電池の実用展開——

ポリマー等による表面修飾が容易であるなど，機械的，化学的な面において生体適合性に優れていることも都合がよい。この高分子材料としては，透明度や耐候性の優れたメタクリル樹脂やポリカーボネートがあるが，新材料として両者の長所である有機溶剤耐性，成形性がより優れた環状オレフィン共重合体（COC）が注目を集めつつある[6]。このCOCは，ホトリソグラフィを行う基板として使用できる。一方，これらの材料にも問題がある。たとえば，上記の材料では，流路を成形し蓋をするために接着剤を利用するか，加熱をする必要がある。しかし，熱に弱い酵素などをあらかじめパターニングし接合する場合には，マイルドな条件での接合が不可欠である。このような場合には，常温で接合できるポリジメチルシロキサン（PDMS）が有用である。PDMSは成形および接合の加工性に優れていることに加えて，柔軟であることや空気の透過性に優れているなどの利点から，多くの研究者に使用されている。以上の高分子材料は容器を兼ねた構造体の材料であり，可能ならば使い捨て可能な材料である方がよい。ポリ乳酸あるいはポリ乳酸・グリコール酸を構造体材料として利用すると，自然に分解される究極の使い捨て電池とすることができる。この材料の面白い点は，分解速度の制御を乳酸とグリコール酸との割合の比によりできることである。これらのポリマーは生体適合性が優れているだけでなく，スピンコートが可能であり，成形も可能な加工性に優れた材料でもある[7]。

さて，血液成分と直接接触する医療用バイオ燃料電池では，生体内環境で安全かつ効果的に駆動させるための適合性が必要であり，バイオマテリアル科学で発展した抗血栓技術の活用が不可欠である。従来の電池とは無縁の技術領域かと思うが，医療応用を考えた途端に浮上する重大で困難な問題である。血栓は一連の血液凝固反応により形成され，これは血液中の多数成分が巧妙に関与する複雑なカスケード反応である。不溶性フィブリンの生成，血小板凝集，補体系による白血球粘着，という3通りのシステムがタンパク質の吸着によって誘起され，互いに共同して作用した結果と考えられている。タンパク質の吸着を防ぐために，ポリエチレンオキシド（PEO）のグラフト化，ヘパリンやアルブミンといった抗血栓性生理活性分子の固定化，2-メタクリロイルオキシエチルホスホリルコリン（MPC）ポリマーの塗布による生体膜類似構造の形成，などが有効とされている。このMPCを用いた表面処理は，血栓を形成せずに従来よりも微小な人工血管を実現するなど実用性の高い技術である[8]。初期のころには，長期間使用すると剥離する問題もあったが，現在では，共有結合で固定できる化合物の開発もされている。

以上述べたように，バイオ燃料電池の開発には新しいバイオマテリアル科学の成果を積極的に取り入れる必要があり，これらの新材料に対応させたMEMS製造技術を開発する必要がある。この開発は簡単に見えるが大きな困難を伴う。なぜならば，こうした新材料の多くは熱に弱いものが多く，従来のMEMS製造工程をそのまま転用することができないためである。同じ微小機構を実現する場合においても，新材料に対応した製造工程を再検討する必要がある。既に，ソフ

第16章　MEMSバイオ電池技術

トマテリアルに対応したMEMS製造技術が幾つか提案されており，次節ではその詳細を紹介する。

3.3　バイオマイクロ燃料電池のためのMEMS製造技術

　前節で述べたように，バイオマイクロ燃料電池の構造体としては高分子材料が有望である。現在，高分子材料で微細な構造体を実現する代表的な方法には，①鋳型を用いるマイクロ成形，②ドライエッチングによる直接加工，③マイクロ光造形，が挙げられる。マイクロ成形法は，既に産業用のプラスチック部品の製造において実績を有し，大量一括生産に向いている。ドライエッチング加工法は，シリコン，石英の加工で実績があり，高アスペクト比の微細構造を作製できることが知られているが，高分子の微細加工への適用は未だ限られている。本法は精度の優れた加工ができるが，前者で①に分類されるナノインプリント技術を用いて，高アスペクト比構造を鋳型を用いても形成できるようになってきたために，今後は鋳型の製作法の一つとして利用されると考えられる。マイクロ光造形法[4]は，装置が市販化されていることから技術へのアクセスが容易であり，今後の応用展開が期待される技術である。しかし，材料がアクリルやエポキシ系に限定されることや成形法と比較すると大量生産に向かないなどの欠点もある。

　システム化のためや容器として蓋をするためには，加工した高分子板を積層する。流路や電極等の構造体を形成した高分子板は，接合前の工程においてプラズマに短時間曝すことにより，表面を活性化することができ，高分子材料の融点以下の温度で数MHzの圧力下で数分程度プレスすればきれいに接合させることができる。ただし，電極材料，流路構造体で熱膨張係数の大きく異なる異種材料を利用している場合には，熱膨張係数の違いで亀裂を発生させないために，できるだけ低温度かつ低圧力にて接合する特別なノウハウが必要である。特に，あらかじめ酵素などの材料を表面に固定する場合は，常温で接合工程を行う必要がある。これを接着剤を使わずに実現する方法は，前述のPDMS等の材料に限定されている。その他に，位置合わせ，変形，接着面の均一性，などの技術面のいわゆるノウハウの蓄積も多く必要とするが，高分子製マイクロチップ製造技術はμ-TASや生体埋め込みチップ全般に必要な基盤技術であり，今後急速に発展し一般化すると期待できる。

　バイオマイクロ燃料電池においては，酵素膜やカーボン電極といった薄膜も多用することになる。これらの膜を所定の場所に塗布するためには，接着剤のパターニング等でよく利用されているスクリーン印刷技術（図3a）の利用が便利である。本技術では，数μmから数十μm程度の膜厚の薄膜を，再現性よくパターニングできる。より薄い薄膜の転写には，MEMS技術で製作した鋳型で成型したシリコーンゴムスタンプを用いるマイクロコンタクトプリンティング法（図3b）の利用も期待されるが，ゴミ等の影響を受けやすいなどの欠点がある。これに対して，非

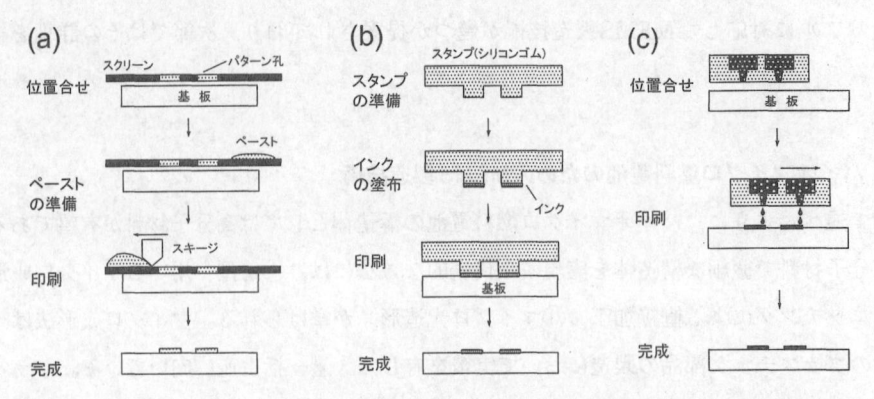

図3　MEMSバイオ燃料電池用材料のパターニングに期待される製造技術

接触でパターニングする方法であるインクジェットプリンター(図3c)の利用が期待されている。既に，インクジェットプリンターで卓上の半導体工場が実現できそうなほどに，数多くの実用化プロジェクトが進んでおり，バイオマテリアルにも着実に適用されつつある。その代表的な例としては，DNA分子，細胞のパターニング，などをあげることができる[9]。さらには，研究段階ではあるが，三次元の人工臓器や，骨の欠損部を修復するための再生医療，などにも使われるようになっており，再生医療の分野を含む広範囲の医療・バイオ分野での利用が期待されている。

4　MEMS燃料電池の例

現時点では，MEMS技術を利用したバイオ燃料電池の作製例は少ない。しかし，電池技術全般を眺めれば，バイオ燃料電池にもそのまま適用可能なMEMS技術の応用例が幾つかある。

たとえば，イリノイ大学のKenisらは，マイクロ流路内に電極を設置し，セパレータの不要な燃料電池を試作している[10]。図4のような白金黒電極を内蔵したY字形状のマイクロ流路（幅，高さ共に1mm）の一方からギ酸を，他方から硫酸水溶液（酸素飽和）を流すというものだ。本

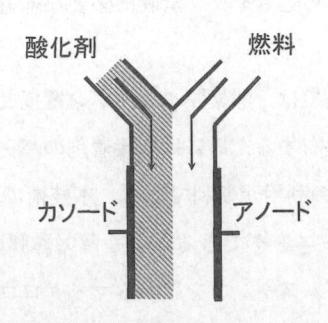

図4　Y字型流路における層流を利用したセパレーション

第16章 MEMSバイオ電池技術

章第2節で紹介したように，このようなマイクロ流路はレイノルズ数が低く設定できるために，お互いが混じり合わない層流状態で送液が可能であり，電極間にセパレータを用いずにアノード側とカソード側の燃料を分離しながら供給し続けることができる。流速0.5ml/minで，2.1Mのギ酸と酸素飽和0.5M硫酸を流した場合の最大出力密度は，0.16mW/cm^2（0.4V）であった。燃料利用率は1％以下であるものの，流路幅を狭めることで未反応の燃料分を少なく出来ると著者らは述べている。

電極形状の工夫にMEMS技術が活用される例も多い。最近の例では，古川らが光合成/代謝型バイオ燃料電池において，MEMS技術で製作した孔を有する電極について報告している[11]。その電極形状は，光リソグラフィで形成した貫通孔を多数有するSU8のフィルムに，金とポリアニリン膜を着膜し，プロトンを移動させる隔膜であるNafion膜を挟み込むものである。光を照射するアノード側で発生したプロトンが，上述の貫通孔を経由して裏面のカソード電極に移動する。この電極板の両面には流路が形成され，組成の異なる溶液が送液できる構造となっている。ただし，MEMS製の電極は，未だ多孔質カーボン電極を用いた場合と比較して出力が低く，MEMS技術とうまく適合した電極形成技術の開発が今後も必要であろう。理想的には，多孔質カーボン電極をうまくMEMS構造に取り込めばよく，実際にそのような試みが行われている。例えば，フライブルグ大学のF. von Stettenらは，金属のメッシュにカーボンを被覆した膜を電極に用いたグルコース燃料電池について報告している[12]。この電池は，グルコースを酸化する白金触媒付アノードの両側を水和ゲルで絶縁し，酸素還元用のカソードで挟み込むように設計している。燃料溶液が外側のカソード中を浸透する間に酸素が消費されるため，内側のアノード近傍において酸素濃度が低くグルコース濃度が高い状態を実現し，セパレータなしで溶液組成を変えることに成功している。この発想そのものは特段新しいものではないが，権威ある国際会議であるMEMS2006で発表されており，MEMS分野における燃料電池への関心の高まりを示す好例である。

さて，MEMS技術の対象は，携帯電話やノートパソコン等に対応するための持続的発電デバイスに加え，より安価かつ簡易な構造をもつ使い捨てのマイクロ電源にも拡がると予想される。このような考えに合致する研究例として，Sammouraによって報告された水分で出力が得られる使い捨てマイクロ電池がある[13]。図5に示したように，それぞれのカバーや電極がシリコン板上に積層されたシンプルな構造の一次電池である。アノードがMg，カソードがAgCl（もしくはCuCl）で，起電力は2.6V程度，容量は0.445Wh/gと報告された。Leeらは，同様の一次電池が尿で活性化できることを示し，尿検査チップへの応用を探っている[14]。このタイプの電池の歴史は長い。海水電池と呼ばれ，夜釣りに使う電気ウキなどにも使われてきた。MEMS技術によって正・負極の近接配置が可能となり，イオン伝導性が低い尿などでも駆動できるようになったと言

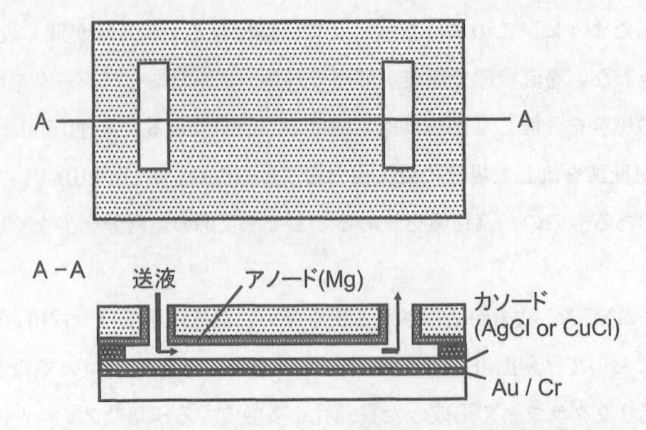

図5　Mgをアノードに用いた使い捨てマイクロバッテリー

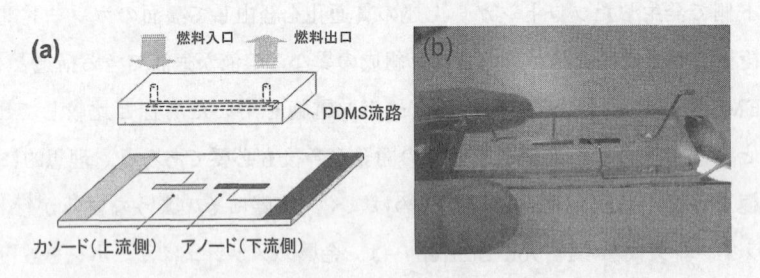

図6　マイクロ流路型バイオ燃料電池試作例の概略図（a）と写真（b）

える。

　図6は，マイクロ流路型バイオ燃料電池の試作例である[15]。アノードには触媒層（グルコース酸化のための酵素・メディエータ複合体）を塗布し，カソードである白金にはPDMSディスパージョンを塗布してO_2選択性を付与した[16]。図3の方法で作製したPDMS製の流路は，その表面を酸素プラズマで活性化すると電極基板に容易に接合でき，加熱融着の場合に問題となる酵素電極へのダメージが殆ど無い。空気飽和のグルコース溶液を送液して発電特性を評価すると，十分な流速下で（このセルの場合は50mL/h程度）燃料の供給と消費がバランスし出力が安定化する。ここでは，酸素を消費するカソードを微小流路の上流側に設置し，下流アノード近傍から溶存酸素を極力排除する設計としている。これも，前述の微小流路における層流状態の効果を利用したものである。燃料の利用効率を上げるためには，流路の形状と電極の配置を適切に設計する必要があるが，前述のようにPDMS流路の形状は自由に設計でき作製も容易なのでシミュレーションと組み合わせた系統的な実験が可能で，最適化が比較的容易である。

　バイオ燃料電池単セルの出力電圧は一般に1V以下であり，使用目的によっては積層によって出力電圧を稼ぐ必要がある。図7は極めてシンプルなバッチ式のスタッキングの例であり，設計

第16章　MEMSバイオ電池技術

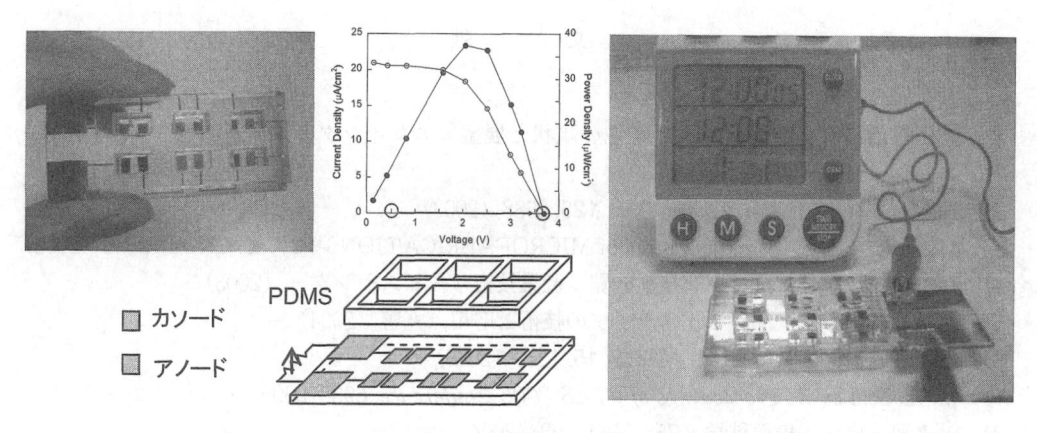

図7　基板上へ配列したバイオ燃料電池によるウシ血清からの発電

通りに6倍の電圧が得られている。ここでは，電極修飾膜の塗布にスクリーンプリントを利用し，均一な一括成膜を試みている。しかしながら，このような直列つなぎを流路系で行おうとすると，イオン伝導性の燃料溶液でセル間がショートしてしまう。本章第2節で概説した様に，何らかのバルブ機構によってセル間を絶縁する必要があるが，容易ではない。やはり，単セル電圧を少しでも高めるという指標で触媒層を選定することが実用上も重要である。

5　おわりに

　酵素を電極触媒とするバイオ燃料電池は，小型化が容易で非常に安全な発電デバイスであり，耐久性に課題を抱えつつも，小型電子デバイスや未来医療デバイスを支援するユビキタス電源として見逃せない位置づけにある。本章では，バイオ燃料電池の小型化に有効なMEMS技術を，今後の主流である高分子材料の紹介と併せて解説した。このMEMS技術を用いたバイオ燃料電池においては，量産性とシステムの小型化の利点に着目すると，使い捨て携帯電源や体内埋め込み型電源への利用がもっとも現実的なアプリケーションとなろう。特に，最終的な利用形態を体内埋め込み型電源とする場合には，たとえば，血球や血漿蛋白質を分離する機構，拍動流の血圧変化のみでうまく働くバルブ機構，生理物質が吸着しないバイオマテリアルの活用とその加工技術の研究開発など，重要なテーマが目白押しである。システム化も考慮すると，低電圧，低消費電力で駆動するICの開発など電子工学の発展も鍵となる。今後，このような種々の課題を解決するために，化学，工学，薬学，農学，医学にわたる幅広い研究者の参加による活発な研究活動と協力体制が必要であろう。

文　　献

1) 池田篤治ほか，特集：バイオ電池の現状と展望，エコインダストリー，**10**, No.4, シーエムシー出版（2005）
2) N. Mano *et al.*, *J. Am. Chem. Soc.*, **125**, 6588（2003）
3) Marc. J. Madou, "Fundamentals of MICROFABRICATIONS", 2nd ed. CRC PRESS（2002）
4) 樋口俊郎，マイクロマシン技術総覧，産業技術サービスセンター（2003）
5) 北森武彦ほか，マイクロ化学チップの技術と応用，丸善（2004）
6) C. K. Fredrickson *et al.*, *J. MEMS*, **15**, 1060（2006）
7) M. Ikeuchi *et al.*, *Proceedings of μTAS 2006 Conference*, 693（2006）
8) 渡邊順一ほか，表面科学，**25**, No.1, 23（2004）
9) WC. Wilson *et al.*, *ANATOMICAL RECORD PART A*, **272A**, 491（2003）
10) E. R. Choban *et al.*, *J. Power Sources*, **128**, 54（2004）
11) Y. Furukawa *et al.*, *J. Micromech. Microeng.*, **16**, 220（2006）
12) F. Von Stetten *et al.*, *Proceedings of MEMS2006*, 934（2006）
13) F. Sammoura *et al.*, *Sensors and Actuators - A*, **A111**, 79（2004）
14) K. B. Lee *et al.*, *J. Micromech. Microeng.*, **15**, 5210（2005）
15) M. Nishizawa *et al.*, *Technical Digest of Power MEMS 2005*, 177（2005）
16) F. Sato *et al.*, *Electrochem. Commun.*, **7**, 645（2005）

第17章　アスコルビン酸燃料電池

藤原直子＊

1　はじめに

　固体高分子形燃料電池（PEFC）は小型で高効率な発電システムであり，地球環境，エネルギー問題の観点から燃料電池自動車や定置型家庭用発電機などとして早期的な実用化と普及が期待されている。PEFCは電解質にイオン伝導性高分子薄膜を用いた全固体型で，常温から100℃程度の範囲で作動できる取り扱いの簡便な燃料電池である。特に，近年のIT機器の普及と高性能化に伴い，PEFCのモバイル機器用電源としての開発に凌ぎが削られている。この分野では，燃料の運搬性や起動停止に対する応答の速さから，メタノールを燃料に用い電極上で直接酸化して発電するダイレクトメタノール燃料電池（DMFC）方式が主に採用され，実用化目前といわれている。PEFCにはメタノール以外にも多くの燃料化合物の適用が可能であり，新燃料探索は出力規模や用途に応じた多種多様な電源を提供するための手がかりとなると考えられる。ここでは，バイオ燃料としてL-アスコルビン酸（ビタミンC）を取り上げ，PEFCの燃料として使用したアスコルビン酸燃料電池について筆者らの取り組みを紹介する。

2　アスコルビン酸の電気化学的酸化反応

　アスコルビン酸の電解液中での電気化学的酸化反応を調べることにより，PEFC用燃料としての可能性を検討することができる。図1はPt, Ru, PtRu, Rh, Ir, Pd, Au, グラッシーカーボン（GC）電極上，25℃で測定したサイクリックボルタモグラムである[1]。いずれの電極上でも，0.5～0.6V vs. RHE付近からアスコルビン酸の酸化反応が開始し，電位と共に酸化電流が単調に増加している。このことから，アスコルビン酸の電極酸化はいずれの電極上でも同様に進行し，特定の金属触媒の作用は不必要であることを示している。PEFCの分野でこれまで利用が検討されてきた燃料の場合，水素では白金触媒，メタノールをはじめとするアルコール燃料では白金・ルテニウム合金に代表される白金系触媒，ギ酸では白金系あるいはパラジウム触媒など，いずれも貴

＊　Naoko Fujiwara　㈱産業技術総合研究所　ユビキタスエネルギー研究部門
　　次世代燃料電池研究グループ　研究員

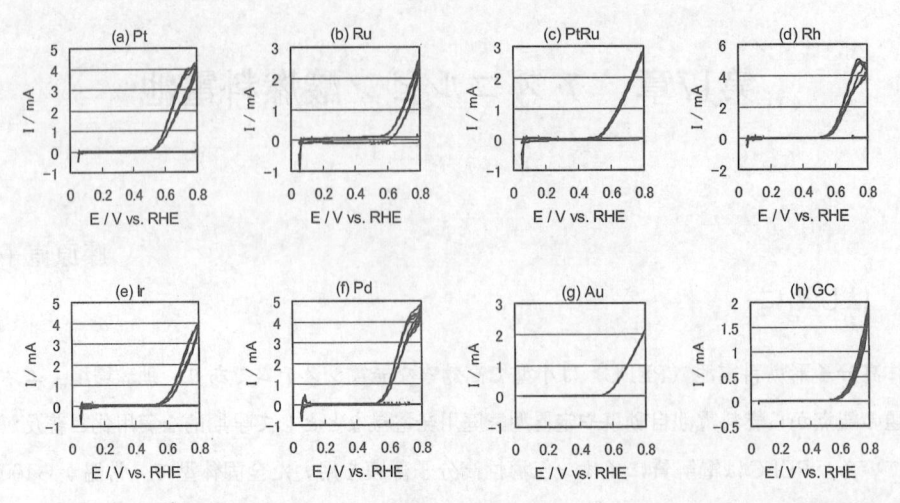

図1 種々の電極上でのアスコルビン酸の酸化反応を示すサイクリックボルタモグラム
----- 0.5M H_2SO_4中，— 0.5M L-アスコルビン酸 + 0.5M H_2SO_4中
電位掃引速度：20mV s^{-1}，温度：25°C

金属触媒が必須であり，コストと資源量の面から問題となっていた[2〜4]。図1は，アスコルビン酸を燃料とすることで触媒の選択肢が増えるほか，カーボン材料を電極に使用する可能性を示唆している。

3 アスコルビン酸燃料電池の発電特性

アスコルビン酸燃料電池の発電原理を図2に示す。プロトン伝導性の高分子膜を電解質とし，この両面にアノード（燃料極）とカソード（空気極）を接合した全固体型の構造となっている。アノードにアスコルビン酸水溶液，カソードに酸素または空気を供給すると，燃料極側でアスコルビン酸が直接酸化されて後述のデヒドロアスコルビン酸，プロトン，電子を生じる。生成したプロトンは膜中を通ってカソード側に移動し，酸素と反応して水になり，この時に外部回路を電子が流れて電流が取り出せる[5]。実験では，電解質膜にパーフルオロスルホン酸膜のNafion117（DuPont），カソードに撥水処理を施した白金ブラック，アノードには種々の金属ブラックまたはカーボンブラックを使用し，電極面積10cm^2の単セルを作製した。アノード側に0.5Mアスコルビン酸水溶液を，カソード側には加湿酸素を供給して常温常圧で発電試験を行い，得られた電流密度−電圧特性と電流密度−出力密度特性をそれぞれ図3（a），（b）に示す。図2のサイクリックボルタモグラムから予測される通り，燃料極にいずれの貴金属触媒を使用しても発電でき，最大出力密度は2〜8mW cm^{-2}となった。カーボンブラックをアノードに使用すると発電性能は向上し，現在，最大出力密度16mW cm^{-2}が得られている。これは，貴金属ブラックに比べて

第17章　アスコルビン酸燃料電池

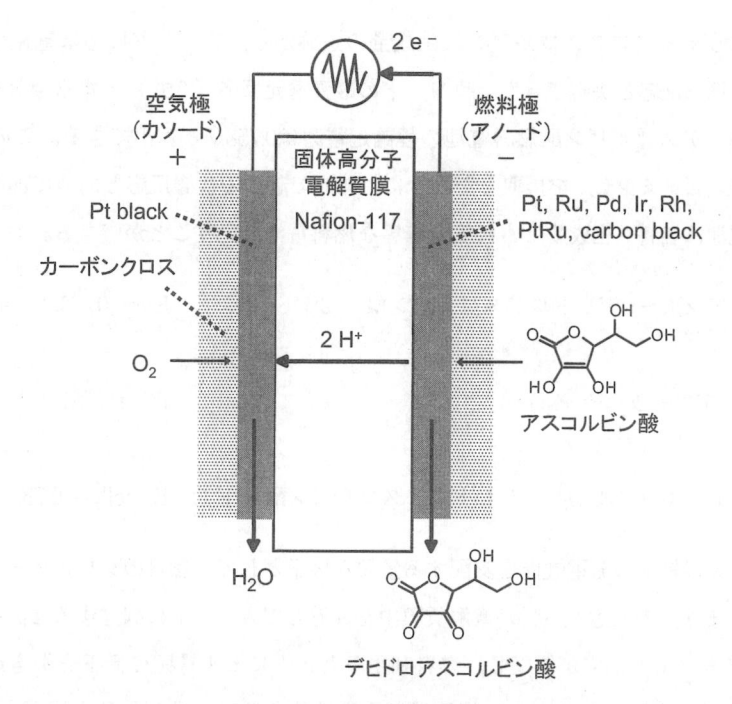

図2　アスコルビン酸燃料電池の発電原理

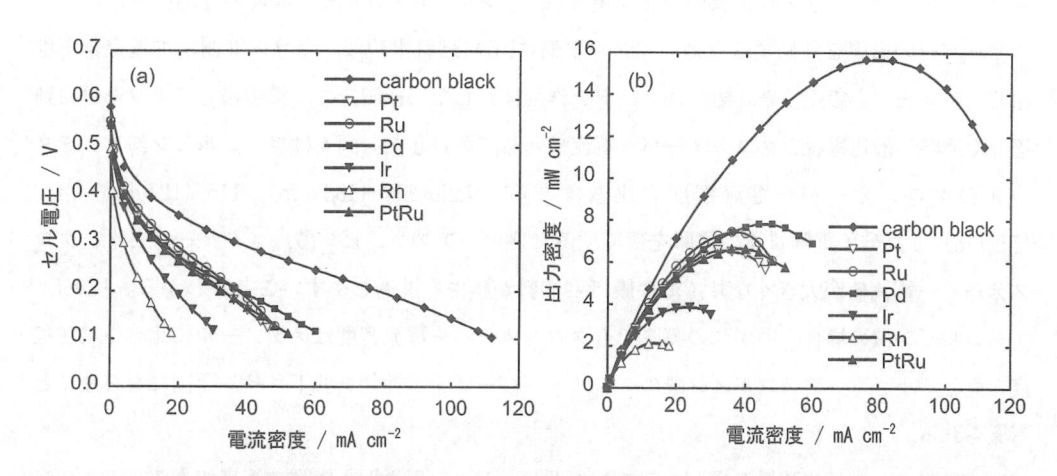

図3　アスコルビン酸燃料電池の常温常圧での電流密度-電圧特性（a），および電流密度-出力密度特性（b）
アノード：Pt, Ru, Pd, Ir, Rh, PtRu, カーボンブラック，カソード：Pt

大きい比表面積を有するカーボンブラックの使用により，反応に寄与する電気化学的活性表面積が増大したことに起因すると考えられる[6]。

アスコルビン酸燃料電池作動中の排出液を高速液体クロマトグラフィーにより分析すると，生成物として図2中に示すデヒドロアスコルビン酸が検出された。また，発電中のアスコルビン酸

の消費量およびデヒドロアスコルビン酸生成量の追跡から,アノード反応は電極の種類によらず,(1)式の二電子反応と決定できた。カソードの酸素還元反応((2)式)と組み合わせると全反応は(3)式となり,アスコルビン酸燃料電池の理論起電力は0.758Vと算出できる。この反応はL-アスコルビン酸(ビタミンC)を摂取したときに生体内で起こる代謝反応と同様であり,アスコルビン酸燃料電池は燃料,生成物ともに安全無害な燃料電池ということができる。

$$\text{アスコルビン酸} \rightarrow \text{デヒドロアスコルビン酸} + 2H^+ + 2e^- \quad E° = 0.471 \text{ V vs. SHE} \quad (1)$$

$$1/2\, O_2 + 2H^+ + 2e^- \rightarrow H_2O \quad E° = 1.229 \text{ V vs. SHE} \quad (2)$$

$$\text{アスコルビン酸} + 1/2\, O_2 \rightarrow \text{デヒドロアスコルビン酸} + H_2O \quad E°\text{cell} = 0.758 \text{ V} \quad (3)$$

ダイレクト燃料電池の発電性能を支配する重要な因子として,燃料のクロスオーバー現象が挙げられる。つまり,未反応の燃料が電解質膜中を透過してカソードに到達すると,カソード触媒上で燃焼してカソード電位が低下し,燃料利用率とともにセル電圧の低下を引き起こすのである。特に,DMFCではメタノールの膜透過が発電性能を低下させる大きな要因となっており,メタノールを透過しない代替膜の開発が望まれている[7]。アスコルビン酸燃料電池におけるクロスオーバーの影響を評価するため,アノード側に0.5M燃料水溶液,カソード側に加湿窒素を供給し,アノードを参照極兼対極,カソードを作用極とした二極測定で,膜透過してカソードに到達した燃料の酸化電流をクロスオーバー電流値として測定した。図4はアスコルビン酸とメタノールのクロスオーバー電流密度の比較である。Nafion117($183\,\mu m$),115($127\,\mu m$),112($51\,\mu m$)と高分子電解質膜の膜厚を薄くするに従い,アスコルビン酸,メタノールともにクロスオーバー電流値が大きくなり,薄い膜ほど燃料が膜中を透過しやすいことがわかる。しかし,アスコルビン酸の場合,いずれの膜厚でもクロスオーバー電流密度はメタノールに比べ1/100程度と著しく小さく,アスコルビン酸のクロスオーバーは発電性能を低下させる要因にならないと考えられる。

図5はアスコルビン酸燃料電池のデモンストレーション用単セル模型の写真である。セルのアノード側にアスコルビン酸水溶液をシリンジで注入すると,カソード側の通気口から自然拡散した空気中の酸素と反応して発電し,プロペラが回転する様子がわかる。このようにポンプやコンプレッサー等の補機を使用しないパッシブ型の作動が可能である。

第17章 アスコルビン酸燃料電池

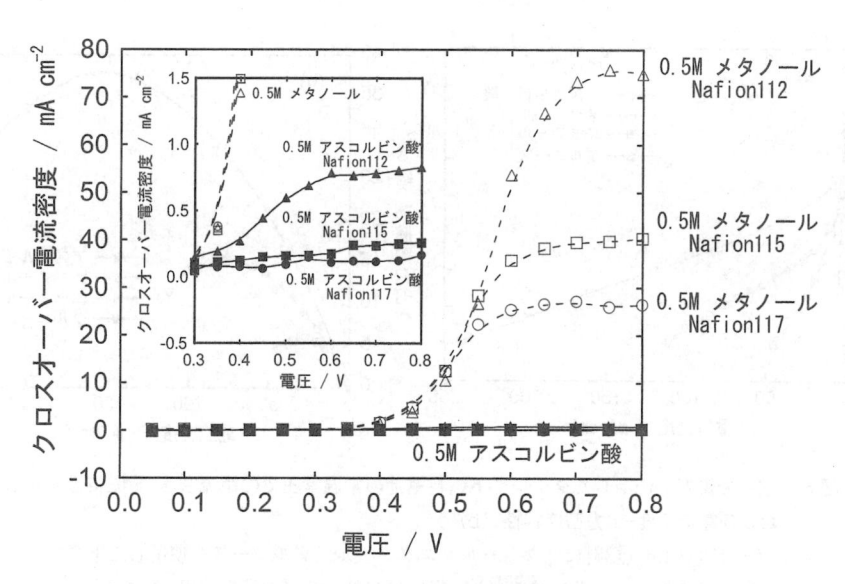

図4 アスコルビン酸燃料電池とメタノール燃料電池のクロスオーバー挙動の比較
アノード：PtRu，カソード：Pt

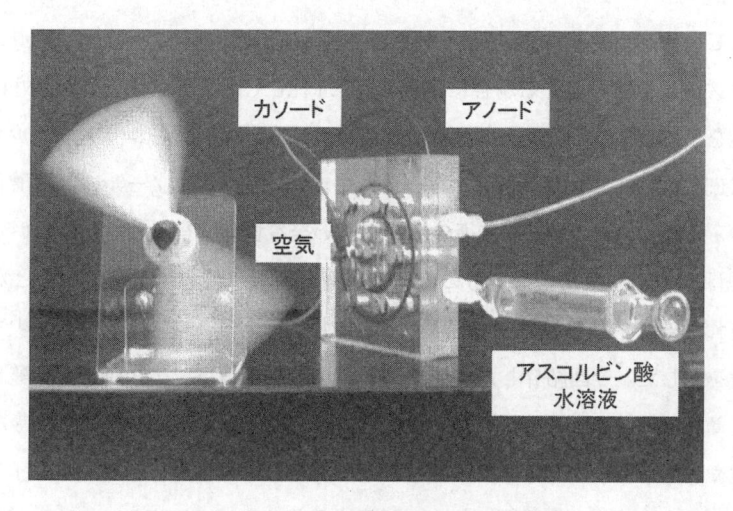

図5 アスコルビン酸燃料電池のセル模型

4 PEFCにおけるバイオ燃料利用の可能性

バイオ燃料の一例としてアスコルビン酸を取り上げ，PEFC発電技術を応用したアスコルビン酸燃料電池について発電特性や特徴を紹介した。アスコルビン酸以外にも，バイオマスから得られ体内にも存在するグルコースや，その発酵で得られるバイオエタノールなど，バイオ燃料の利用は非常に魅力的である。グルコースやエタノールを燃料に用いたダイレクト燃料電池の発電特

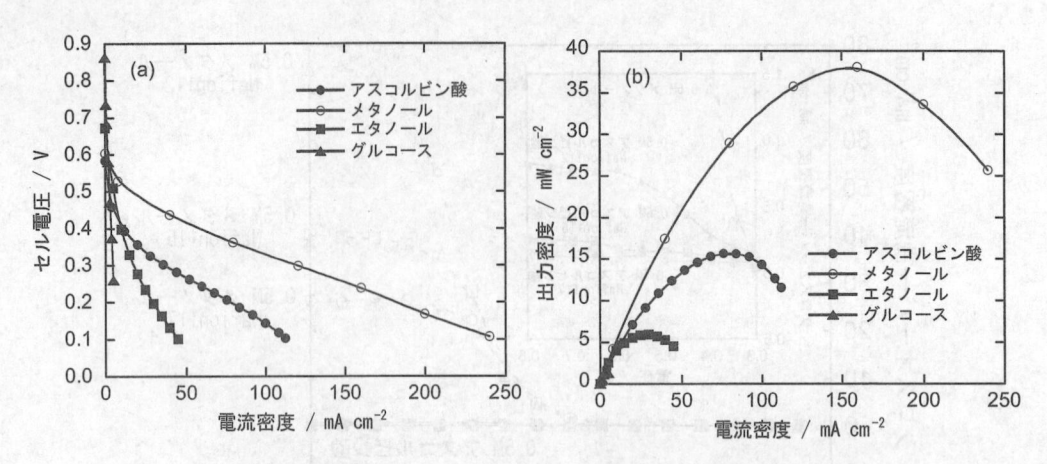

バイオ電気化学の実際——バイオセンサ・バイオ電池の実用展開——

図6 種々の燃料を使用したダイレクト燃料電池の常温常圧での電流密度-電圧特性 (a)，
および電流密度-出力密度特性 (b)
アノード：PtRu（燃料にメタノール，エタノール，グルコースを使用した場合）
またはカーボンブラック（燃料にアスコルビン酸を使用した場合）
カソード：Pt

性をアスコルビン酸燃料電池やDMFCと比較して図6（a），（b）に示した。グルコース，エタノール，メタノールを燃料とする場合には燃料極にPtRuを使用したが，それ以外は図3と同条件で発電特性を比較している。最大出力密度はグルコース，エタノール，アスコルビン酸，メタノールの順に1.5, 6, 16, 38 mW cm^{-2}であった。グルコースやエタノールの直接酸化には大きな過電圧を要するため，従来のPEFC技術の応用で高い発電性能を得ることは難しい。アスコルビン酸燃料電池はDMFCには及ばないものの，燃料極に貴金属触媒を使用することなくバイオ燃料の中では優れた発電能力を示す上，燃料・生成物共に安全，クロスオーバーが少ないというユニークな特徴を示した。今回紹介したアスコルビン酸燃料電池は，アスコルビン酸自体が高価であること，他章で述べられているバイオ電池の酵素電極のような反応特異性を持たないことから，その用途や利用形態には一考を要する。将来のポータブル，ウェアラブル，インプラントデバイスのための，安全で便利な電源としての活用を目指すべく，PEFCにおけるバイオ燃料利用の可能性に期待したい。

第17章　アスコルビン酸燃料電池

文　献

1) N. Fujiwara, Z. Siroma, T. Ioroi, K. Yasuda, *J. Power Sources*, **164**, 457 (2007)
2) H. Liu, C. Song, L. Zhang, J. Zhang, H. Wang, D. P. Wilkinson, *J. Power Sources*, **155**, 95 (2006)
3) S. Song, P. Tsiakaras, *Appl. Cat. B: Environmental*, **63**, 187 (2006)
4) Y. Zhu, Z. Khan, R.I. Masel, *J. Power Sources*, **139**, 15 (2005)
5) N. Fujiwara, K. Yasuda, T. Ioroi, Z. Siroma, Y. Miyazaki, T. Kobayashi, *Electrochem. Solid-State Lett.*, **6**, A257 (2003)
6) N. Fujiwara, S. Yamazaki, Z. Siroma, T. Ioroi, K. Yasuda, *Electrochem. Commun.*, **8**, 720 (2006)
7) A. Heinzel, V. M. Barragán, *J. Power Sources,* **84**, 70 (1999)

第18章　直接電子移動型バイオ電池

辻村清也[*1], 加納健司[*2]

1　直接電子移動型の酵素機能電極反応

　酸化還元酵素反応には2つ（以上）の基質（電子供与体と受容体）が関与する。直接電子移動型の酵素機能電極反応とは，こうした酸化還元酵素反応に関わる基質の一方を電極に換え，酵素と電極間で直接的に電子移動し，さらにその酵素が触媒となって進行する電極反応である[1~3]。この章では，直接電子移動型の酵素機能電極反応とそれを用いたバイオ電池について述べる。この反応系が実現すると，非常にシンプルなデバイス構成が可能となり，将来的にはマイクロもしくはナノサイズスケールといった超小型デバイスへの展開も期待できる。また，メディエータの電極修飾に関する煩雑さもなくなり，工程面やコスト面での利点も生まれる。しかし，酵素には基質特異性があることからも想像できるように，基質のひとつを電極に換えることは酵素にとって好都合とは言いがたい。また，酵素の酸化還元反応を担う活性中心は，多くの場合，絶縁性のタンパク質あるいは糖鎖の殻に覆われているため，電極とは容易に電子授受できない。酸化還元タンパク質と電極との間の電子移動には，タンパク質の酸化還元部位が比較的表面近傍に存在していることが重要であるとされている。ヘムタンパク質では，ヘム面と電極面の角度が重要な因子であることも指摘されている[4]。電極との電子移動だけでなく，酵素反応が進行する状況を考えると，活性中心へ基質の接近過程や，生成物の遊離過程も重要になる。グルコース酸化酵素のように，酵素の酸化還元中心がひとつだけの場合，溶液中では，そのひとつの活性中心に2つの基質が交互にあるいは連続的に近づき，電子授受する。この酵素で直接電子移動系を想定した場合，酵素と電極間の電子移動に都合が良い配向であれば，基質の通り道が電極によって塞がれ触媒反応が進行しなくなると想像できる。逆も同様であろう。これに対して，図1のように，基質反応部位と電極反応部位が異なる酵素では，直接電子移動型の酵素機能電極反応を実現しやすい[1]。例えば，キノンやフラビンのような基質を酸化する反応部位と，ヘムや鉄硫黄クラスターのような電子受容体を還元する反応部位を別々に持つ脱水素酵素などである。ただし，分子内電子移動によるエネルギーロスを少なくするには，この2つの酸化還元部位の電位差はできるだけ

[*1] Seiya Tsujimura　京都大学　大学院農学研究科　応用生命科学専攻　助手
[*2] Kenji Kano　京都大学　大学院農学研究科　応用生命科学専攻　教授

第18章　直接電子移動型バイオ電池

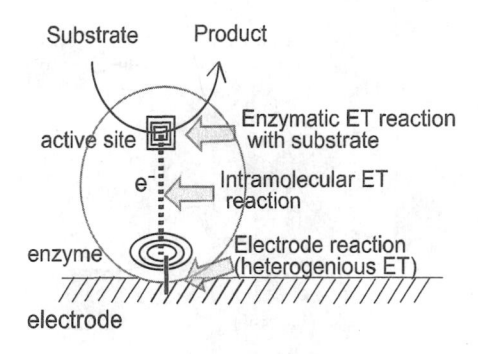

図1　直接電子移動型の酵素機能電極反応の模式図

小さいものが好ましい。

　残念ながら，こうした直接電子移動型の酵素機能電極反応の報告例は限られている。その反応の性質や速度は，酵素だけでなく電極の性質も非常に重要になる。ナノスケールでの構造特性や表面化学特性が重要な因子であることを示唆する結果が多数報告されている。しかし，現時点では，それらの因子がどのように，またどの程度反応に関与するかを明確に述べることは困難である。このような反応系の理解を深めるためには，酵素や電極の構造や表面特性等の多くのパラメータと反応性との関係を定量的に評価する地道な努力が必要である。

2　酸素還元反応触媒

2.1　マルチ銅酸化酵素

　酸素を電子受容体とする酸化還元酵素は酸化酵素（オキシダーゼ）と呼ばれるが，適切な酵素系では，酸素を水まで4電子還元することができ，過酸化水素などの中間体を遊離することもない。こうした酵素として，シトクロムc酸化酵素やマルチ銅酸化酵素が挙げられる。前者は，シトクロムcに対する特異性が高い上，シトクロムcの酸化還元電位が酸素のそれに比べてかなり負であるため，分子間電子移動の際にロスする電圧が大きい。一方，マルチ銅酸化酵素とは，図2のように，銅を4個（タイプ1，タイプ2，タイプ3の銅イオンをそれぞれ1，1，2個）有する酵素であり，（ジ）フェノール性化合物を酸化するラッカーゼやアスコルビン酸化酵素，ビリルビン酸化酵素（BOD），CueO，CotA，SLAC（small laccase）などが知られている[2,5]。本酵素群の特徴のひとつとして，基質（電子供与体）に対する選択性が広いことが挙げられる。1970年代後半にソ連の研究グループによって，カーボンブラック（すす）のような炭素素材にラッカーゼを吸着させた電極で実験がなされ，その酵素修飾電極で酸素還元反応が触媒的に進行す

バイオ電気化学の実際——バイオセンサ・バイオ電池の実用展開——

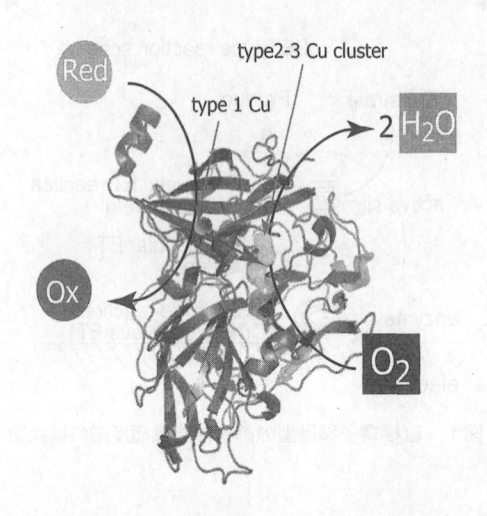

図2　マルチ銅酸化酵素の反応模式図
（PDB codes: 1GYC（Choinowski *et al.*, 2002）

る可能性が指摘された[6]。実験条件に関する情報が乏しい欠点はあるものの，当時既に1 mA cm^{-2}程の高い電流密度が報告されている。その後，ソ連や北欧の研究グループらを中心に様々なラッカーゼの電気化学的特性が調べられ，そのボルタモグラムが報告され，次第にその電気化学挙動が明らかになってきた[7,8]。

2.2 酵素反応律速の電流-電圧曲線

電流-電圧曲線を解析することは，物質移動特性，酵素反応特性，あるいは電極反応特性を定量的に解釈する上で非常に重要である。電極上にBODを単分子吸着させた電極で観測された酸素還元の電位掃引ボルタモグラムを図3に示す[9]。炭素（黒鉛）電極としては，グラッシーカーボン（GC），高配向熱分解黒鉛（HOPG）のエッジ面とベーサル面，およびplastic formed carbon（PFC）のエッジ面を用いた。PFCとは，黒鉛と炭素からなる複合材料であり，グラファイトエッジ面が高度に配向し，表面に露出している。図3に示すように，用いる電極により，酸素還元反応の電流-電圧曲線に大きな違いが認められ，直接電子移動反応に及ぼす電極特性の重要性がわかる。

この条件での電流-電圧曲線は，溶液を撹拌してもほとんど変化しないことから，波形を決定しているのは物質移動過程ではなく，酵素触媒反応過程と界面電荷移動過程であることがわかる。酵素触媒反応律速の定常電流の限界電流（$i_s^{\lim}$）は，酵素反応速度，酵素の表面濃度，および配向性を考えると，次式で表すことができる[9]。

第18章 直接電子移動型バイオ電池

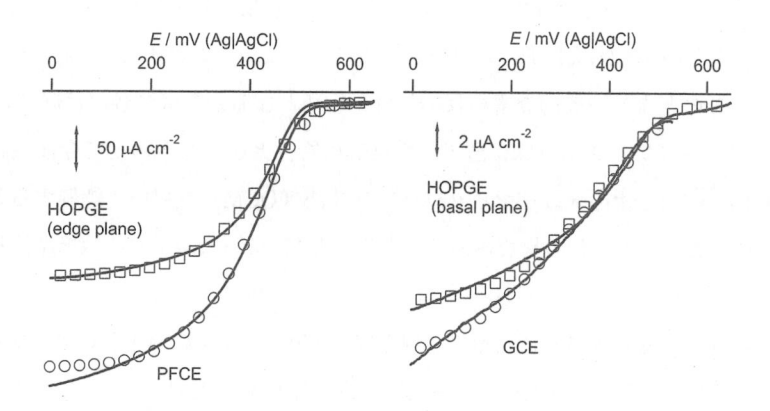

図3 BOD吸着電極（PFC, HOPG（エッジ面およびベーサル面），およびGC電極）で測定した酸素還元反応の触媒電流（pH 7）
バックグランド補正済。○および□は，(1)～(4)式に基づいてフィッティングした結果を示す。

$$\frac{i_s^{\lim}}{nFA} = k_c \varGamma_E \lambda \tag{1}$$

ここで，k_c，$\varGamma_E$はそれぞれ吸着した酵素のターンオーバー数（s^{-1}）と電極表面の酵素濃度（mol cm^{-2}）である。F，Aはそれぞれ，ファラデー定数，電極表面積である。λ（$0 < \lambda < 1$）は電極上に固定化された酵素のうち直接電子移動に寄与する酵素の割合を示す[10]。また，酵素-電極間の電子移動速度を考えると，定常電流-電圧曲線は以下の式で表される[9]。

$$i = \frac{i_s^{\lim}}{1 + k_c/k_{f.s} + k_{b.s}/k_{f.s}} \tag{2}$$

$$k_{f.s} = k_s^{\circ} \exp[-\alpha(F/RT)(E - E_E^{\circ\prime})] \tag{3}$$

$$k_{b.s} = k_s^{\circ} \exp[(1-\alpha)(F/RT)(E - E_E^{\circ\prime})] \tag{4}$$

$E_E^{\circ\prime}$は酵素中で電極と電子授受する酸化還元中心の酸化還元電位（式量電位）である。k_s°は，$E = E_E^{\circ\prime}$における酵素の標準電子移動速度定数で，αは転移係数である。電流が立ち上がる様子は，k_c/k_s°の比（とα）で決まり，k_c/k_s°が増大すると，立ち上がりが緩やかになり，半波電位は$E_E^{\circ\prime}$から離れる。これは，速い酵素反応に見合うだけの界面電子移動を実現するために，大きな過電圧が必要となるからである。

酸化還元酵素自体の酸化還元反応を，直接的に電気化学法で観測することは困難である場合が

多い。従って，例えば，分光電気化学的手法等の別の方法で$E_E^{o'}$を決定する。この値を用い，ボルタモグラムを上記の(1)〜(4)式に非線形最小自乗法でフィッティングすれば，k_c/k_s^oおよび$k_c \Gamma_E \lambda$を評価できる。このとき，一般的な電極反応では$\alpha \approx 0.5$となるが，酵素触媒反応では，0.3から0.4の値をとることが多い。この意味は酵素電極反応の特性と照らし合わせて今後議論が必要であろう。Γ_Eに関しては，水晶振動子マイクロバランス法（QCM）を用いて評価することも有効である[11]。今後，こうした複数の異なる測定法を併用して，λ等に関する議論を深めることが重要である。

投影面積あたりのΓ_Eを増大させるために，例えば，ポリLリジンのハイドロゲルフィルムを用いて酵素をより積層的に固定化すると，結果として電流密度を向上できる[12]。このように酵素層で修飾した電極系での酵素反応律速の定常的ボルタモグラムは，膜内での酵素の拡散を考えた反応層を考慮することによって説明できる[12]。

2.3 酸化還元電位と触媒電流

BODは中性でも酸素還元反応の電極触媒として機能することで注目されている[9,13〜15]。BODのようなマルチ銅酸化酵素の場合，電極との反応部位が，溶液中での酵素反応における電子供与体との反応部位と同様，タイプ1銅部位であることが示唆されている。従って，タイプ1銅に配位するアミノ酸を変異させれば，その部位の電位を調節することができる。野生種BODの467番目のメチオニンは，タイプ1銅に軸配位している。野生種BODのタイプI銅の酸化還元電位は460 mV（$vs.$ Ag|AgCl）であるが，このメチオニンをグルタミンに置換すると，その酸化還元電位は0.23 V負にシフトする。この変異酵素（M467Q BOD）が触媒する酸素還元電流を，野生種のそれと比較したものを図4に示す[16]。酵素はHOPG電極（エッジ面）に単分子吸着させており，

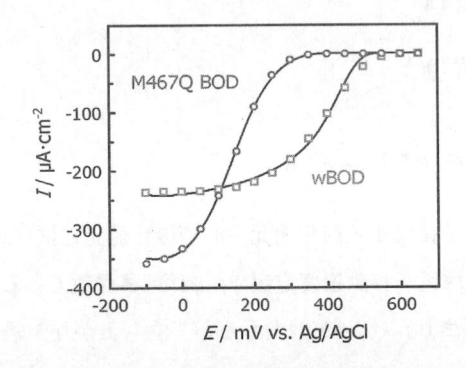

図4 Wild type（wBOD）およびMet467Gln変異酵素（M467Q BOD）を単分子吸着させたHOPG電極における酸素還元反応の電流-電圧曲線（pH 7.0）
○および□は，(1)〜(4)式に基づいてフィッティングした結果を示す。

このときの定常限界電流は，酵素触媒反応が律速となっている。この電流-電圧曲線は，図中に○もしくは□印で示したとおり，2.2節で述べた理論式で説明できる。変異によるタイプI銅部位の酸化還元電位の変化から予想されるように，電流の立ち上がり電位が負にシフトしているのがわかる。このことは，酸素還元反応での電位のロスが大きくなるという欠点につながる。しかし，限界電流はM467Q BOD変異酵素の方が大きく，酵素反応速度が向上するという利点も生み出された。この速度論的現象はタイプ1銅部位の酸化還元電位が負にシフトしたことにより，タイプ1銅部位からタイプ2-3クラスターへの酵素分子内電子移動の駆動力が増大し，その速度が増加したことによるとして説明できる[16]。

遺伝子工学的な手法は，構造と酵素機能の関係を調べる上でも有用であるが，目的に応じた酵素機能の調節手段としても使うことができる。さらに今後は，界面電子移動速度の向上を目指した酵素改変も行われるであろう。

2.4 酸素拡散律速の電気化学的4電子還元反応

酵素の分子あたりの活性は，無機触媒に比べて2〜3桁ほど高いが，平板電極に酵素を単分子吸着させても，上述のように酵素反応が律速となることが多い。酵素の分子体積が無機錯体に比べ3桁以上大きく，直接電子移動できかつ活性な酵素の表面濃度（$\Gamma_E\lambda$：(1)式参照）が少ないことに基因する。そこで，物質移動に障害とならないように配慮して，投影面積あたりの酵素濃度を増加させることが求められる。例えば，マイクロ・ナノスケールの構造規制材料の開発および電極表面化学修飾に関する研究が必要となる。こうした研究での戦略のひとつとして多孔性電極の利用が挙げられる。いくつかのマルチ銅酵素と多孔性炭素素材を用いて，酸素の拡散律速反応を実現した例について述べる。

BODを修飾する場合，先に述べたようにHOPGなどの平板電極を用いると，酵素速度が反応全体の最大速度（最大電流値）を決める[9,11,17,18]。カーボンブラックの一種であるケッチェンブラックにBODを吸着させると，触媒電流の増加が見られたが，やはり酵素反応律速であった。

そこで，BODのサイズ（直径6 nmの球を想定）を考慮した多孔性炭素材料の開発を行った。シリカやポリスチレン等の微粒子を鋳型とし，有機分子を吸着あるいは含浸させた後に炭素化させる方法や，水を含ませることで様々な細口径を有する有機ゲルを調整し，乾燥させた後に炭素化させる方法などで，種々の多孔性炭素材料を成形できる。これらのうち，有機ゲルを用いて細孔径を制御した多孔性炭素電極（細孔径22 nm）にBODを吸着させたところ，酸素供給が律速（拡散律速）となる大きな触媒電流を得ることができた。

このような拡散律速系において，静止系でボルタモグラム測定すると電極表面付近での酸化還元物質（今の場合酸素）の枯渇が起こり，ピーク波形が観測される。その場合には，回転電極法

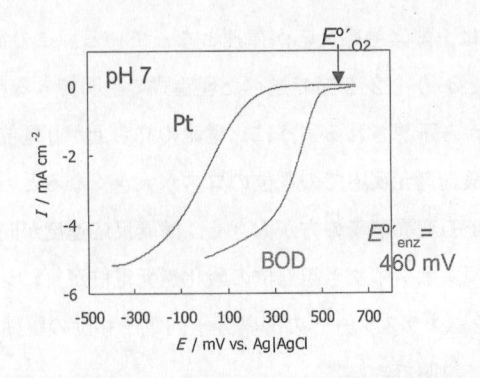

バイオ電気化学の実際──バイオセンサ・バイオ電池の実用展開──

図5 多孔性炭素電極上にBODを吸着させた酵素機能回転電極および
白金ディスク回転電極で測定した酸素還元反応のボルタモグラム
電極回転速度2000rpm，pH 7リン酸緩衝液。酸素飽和条件。

により定常電流として測定し解析する場合が多い。BODを吸着させた回転電極での酸素還元の触媒電流（pH 7）を，同条件で白金ディスク回転電極を用いた場合と比較して図5に示した。共に酸素供給が律速となっているために最大触媒電流値は同じである。しかし，BOD吸着電極で観測された半波電位（最大電流の半分に達する電位）は，白金電極のそれに比べて0.4 Vも正である。酵素を使うことによって，酸素還元の過電圧が非常に小さくなったことを示している。この結果は，速度論的のみならず熱力学的にも，酵素は非常に優れた電極触媒であることを示している。

最近では配向性に関するパラメータλを増加させることが重要であると指摘されている。酵素との接触面積の増加や電子授受部位との接近を目的として，電極および固定化担体として導電性ナノ材料（金属，半導体もしくは炭素微粒子，メソ孔材料，カーボンナノチューブ，金属ナノワイヤなど）の利用も試みられている。カーボンナノチューブの場合，UVオゾン処理することによって表面改質することも有効であると報告されている[17]。

CueO（Cu efflux oxidase）は大腸菌で見つかった銅の恒常性に関わるマルチ銅酸化酵素のひとつである。CueOの構造上の特徴のひとつは，5つ目の銅が配位していることである[19]。溶液中の有機化合物や金属イオンなどを酸化する際には，第5の銅が必須で，それが基質からタイプI銅への電子移動を仲介すると報告されている。ところが電極と反応する際には，第5の銅がなくても十分に触媒作用を示す。構造的には，タイプI銅はCueOの表面から遠いところに存在しているので，電極上に固定化される際に何らかの構造変化を起こしているとも考えられるし，電極からの電子移動経路は基質からの場合とは異なる可能性も否定できない。にもかかわらず，CueOは，HOPG電極に吸着させるだけで，約2000 rpmまで回転数を上げても酸素の拡散律速となるという驚くべき活性を示す[20]。

第18章　直接電子移動型バイオ電池

ラッカーゼは，酸素還元触媒としてのマルチ銅酸化酵素では研究の歴史が最も古い。これまでの研究では主に真菌由来のラッカーゼが用いられている。多くの場合（HO）PG電極に吸着固定させた系が報告されている[7,21]が，機能性官能基を有するチオールを修飾した金電極[22]も利用されている。金電極上に酵素をポリマーで固定化し，タイプI銅の酸化還元挙動の観察もなされている[23]。また，最近では，多様な菌種由来のラッカーゼについての，その電気化学特性の比較が行われている[24]。

本酵素をHOPG電極に吸着させると，BODの場合と同様，酵素反応律速となる。しかし，BODの場合と異なり，ケッチェンブラックを電極素材とした場合にも，それに吸着させると酸素の拡散律速の触媒電流が得られた。さらに細孔径を制御した多孔性炭素電極カーボンゲルを用いると，電極回転速度が8000 rpmでも拡散律速となり，$10\ \mathrm{mA\ cm^{-2}}$に達する非常に大きな電流密度を実現できる[25]。

$Trametes$属由来のラッカーゼのタイプI銅の酸化還元電位は578 mVであり，BODのそれに比べて高く，電位の立ち上がりも正側に位置し，約0.6 Vから酸素還元電流が観測できる。本酵素は，その電位が正であるということから，酸素4電子還元反応の熱力学的ロスを抑えることができ，電気化学的触媒として非常に興味深い。実際，この酵素修飾電極を用いpH 5で2000 rpmで測定した回転電極ボルタモグラムの半波電位は，白金電極の場合に比べて0.5 Vも正側となり，酸素還元の過電圧を大きく減少できる。ただし，酵素の働くpH領域はBODに比べ狭く，弱酸性でしか働かないという欠点がある。

3　燃料酸化極

バイオ電池では，糖，アルコール，アミン，水素など，生物がエネルギー源として使えるものは原理上すべて燃料として用いることができる。しかし，燃料の酸化反応を触媒する酵素反応で直接電子移動型として報告されているのは，いくつかの糖やアルコールを基質とする脱水素酵素（デヒドロゲナーゼ）[1]とヒドロゲナーゼ[26]程度である。いずれの酵素も，分子内に複数の酸化還元部位を有する。しかし，それらの反応系を電池に利用するには，触媒電極反応の電流密度はあまりに小さいものであった。実際，直接電子移動型の水素-酸素バイオ電池の出力は数$\mathrm{\mu W\ cm^{-2}}$程度[26]であり，メディエータ型の水素-酸素バイオ電池[14]のそれに比べはるかに小さい。

これら直接電子移動型触媒を示す酵素の中で，フルクトース脱水素酵素（EC 1.1.99.11）に焦点をあて，電極基材との関連を調べた。本酵素は膜結合酵素であり，フルクトース（果糖）との反応はフラビンで行われ，そこで受け取った電子は，分子内電子移動によりもうひとつの酸化還元中心であるヘムc部位へ移る[27]。生体内ではこのヘムc部位で，膜内に存在する電子受容体で

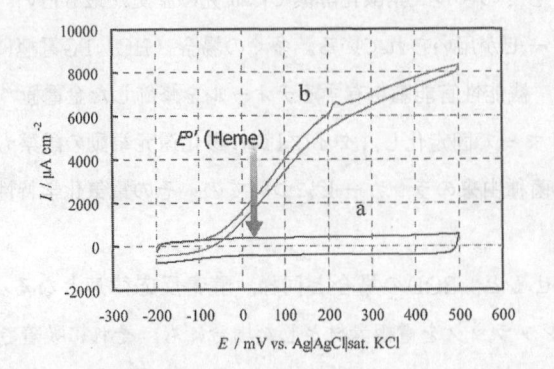

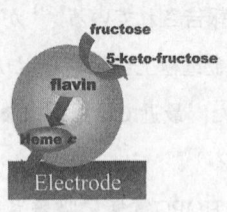

バイオ電気化学の実際——バイオセンサ・バイオ電池の実用展開——

図6 左：カーボンペーパーにケッチェンブラックを修飾し，それにフルクトース脱水素酵素を吸着させた修飾電極でのサイクリックボルタモグラム（20mV s^{-1}）。
(a)：バックグランド（McIlvaine buffer（pH 5.0, 25℃）），(b)：200mM フルクトースを含む溶液中。図中の矢印は，別途測定したヘムc部位の酸化還元電位。
右：直接電子移動型の酵素触媒電極反応のイメージ図

あるユビキノンに電子が渡される。この酵素について直接電子移動型の酵素触媒電極反応を進行させるには，HOPG等のグラファイト化されたエッジ面に富む親水性の炭素電極や，ケッチェンブラックのような炭素微粒子素材が好ましい[28]。またケッチェンブラックなどの素材への吸着は，非常に遅く，触媒電流が最大値に達するには数時間以上要する。その理由として，電極の微細構造による障壁や，酵素可溶化剤として添加されている界面活性剤による吸着妨害などが考えられるが，詳細は不明である。ケッチェンブラックを利用することにより，図6に示すように，フルクトース脱水素酵素により触媒されるフルクトースの電極酸化反応として，10 mA cm^{-2}にも達する大きな電流密度を達成することができた[28]。酸素の場合と異なり，この反応基質の濃度を高めることは容易である。このように基質濃度を高めた場合の電極反応は，酵素反応律速となる。図6に示すように触媒電流の立ち上がりは，ヘムcの酸化還元電位（39 mV）付近であり，ヘムc部位で電極と電子移動していることが示唆される。

先にも述べたように，高電流密度を目指すためには，高活性酵素の探索，高密度かつ活性を保ったまま電極上に酵素を集積する技術の向上が求められる。限られた電極表面積に対し，触媒活性点密度を増やすためには，触媒自身のサイズを小さくするといった戦略も考えられる。ただし，電流密度を増加させると，当然のことながら基質や生成物の物質輸送の問題が浮上する。

4　直接電子移動反応に基づくバイオ電池の試作と評価

3節で述べたフルクトース脱水素酵素を修飾した電極は，バイオ電池のアノードとして用いる

第18章　直接電子移動型バイオ電池

ことができる。本酵素はpH 5 付近での活性が最も高いので、そのpH領域で相応しい系を選択した。つまりpH 5 付近で機能し、タイプ1銅サイトの酸化還元電位が最も正側の酵素として、*Trametes*属由来のラッカーゼに焦点をあてた。また酸素の拡散律速を達成するため、この酵素を多孔性炭素電極カーボンゲルに吸着させ、カソードとした[25]。酸化還元電位がより正側であることは、電池の電圧がより大きくなることを意味している。

　両極に酵素を修飾した電極を用いた直接電子移動型のフルクトース-酸素バイオ電池を世界で初めて作成した[25]。ビーカー内にはフルクトースと酸素が溶けており、2種の酵素修飾電極を挿入するだけという、究極とも言える非常にシンプルな構成である（図7下図）。開回路電圧は約0.8 Vであった。静止条件下では、カソード反応が律速となり、出力は小さい。溶液を攪拌し酸素供給を促すと、最大電流密度はおよそ$3\,\mathrm{mA\,cm^{-2}}$になり、最大出力は$1\,\mathrm{mW\,cm^{-2}}$(@0.4V)に達した[25]。これらの値は直接電子移動型バイオ電池としては既報のものに比べ2桁以上大きく、メディエータ型のそれに匹敵する。ただし、溶液を攪拌させている状況でも、まだカソード反応が律速である。今後は、酸素の物質移動を向上させるセル設計が必要になる。

　フルクトース脱水素酵素に作用できる電子供与体はフルクトースだけであり、ラッカーゼに作用できる電子受容体は酸素だけである。このため、図7からもわかるように、隔膜を隔てることなく両極を同一溶液に浸しても発電できる。このような特性は、酵素（やメディエータ）が電極に固定されているタイプのバイオ電池に特有のものである。これに対して通常の無機触媒型の電池では、アノードとカソードの反応の方向性を厳密には規制できないので、反応を分離するための隔膜が必要となる。このようにバイオ電池が隔膜を必要としない特性は、体内埋め込み型電池や、マイクロ型電極へと展開する上で大きな利点となる。

　バイオ電池の触媒としての酵素は枯渇することなく、その価格は、大量生産系を構築することにより、大幅に下げることができる。実際、胃腸薬などの医薬品や洗剤、血糖センサなどに大量に使用されており、既に十分な実績を積んでいる。これも白金触媒との大きな違いのひとつである。バイオ電池での解決すべき課題のひとつは、酵素安定性を向上させることである。残念ながら現時点では、その理論的対処法があるわけではない。しかし、先に述べたフルクトース-酸素バイオ電池は、数週間にわたって連続作動した。固定化酵素の工業レベルでの実用化の実例があるように、電極の微細構造を利用した酵素固定化法の改良により、酵素を安定化できる可能性が示唆される。さらに遺伝子工学的手法も取り入れて、酵素の安定性をさらに高めていくことが重要であろう。

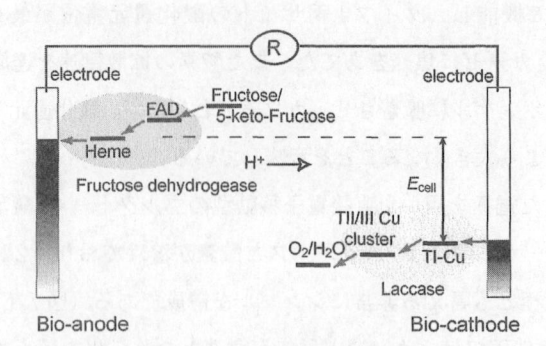

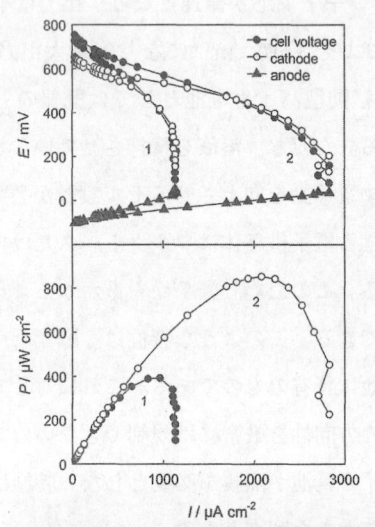

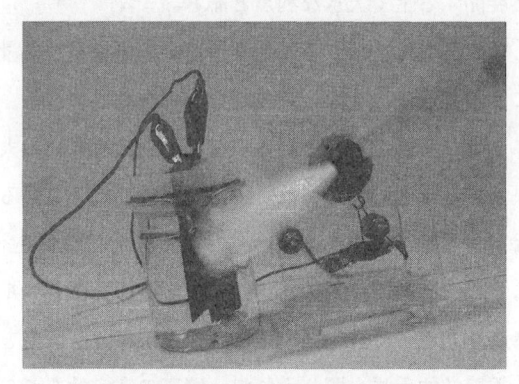

図7　直接電子移動型の果糖-酸素バイオ電池
上：電池反応スキーム
中：電池の電流-電圧曲線；(1)：静止条件下，(2)：攪拌条件下
下：作動状況[25]

第18章　直接電子移動型バイオ電池

文　　　献

1) T. Ikeda, "Fronties in Biosensorics I", Eds. by F. W. Scheller, F. Schubert & J. Fedrowitz, Birkhauser Verlag, p.244 (1997)
2) S. Shleev, J. Tkac, A. Christenson, T. Ruzgas, A. I. Yaropolov, J. W. Whittaker and L. Gorton, *Biosens. Bioelectron.*, **20**, 2517 (2005)
3) A. L. Ghindilis, P. Atanasov and E. Wilkins, *Electroanalysis*, **9**, 661 (1997)
4) T. Sagara, Y. Kubo and K. Hiraishi, *J. Phys. Chem. B*, **110**, 16550 (2006)
5) E. I. Solomon, U. M. Sundaram and T. E. Machonkin, *Chem. Rev.*, **96**, 2563 (1996)
6) M. R. Tarasevich, A. I. Yaropolov, V. A. Bogdanovskaya and S. D. Varfolomeev, *J. Electroanal. Chem.*, **104**, 393 (1979)
7) A. I. Yaropolov, A. N. Kharybin, J. Emnéus, G. Marko-Varga and L. Gorton, *Bioelectrochem. Bioelectron.*, **40**, 49 (1996)
8) M. H. Thuessen, O. Farver, B. Reinhammar and J. Ulstrup, *Acta Chem. Scand.*, **52**, 555 (1998)
9) S. Tsujimura, K. Kano and T. Ikeda, *Electrochemistry*, **70**, 940 (2002)
10) S. Tsujimura, *Rev. Polarogra. (Kyoto)*, **52**, 81 (2006) (in Japanese)
11) Y. Kamitaka, S. Tsujimura, T. Ikeda and K. Kano, *Electrochemistry*, **74**, 642 (2006)
12) S. Tsujimura, K. Kano and T. Ikeda, *J. Electroanal. Chem.*, **576**, 113 (2005)
13) S. Tsujimura, H. Tatsumi, J. Ogawa, S. Shimizu, K. Kano and T. Ikeda, *J. Electroanal. Chem.*, **496**, 69 (2001)
14) S. Tsujimura, M. Fujita, H. Tatsumi, K. Kano and T. Ikeda, *Phys. Chem. Chem. Phys.*, **3**, 1331 (2001)
15) S. Tsujimura, T. Nakagawa, K. Kano and T. Ikeda, *Electrochemistry*, **72**, 437 (2004)
16) Y. Kamitaka, S. Tsujimura, K. Kataoka, T. Sakurai, T. Ikeda and K. Kano, *J. Electroanal. Chem.*, in press.
17) M. Tominaga, M. Otani, M. Kishikawa and I. Taniguchi, *Chem. Lett.*, **35**, 1174 (2006)
18) S. Shleev, A. E. Kasmi, T. Ruzgas and L. Gorton, *Electrochem. Comm.*, **6**, 934 (2004)
19) S. A. Roberts, A. Weichsel, G. Grass, K. Thakali, J. T. Hazzard, G. Tollin, C. Rensing and W. R. Montfort, *Proc. Natl. Acad. Sci*, **99**, 2766 (2002); S. A. Roberts, G. F. Wildner, G. Grass, A. Weichsel, A. Ambrus, C. Rensing and W. R. Montfort, *J. Biol. Chem.*, **278**, 31958 (2003)
20) Y. Miura, S. Tsujimura, Y. Kamitaka, S. Kurose, K. Kataoka, T. Sakurai and K. Kano, *Chem. Lett.*, **36**, 132 (2007)
21) C.-W. Lee, H. B. Gray, F. C. Anson and B. G. Malmstrom, *J. Electroanal. Chem.*, **172**, 286 (1984)
22) G. Gupta, V. Rajendran and P. Atanassov, *Electroanalysis*, **16**, 1182 (2004)
23) L. Johnson, J. L. Thompson, S. M. Brinkmann, K. A. Schullaer and L. L. Martin, *Biochemistry*, **42**, 10229 (2003)
24) S. Shleev, Jarosz-Wilkolazla, A. Khalunina, O. Morozova, A. Yaropolov, T. Ruzgas and L.

Gorton, *Bioelectrochem.*, **67**, 115 (2005)
25) Y. Kamitaka, S. Tsujimura, N. Setoyama, T. Kajino and K. Kano, *Phys. Chem. Chem. Phys.*, in press.
26) K. A. Vincent, J. A. Cracknell, O. Lenz, I. Zebger, B. Friedrich and F. A. Armstrong, *Proc. Natl. Acad. Sci. USA*, **102**, 16951 (2005)
27) M. Ameyama, E. Shinagawa, K. Matsushita and O. Adachi, *J. Bacteriol.*, **145**, 814 (1981)
28) Y. Kamitaka, S. Tsujimura and K. Kano, *Chem. Lett.*, **37**, 218 (2007)

第19章　微生物燃料電池の最新の進歩

渡辺一哉[*1]，石井俊一[*2]

1　はじめに

　石油に依存した産業体系からの脱却は，21世紀の重要課題である。持続的発展を可能にするためには化石燃料への依存を可能な限り減らす努力が必要であり，そのための代替燃料として太陽光，風力，バイオマスへの期待が高まってきている。

　現在，バイオマスからのエネルギー回収法としてメタン発酵が広く用いられている。メタン発酵においては，発生したメタンをボイラーで燃やして生成される熱でタービンを回し，利用価値の高い電気が生産される。または，メタンを水素に改質し，燃料電池を用いて電気を生産することも最近試みられている。いずれの場合にも生成したメタンを電気に変換する際の効率が低く，これらのステップで大きなエネルギーロスが生じる。例えば，メタンを電気へ変換するボイラー／タービンシステムにおけるエネルギー回収効率は40％程度かそれ以下である。

　次世代型バイオエネルギー回収プロセスとして期待される微生物燃料電池（Microbial Fuel Cell, MFC）を用いると，バイオマスから生物化学的変換により電気エネルギーを直接生産する事が出来る。このため後処理におけるエネルギーロスが無くなり，高いエネルギー回収率が期待できる。また，低温運転が可能なこと，運転に要するエネルギーが少ないこと，変電設備の無い地域でも可能なことなどのメリットもある。ただし，現状のMFCの電気産生量は小さく，実用可能な発電システムになるには1万倍以上の効率化が必要とも言われている。一方では，MFC技術は近年着実に進歩しており，今後のさらなる技術開発によっては実用化可能なレベルまで到達すると予想する研究者も存在する。本章で，MFCの原理，装置，電気産生に関与する微生物について最近の知見をもとに解説し，その可能性を考察していきたい。

---

*1　Kazuya Watanabe　海洋バイオテクノロジー研究所　微生物利用領域　領域長
*2　Shun-ichi Ishii　海洋バイオテクノロジー研究所　微生物利用領域　研究員

2 MFCの原理

2.1 MFCと内部抵抗

　生物は，基質を酸化分解する際に発生する電子を電子受容体に供与する事でエネルギーを得ている。電子受容体の酸化還元電位（電子の受け取り易さ）が高いほど微生物が得るエネルギーは大きくなり，酸素に電子を渡す場合（酸素呼吸）に最も大きなエネルギーを得る事が出来る。よって，好気条件下で有機物を分解する微生物は速やかに増殖し，菌体収率（有機物当たりの微生物菌体収量）も高くなる。酸素が欠乏した環境（嫌気環境）では，酸素以外の化合物（硝酸イオン，硫酸イオン，など）が電子受容体になり，それらは酸化還元電位の高いものから順次使われていく（図1）。そして最終的に，二酸化炭素に電子を供与するメタン生成反応が起こる事となる。

　MFCシステムでは，低分子化合物ではなく固体電極が電子受容体になる（図2）。電極が受け取った電子は外部抵抗を通過する際に仕事を行い，酸化還元電位の高い正極に移動する。同時に，負極槽での電子引き抜きに伴い発生するプロトンは，陽イオン交換膜を通して濃度勾配的に正極槽に移動する。正極では，電子がプロトンと反応して水になる。グルコースを例とすると，この一連の電気化学反応は次のようになる。

負極：$C_6H_{12}O_6 + 6H_2O \rightarrow 6CO_2 + 24H^+ + 24e^-$　　$\Delta E = -0.42V$

正極：$6O_2 + 24H^+ + 24e^- \rightarrow 12H_2O$　　$\Delta E = +0.82V$

　この反応により，理想的には1.24V程度の起電力が生じるはずであるが，実際には様々な要因で電圧降下（エネルギーロス）が起こり，この数割程度の電圧しか得る事が出来ない。

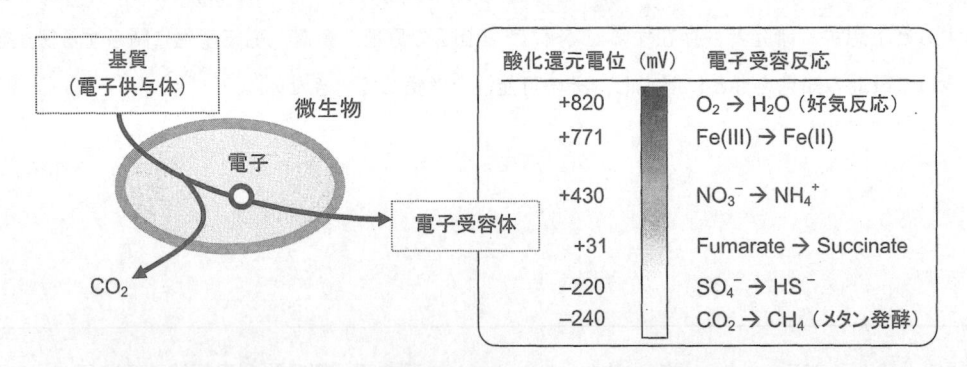

酸化還元電位 (mV)	電子受容反応
+820	$O_2 \rightarrow H_2O$ （好気反応）
+771	$Fe(III) \rightarrow Fe(II)$
+430	$NO_3^- \rightarrow NH_4^+$
+31	Fumarate $\rightarrow$ Succinate
−220	$SO_4^- \rightarrow HS^-$
−240	$CO_2 \rightarrow CH_4$ （メタン発酵）

図1　微生物による代謝反応は，電子の動きで説明できる。電子受容体の酸化還元電位が高いほど，微生物は多くのエネルギーを得る事が出来る

第19章　微生物燃料電池の最新の進歩

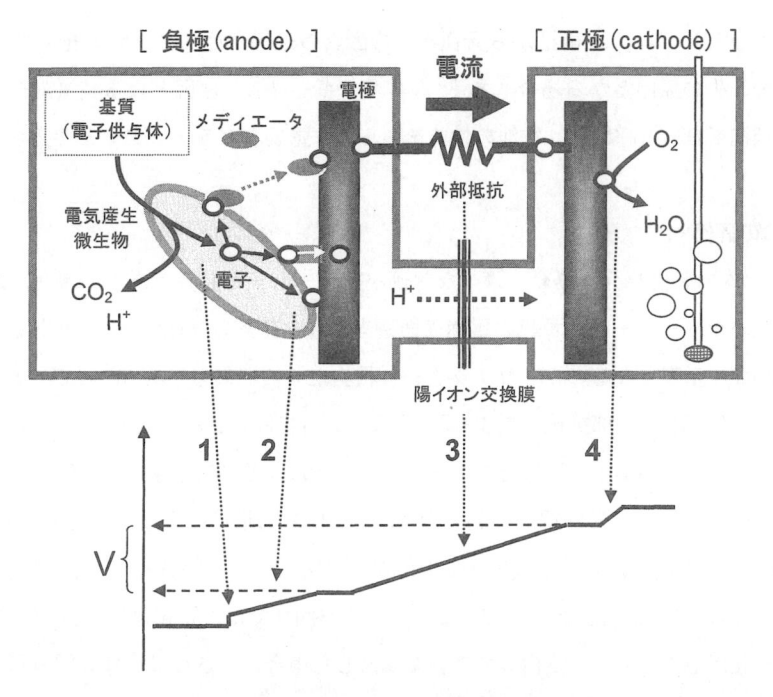

図2　微生物燃料電池の原理図と電圧降下[1]
1：微生物反応による電圧降下，2：微生物から電極への電子移動時の抵抗，
3：外部抵抗，イオン交換膜，電解質による電圧降下，4：正極反応における電圧降下

　MFC中で，電圧降下が起こる場所を図2に示した。まず，微生物代謝に起因するエネルギーロスがある。続いて，微生物が電極に電子を移す際の抵抗によりエネルギーロスが起こる。この2つが，生物学的要因による電圧降下である。これを減らすためには，効率良く電子を電極に移送する仕組みを持つ微生物を発見する事が重要となるであろう。電子を微生物から電極に移送する方法としては，電子キャリアー（メディエータと呼ばれる低分子化合物）を用いる方法（これがメインのMFCを"間接タイプ"MFCと呼ぶ）と，電極に接触した微生物（または微生物菌体外構造物）が直接電気を受け渡す方法（"直接タイプ"MFC）が考えられる。最近まで外部からのメディエータの添加が電流産生に必須であると考えられてきたが，直接タイプの電気産生も広く見られる事が分かってきた[1]。特に，固体状の鉄を還元する微生物において導電性を持つ繊維状構造物（ナノワイヤー）が発見され，メディエータを添加しない直接タイプMFCに注目が集まるようになってきている[2]。

　MFCでは，装置的要因によっても電圧降下が起こる。それには，電解質の溶液抵抗と正極反応における電圧降下などが考えられる[3,4]。また，陽イオン交換膜の閉塞によりプロトンが負極槽に停滞し，その結果正極・負極ともに溶液抵抗が上昇することになる。ある種の陽イオン交換

膜（Nafion膜など）では，正極槽から負極槽への酸素の透過が起こり，負極槽内微生物活性の阻害や電子の損失の原因となる場合もある[3]。エネルギーロスの原因となる装置内部の抵抗はまとめて内部抵抗（Ω）と呼ばれ，電池の性能をあらわす重要なパラメーターと考えられている。

2.2 MFCの評価

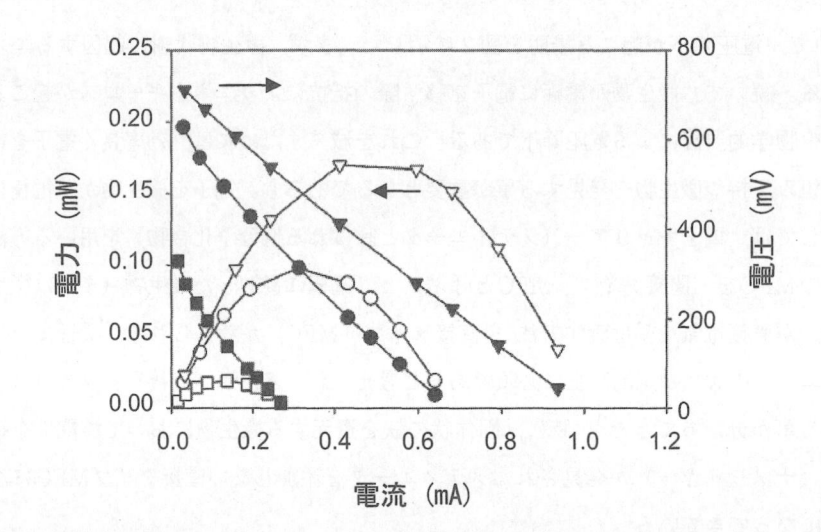

MFCシステムの評価を行う場合，適当な評価パラメーターが必要である。現在，最も多く使用される評価パラメーターは，負極の電極表面積当たりの発電力（mW/m^2）である。また，装置の実用化の際に重要となるのが，リアクター体積当たりの発電力（W/m^3）である。最大発電力は内部抵抗に依存し，内部抵抗は電流-電圧直線によって決定される（図3）。この直線は，外部抵抗を変化させた際の電圧と電流をモニターすることにより測定でき，$V = E - rI$ の関係式で表される。Vは電圧（V），Eは電池の起電力（V），rは内部抵抗（Ω），Iは電流（A）であり，傾きが小さいほど内部抵抗が小さくなる。内部抵抗が小さいほど高い最大発電力P（$= V \times I$）を示すが，乾電池の内部抵抗は0.1〜0.2Ωほどである。図3では，正極反応の内部抵抗を小さくするために酸化反応の触媒である白金で電極を修飾した場合と，さらに正極の電解質にフェリシアン化カリウムを添加した場合の電流-電圧直線を示した[4]。その結果，正極の内部抵抗を小さくする事によって，得られる電力が飛躍的に大きくなる事が示された。このように，装置の改良によって内部抵抗を小さくし，発電力を高める事が可能である。

図3 （電流-電圧）曲線（黒）と（電流-電力）曲線（白）による微生物燃料電池の評価[4]
■□：グラファイト板電極
●○：正極のグラファイト板を白金修飾
▼▽：正極の電解質にフェリシアン化カリウムを添加

第19章 微生物燃料電池の最新の進歩

発電力以外では,基質消費速度と発電効率(%)が重要な意味を持っている。基質消費速度が遅いと,MFCの生物処理反応としての価値が下がる。発電効率(消費される有機物基質量当たりの発電量で,クーロン効率とも呼ばれている)が低い場合は酸素などの別の電子受容体に電子が収奪されている事が考えられ,装置の見直しが必要なことを示している。発電効率は,廃水やバイオマスなどの複合基質を用いた場合に小さくなる(〜60%程度)が,グルコースや酢酸などの純粋基質を用いた場合には80〜100%の値が得られることも示されている[5]。

3　MFC装置の進歩

3.1　発電力の向上

装置の改良を通してMFCの発電力を向上させる研究開発が近年盛んに行われてきている。初期に報告されたMFCの発電力は0.1mW/m^{2}以下であったが,その後の改良によって最近では1500mW/m^{2}以上の発電力での電気生産が可能となってきている。さらに,正極電解液にフェリシアン化カリウムを添加した場合には約4500mW/m^{2}の発電力が得られたという報告もあるが,フェリシアン化カリウムは循環可能な電子媒介物質ではないので,この場合は短期的な最大発電力とみられる。装置の改良による発電力の向上の推移をまとめたのが図4である[4]。このグラフをみると,最近では一年毎に約10倍の高効率化が達成され続けている様子が伺える。初期のMFCのほとんどが二槽式であり当初はその中での装置改良が行われてきたが,2001年に堆積相

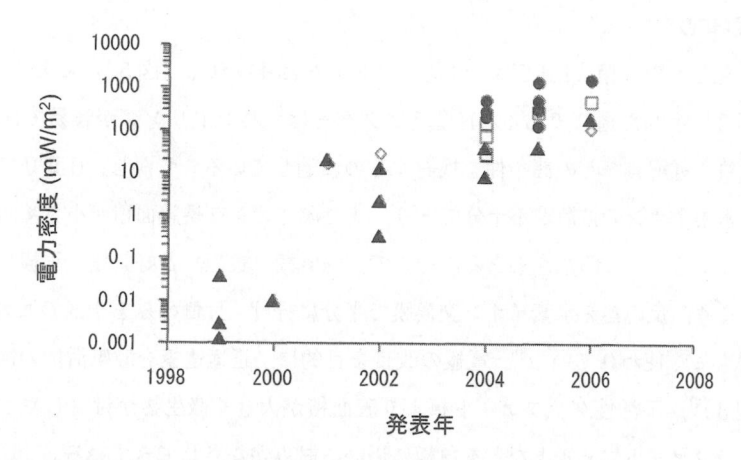

図4　微生物燃料電池(MFC)の発電力は,装置の改良を重ねる事で飛躍的に向上してきている[2]
　▲:正極を電解質に浸漬するタイプ(二槽式MFC)
　◇:堆積相MFC(Sediment MFC)
　□:空気正極型MFC(air-cathode MFC)[廃水を基質として使用]
　●:空気正極型MFC[グルコース,酢酸などを基質として使用]
　　注)正極にフェリシアン化カリウムを添加したものは除いている

図5 二槽式(H型)微生物燃料電池システム，正極にはグラファイト繊維電極を使用し微生物を播種(左槽)，負極にはグラファイト板を使用し空気を曝気(右槽)

MFC[6]，2003年には空気正極型一槽式MFCが開発され[7]，装置の高効率化や多様化に繋がってきている。以下に，各々のMFC装置について概説する。

3.2 二槽式MFC

初期に多く見られた二槽式MFCは，H型リアクターと呼ばれる（図5）。このタイプのMFCの原理は，図2に示した通りである。H型リアクターは，ハンドリングが容易であり，電極面積，種菌，基質，電解質などの諸条件を検討するのに適している。しかし，H型リアクターでは架橋部分への水素イオンの拡散が不十分であり，また陽イオン交換膜面積が小さく水素イオン透過抵抗が大きくなるという問題点もある。そこで，嫌気槽（負極）と好気槽（正極）を架橋でつなげるのではなく，反応器を水素イオン交換膜で半分に分け，片側のみを空気で通気し好気条件にする反応器もよく使われている[8]。電極の改良を目的に，正極電極を触媒活性の高い白金で修飾したり（図3）[4]，不活性グラファイト板より表面積が大きく微生物が付着しやすいグラファイト繊維やグラファイトフェルトなどを負極に用いる試みがなされてきている。

3.3 空気正極型MFC

MFCの高効率化には，正極の形状が非常に重要である。二槽式MFCの場合，酸素の水溶液への溶け込み量がわずかであるため正極反応の効率が悪く，大きな内部抵抗が発生してしまう。ま

第19章 微生物燃料電池の最新の進歩

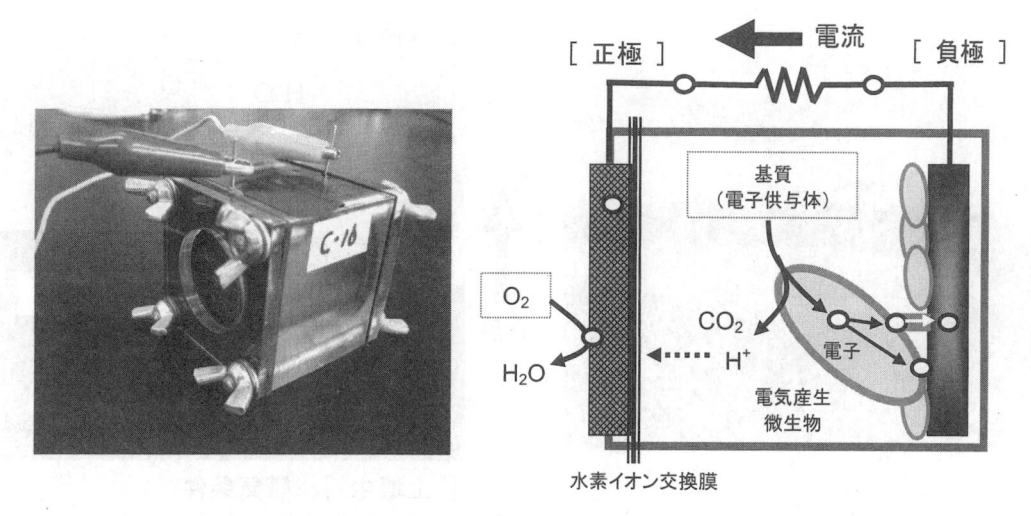

図6 一槽式の空気正極型微生物燃料電池（左）[2]とその原理（右）．大気中の酸素と正極が直接接触して反応が進むため，内部抵抗が小さくなる

た，正極槽を空気曝気する際に多大なエネルギー投入が必要となる。そこで開発されたのが，水素燃料電池を模した空気正極型MFCである（図6）。この装置では，正極の水溶液を無くし電極を直接イオン交換膜に貼り付ける。すると，自然拡散で電極に入ってくる酸素が利用できるために，曝気の必要がなく，低コストになる。コストを削減するために陽イオン交換膜を除去する試みも成されているが，この場合には発電力は大きくなる（262 mW/m^2から494 mW/m^2へ）が，電気回収率は減少した（約48％から約11％へ）[5]。これは，イオン交換膜を除去する事による内部抵抗の低下と，リアクター中への酸素の混入の複合的な作用によるものと考えられる。また，空気正極型微生物電池の電極間距離などを最適化することで，MFCにおける最高出力（2006年10月現在）が達成されたことが報告されている[9]。この場合，グルコースを基質，複合微生物群集を種菌として用い，電極当たりの発電力1540 mW/m^2，リアクター当たりの発電力15.5 W/m^3，電気回収率60％，内部抵抗16Ωの数値が得られている。空気正極型MFCは今後さらに効率化されると考えられるので，実用化が期待されるシステムである。

3.4 堆積相MFC

近年，水圏下の堆積物に電極を差し込み発電させる仕組みが注目を浴びている[10]。これは，有機物が豊富な堆積物相（嫌気条件）に負極を，上部の好気的な水相に正極を設置し，そこで得られる起電力を利用するというものである（図7）[11]。海底無人発電機（Benthic Unattended Generators, BUG）の名で知られているシステムでは，既存のバッテリーの使用が困難な深海底などでの実用が期待される。同様の原理により，コンポスト，汚水処理タンク，廃棄物汚染土壌

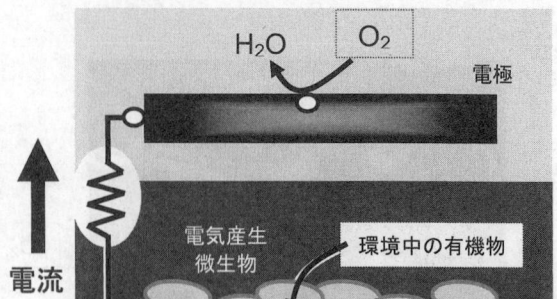

図7　堆積相微生物燃料電池（左）[11]とその原理（右），土壌堆積物に電極を差し込み酸化還元電位の差を利用して，微生物により発電する

などからの発電も考えられている。堆積物相には，電極以外の電子受容体として，$Fe(III)$や硫酸イオンが存在しており，微生物はまず容易に利用できる電子受容体を利用すると考えられるが，実際には速やかに電極に微生物が付着し，電気産生反応を始めるようである[10]。堆積相MFCは様々な環境への応用が可能と考えられ，アイデア次第では実用化されうる技術と期待される。

3.5　その他のMFC

これまでに述べた形状以外にも，様々なデザインのMFCが提案されている[12]。図8のBは連続処理用の一槽式MFC（Single chamber MFC, SCMFC）であるが，これにおいては筒状負極の内側に空気正極が埋め込まれた形になっている。これを用いて廃水を連続的に処理し，26 mW/m^2の電力産生を行う事ができた。高負荷処理が可能な嫌気消化法である上向流嫌気性汚泥床（Upflow Anaerobic Sludge Bed, UASB）を模してデザインされた上向流型MFC（upflow MFC，図8のC）では，1.0 g COD/(L·day) の速度での処理を行いながら発電し，60日間の安定的廃水処理発電を報告している[13]。この実験で得られた発電評価パラメーターは，発電力170 mW/m^2，電気回収率が8％，内部抵抗80Ωであった。これらは，このリアクターへの酸素混入が多く，内部抵抗も高い事を示している。これ以外にも様々なタイプのリアクターが提案されているので，それらに関してはレビューなどを参照していただきたい[1,2,10~12]。さらに，MFCではないが，光合成で発生する電子の余剰分を電極に移す光合成微生物電池（図8のA）も考案

第19章 微生物燃料電池の最新の進歩

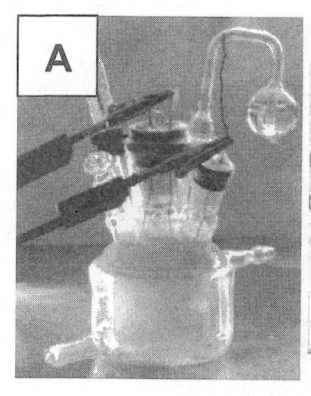

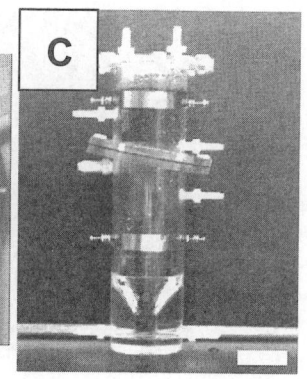

図8 さまざまなタイプの微生物燃料電池[12]
A：光合成従属細菌を利用した微生物燃料電池（photoheterotrophic MFC），B：連続一槽式微生物燃料電池（single-chamber MFC），C：上向流型微生物燃料電池（upflow MFC）

されている。

4 電気産生微生物

4.1 電子メディエータとナノワイヤー

　装置の改良によるMFCの効率化には限界があり，近い将来頭打ちになると考えられている。さらなる高効率化を達成するためには，負極に存在する微生物の代謝反応速度や電極への電子移動効率を向上させることが必要になると考えられる。微生物の代謝により発生する電子が電極に移動するメカニズムとして，低分子化合物のメディエータを介する場合と，直接接触による場合が知られている（図2）。メディエータは，人為的に添加する場合と，内在する微生物により作られる場合がある。人為的添加メディエータとしてチオニン，メチレンブルー，ニュートラルレッド，アントラキノン2,6-ジスルホン酸塩（AQDS）などが知られているが，これらは電子伝達経路のユビキノン，シトクローム，NADHデヒドロゲナーゼなどから電子を収奪するものと考えられる。しかし人為的メディエータには，連続的電力産生時のコストが高くなる，微生物により分解されるなど問題がある。複合微生物系などでは，微生物がメディエータを生産する事もある。例えば，*Pseudomonas aeruginosa*の作るピオシアニンやフェナジンは，メディエータとしての機能を果たす事が知られている[8]。

　直接的な電気産生ができる微生物として，鉄還元細菌が知られている。鉄還元細菌の*Geobacter*や*Shewanella*は，固体状の鉄に電子を移す事でエネルギーを獲得しているため，固体状の電極にも容易に電子を流す事が出来ると考えられる。最近，これらの微生物の中に「ナノワ

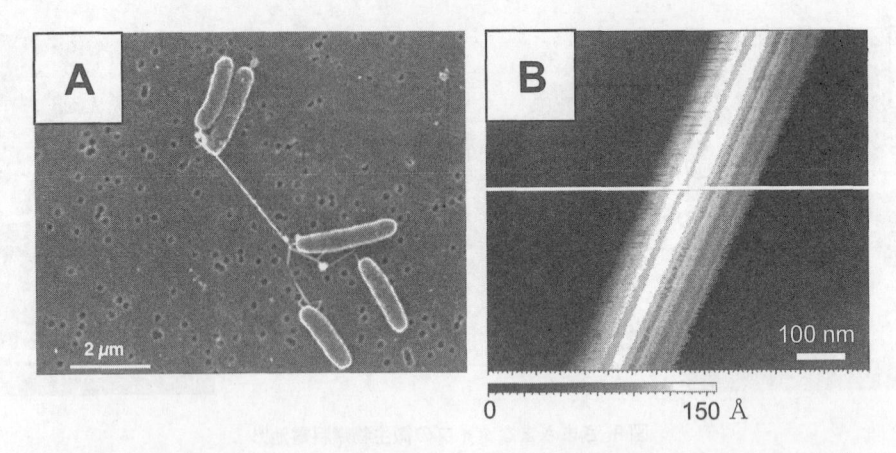

図9 *Shewanella oneidensis* MR-1の持つナノワイヤーのSEM像（A）とSTM像（B）[14]

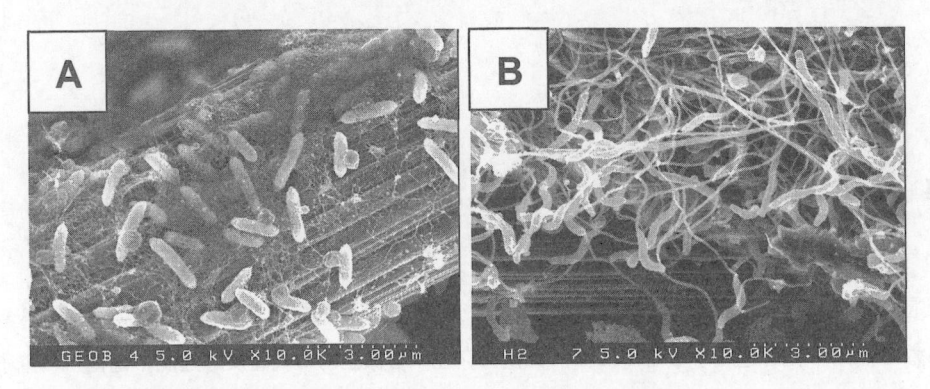

図10 微生物燃料電池中での*Geobacter sulfurreducens*のFE-SEM像（A）と
セルロースを基質とした田んぼ土壌由来の電気産生コンソーシアのFE-SEM像（B）

イヤー」という導電性の細胞外繊維を有する菌株がいる事が発見された（図9）[14,15]。これと関連して，我々はMFC中の微生物が多量の微細繊維（おそらくナノワイヤー）からなるバイオフィルムを形成すること（図10のA）を発見した。これらの結果は，ナノワイヤーが電極への電子移動において重要な役割を果たしていることを示すものと考えられる。メディエータの添加無しに電子が移動する仕組みの研究は始まったばかりであるが，微生物が起因する内部抵抗を司る最も重要な因子と思われるので，さらなる研究の進展が期待される。

4.2 電気産生時の複合微生物群集

MFCの負極には，電気産生に関与する微生物のバイオフィルムが形成される。堆積相微生物電池の電極付着微生物の解析が進んでおり，土壌中に負極を刺した場合には*Geobacteraceae*に帰

属される微生物が半数以上を占め,海洋性堆積物に電極を刺した場合には*Desulfuromonas*が優占種となった[10]。これ以外にも異なるタイプのMFC内の微生物相に関していくつかの報告があるが,総合的な知見はまだ得られていないようである[2]。我々は,H型MFC装置においてセルロースを基質として電気産生微生物群集の集積を行っている。負極上に形成されたバイオフィルムを走査型電子顕微鏡で観察すると,繊維状微生物が多く存在し,電極へナノワイヤーが伸びている様子が観察された(図10のB)。この微生物群集の中に電気産生微生物が存在するはずであるので,それらの役割を解明するために,微生物単離と機能解析を行っていく必要がある。より高活性な電気産生微生物が単離されてくれば,それを応用して高効率MFCを構築していけるかもしれない。

5　実用化に向けて

コストなどの面を考えると,実用MFCのエネルギー源となる有機物は廃棄物系バイオマスや排水中の汚濁物質であると予想される。微生物群集の多様な代謝能力を利用してこのような雑多な有機物から電気が生産されるようになるであろう。電気生産メカニズムの理解などを目的として純粋培養系MFCの研究も行われてきているが,それより高活性の複合微生物群集を集積するのに適したMFC装置の開発や複合微生物群集による電気生産メカニズムの理解がMFCの実用化にとって重要な基盤研究と考えられる。

MFCは,発電装置であると同時に,有機系廃棄物の処理装置になる可能性が高い。廃水処理装置としては,活性汚泥プロセスのような好気的処理が現在広く用いられている。一般的好気処理の場合,1 kgの有機物を処理するためには,曝気等に1 kWh以上のエネルギー投入が必要である。また,1 kgの有機物を処理すると0.4 kg程度の余剰汚泥が発生し,その処理にはさらなるコストがかかってしまう。廃棄物処理をしながらエネルギー回収が可能なプロセスとしては,メタン発酵が実用化されている。嫌気消化メタン発酵プロセスで最も効率がよいと言われるUASBリアクターとボイラー・タービンを組み合わせると,実用リアクターにおいて10～20 kg-COD/(m^3·day)の処理速度で有機物を処理し,電気回収率は最大で35％程度となる。よって,UASBリアクター当たりの発電力は0.5～1 kW/m^3になり,1 kgの有機物からの余剰汚泥発生量は約0.077 kg程度である。一方ラボスケールMFCリアクターの発電力は約0.01～1.25 kW/m^3に達しており,発電力のみで考えるとスケールアップに成功すればMFCがUASBに置き換わることも可能と言える[1]。しかし,廃棄物処理速度(MFCの場合はラボリアクターでも0.1～10 kg-COD/(m^3·day)程度),余剰汚泥生産量,運転の安定性などの面では,いまだにUASBが勝っている[1]。MFCを廃棄物処理装置として実用化するには,多くの技術的ブレークスルーが必要である。上

でも述べてきたように，これには装置の改良と微生物の高効率制御の両面からのアプローチが必要であり，微生物学を専門とする研究者と化学燃料電池などのプロセスエンジニアが一同に介した研究チームが編成されなければならない。MFCが実用化されるかどうかは，現行の廃棄物処理・エネルギー生産プロセスとの比較において，より低コストであるか，より高効率であるかにかかっている。

文　献

1) K. Rabaey *et al.*, *Trend.Biotech.*, **23**, 291 (2005)
2) B. E. Logan *et al.*, *Trend.Microbiol.*, **14**, 512 (2006)
3) 柿薗俊英ほか，電池革新が拓く次世代電源，エヌティーエス，p.50 (2006)
4) S.Oh, *Environ.Sci.Technol.*, **38**, 4900 (2004)
5) H. Liu *et al.*, *Environ.Sci.Technol.*, **38**, 4040 (2004)
6) C. E. Reimers *et al.*, *Environ.Sci.Technol.*, **35**, 192 (2001)
7) D. H. Park *et al.*, *Biotech.Bioeng.*, **81**, 349 (2003)
8) K. Rabaey *et al.*, *Appl.Environ.Microbiol.*, **70**, 5373 (2004)
9) S. Cheng *et al.*, *Environ.Sci.Technol.*, **40**, 2426 (2006)
10) D. R. Lovley, *Curr.Opin.Biotech.*, **17**, 327 (2006)
11) B. E. Logan *et al.*, *Environ.Sci.Technol.*, **40**, 5172 (2006)
12) B. E. Logan *et al.*, *Environ.Sci.Technol.*, **40**, 5181 (2006)
13) Z. He *et al.*, *Environ.Sci.Technol.*, **39**, 5262 (2005)
14) Y. Gorby *et al.*, *PNAS*, **103**, 11358 (2006)
15) G. Reguera *et al.*, *Nature*, **435**, 1098 (2005)

バイオ電気化学の実際
―バイオセンサ・バイオ電池の実用展開― 《普及版》　（B1033）

2007年 3 月31日　初　版　第1刷発行
2013年 4 月 8 日　普及版　第1刷発行

監　修　　池田篤治　　　　　　　　　Printed in Japan
発行者　　辻　賢司
発行所　　株式会社シーエムシー出版
　　　　　東京都千代田区内神田 1-13-1
　　　　　電話 03 (3293) 2061
　　　　　大阪市中央区内平野町 1-3-12
　　　　　電話 06 (4794) 8234
　　　　　http://www.cmcbooks.co.jp/

〔印刷　株式会社遊文舎〕　　　　　　　Ⓒ T. Ikeda, 2013

落丁・乱丁本はお取替えいたします。

本書の内容の一部あるいは全部を無断で複写（コピー）することは，法律で認められた場合を除き，著作者および出版社の権利の侵害になります。

ISBN978-4-7813-0715-2　C3045　¥5000E